大学生课程设计与毕业设计资料集

交通土建工程专业
课程设计与毕业设计资料集

陈有杰　主编

湖南大学出版社

内 容 简 介

全书分为七章，包括交通土建工程常用数据、土方工程、地基基础与基坑工程、公共交通、道路桥梁、隧道工程、混凝土工程等。

本资料主要适用于相关专业大学生，也可为广大工程设计、施工、监理人员提供参考。

图书在版编目（CIP）数据

交通土建工程专业课程设计与毕业设计资料集/陈有杰主编.
—长沙：湖南大学出版社，2009.10
（大学生课程设计与毕业设计资料集）
ISBN 978-7-81113-703-3

Ⅰ.①交… Ⅱ.①陈… Ⅲ.①道路工程：土木工程—课程设计—高等学校—教学参考资料
②道路工程：土木工程—毕业设计—高等学校—教学参考资料 Ⅳ.①U41

中国版本图书馆 CIP 数据核字（2009）第 183078 号

交通土建工程专业课程设计与毕业设计资料集

Jiaotong Tujian Gongcheng Zhuanye Kecheng Sheji yu Biye Sheji Ziliaoji

主　　编：陈有杰
责任编辑：陈　别　金　伟
封面设计：吴颖辉　张　萍
出版发行：湖南大学出版社
社　　址：湖南·长沙·岳麓山　　**邮　　编：**410082
电　　话：0731-88822559（发行部），88820008（编辑室），88821006（出版部）
传　　真：0731-88649312（发行部），88822264（总编室）
电子邮箱：presschenb@hnu.cn
网　　址：http：//press.hnu.cn
印　　装：长沙瑞和印务有限公司

开本：787×1092　16 开　　**印张：**17.75　　**字数：**411 千
版次：2009 年 12 月第 1 版　　**印次：**2009 年 12 月第 1 次印刷　　**印数：**1～3 000 册
书号：ISBN 978-7-81113-703-3/TU·127
定价：35.00 元

交通土建工程专业课程设计与毕业设计资料集

（编　委　会）

前　　言

对于土木工程专业来说，课程设计和毕业设计是重要的教学环节，占了整个大学学分的四分之一以上。课程设计是为了进一步加深对所学课程的理解和巩固，培养动手能力；毕业设计是综合所学的基本知识设计工程实例，同时也是书本理论知识和实际工程的桥梁，可以使学生得到工程实践的实际训练，提高其应用能力，为学生实习和工作打好坚实的基础。

但是，由于土木工程的安全性和特殊性，设计时需要查阅和参考大量的规范、手册、图集等平常学生很少接触的资料，学生在刚开始设计时面临无从下手的困境；而在花了大量时间查阅后，又因为实际知识的缺乏面临如何把设计转化成图纸的窘境。本套资料集就是从实用出发，努力将学生做课程设计和毕业设计时所需要的资料汇编成册，以方便查阅，做到一册在手即可满足做设计的需要，从而可为学生节约大量时间，把主要精力放到对所学知识的理解和消化上，事半功倍，以保证课程设计和毕业设计的质量，从而达到人才培养的目的。本套丛书包括了以下六个分册：

《给水排水工程专业课程设计与毕业设计资料集》；

《建筑电气工程专业课程设计与毕业设计资料集》；

《建筑工程专业课程设计与毕业设计资料集》；

《建筑环境与设备工程专业课程设计与毕业设计资料集》；

《建筑学专业课程设计与毕业设计资料集》；

《交通土建工程专业课程设计与毕业设计资料集》。

本资料集不同于市面上常见的“课程设计指南”和“毕业设计指南”，而是一本翔实的资料集汇编，将各个专业做设计时必需的规范等资料系统汇编，方便查询，从而可为做设计节省大量时间，并且本书收录的均为最新规范，因此具有很大实用价值。本资料集除适用于在校大学生外，书中所收集资料同样可用于实际的工程，因此亦可为广大工程设计、施工、监理等人员提供参考。

由于编者能力有限，本书中难免有错误和不足之处，欢迎读者指正。

编　者

2009 年 9 月

目　次

第一章　交通土建工程制图常用数据

第一节　制图与识图一般规定

一、图幅及图框

(1)图幅及图框尺寸应符合表 1-1 的规定(见图 1-1)。

表 1-1　图幅及图框尺寸　　(单位:mm)

图幅代号 / 尺寸代号	A0	A1	A2	A3	A4
$b\times l$	841×1 189	594×841	420×594	297×420	210×297
a	35	35	35	30	25
c	10	10	10	10	10

(2)需要缩微后存档或复制的图纸,图框四边均应具有位于图幅长边、短边中点的对中标志(见图 1-1),并应在下图框线的外侧,绘制一段长 100mm 标尺,其分格为 10mm。对中标志的线宽宜采用大于或等于 0.5mm,标尺线的线宽宜采用 0.25mm 的实线绘制(见图 1-2)。

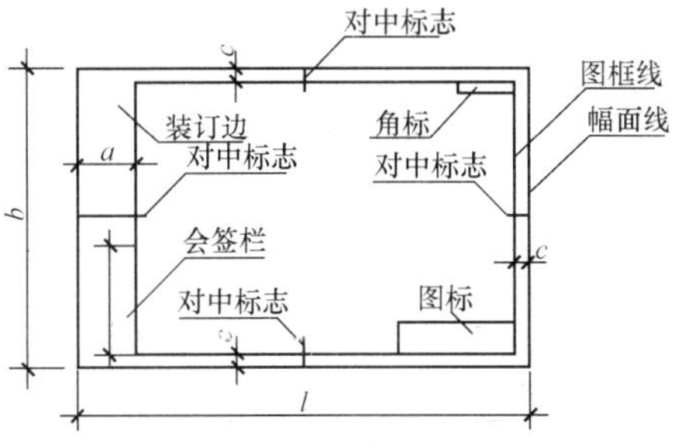

图 1-1　幅面格式

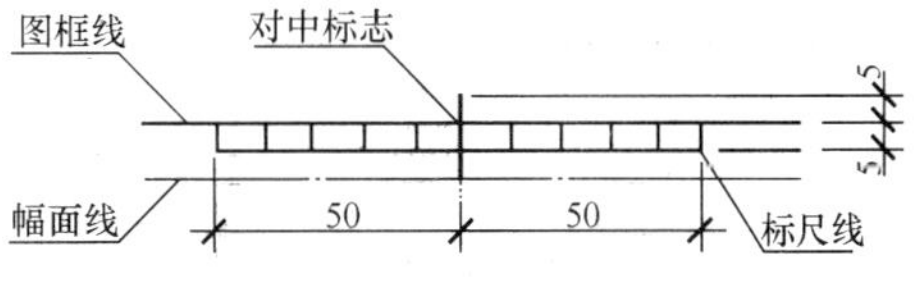

图 1-2　对中标志及标尺(单位:mm)

(3)图幅的短边不得加长。长边加长的长度,图幅 A0,A2,A4 应为 150mm 的整倍数;图幅 A1,A3 应为 210mm 的整倍数。

二、图线及比例

1. 图线

(1)图线的宽度(b)应从 2.0,1.4,1.0,0.7,0.5,0.35,0.25,0.18,0.13(mm)中选取。

(2)每张图上的图线线宽不宜超过 3 种。基本线宽(b)应根据图样比例和复杂程度确定。线宽组合宜符合表 1-2 的规定。

表 1-2　线宽组合

线宽类别	线宽系列/mm				
b	1.4	1.0	0.7	0.5	0.35
0.5*b*	0.7	0.5	0.35	0.25	0.25
0.25*b*	0.35	0.25	0.18(0.2)	0.13(0.15)	0.13(0.15)

注：表中括号内的数字为代用的线宽。

(3)图纸中常用线型及线宽应符合表 1-3 的规定。

表 1-3　常用线型及线宽

名　称	线　型	线　宽
加粗粗实线		(1.42～2.0)*b*
粗实线		*b*
中粗实线		0.5*b*
细实线		0.25*b*
粗虚线		*b*
中粗虚线		0.5*b*
细虚线		0.25*b*
粗点划线		*b*
中粗点划线		0.5*b*
细点划线		0.25*b*
粗双点划线		*b*
中粗双点划线		0.5*b*
细双点划线		0.25*b*
折断线		0.25*b*
波浪线		0.25*b*

(4)虚线、长虚线、点划线、双点划线和折断线应按图 1-3 绘制。

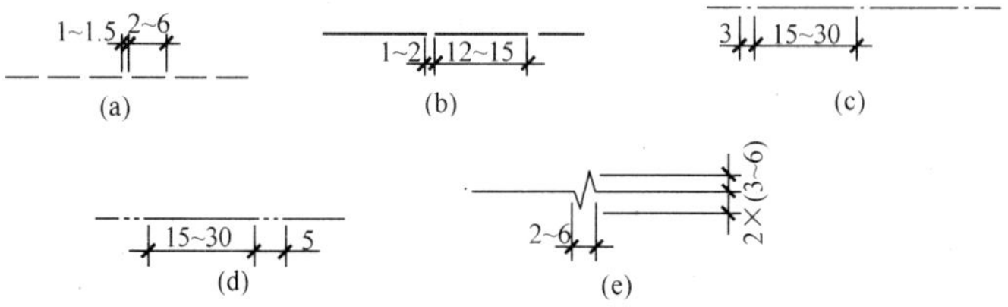

图 1-3　图线的画法(单位:mm)

(a)虚线;(b)长虚线;(c)点划线;(d)双点划线;(e)折断线

(5)相交图线的绘制应符合下列规定:

1)当虚线与虚线或虚线与实线相交接时,不应留空隙,见图 1-4(a)。

2)当实线的延长线为虚线时,应留空隙,见图 1-4(b)。

3)当点划线与点划线或点划线与其他图线相交时,交点应设在线段处,见图 1-4(c)。

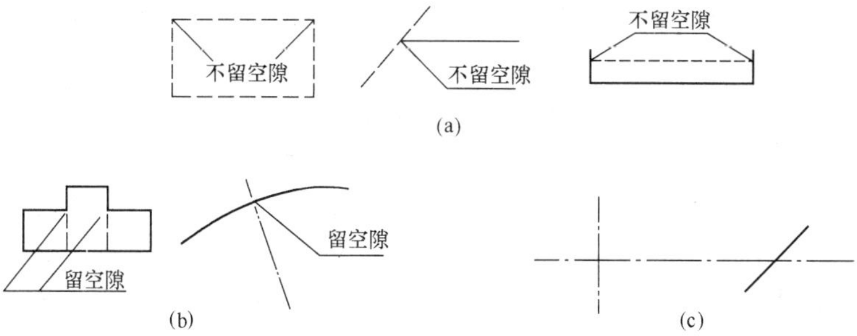

图 1-4　图线相交的画法

(a)虚线与虚线或虚线与实线相交；(b)实线的延长线为虚线；

(c)点划线与点划线或点划线与其他图线相交

(6)图线间的净距不得小于 0.7mm。

2. 比例

(1)绘图的比例，应为图形线性尺寸与相应实物实际尺寸之比。比例大小即为比值大小，如 1 ∶ 50 大于 1 ∶ 100。

(2)绘图比例的选择，应根据图面布置合理、匀称、美观的原则，按图形大小及图面复杂程度确定。

(3)比例应采用阿拉伯数字表示，宜标注在视图图名的右侧或下方，字高可为视图图名字高的 0.7 倍，见图 1-5(a)。

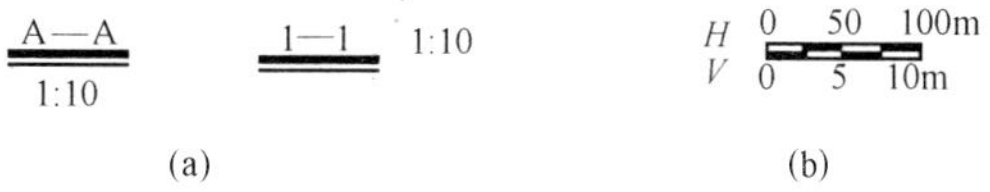

图 1-5　比例的标注

(a)比例标注于图名右侧或下方；(b)标尺标注比例

当同一张图纸中的比例完全相同时，可在图标中注明，也可在图纸中适当位置采用标尺标注。当竖直方向与水平方向的比例不同时，可用 V 表示竖直方向比例，用 H 表示水平方向比例，见图 1-5(b)。

三、尺寸标注

(1)尺寸应标注在视图醒目的位置。计量时，应以标注的尺寸数字为准，不得用量尺直接从图中量取。尺寸应由尺寸界线、尺寸线、尺寸起止符和尺寸数字组成。

(2)尺寸界线与尺寸线均应采用细实线。尺寸起止符宜采用单边箭头表示，箭头在尺寸界线的右边时，应标注在尺寸线之上；反之，应标注在尺寸线之下。箭头大小可按绘图比例取值。尺寸起止符也可采用斜短线表示。把尺寸界线按顺时针转 45°，作为斜短线的倾斜方向。在连续表示的小尺寸中，也可在尺寸界线同一水平的位置，用黑圆点表示尺寸起止符。

尺寸数字宜标注在尺寸线上方中部。当标注位置不足时，可采用反向箭头。最外边的尺寸数字，可标注在尺寸界线外侧箭头的上方；中部相邻的尺寸数字，可错开标注。

(3)尺寸界线的一端应靠近所标注的图形轮廓线，另一端宜超出尺寸线 1～3mm。图形轮廓线、中心线也可作为尺寸界线。尺寸界线宜与被标注长度垂直；当标注困难时，也可不垂直，但尺寸界线应相互平行。

(4)尺寸线必须与被标注长度平行，不应超出尺寸界线，任何其他图线均不得作为尺寸线。在任何情况下，图线不得穿过尺寸数字。相互平行的尺寸线应从被标注的图形轮廓线由近向远排列，平行尺寸线间的间距可在 5～15mm 之间。分尺寸线应离轮廓线近，总尺寸线应离轮廓线远（见图 1-6）。

（5）尺寸数字及文字书写方向应按图 1-7 标注。

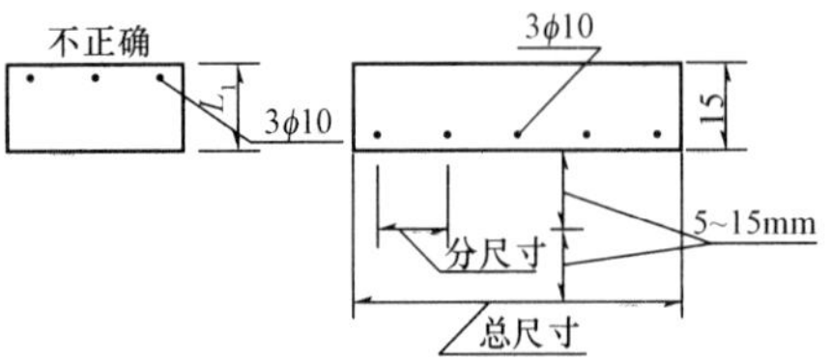

图 1-6　尺寸线的标注

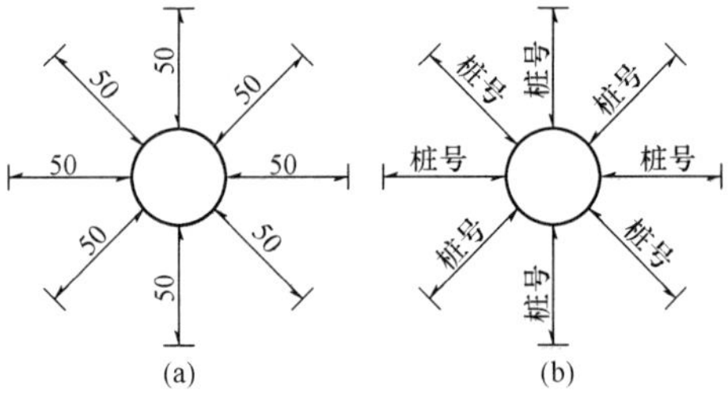

图 1-7　尺寸数字、文字的标注

（a）尺寸数字标注；（b）尺寸文字标注

（6）当用大样图表示较小且复杂的图形时，其放大范围应在原图中采用细实线绘制圆形或以较规则的图形圈出，并用引出线标注（见图 1-8）。

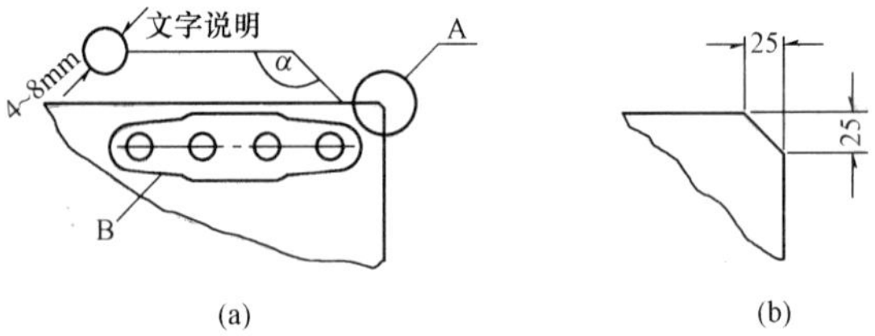

图 1-8　大样图范围的标注

（a）原图；（b）大样图 A

（7）引出线的斜线与水平线应采用细实线，其交角 α 可按 90°，120°，135°，150°绘制。当视图需要文字说明时，可将文字说明标注在引出线的水平线上（见图 1-8）。当斜线在一条以上时，各斜线宜平行或交于一点（见图 1-9）。

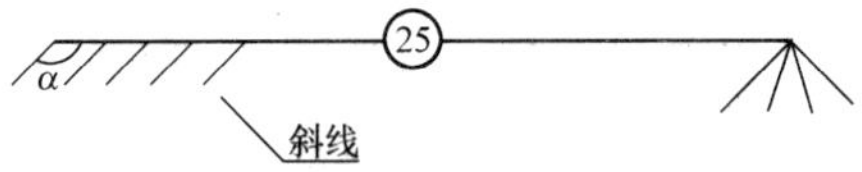

图 1-9　引出线的标注

（8）半径与直径可按图 1-10（a）标注。当圆的直径较小时，半径与直径可按图 1-10（b）标注；当圆的直径较大时，半径尺寸的起点可不从圆心开始，见图 1-10（c）。半径和直径的尺寸数字前，应标注“$r(R)$”或“$d(D)$”，见图 1-10（b）。

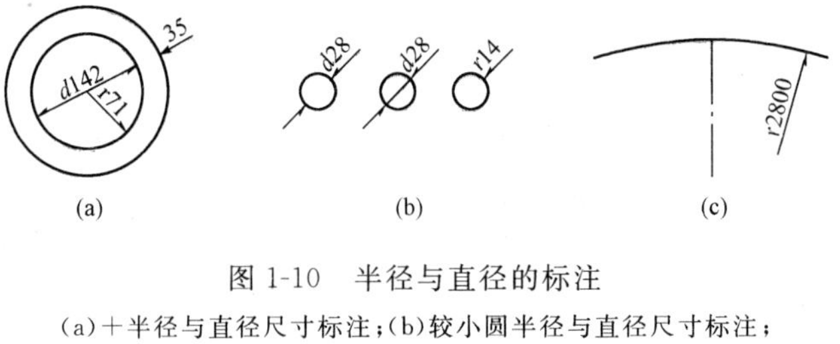

图 1-10　半径与直径的标注

（a）十半径与直径尺寸标注；（b）较小圆半径与直径尺寸标注；

（c）较大圆半径与直径尺寸标注

(9)圆弧尺寸宜按图 1-11(a)标注。当弧长分为数段标注时,尺寸界线也可沿径向引出,见图 1-11(b)。弦长的尺寸界线应垂直圆弧的弦,见图 1-11(c)。

(10)角度尺寸线应以圆弧表示。角的两边为尺寸界线。角度数值宜写在尺寸线上方中部。当角度太小时,可将尺寸线标注在角的两条边的外侧。角度数字宜按图 1-12 标注。

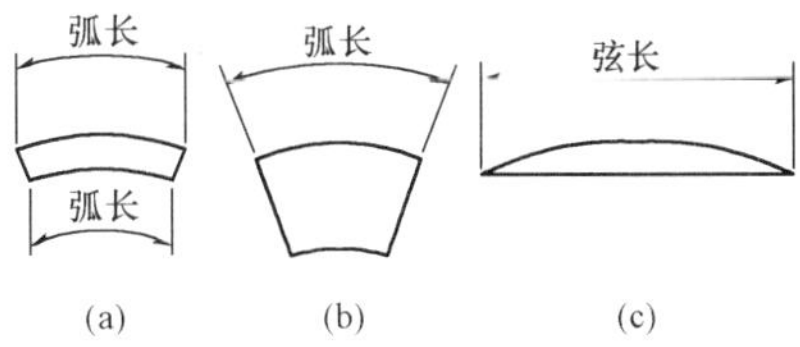

图 1-11　弧、弦的尺寸标注
(a)圆弧尺寸标注;(b)弧长分为数段时尺寸标注;(c)弦长尺寸标注

(11)尺寸的简化画法应符合下列规定:

1)连续排列的等长尺寸可采用"间距数乘间距尺寸"的形式标注(见图 1-13)。

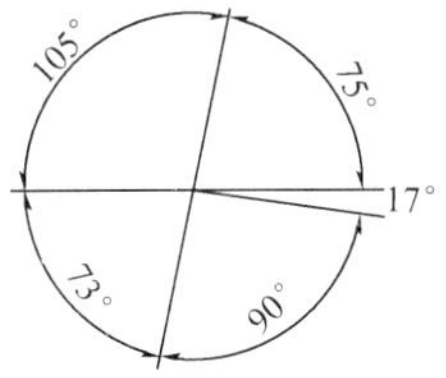

图 1-12　角度的标注

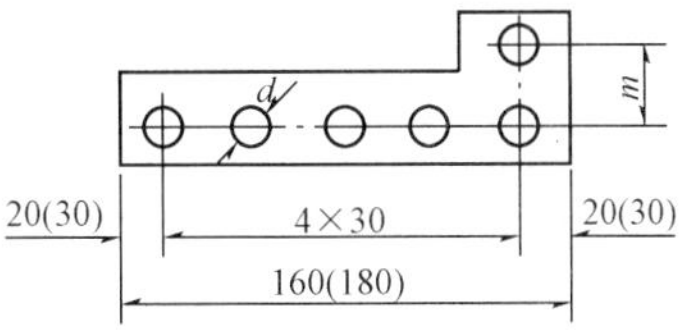

图 1-13　相似图形的标注

2)两个相似图形可仅绘制一个。未示出图形的尺寸数字可用括号表示。如有数个相似图形,当尺寸数值各不相同时,可用字母表示,其尺寸数值应在图中适当位置列表示出。

(12)倒角尺寸可按图 1-14(a)标注,当倒角为 45°时,也可按图1-14(b)标注。

(13)标高符号应采用细实线绘制的等腰三角形表示。高为 2～3mm,底角为 45°。顶角应指至被注的高度,顶角向上、向下均可。标高数字宜标注在三角形的右边。负标高应冠以"－"号,正标高(包括零标高)数字前不应冠以"＋"号。当图形复杂时,也可采用引出线形式标注(见图 1-15)。

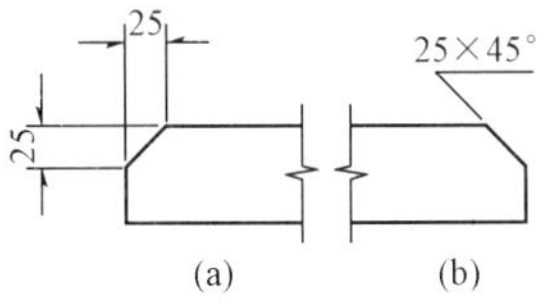

图 1-14　倒角的标注
(a)倒角尺标注;(b)45°倒角尺寸标注

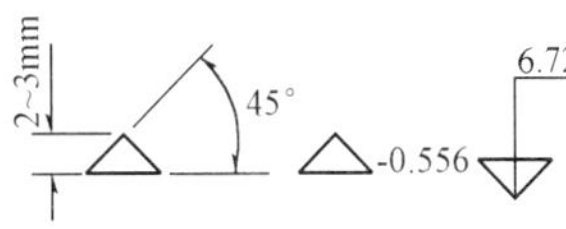

图 1-15　标高的标注

(14)当坡度值较小时,坡度的标注宜用百分率表示,并应标注坡度符号。坡度符号应由细实线、单边箭头以及在其上标注百分数组成。坡度符号的箭头应指向下坡。当坡度值较大时,坡度的标注宜用比例的形式表示,例如 1 ∶ n(见图 1-16)。

(15)水位符号应由数条上长下短的细实线及标高符号组成。细实线间的间距宜为 1mm(见图 1-17)。

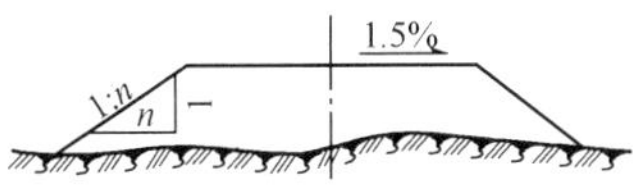

图 1-16　坡度的标注

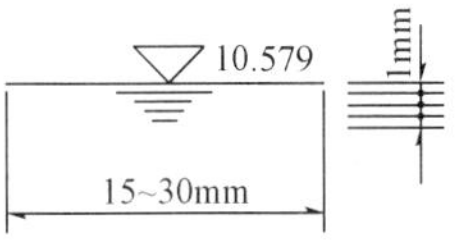

图 1-17　水位的标注

四、常用图例

市政工程常用图例见表 1-4～表 1-6。

表 1-4 市政工程常用图例

项目	序号	名称		图例
平面	1	涵洞		
	2	通道		
	3	分离式立交	a. 主线上跨	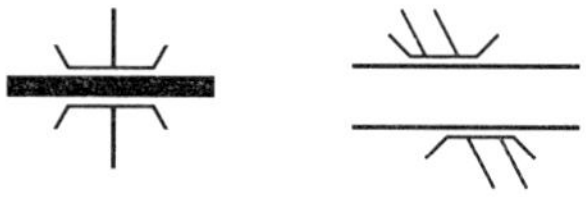
			b. 主线下穿	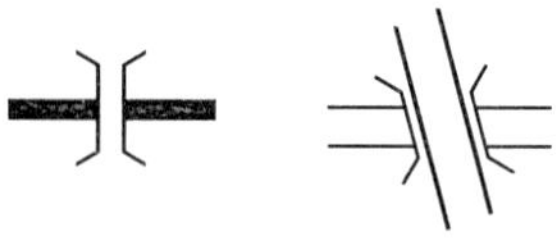
	4	桥梁 （大、中桥按实际长度绘）		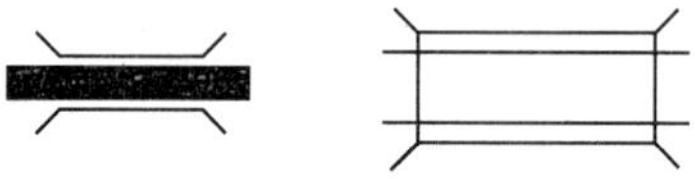
	5	互通式立交 （按采用形式绘）		
	6	隧道		
	7	养护机构		
	8	管理机构		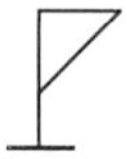
	9	防护网		
	10	防护栏		
	11	隔离墩		
纵断	12	箱涵		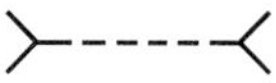
	13	管涵		
	14	盖板涵		

续表

项目	序号	名称		图例
纵断	15	拱涵		
	16	箱形通道		
	17	桥梁		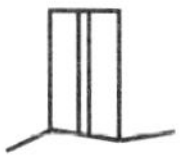
	18	分离式立交	a. 主线上跨	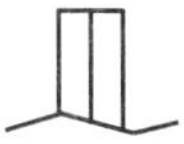
			b. 主线下穿	
	19	互通式立交	a. 主线上跨	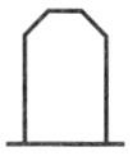
			b. 主线下穿	
材料	20	细粒式沥青混凝土		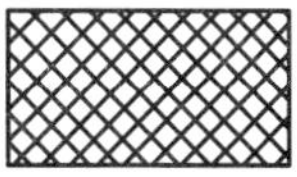
	21	中粒式沥青混凝土		
	22	粗粒式沥青混凝土		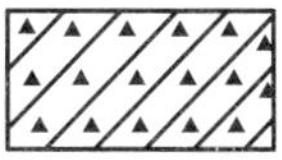
	23	沥青碎石		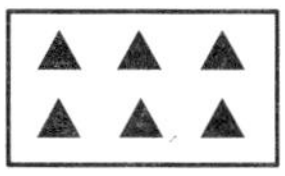
	24	沥青贯入碎砾石		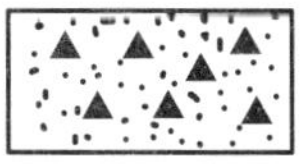
	25	沥青表面处置		
	26	水泥混凝土		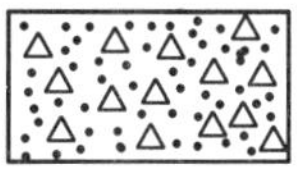
	27	钢筋混凝土		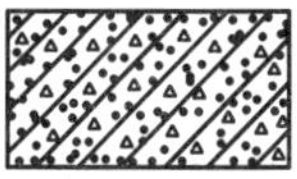
	28	水泥稳定土		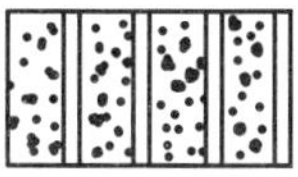

续表

项目	序号	名　　称	图　　　　例
材料	29	水泥稳定砂砾	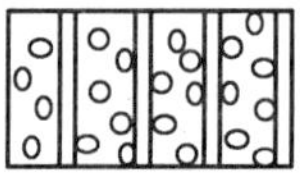
	30	水泥稳定碎砾石	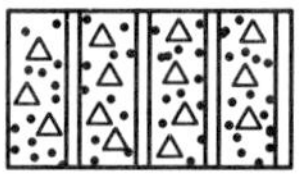
	31	石灰土	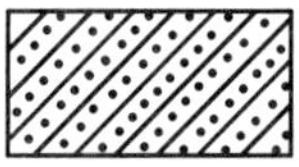
	32	石灰粉煤灰	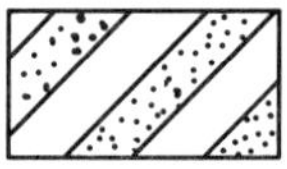
	33	石灰粉煤灰土	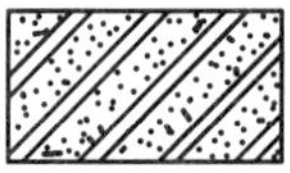
	34	石灰粉煤灰砂砾	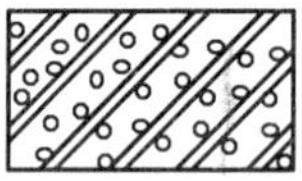
	35	石灰粉煤灰碎砾石	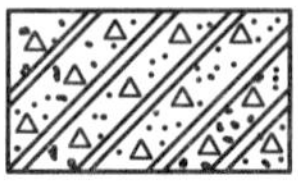
	36	泥结碎砾石	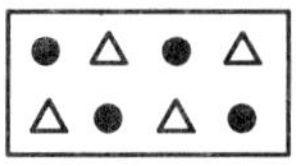
	37	泥灰结碎砾石	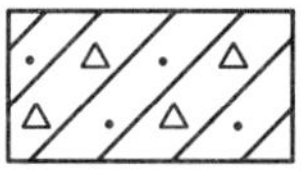
	38	级配碎砾石	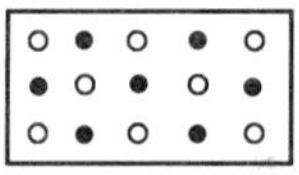
	39	填隙碎石	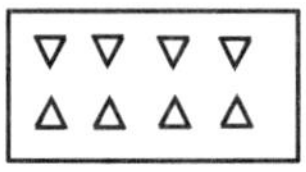
	40	天然砂砾	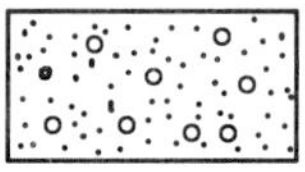
	41	干砌片石	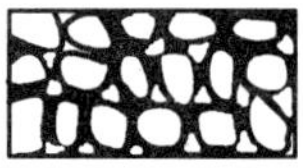
	42	浆砌片石	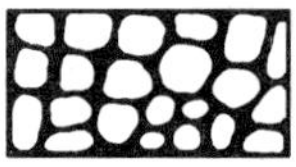
	43	浆砌块石	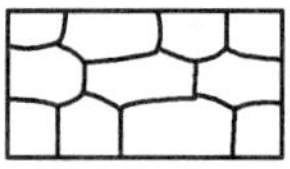

续表

项目	序号	名称		图例
材料	44	木材	横	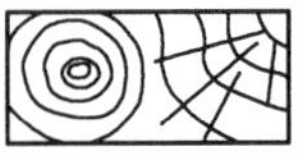
			纵	
	45	金属		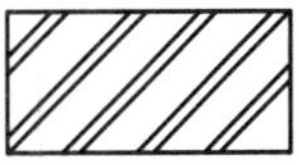
	46	橡胶		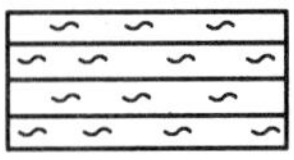
	47	自然土		
	48	夯实土		

表 1-5　市政工程平面设计图图例

图例	名称	图例	名称
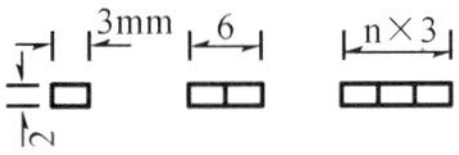	平箅式雨水口（单、双、多箅）		护坡 边坡加固
	偏沟式雨水口（单、双、多箅）	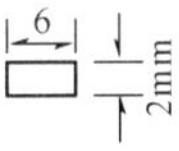	边沟过道（长度超过规定时按实际长度绘）
	联合式雨水口（单、双、多箅）	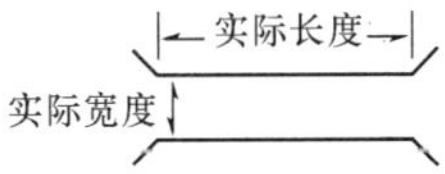	大、中小桥（大比例尺时绘双线）
DN×× *L*=××m	雨水支管	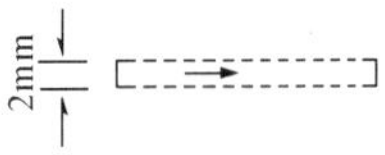	涵洞（一字洞口）（需绘洞口具体做法及导流措施时宽度按实际宽度绘制）
			涵洞（八字洞口）
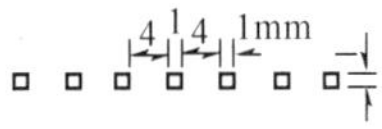	标柱	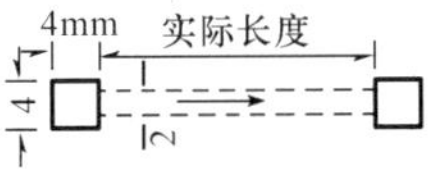	倒虹吸
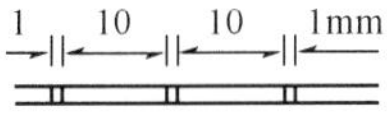	护栏	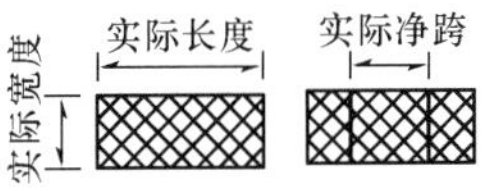	过水路面 混合式过水路面

续表

图　　例	名　　称	图　　例	名　　称
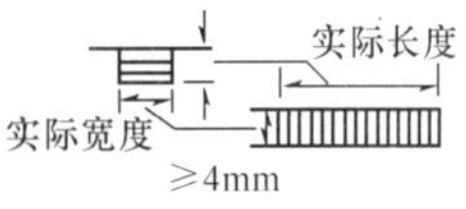	台阶、礓磜、坡道	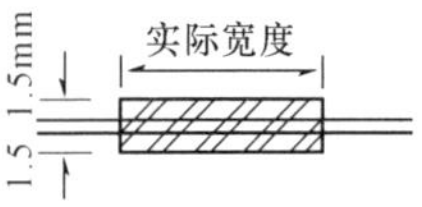	铁路道口
	盲　　沟	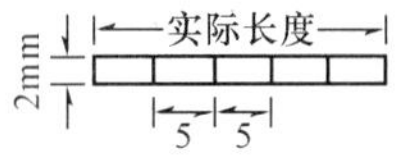	渡　　槽
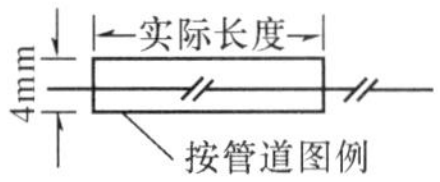	管道加固	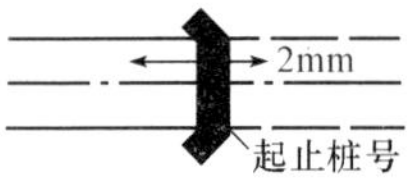	隧　　道
	水簸箕、跌水	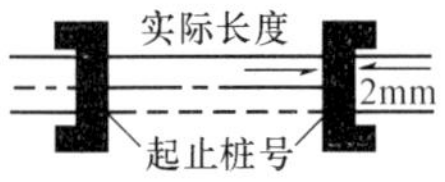	明　　洞
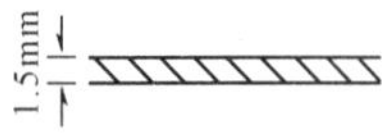	挡土墙、挡水墙	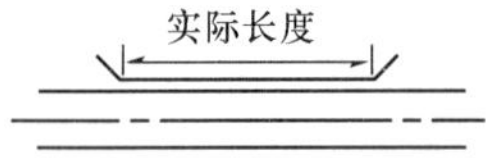	栈桥 （大比例尺时绘双线）
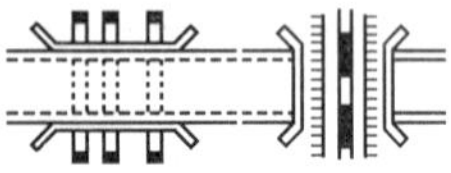	铁路立交 （长、宽角按实际绘）	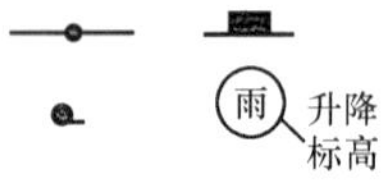	迁杆、伐树、迁移、 升降雨水口、探井等
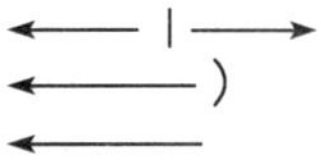	边沟、排水沟 及地区排水方向	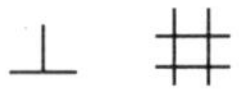	迁坟、收井等（加粗）
	干浆 砌片石（大面积）	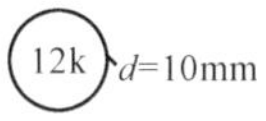	整公里桩号
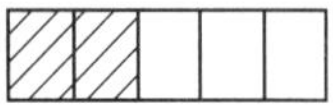	拆房 （拆除其他建筑物及 刨除旧路面相同）	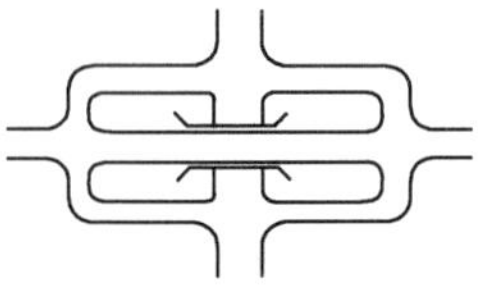	街道及公路立交按设计实际 形状（绘制各部组成）参用 有关图例

表 1-6　市政路面结构材料断面图例

图　　例	名　　称	图　　例	名　　称	图　　例	名　　称
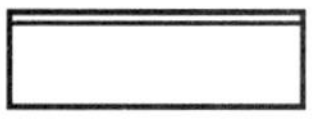	单层式 沥青表面处理		水泥混凝土	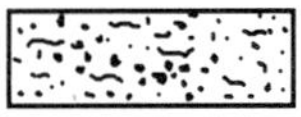	石灰土
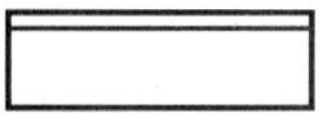	双层式沥青 表面处理	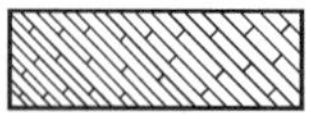	加筋水泥混凝土		石灰焦渣土

续表

图　例	名　称	图　例	名　称	图　例	名　称
	沥青砂黑色石屑(封面)		级配砾石	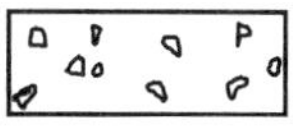	矿　渣
	黑色石屑碎石		碎石、破碎砾石	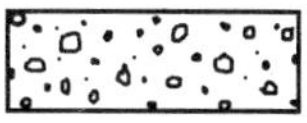	级配砂石
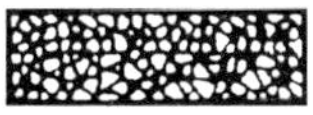	沥青碎石	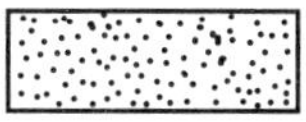	粗　砂	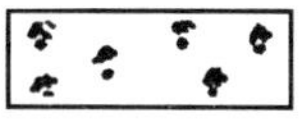	水泥稳定土或其他加固土
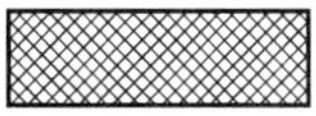	沥青混凝土	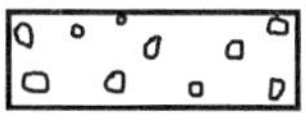	焦　渣	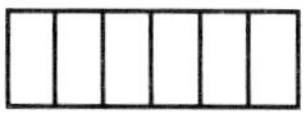	浆砌块石

第二节 道路工程制图与识读

一、道路工程平面图

(1)平面图中常用的图线应符合下列规定:

1)设计路线应采用加粗粗实线表示,比较线应采用加粗粗虚线表示。

2)道路中线应采用细点划线表示。

3)中央分隔带边缘线应采用细实线表示。

4)路基边缘线应采用粗实线表示。

5)导线、边坡线、护坡道边缘线、边沟线、切线、引出线、原有道路边线等,应采用细实线表示。

6)用地界线应采用中粗点划线表示。

7)规划红线应采用粗双点划线表示。

(2)里程桩号的标注应在道路中线上从路线起点至终点,按从小到大,从左到右的顺序排列。公里桩宜标注在路线前进方向的左侧,用符号"○"表示;百米桩宜标注在路线前进方向的右侧,用垂直于路线的短线表示。也可在路线的同一侧,均采用垂直于路线的短线表示公里桩和百米桩。

(3)平曲线特殊点如第一缓和曲线起点、圆曲线起点、圆曲线中点,第二缓和曲线终点、第二缓和曲线起点、圆曲线终点的位置,宜在曲线内侧用引出线的形式表示,并应标注点的名称和桩号。

(4)在图纸的适当位置,应列表标注平曲线要素:交点编号、交点位置、圆曲线半径、缓和曲线长度、切线长度、曲线总长度、外距等。高等级公路应列出导线点坐标表。

(5)缩图(示意图)中的主要构造物可按图 1-18 标注。

(6)图中的文字说明除"注"外,宜采用引出线的形式标注(见图 1-19)。

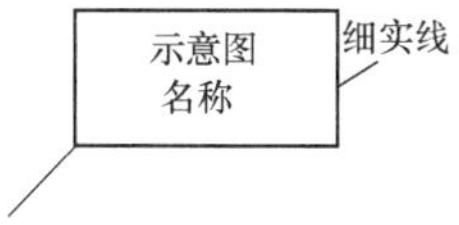

图 1-18 构造物的标注

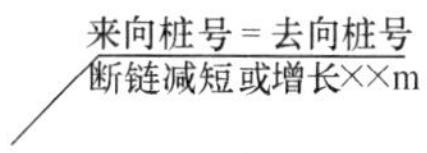

图 1-19 文字的标注

(7)图中原有管线应采用细实线表示，设计管线应采用粗实线表示，规划管线应采用虚线表示。

(8)边沟水流方向应采用单边箭头表示。

(9)水泥混凝土路面的胀缝应采用两条细实线表示；假缝应采用细虚线表示，其余应采用细实线表示。

二、道路工程纵断面图

(1)纵断面图的图样应布置在图幅上部。测设数据应采用表格形式布置在图幅下部。高程标尺应布置在测设数据表的上方左侧(见图 1-20)。

测设数据表宜按图 1-20 的顺序排列。表格可根据不同设计阶段和不同道路等级的要求而增减。纵断面图中的距离与高程宜按不同比例绘制。

(2)道路设计线应采用粗实线表示；原地面线应采用细实线表示；地下水位线应采用细双点划线及水位符号表示；地下水位测点可仅用水位符号表示(见图1-21)。

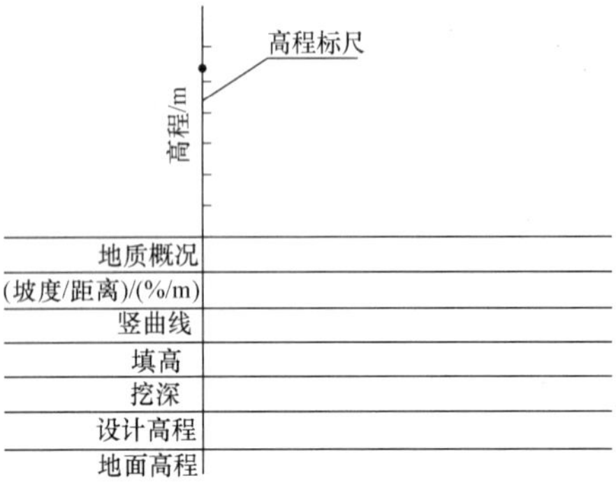

图 1-20　纵断面图的布置

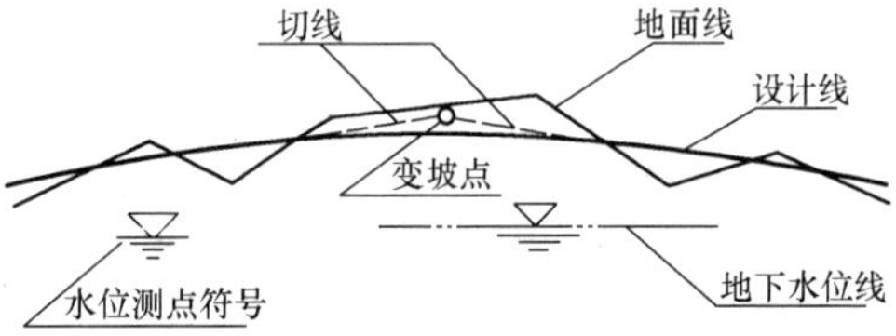

图 1-21　道路设计线、原地面线、地下水位线的标注

(3)当路线短链时，道路设计线应在相应桩号处断开，并按图 1-22(a)标注。路线局部改线而发生长链时，利用已绘制的纵断面图，当高差较大时，宜按图1-22(b)标注；当高差较小时，宜按图 1-22(c)标注。长链较长而不能利用原纵断面图时，应另绘制长链部分的纵断面图。

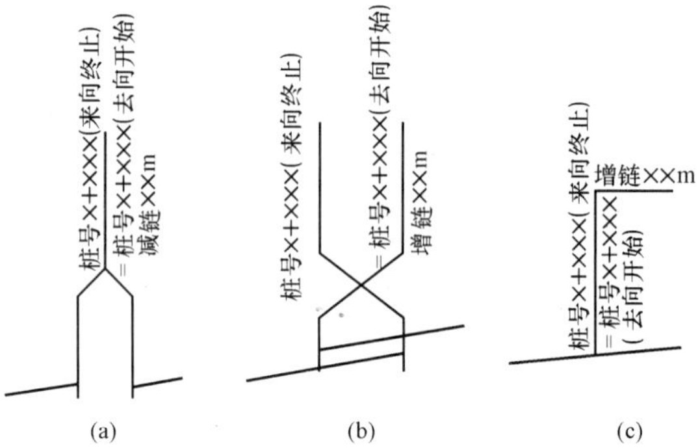

图 1-22　断链的标注

(a)路线短链；(b)高差较大；(c)高差较小

(4)当路线坡度发生变化时，变坡点应用直径为 2mm 中粗线圆圈表示；切线应采用细虚线表示；竖曲线应采用粗实线表示。标注竖曲线的竖直细实线应对准变坡点所在桩号，线左侧标注桩号；线右侧标注变坡点高程。水平细实线两端应对准竖曲线的始、终点。两端的短竖直细实线在水平线之上为凹曲线；反之为凸曲线。竖曲线要素(半径 R、切线长 T、外矩 E)的数值均应标注在水平细实线上方，见图1-23(a)。竖曲线标注也可布置在测设数据表内。此时，变坡点的位置应在坡度、距离栏内示出，见图 1-23(b)。

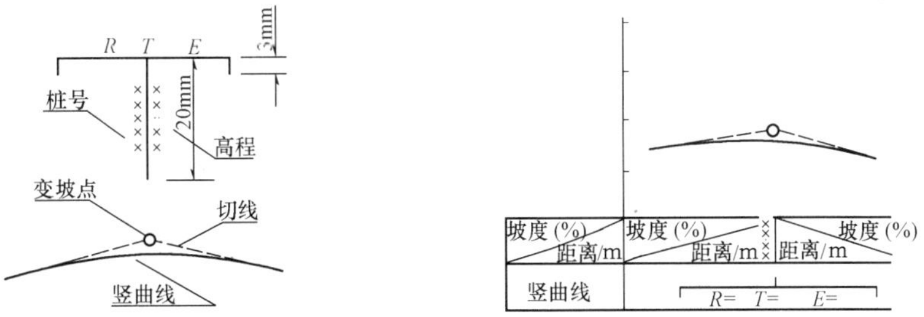

(a)　　　　(b)

图 1-23　竖曲线的标注

(a)标注在水平细实线上方；(b)标注在测设数据表内

(5)道路沿线的构造物、交叉口，可在道路设计线的上方，用竖直引出线标注。竖直引出线应对准构造物或交叉口中心位置。线左侧标注桩号，水平线上方标注构造物名称、规格、交叉口名称(见图 1-24)。

(6)水准点宜按图 1-25 标注。竖直引出线应对准水准点桩号，线左侧标注桩号，水平线上方标注编号及高程；线下方标注水准点的位置。

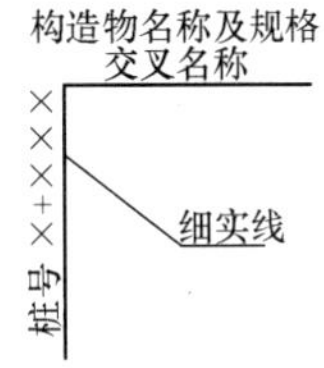

图 1-24　沿线构造物及交叉口标注

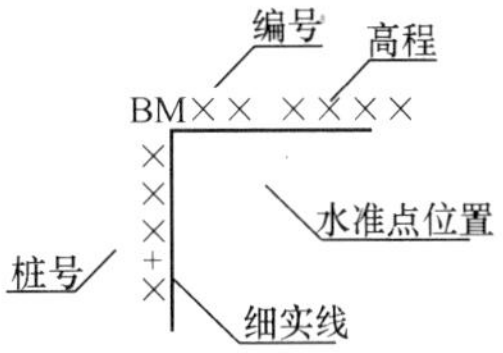

图 1-25　水准点的标注

(7)在纵断面图中可根据需要绘制地质柱状图，并示出岩土图例或代号。各地层高程应与高程标尺对应。

探坑应按宽为 0.5cm、深为 1∶100 的比例绘制，在图样上标注高程及土壤类别图例。钻孔可按宽 0.2cm 绘制，仅标注编号及深度，深度过长时可采用折断线示出。

(8)纵断面图中，给排水管涵应标注规格及管内底的高程。地下管线横断面应采用相应图例。无图例时可自拟图例，并应在图纸中说明。

(9)在测设数据表中，设计高程、地面高程、填高、挖深的数值应对准其桩号，单位以米计。

(10)里程桩号应由左向右排列。应将所有固定桩及加桩桩号示出。桩号数值的字底应与所表示桩号位置对齐。整公里桩应标注“K”，其余桩号的公里数可省略(见图 1-26)。

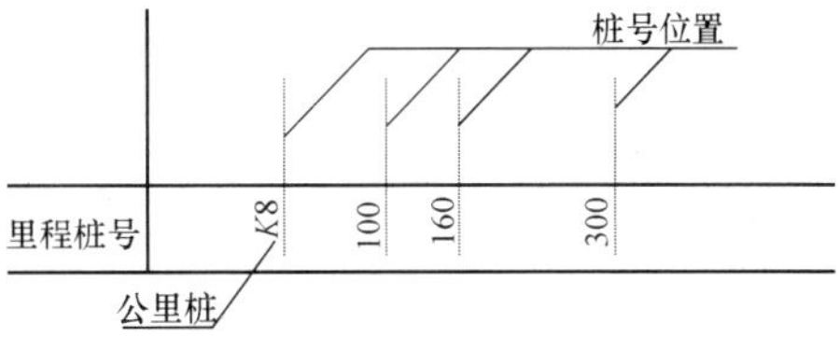

图 1-26　里程桩号的标注

(11)在测设数据表中的平曲线栏中，道路左、右转弯应分别用凹、凸折线表示。当不设缓和曲线段时，按图 1-27(a)标注；当设缓和曲线段时，按图 1-27(b)标注。在曲线的一侧标注交点编号、桩号、偏角、半径、曲线长。

三、道路工程横断面图

(1)路面线、路肩线、边坡线、护坡线均应采用粗实线表示;路面厚度应采用中粗实线表示;原有地面线应采用细实线表示,设计或原有道路中线应采用细点划线表示(见图 1-28)。

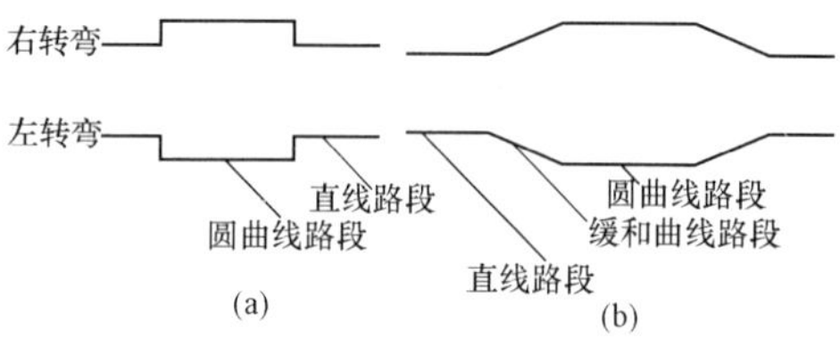

图 1-27　平曲线的标注

(a)不设缓和曲线时平曲线标注;

(b)设缓和曲线时平曲线标注

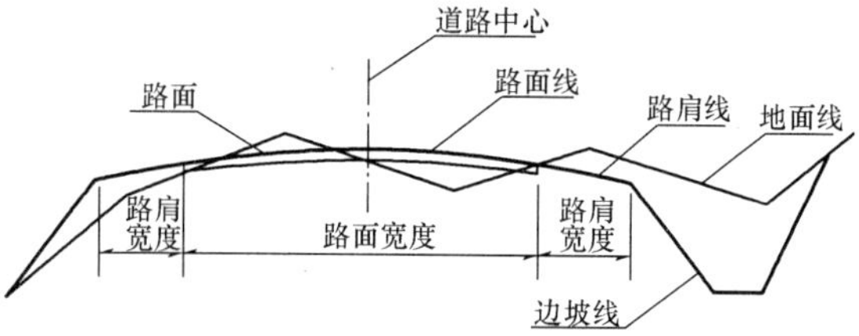

图 1-28　横断面图

(2)当道路分期修建、改建时,应在同一张图纸中示出规划、设计、原有道路横断面,并注明各道路中线之间的位置关系。规划道路中线应采用细双点划线表示。规划红线应采用粗双点划线表示。在设计横断面图上,应注明路侧方向(见图 1-29)。

(3)横断面图中,管涵、管线的高程应根据设计要求标注。管涵、管线横断面应采用相应图例(见图 1-30)。

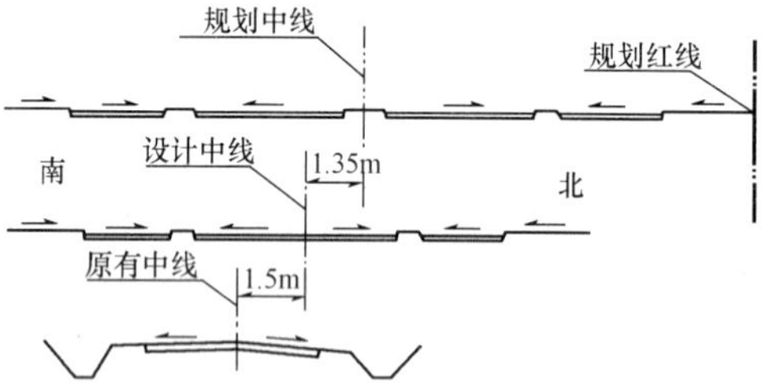

图 1-29　不同设计阶段横断面

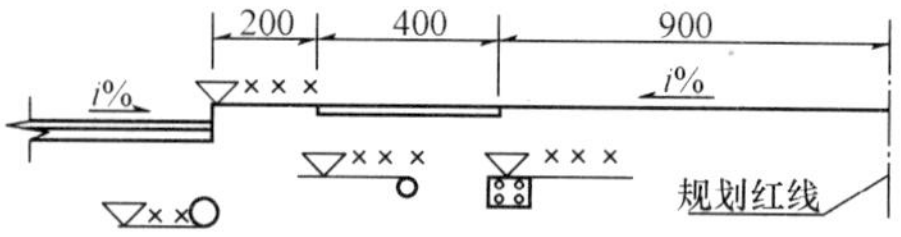

图 1-30　横断面图中管涵、管线的标注

(4)道路的超高、加宽应在横断面图中示出(见图 1-31)。

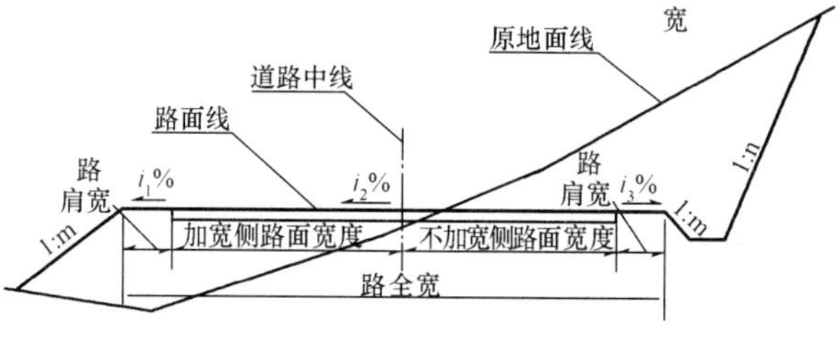

图 1-31　道路超高、加宽的标注

(5)用于施工放样及土方计算的横断面图应在图样下方标注桩号。图样右侧应标注填高、挖深、填方、挖方的面积,并采用中粗点划线示出征地界线(见图 1-32)。

(6)当防护工程设施标注材料名称时，可不画材料图例，其断面阴影线可省略(见图1-33)。

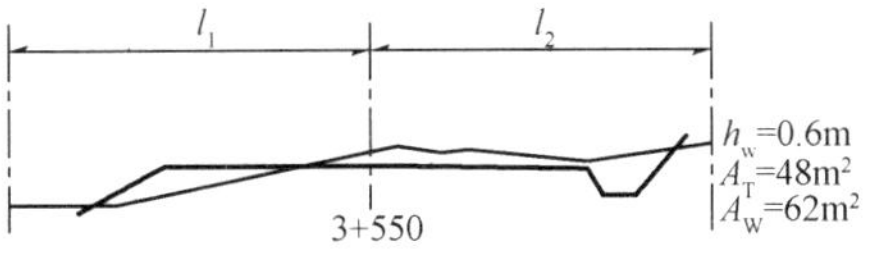

图 1-32　横断面图中填挖方的标注

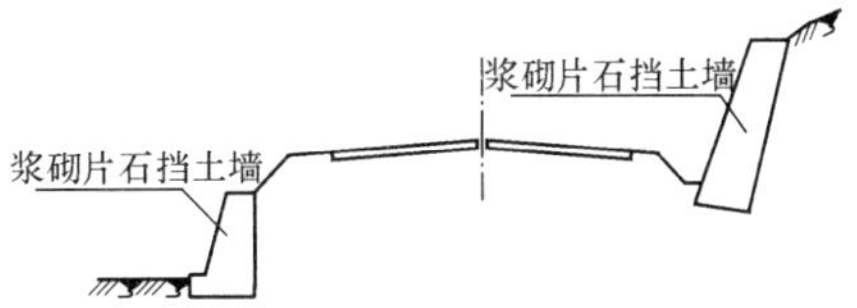

图 1 33　防护工程设施的标注

(7)路面结构图应符合下列规定：

1)当路面结构类型单一时，可在横断面图上，用竖直引出线标注材料层次及厚度，见图1-34(a)。

2)当路面结构类型较多时，可按各路段不同的结构类型分别绘制，并标注材料图例(或名称)及厚度，见图 1-34(b)。

(8)在路拱曲线大样图的垂直和水平方向上，应按不同比例绘制(图 1-35)。

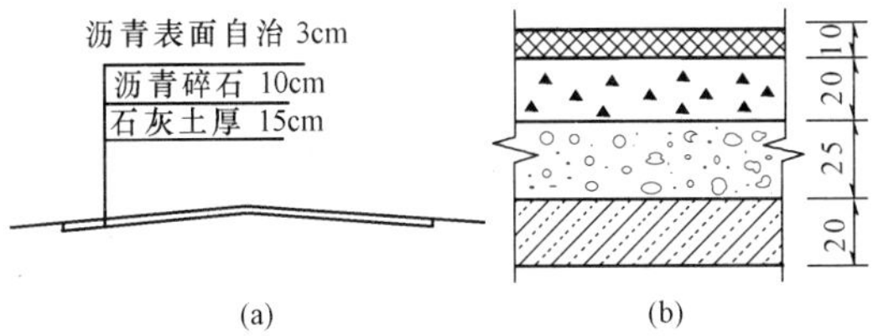

图 1-34　路面结构的标注

(a)标注材料图例；(b)标注厚度

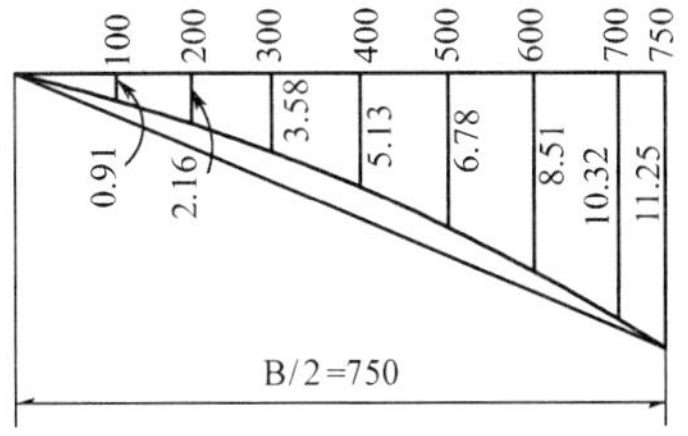

图 1-35　路拱曲线大样

(9)当采用徒手绘制实物外形时，其轮廓应与实物外形相近。当采用计算机绘制此类实物时，可用数条间距相等的细实线组成与实物外形相近的图样(见图1-36)。

(10)在同一张图纸上的路基横断面，应按桩号的顺序排列，并从图纸的左下方开始，先由下向上，再由左向右排列(见图 1-37)。

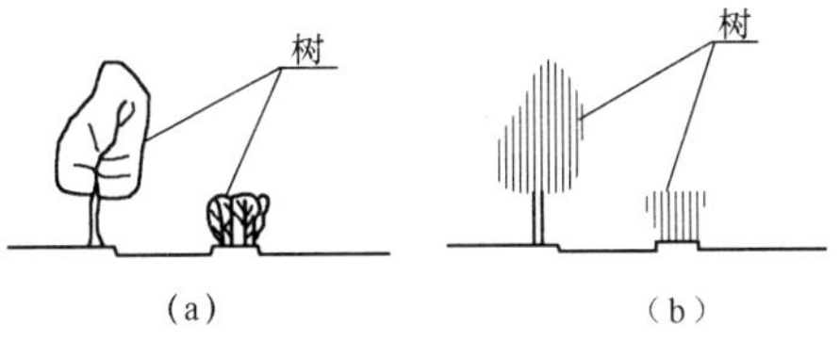

图 1-36　实物外形的绘制

(a)徒手绘制；(b)计算机绘制

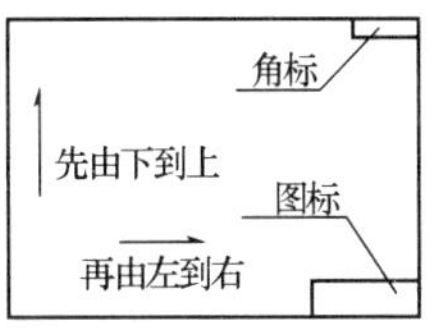

图 1-37　横断面的排列顺序

四、道路的平交与立交

(1)交叉口竖向设计高程的标注应符合下列规定：

1)较简单的交叉口可仅标注控制点的高程、排水方向及其坡度，见图 1-38(a)；排水方向可采用单边箭头表示。

2)用等高线表示的平交口,等高线宜用细实线表示,并每隔四条细实线绘制一条中粗实线,见图 1-38(b)。

3)用网格高程表示的平交路口,其高程数值宜标注在网格交点的右上方,并加括号。若高程整数值相同时,可省略。小数点前可不加“0”定位。高程整数值应在图中说明。网格应采用平行于设计道路中线的细实线绘制,见图 1-38(c)。

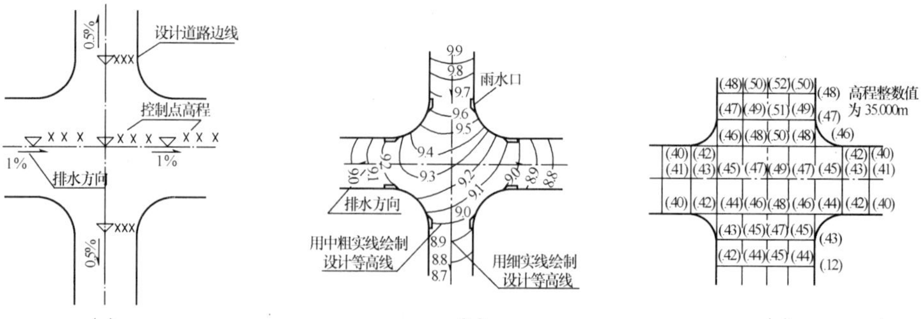

(a)　　(b)　　(c)

图 1-38　竖向设计高程的标注

(a)较简单的交叉口;(b)用等高线表示的平交口;(c)用网格高程表示的平交路口

(2)当交叉口改建(新旧道路衔接)及旧路面加铺新路面材料时,可采用图例表示不同贴补厚度及不同路面结构的范围(见图1-39)。

(3)水泥混凝土路面的设计高程数值应标注在板角处,并加注括号。在同一张图纸中,当设计高程的整数部分相同时,可省略整数部分,但应在图中说明(见图1-40)。

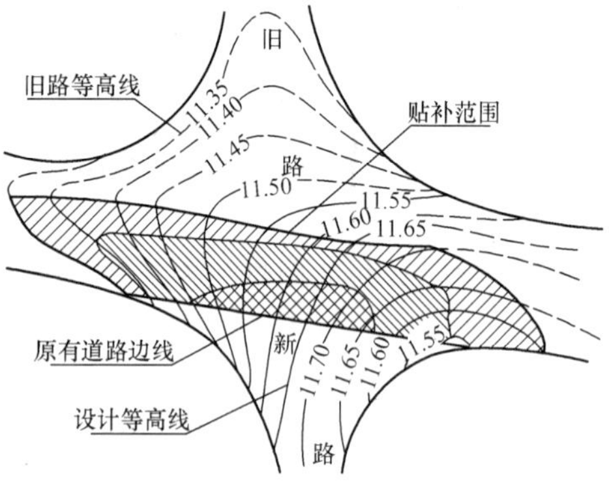

图 1-39　新旧路面的衔接

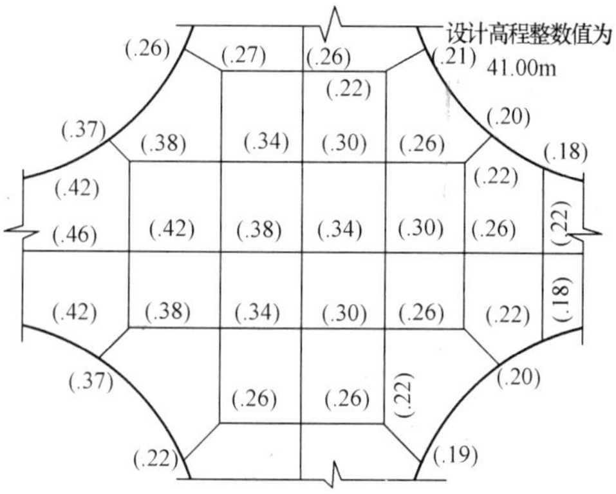

图 1-40　水泥混凝土路面高程标注

(4)在立交工程纵断面图中,机动车与非机动车的道路设计线均应采用粗实线绘制,其测设数据可在测设数据表中分别列出。

(5)在立交工程纵断面图中,上层构造物宜采用图例表示,并示出其底部高程,图例的长度为上层构造物底部全宽(图 1-41)。

(6)在互通式立交工程线形布置图中,匝道的设计线应采用粗实线表示,干道的道路中线应采用细点划线表示(见图 1-42)。图中的交点、圆曲线半径、控制点位置、平曲线要素及匝道长度均应列表示出。

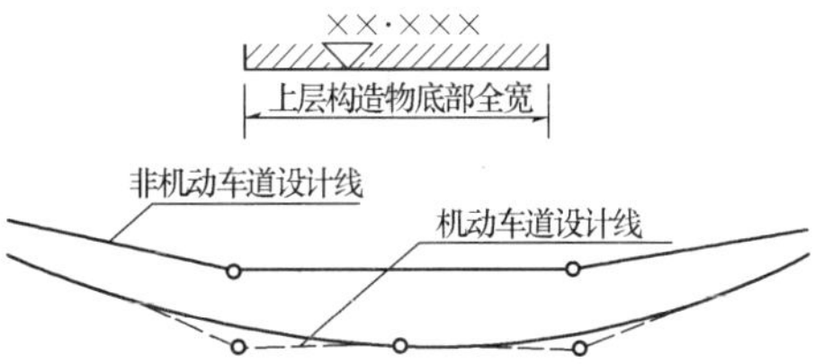

图 1-41　立交工程上层构造物的标注

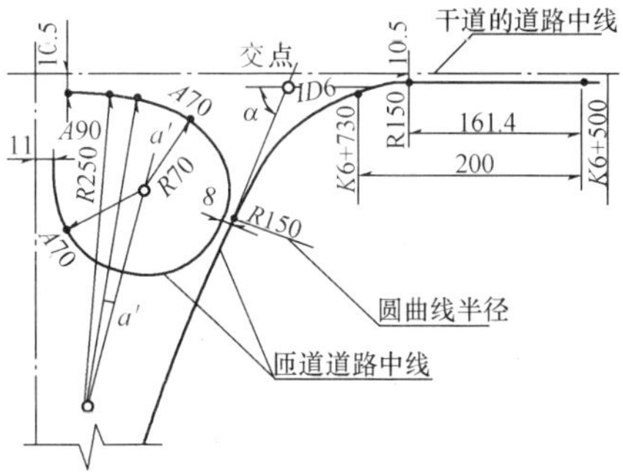

图 1-42　立交工程线形布置图

(7)在互通式立交工程纵断面图中，匝道端部的位置、桩号应采用竖直引出线标注，并在图中适当位置用中粗实线绘制线形示意图和标注各段的代号(见图 1-43)。

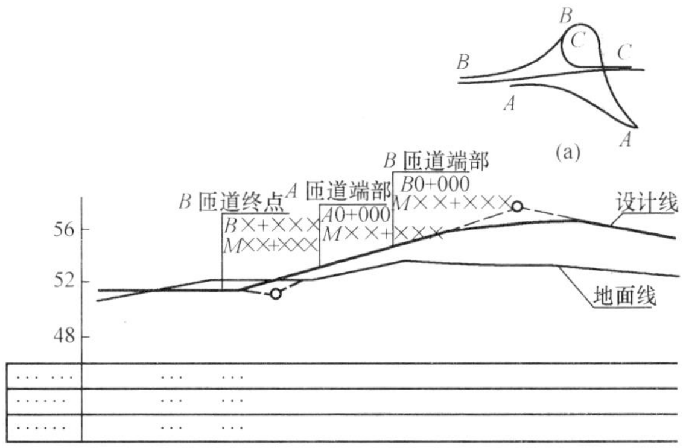

图 1-43　互通立交纵断面图匝道及线形示意

(8)在简单立交工程纵断面图中，应标注低位道路的设计高程；其所在桩号用引出线标注。当构造物中心与道路变坡点在同一桩号时，构造物应采用引出线标注(见图 1-44)。

(9)在立交工程交通量示意图中(见图 1-45)，交通量的流向应采用涂黑的箭头表示。

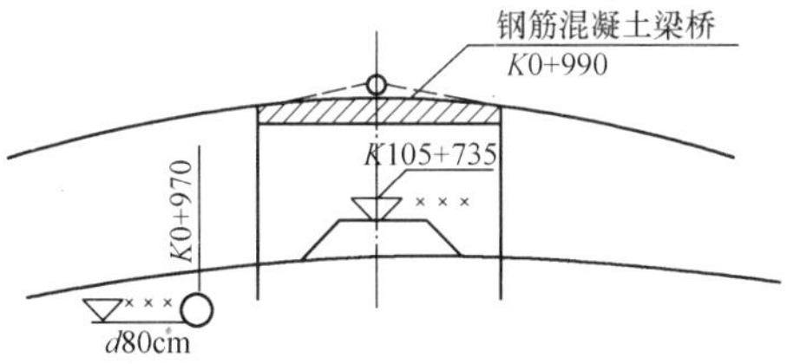

图 1-44　简单立交中低位道路及构造物标注

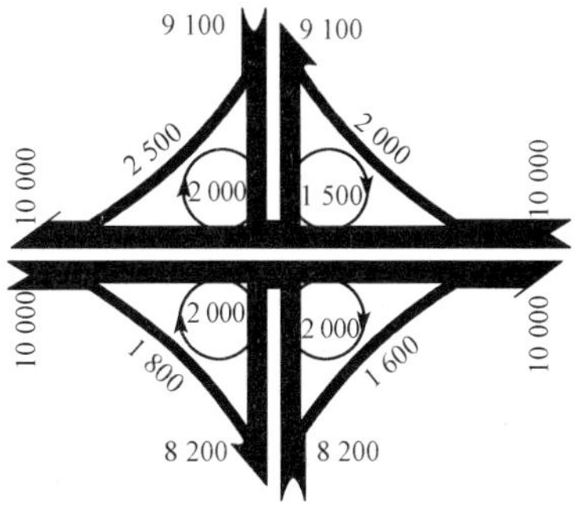

图 1-45　立交工程交通量示意图

第三节　交通工程制图与识读

一、交通标线

(1)交通标线应采用线宽为 1～2mm 的虚线或实线表示。

(2)车行道中心线的绘制应符合下列规定,其中 l 值可按制图比例取用。中心虚线应采用粗虚线绘制;中心单实线应采用粗实线绘制;中心双实线应采用两条平行的粗实线绘制,两线间净距为 1.5～2mm;中心虚、实线应采用一条粗实线和一条粗虚线绘制,两线间净距为 1.5～2mm(见图 1-46)。

(3)车行道分界线应采用粗虚线表示(见图 1-47)。

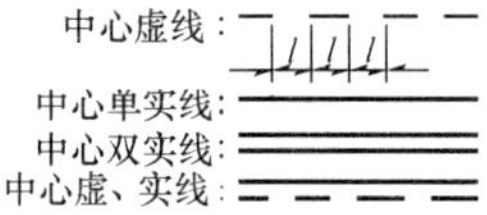

图 1-46　车行道中心线的画法

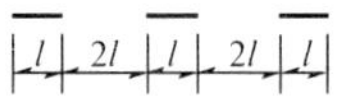

图 1-47　车行道分界线的画法

(4)车行道边缘线应采用粗实线表示。

(5)停止线应起于车行道中心线,止于路缘石边线(见图 1-48)。

(6)人行横道线应采用数条间隔 1～2mm 的平行细实线表示(见图 1-48)。

(7)减速让行线应采用两条粗虚线表示。粗虚线间净距宜采用 1.5～2mm(见图 1-49)。

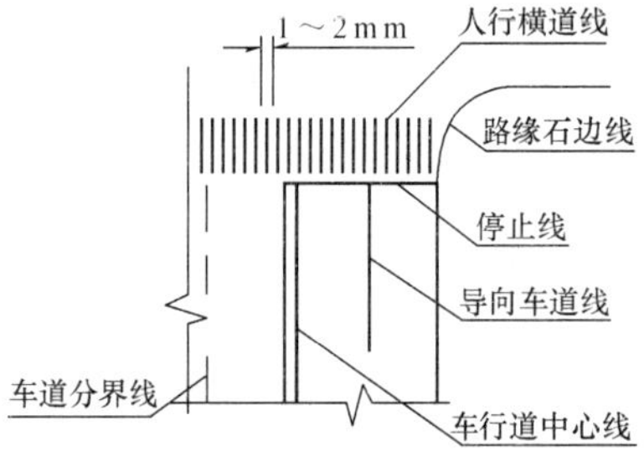

图 1-48　停止线位置

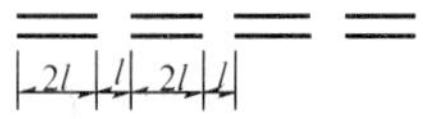

图 1-49　减速让行线的画法

(8)导流线应采用斑马线绘制。斑马线的线宽及间距宜采用 2～4mm。斑马线的图案,可采用平行式或折线式(见图 1-50)。

(9)停车位标线应由中线与边线组成。中线采用一条粗虚线表示,边线采用两条粗虚线表示。中、边线倾斜的角度 α 值可按设计需要采用(见图 1-51)。

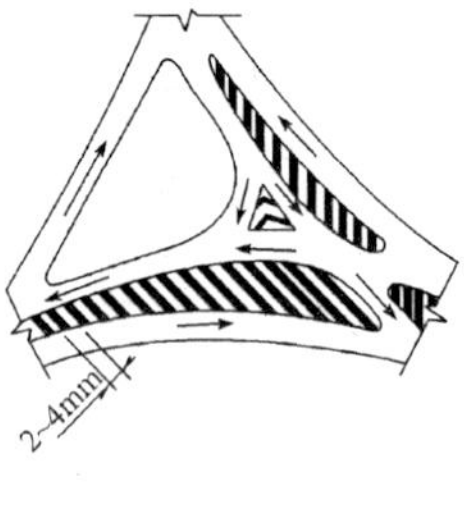

图 1-50　导流线的斑马线

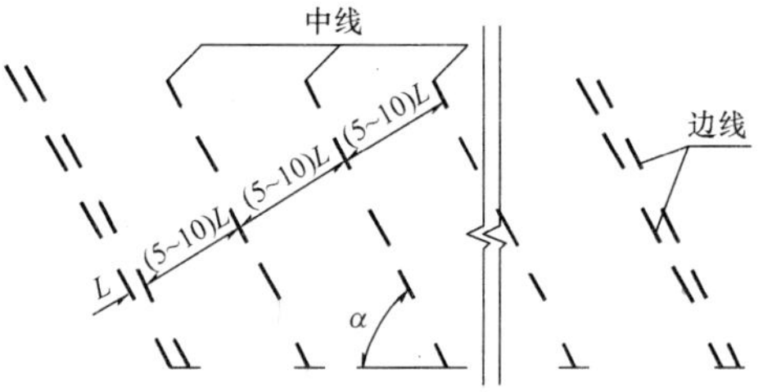

图 1-51　停车位标线

（10）出口标线应采用指向匝道的黑粗双边箭头表示，见图 1-52（a）。入口标线应采用指向主干道的黑粗双边箭头表示，见图 1-52（b）。斑马线拐角尖的方向应与双边箭头的方向相反。

（11）港式停靠站标线应由数条斑马线组成（见图 1-53）。

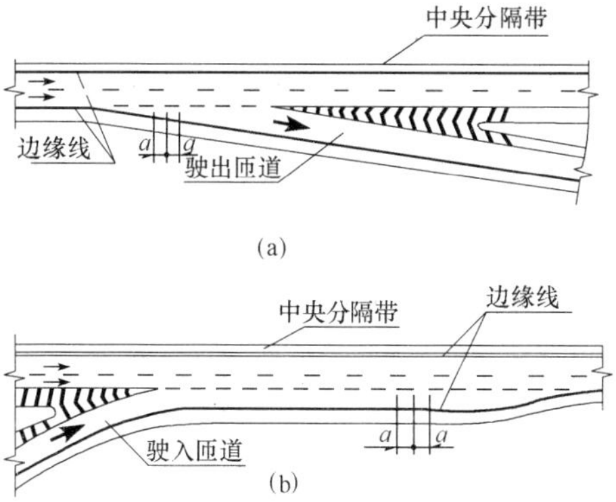

图 1-52　匝道出口、入口标线

（a）出口标线；（b）入口标线

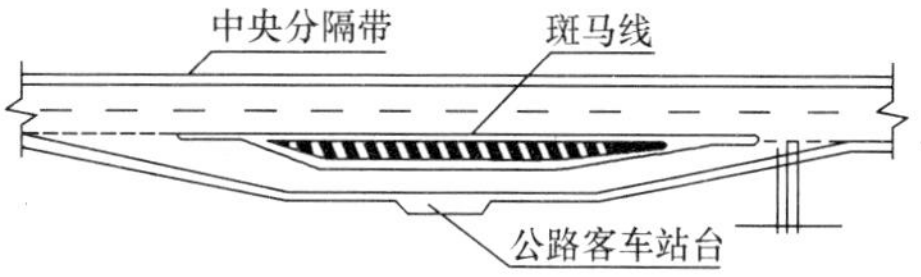

图 1-53　港式停靠站

（12）车流向标线应采用黑粗双边箭头表示（见图 1-54）。

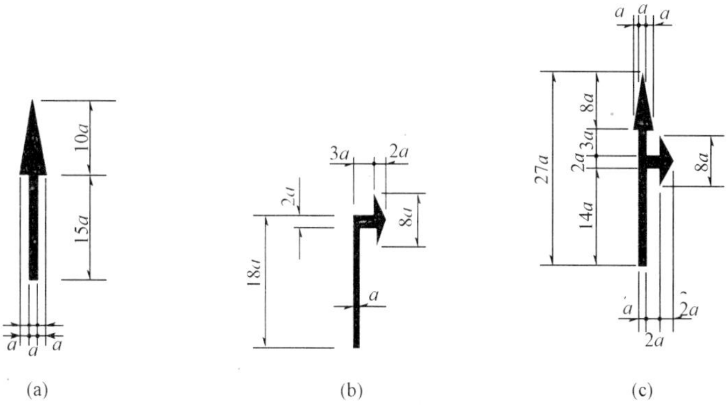

图 1-54　车流向标线

（a）直行线；（b）右转线；（c）直行加右转线

二、交通标志

（1）交通岛应采用实线绘制。转角处应采用斑马线表示（见图 1-55）。

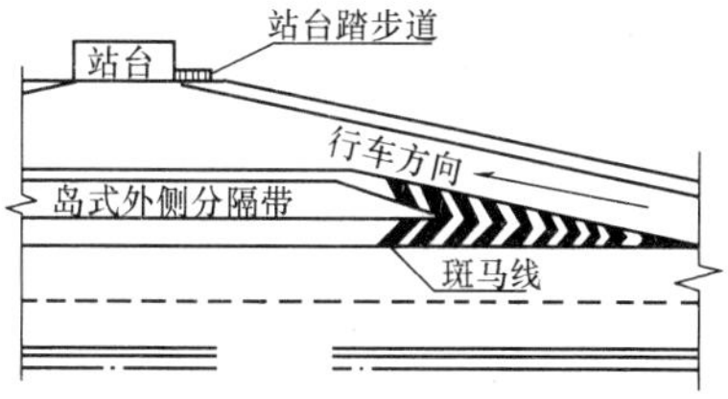

图 1-55　交通岛标志

（2）在路线或交叉口平面图中应表示出交通标志的位置。标志宜采用细实线绘制。标志的图号、图名，应采用现行的国家标准《道路交通标志和标线》（GB 5768—1999）规定的图号、图名。标志的尺寸及画法应符合表 1-7的规定。

表 1-7 标志示意图的形式及尺寸

规格种类	形式与尺寸/mm	画法
警告标志	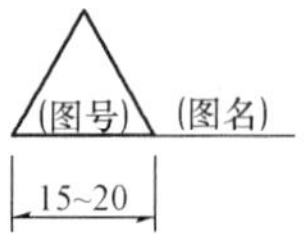	等边三角形采用细实线绘制，顶角向上。
禁令标志	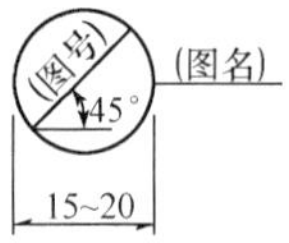	图采用细实线绘制，图内斜线采用粗实线绘制。
指示标志	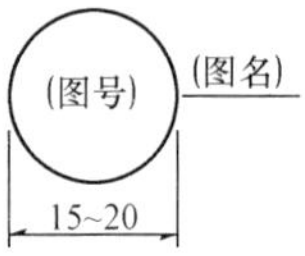	图采用细实线绘制。
指路标志	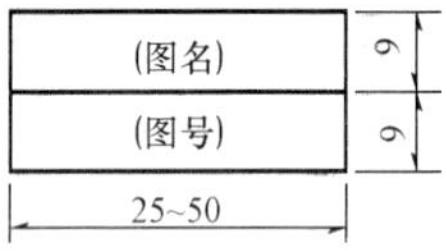	矩形框采用细实线绘制。
高速公路指路标志	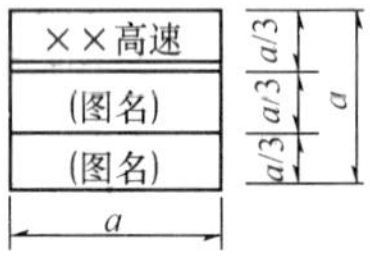	正方形外框采用细实线绘制，边长为 30～50mm。方形内的粗、细实线间距为 1mm。
辅助标志	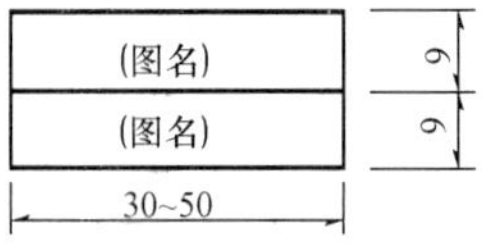	长边采用粗实线绘制，短边采用细实线绘制。

(3)标志的支撑图式应采用粗实线绘制。支撑的画法应符合表 1-8 的规定。

表 1-8 标志的支撑图式

名 称	单柱式	双柱式	悬臂式	门 式	附着式
图式		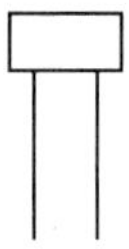	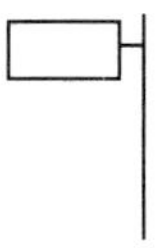	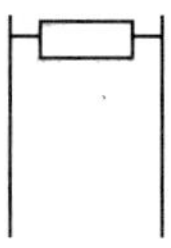	将标志直接标注在结构物上。

第二章　土 方 工 程

第一节　场地平整高度及土方量的计算

一、场地平整高度计算

场地平整高度计算按表 2-1～2-5。

表 2-1　场地平整高度的计算

<table>
<tr><th>项目</th><th>计算方法及公式</th></tr>
<tr><td>场地平整计算高度</td><td>

场地平整应先确定场地平整后的设计标高。一般要求是使场地内的土方在平整前和平整后相等，达到挖方和填方量平衡。如图 1 所示，设达到挖填平衡的场地设计高为 H_0。根据挖填平衡条件，H_0 值可由下式求得：

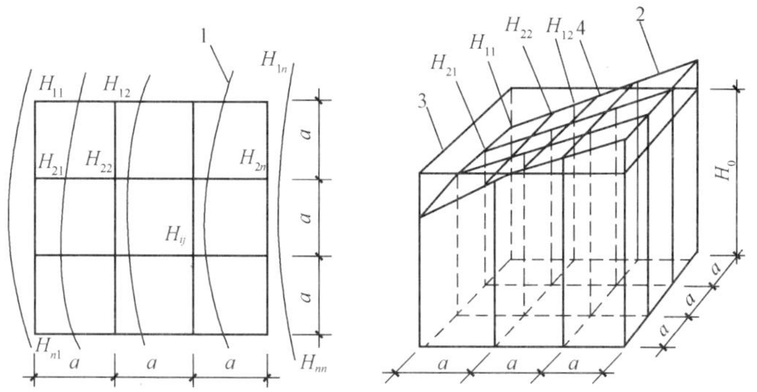

(a)　(b)

图 1　场地设计标高计算简图

(a)地形图上划分方格；(b)设计标高示意图

1—等高线；2—自然地坪；3—设计标高平面；

4—自然地面与设计标高平面的交线(零线)

$$\left.\begin{aligned} H_0Na^2 &= \sum_{i=1}^{n-1}\sum_{j=1}^{n-1}\left(a^2\,\frac{H_{ij}+H_{i,j+1}+H_{i+1,j}+H_{i+1,j+1}}{4}\right) \\ H_0 &= \sum_{i=1}^{n-1}\sum_{j=1}^{n-1}\left(\frac{H_{ij}+H_{i,j+1}+H_{i+1,j}+H_{i+1,j+1}}{4N}\right)\end{aligned}\right\} \quad (2\text{-}1)$$

也可写成：

$$H_0=\frac{\sum H_1+2\sum H_2+3\sum H_3+4\sum H_4}{4N}$$

式中，　a——方格网边长(m)；

N——方格网数(个)；

$H_{i,j}$、$H_{i,j+1}$、$H_{i+1,j}$、$H_{i+1,j+1}$——任一方格的四个角点的标高(m)；

H_1——一个方格共有的角点标高(m)；

H_2——二个方格共有的角点标高(m)；

H_3——三个方格共有的角点标高(m)；

H_4——四个方格共有的角点标高(m)。

</td></tr>
</table>

续表

<table>
<tr><th>项目</th><th>计算方法及公式</th></tr>
<tr><td>考虑排水坡度后的高度</td><td>由计算的 H_0 为未考虑场地排水要求的理论数值。如果场地面积较大，应有 2%以上的排水坡度，也应考虑排水坡度对设计标高的影响，则场地内任一点实际施工时所采用的设计标高按下式计算：
$$\left.\begin{aligned}&\text{单向排水时}\quad H_n=H_0+l_i\\&\text{双向排水时}\quad H_n=H_0\pm l_x i_x\pm l_y i_y\end{aligned}\right\}\qquad(2\text{-}2)$$
式中，l——该点至 H_0 的距离(m)；
i_x、i_y——x 方向和 y 方向的排水坡度(不小于 0.2%)；
±——该点比 H_0 高则取"＋"号，反之取"－"号。</td></tr>
</table>

表 2-2　场地平整土方量计算

<table>
<tr><th>项　目</th><th>计算方法及公式</th><th>适用范围</th></tr>
<tr><td>土方横截面法</td><td>根据地形图或现场测绘，将场地划分为若干个相互平行的横截面 AA′、BB′、CC′…，如图 1 所示，使截面尽量垂直等高线或建筑物边长；截面间距通常取 10～15m，最大不应大于 100m。
按比例绘制每个横截面的自然地面和设计地面的轮廓线，自然地面轮廓线与设计地面轮廓线之间的面积，即为挖方或填方的截面。
根据横截面面积计算土方工程量：
$$V=\frac{(A_1+A_2)}{2}\times L\qquad(2\text{-}3)$$
式中，V——相邻两截面间土方量(m^3)；
A_1、A_2——相邻两截面的挖方(－)或填方(＋)的截面积(m^2)；
L——相邻两截面间的间距(m)。
再按表 2-4 的格式汇总全部土方工程量。
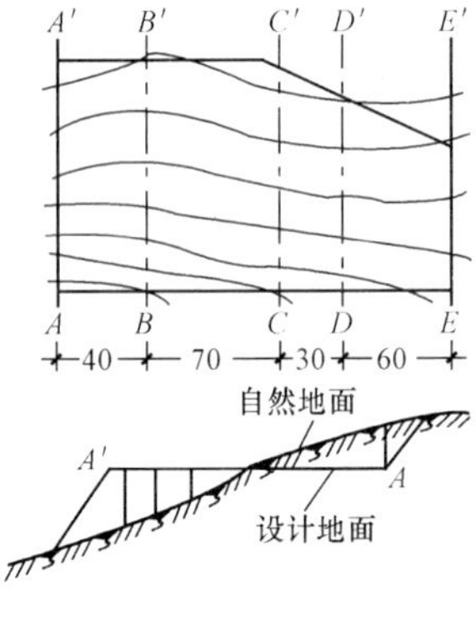

图 1　划分横截面示意图</td><td>适用于地形起伏变化较大，自然地面复杂的地区；或者挖填深度较大，截面又不规则的地区，计算方法简便，但精度较低。</td></tr>
<tr><td>土方方格网法</td><td>根据工程地形图(一般用 1∶500 的地形图)将计算场地分成若干个方格网，逐格计算土方量，最后将所有方格汇总即得场地总挖填土方量。
(1)方格边长根据地形变化的复杂程度，一般为 10m、20m、30m 或 40m，根据地形图的自然等高线高程和设计地面标高，在方格角点右下角标上自然地面标高，在右上角标上设计地面标高，并在两者地面标高差值，标高方格角点的左上角，挖方为(＋)，填方为(－)。
(2)按表 2-5 计算出方格网边零点位置，并标注于方格网上，零点连接线便是挖方区与填方区的分界线。
(3)计算每个方格网内的挖方或填方量并汇总。</td><td>适于地形较平缓或台阶宽度较大的地段采用。
计算方法较为复杂，但作为平整场地的土方量计算，精度较高。</td></tr>
</table>

表 2-3　常用横截面计算公式

项次	图　示	面积计算公式
1	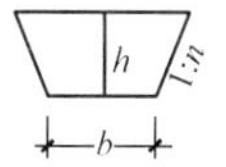	$A=h(b+nh)$
2	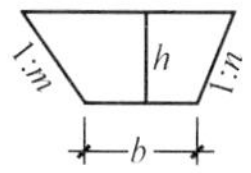	$A=h\left[b+\dfrac{h(m+n)}{2}\right]$
3	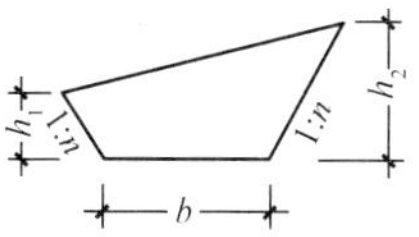	$A=b\dfrac{h_1+h_2}{2}+nh_1h_2$
4	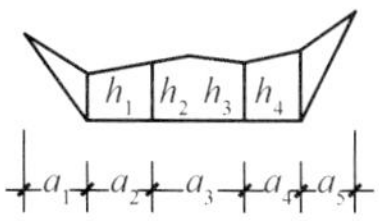	$A=h_1\dfrac{a_1+a_2}{2}+h_2\dfrac{a_2+a_3}{2}+h_3\dfrac{a_3+a_4}{2}+h_4\dfrac{a_4+a_5}{2}$
5	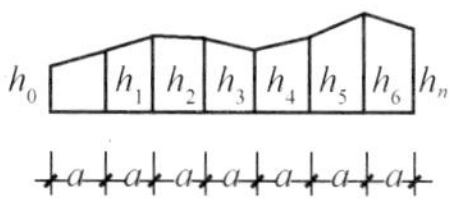	$A=\dfrac{a}{2}(h_0+2h+h_n)$ $h=h_1+h_2+h_3+h_4+h_5+h_6$

表 2-4　土方量汇总表

截　面	填方面积/m²	挖方面积/m²	截面间距/m	填方体积/m³	挖方体积/m³
A—A′					
B—B′					
C—C′					
合　计					

表 2-5　常用方格网计算公式

项　目	图　示	计算公式
方点格网零位置	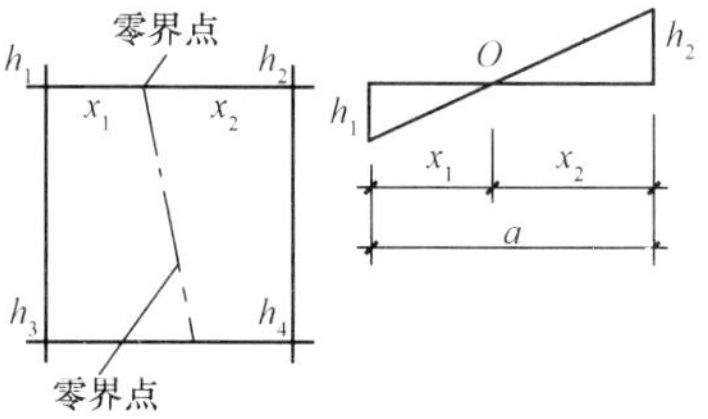	$x_1=\dfrac{h_1}{h_1+h_2}a$ $x_2=\dfrac{h_2}{h_1+h_2}a$
一点填方或挖方（三角形）	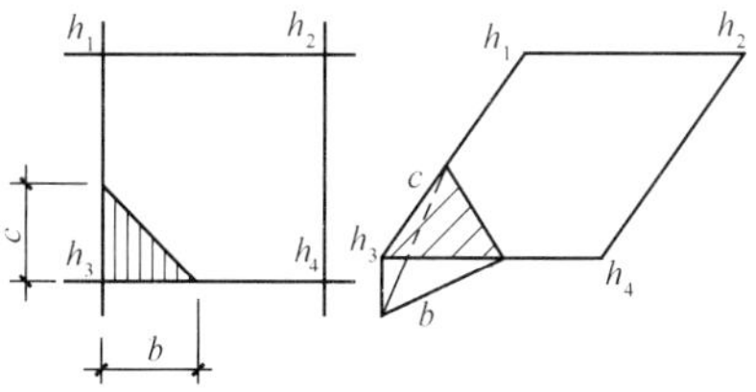	$V=\dfrac{1}{2}bc\dfrac{\sum h}{3}=\dfrac{bch_3}{6}$ 当 $b=c=a$ 时，$V=\dfrac{a^2h_3}{6}$

续表

项　目	图　　示	计算公式
二点填方或挖方（梯形）	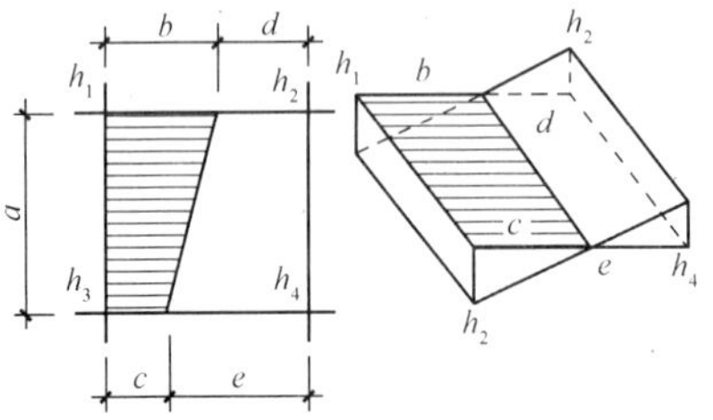	$V_{-}=\frac{b+c}{2}a\frac{\sum h}{4}$ $=\frac{a}{8}(b+c)(h_1+h_3)$ $V_{+}=\frac{d+e}{2}a\frac{\sum h}{4}$ $=\frac{a}{8}(d+e)(h_2+h_4)$
三点填方或挖方（五角形）	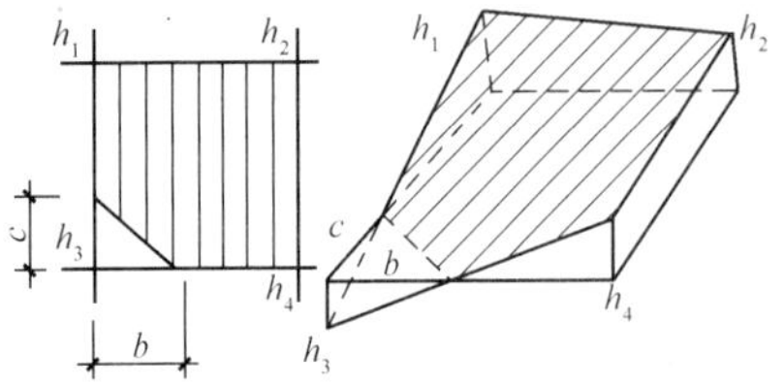	$V=\left(a^2-\frac{bc}{2}\right)\frac{\sum h}{5}$ $=\left(a^2-\frac{bc}{2}\right)\frac{h_1+h_2+h_4}{5}$
四点填方或挖方（正方形）	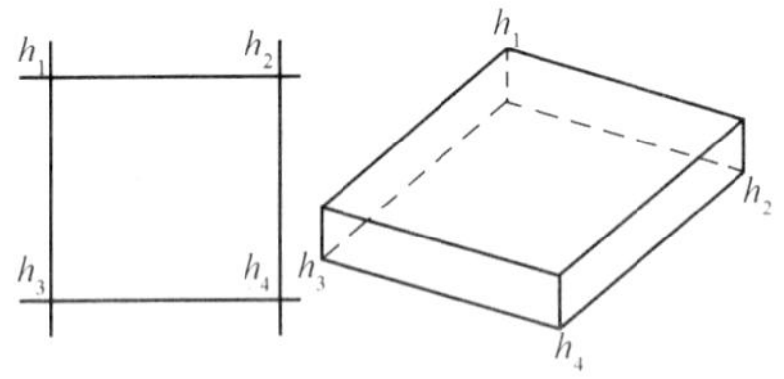	$V=\frac{a^2}{4}\sum h$ $=\frac{a^2}{4}(h_1+h_2+h_3+h_4)$

注：表内计算公式中 a 为方格网的边长（m）；b、c、d、e 为零点到一角的边长（m）；h_1、h_2、h_3、h_4 为各角点的施工高程，用绝对值代入；V 为挖方或填方的体积（m^3）；x_1、x_2 为角点至零点的距离（m）。

二、边坡土方量计算

边坡土方量的计算见表 2-6。

表 2-6　边坡土方量计算

项　目	计算步骤及方法
边坡计算依据	适用于场地平整，修筑路基、路堑等，计算方法直观、简便、快速。 根据地形图和边坡竖向布置图及现场测绘图，将要计算的边坡划分为多个两种近似的几何形体，如图 1 所示，一种为三角棱体（如体积①～③、⑤～⑪）；另一种为三角棱柱体（如体积④）。 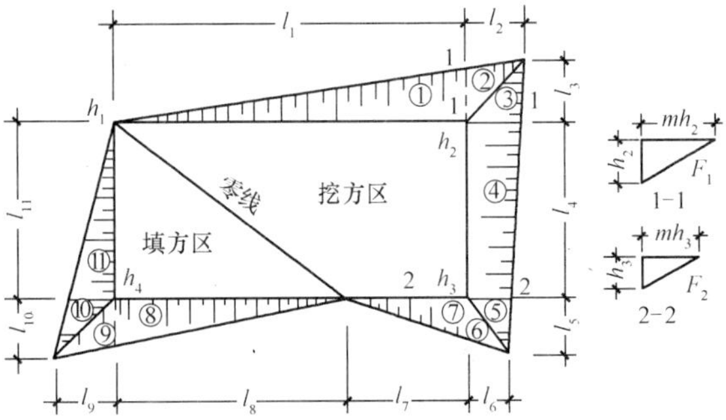 图 1　场地边坡计算简图

续表

项　目	计算步骤及方法
边坡三角棱体体积计算	边坡三角棱体体积 V 可按下式计算(例如图 1 中的①)： $$\left.\begin{aligned} V_1 &= \frac{1}{3}F_1 l_1 \\ F_1 &= \frac{h_2(mh_2)}{2} = \frac{mh_2^2}{2} \end{aligned}\right\} \quad (2\text{-}4)$$ 其中 V_2、V_3、V_5～V_{11}计算方法同上。 式中，V_1、V_2、V_3、V_5～V_{11}——边坡①、②、③、⑤～⑪三角棱体体积(m^3)； l_1——边坡①的边长(m)； F_1——边坡①的端面积(m^2)； h_2——角点的挖土高度(m) 边坡三角棱柱体体积 V_4 可按下式计算(例如图 1 中的④)： $$V_4 = \frac{F_1 + F_2}{2} l_4 \quad (2\text{-}5)$$ 当两端横截面面积相差很大时，则： $$V_4 = \frac{l_4}{6}(F_1 + 4F_0 + F_2) \quad (2\text{-}6)$$ F_1、F_2、F_0 计算方法同上。 式中，m——边坡的坡度系数； V_4——边坡④三角棱柱体体积(m^3)； l_4——边坡④的长度(m)； F_1、F_2、F_0——边坡④两端及中部的横截面面积。

第二节　土石方爆破简要计算

土石方爆破简要计算见表 2-7～表 2-22。

表 2-7　土石方开挖爆破基本原理

项　目	计算方法及说明
爆破原理	药包在具有一个临空面的土石体内爆破使土石受到各种不同程度的破坏。 当抛掷半径 R 达到或超过临空面时，土石被炸成碎块，并抛散在周围地面上，形成一个倒立圆锥体形状的爆破坑，称为爆破漏斗，如图 1 所示。图中 O 为药包中心，ON 为最小抵抗线，r 为爆破漏斗上口半径，R 为抛掷半径，mOl 包围部分称抛掷漏斗(一般称爆破漏斗)，mOl 与 MOL 所包围部分称破坏漏斗。 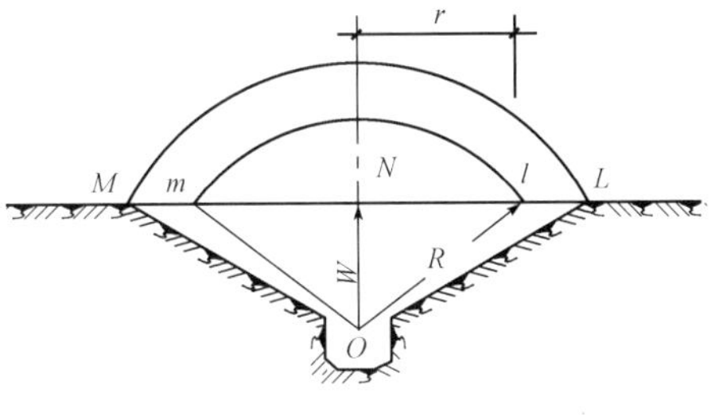 图 1　爆破漏斗示意图 W—最小抵抗线；r—爆破漏斗半径；R—爆破作用半径

续表

项　目	计算方法及说明
爆破作用指数计算	爆破漏斗的形状随岩土的性质、炸药的品种性能和药包大小及药包埋置深度等不同而变化，其大小和抛掷岩土碎块的多少，以爆破作用指数 n 来表示，按式(2-7)计算： $n=\dfrac{r}{W}$　　(2-7) 式中，W——最小抵抗线(m)； r——漏斗半径(m)。 一般用爆破作用指数 n 来区分不同爆破漏斗，划分不同爆破类型，当 $n=1$ 时[图 2(a)]，称为标准抛掷爆破漏斗；当 $0.75<n<1$ 时[图 2(b)]，称为减弱抛掷漏斗；当 $n>1$ 时[图 2(c)]，称为加强抛掷爆破漏斗；当 $n\leqslant0.75$时[图 2(d)]，称为松动爆破漏斗；当 $n\leqslant0.2$ 时，称裸露爆破漏斗。 n 是计算药包量、决定漏斗大小和药包距离的重要参数。 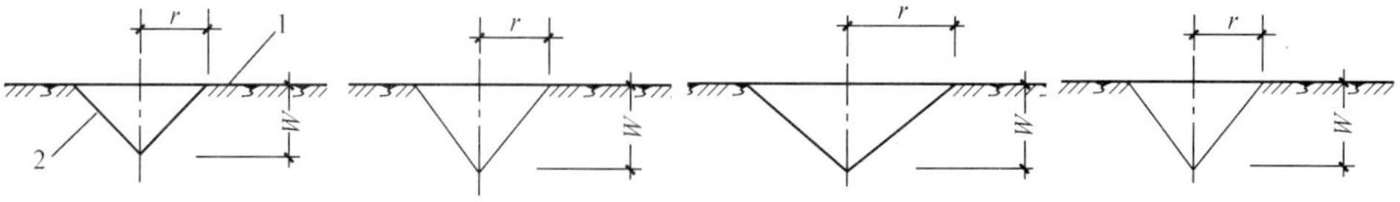 $n=1$　　$0.75<n<1$　　$n>1$　　$n\leqslant0.75$ (a)　　(b)　　(c)　　(d) 图 2　爆破漏斗类型 (a)标准抛掷爆破漏斗；(b)减弱抛掷爆破漏斗； (c)加强抛掷爆破漏斗；(d)松动爆破漏斗 1—临空面；2—漏斗 W—最小抵抗线；r—漏斗半径；n—爆破作用指数

表 2-8　药包用量计算

项　目	计算公式	符号意义
标准抛掷爆破药包	$Q=qW^3e$　　(2-8)	Q——药包重量(kg)； q——爆破岩土单位体积炸药消耗量系数(kg/m³)，与岩石的性质及炸药种类有关，可按表 2-9 取用； e——与炸药性质有关的换算系数，可按表 2-11 取用； W——药包的最小抵抗线(m)； n——爆破作用指数，不应超过 1.5； θ——山坡面与水平面的交角(°)； $\sqrt{\dfrac{W}{25}}$——重力修正系数。
加强抛掷爆破药包	当 $W<25$m 时， $Q=qW^3(0.4+0.6n^3)e$　　(2-9a) 当 $W>25$m 时， $Q=qW^3(0.4+0.6n^3)e\sqrt{\dfrac{W}{25}}$　　(2-9b) 对斜坡地面， $Q=qW^3(0.4+0.6n^3)e\sqrt{\dfrac{W\cos\theta}{25}}$　　(2-9c) 当 $W\cos\theta<25$m 时，Q 不进行修正	
松动爆破药包	松动爆破药包量一般按下式计算： $Q=0.33eqW^3$　　(2-10) 对斜坡地形或阶梯式地形， $Q=0.36eqW^3$　　(2-11)	
内部作用爆破药包	内部作用爆破药包量一般按下式计算： $Q=0.2eqW^3$　　(2-12)	

表 2-9 土的工程分类及炸药单体耗量

土的分类	土的级别	土的名称	坚实系数 f	$q/(kg \cdot m^{-3})$
一类土（松软土）	Ⅰ	砂土、粉土、冲积砂土层、疏松的种植土、淤泥（泥炭）。	0.5～0.6	0.5～1.0
二类土（普通土）	Ⅱ	粉质黏土，潮湿的黄土，夹有碎石、卵石的砂、粉土混卵（碎）石，种植土，填土。	0.5～0.8	0.6～1.1
三类土（坚土）	Ⅲ	软及中等密实黏土，重粉质黏土，砾石土，干黄土，含有碎石、卵石的黄土，粉质黏土，压实的填土。	0.8～1.0	0.9～1.3
四类土（砂砾坚土）	Ⅳ	坚硬密实的黏性土或黄土，含碎石、卵石的中等密实的黏性土或黄土，粗卵石，天然级配砂石，软泥灰岩。	1.0～1.5	1.2～1.5
五类土（软石）	Ⅴ～Ⅳ	硬质黏土、中密的页岩、泥灰岩、白垩土、胶结不紧的砾岩、软石灰岩及贝壳石灰岩。	1.5～4.0	1.4～1.65
六类土（次坚石）	Ⅶ～Ⅸ	泥岩，砂岩，砾岩，坚实的页岩、泥灰岩，密实的石灰岩，风化花岗石，片麻岩及正长岩。	4.0～10.0	1.6～1.85
七类土（坚石）	Ⅶ～Ⅷ	大理岩，辉绿岩，玢岩，粗、中粒花岗岩、坚实的白云岩、砂岩、砾岩、片麻岩、石灰岩、微风化安山岩、玄武岩。	10.0～18.0	1.8～2.6
八类土（特坚土）	ⅩⅣ～ⅩⅥ	安山岩，玄武岩，花岗片麻岩，坚实的细粒花岗石、闪长岩、石英岩、辉长岩、辉绿岩、玢岩、角闪岩。	18.0～25.0以上	2.1～3.25

注：1. 本表以 2 号岩石硝铵炸药为准，当用其他炸药时，须乘以换算系数 e 值。

2. 表中所列 q 值是指 1 个自由面的情况。如为 2 个自由面，应乘以 0.83；3 个自由面乘以 0.67；4 个自由面乘以 0.50；5 个自由面乘以 0.33；6 个自由面乘以 0.17。

3. 表中 q 值是在药孔堵塞良好，即堵塞系数为 1 的情况下定出的。如果堵塞不良，应视具体情况乘以堵塞系数 d，见表 2-10。

4. 土的级别相当于一般 16 级土石分类级别。

5. 坚实系数 f 相当于普氏岩石强度系数。

表 2-10 堵塞系数 d 的数值

实际堵塞长度 B' 与计算堵塞长度 B 的比值（B'/B）		1.00	0.75	0.50	0.25	0
对土体	烈性炸药	1.0	1.2	1.4	1.7	2.0
	黑火药	1	2	4	6	12
对岩石和混凝土	烈性炸药	1.0	1.2	1.4	1.7	2.0
	黑火药	1	2	4	6	—

表 2-11 炸药换算系数 e 值表

炸药名称	型　号	换算系数	炸药名称	型　号	换算系数
岩石硝铵	1号	0.90	35%胶质炸药		1.06
岩石硝铵	2号	1.00	混合胶质炸药	普通	1.00
露天硝铵	2号、3号	1.14	梯恩梯		1.05～1.14
62%胶质炸药	普通	0.89	铵油炸药	普通	1.14～1.36
62%胶质炸药	耐冻	0.89	黑火药		1.14～1.42

表 2-12 爆破作业安全距离计算

项　目	计算方法	符号意义
爆破地震波作业安全距离	在地面建筑物或地下建筑物附近进行爆破时，建筑物防爆破地震波作用的安全距离，一般可按下式计算： $R_C = K_C \alpha \sqrt[3]{Q}$ (2-13)	R_C——爆破作用点至建筑物的安全距离(m)； K_C——根据建筑物地基土石性质确定的系数，见表 2-13； α——依爆破作用指数 n 确定的系数，可由表2-14查得； Q——一次起爆的炸药总质量(kg)。
爆破冲击波作业安全距离	爆破时空气冲击波会对建筑物造成破坏作用，对房屋的冲击波安全距离一般按下式计算： $R_B = K_B \sqrt{Q}$ (2-14) 考虑建筑物允许的冲击波极限超压 ΔP_B 值，计算爆破空气冲击波的安全距离 R_B(m)可按下式计算： $\left.\begin{array}{l}\text{当 } n>1 \quad R_B=\dfrac{2(1+n^2)}{\sqrt{\Delta P_B}}\sqrt{Q} \\ \text{当 } n\leqslant 1 \quad R_B=\dfrac{4n^2}{\sqrt{\Delta P_B}}\sqrt{Q}\end{array}\right\}$ (2-15)	R_B——冲击波安全距离(m)，即空气波的危害半径； K_B——与装药条件和破坏程度有关的系数，其值可由表 2-15 查得； Q——装药量，即药包总重量(kg)； ΔP_B——建筑物冲击波允许极限超压值，对建筑物小于 0.002MPa，对人员小于 0.01MPa； n——爆破作用指数。
爆破飞石安全距离	爆破时，个别飞石对人员、机具、建筑物造成极大危害，是爆破中安全工作应考虑的重要问题。一般抛掷爆破个别飞石飞散的安全距离可按下式计算： $R_f = 20K_f n^2 W$ (2-16) 当遇到大风天气，顺风方向的飞散距离还应增大25%～30%。同时参照国家《爆破安全规程》(GB 6722—2003)，爆破飞石的最小安全距离不应小于表 2-19 中的规定。	R_f——个别飞石的安全距离(m)； K_f——与地形、地质、气候及药包埋置深度有关的安全系数，一般取用 1.0～1.5，定向或抛掷爆破正对最小抵抗线方向时采用 1.5，风速大且顺风时，或山间、垭口地形时，采用 1.5～2.0； n——最大药包的爆破作用指数； W——最大药包的最小抵抗线。
爆破毒气安全距离	爆破时，有毒气体的影响范围，一般按下式计算： $R_g = K_g \sqrt[3]{Q}$ (2-17)	R_g——爆破毒气的安全距离(m)； K_g——系数，根据有关试验资料统计，一般取 K_g的平均值为 160，下风时，K_g值应乘以 2； Q——爆破总炸药量(t)。

续表

项　目	计算方法	符号意义
爆破殉爆安全距离	殉爆指一个药包爆炸时，可以使位于一定距离处与其无任何联系的另一药包也发生爆炸的现象。起始爆炸的药包称为主动药包，受它影响而爆炸的药包称为被动药包。前者引爆后者的最大距离称为殉爆距离。炸药的殉爆能力用殉爆距离表示。 在设置炸药库房位置时，应使某一库房爆炸不得殉爆另一库房，其殉爆安全距离可按下式计算： $R_S = K_S\sqrt{Q}$　(2-18) 如果仓库内贮存有数种不同种类的炸药，则殉爆安全距离可由下式计算： $R_S = \sqrt{Q_1K_{S1}^2 + Q_2K_{S2}^2 + \cdots + Q_nK_{Sn}^2}$　(2-19) 在药库中，雷管与炸药必须分开贮存，雷管库到雷管库或雷管库到炸药库的殉爆安全距离可按下式计算： $R = K\sqrt{N}$　(2-20)	R_S——殉爆安全距离(m)； K_S——由炸药种类及爆破条件所定的殉爆安全系数，可由表2-20查得； Q——炸药质量(即炸药库存量)(kg)； Q_1、Q_2、…Q_n——不同品种炸药的质量(kg)； K_{S1}、K_{S2}、…K_{Sn}——由炸药种类及爆破条件所决定的系数，可由表2-20查得； R——雷管库到雷管库或雷管库到炸药库的殉爆安全距离(m)； K——殉爆安全系数，可由表2-21查得； N——雷管库存数量(个)。

表 2-13　K_C 值

序　号	被保护建筑物地基土	K_C 值
1	坚硬密致的岩石	3.0
2	坚硬有裂隙的岩石	5.0
3	松软岩石	6.0
4	砾石、碎石土	7.0
5	砂土、密实土壤	8.0
6	黏土	9.0
7	回填土	15.0
8	含水土壤、流砂	20.0

注：药包布置在水中或含水土中时，K_C 值应增加0.5～1.0倍。

表 2-14　系数 α 的数值

爆破指数 n	α 值	爆破指数 n	α 值
≤0.5	1.2	2.0	0.8
1.0	1.0	≥3.0	0.7

注：在地面上爆破时，地面震动作用可不予考虑。

表 2-15 系数 K_B 的数值

爆破破坏程度	安全级别	K_B 值	
		裸露药包	全埋入药包
安全无损	1	50～150	10～50
偶然破坏玻璃	2	10～50	5～10
玻璃全坏，门窗局部破坏	3	5～10	2～5
隔墙、门窗、板棚破坏	4	2～5	1～2
砖石和木结构破坏	5	1.5～2	0.5～1.0
全部破坏	6	1.5	—

注：1. 防止空气冲击波对人身危害时，K_B 值采用 15，一般最少用 5～10。

2. 对于露天松动爆破，可不考虑空气冲击波的影响；对于露天加强松动爆破，K_B 值可取 0.5～1.0。

表 2-16 空气冲击波对建筑物的破坏程度

破坏等级	对建筑物破坏情况	冲击波超压 ΔP_B/MPa
1	砖木结构完全破坏。	>0.20
2	砖墙部分倒塌或缺裂，土房倒塌，木结构建筑物破坏。	0.10～0.20
3	木结构梁柱倾斜，部分折断，砖木结构屋顶掀掉，墙部分移动或裂缝，土墙裂开或局部倒塌。	0.05～0.10
4	木隔板墙破坏，木屋架折断，顶棚部分破坏。	0.03～0.05
5	门窗破坏，屋面瓦大部分掀掉，顶棚部分破坏。	0.015～0.03
6	门窗部分破坏，玻璃破碎，屋面瓦部分破坏，顶棚抹灰脱落。	0.007～0.15
7	玻璃部分破坏，屋面瓦部分翻动，顶棚抹灰部分脱落。	0.002～0.007

表 2-17 不同超压对建筑物的破坏程度

破坏等级	对建筑物破坏情况	冲击波超压 ΔP_B/MPa
1	门窗玻璃破碎	0.005
2	建筑物局部破坏	0.001～0.002
3	建筑物轻度破坏，墙裂缝	0.002～0.003
4	建筑物中度破坏，墙大裂缝	0.004～0.005
5	严重破坏，部分倒塌，钢筋混凝土破坏	0.006～0.007
6	砖墙倒塌	0.007～0.01
7	防震钢筋混凝土建筑破坏	0.01～0.02
8	钢架桥破坏	0.2～0.5

表 2-18 空气冲击波对人体的伤害程度

损伤等级	对人体伤害情况	冲击波超压 ΔP_B/MPa
轻 微	轻微的挫伤	0.02～0.03
中 等	听觉器官损伤，中等挫伤骨折等	0.03～0.05
严 重	内脏严重挫伤，可引起死亡	0.05～0.10
极严重	可大部分死亡	>0.10

表 2-19　爆破飞石的最小安全距离

序号	爆破方法	最小安全距离/m	项次	爆破方法	最小安全距离/m
1	炮孔爆破、炮孔药壶爆破	200	6	小洞室爆破	400
2	二次爆破、蛇穴爆破	400	7	直井爆破、平洞爆破	300
3	深孔爆破、深孔药壶爆破	300	8	边线控制爆破	200
4	炮孔爆破法扩大药壶	50	9	拆除爆破	100
5	深孔爆破法扩大药壶	100	10	基础龟裂爆破	50

表 2-20　系数 K_S 的数值

主动药包		被动药包			
		硝铵炸药		40%以上胶质炸药	
		裸　露	埋　藏	裸　露	埋　藏
硝铵类炸药	裸　露	0.25	0.15	0.35	0.25
	埋　藏	0.15	0.10	0.25	0.15
40%以上胶质炸药	裸　露	0.50	0.30	0.70	0.50
	埋　藏	0.30	0.20	0.50	0.30

注：1. 裸露安置在表面的药包，适用于贮藏炸药的轻型建筑及裸露堆积于空台的炸药，即无土堤的炸药库。
2. 埋藏的药包适用于爆炸材料在防护墙内贮存的情况，即有土堤的炸药库。
3. 当殉爆炸药由不同种类炸药所组成，则计算安全距离时，应根据炸药中对殉爆具有最大敏感的炸药来选择 K_S 的数值。

表 2-21　雷管库之间、雷管与炸药库之间殉爆安全系数

库房种类	K 值		
	双方无土堤	一方有土堤	双方有土堤
雷管库之间	0.06	0.04	0.03
雷管与炸药库之间	0.10	0.067	0.05

注：导爆索库安全距离与雷管库计算相同（每米导爆索按相当于 10 个雷管换算）。

表 2-22　雷管仓库到炸药仓库的殉爆安全距离

仓库内的雷管数目/个	到炸药仓库的安全距离/m	仓库内的雷管数目/个	到炸药仓库的安全距离/m
1 000	2.0	75 000	16.5
5 000	4.5	100 000	19.0
10 000	6.0	150 000	24.0
15 000	7.5	200 000	27.0
20 000	8.5	300 000	33.0
30 000	10.0	400 000	38.0
50 000	13.5	500 000	43.0

注：如条件许可时，一般安全距离不小于 25m。

第三节　填土施工简要计算

填土施工按表 2-23 和表 2-24 计算。

表 2-23　填土施工计算

项　目	计算方法及公式	符号意义
填土最大干密度	当填土为黏土或砂土时，其最大干密度一般宜用夯实试验确定，当无试验资料时，可按下式计算： $$\rho_{dmax}=\eta\frac{\rho_w d_s}{1+0.01w_{op}d_s} \quad (2\text{-}21)$$	ρ_{dmax}——压实填土的最大干密度（kg/m^3）； η——经验系数，对于黏土取 0.95，粉质黏土取 0.96，粉土取 0.97； ρ_w——水的密度（kg/m^3）； d_s——土的相对密度（比重），一般黏土取 2.74～2.76，粉质黏土取 2.72～2.73，粉土取 2.70～2.71，砂土取 2.65～2.69。
填土土料需补充水量	填土时，土料含水量应控制在最优含水量范围内，当土料含水量很低时，应洒水进行润湿，每立方米铺好的土料需要补充的水量可按下式计算： $$W=\frac{\rho'_w}{1+w}(w_{op}-w) \quad (2\text{-}22)$$	w_{op}——土的最优含水量（%），可按当地经验或取塑限 w_p+2 可根据试验确定，如无试验可按表 2-24 采用； w——单位体积内需要补充的水量（kg/m^3）； w——土的天然含水量（%）； ρ'_w——含水量为 w 时的土的密度（kg/m^3）。

表 2-24　土的最优含水量和最大干密度参考数值

土的种类	变动范围	
	最优含水量(%)(质量比)	最大干密度/(t/m^3)
砂　土	8～2	1.80～1.88
粉　土	16～22	1.61～1.80
粉质黏土	12～15	1.85～1.95
黏　土	19～23	1.58～1.70

第三章　地 基 基 础

第一节　地基基础计算

地基计算按表 3-1～表 3-29 进行。

表 3-1　地基计算

计算项目	计算公式	符号意义
基础埋置深度	季节性冻土地基的设计冻深 z_d 应按式(3-1)计算： $z_d = z_0\varphi_{zs}\varphi_{zw}\varphi_{ze}\varphi_{zg}\varphi_{zf}$　(3-1) 当建筑基础底面之下允许有一定厚度的冻土层，可用下式计算基础的最小埋深： $d_{min} = z_d - h_{max}$　(3-2) 当有充分依据时，基底下允许残留冻土层厚度也可根据当地经验确定。非岩石河床桥梁墩台基底埋深安全值可按表 3-6 确定。 涵洞基础设置在季节性冻土地基上时，出入口和自两端洞口向内各 2～6m 范围内(或可采用不小于 2m 的一段涵节长度)涵身基底的埋置深度可按式(3-1)计算确定。涵洞中间部分的基础埋深，可根据地区经验确定。严寒地区，当涵洞中间部分基础的埋深与洞口埋深相差较大时，其连接处应设置过渡段。冻结较深地区，也可采用将基底至冻结线处的地基土换填为粗颗粒土(包括碎石土、砾砂、粗砂、中砂，但其中粉黏粒含量不应大于 15%，或粒径小于 0.1mm 的颗粒不应大于 25%)的措施。 涵洞基础，在无冲刷处(岩石地基除外)，应设在地面或河床底以下埋深不小于 1m 处；如有冲刷，基底埋深应在局部冲刷线以下不小于 1m；如河床上有铺砌层时，基础底面宜设置在铺砌层顶面以下不小于 1m。 位于河槽的桥台，当其最大冲刷深度小于桥墩总冲刷深度时，桥台基底的埋深应与桥墩基底相同。当桥台位于河滩时，对河槽摆动不稳定河流，桥台基底高程应与桥墩基底高程相同；在稳定河流上，桥台基底高程可按照桥台冲刷结果确定。	z_d——设计冻深。若当地有多年实测资料时，$z_d = h' - \Delta z$，h' 和 Δz 分别为实测冻土层厚度和地表冻胀量； z_0——标准冻深； φ_{zs}——土的类别对冻深的影响系数，按表 3-2 查取； φ_{zw}——土的冻胀性对冻深的影响系数，按表 3-3 查取； φ_{ze}——环境对冻深的影响系数，按表 3-4 查取； φ_{zg}——地形坡向对冻深的影响系数，按表 3-5 查取； h_{max}——基础底面下允许残留冻土层的最大厚度，按表 3-6 查取； φ_{zf}——基础对冻深的影响系数取 φ_{zf} =1.1。
基础承载力计算	(1)基础底面岩土的承载力，当不考虑嵌固作用时，可按下式验算： 1)当基底只承受轴心荷载时： $p = \dfrac{N}{A} \leqslant [f_a]$　(3-3) 2)当基底单向偏心受压，承受竖向力 N 和弯矩 M 共同作用时，除满足式(3-3)外，尚应符合下列条件：	p——基底平均压应力； N——作用短期效应组合在基底产生的竖向力； A——基础底面面积。

续表

<table>
<tr><th>计算项目</th><th>计算公式</th><th>符号意义</th></tr>
<tr>
<td>基础承载力计算</td>
<td>

$$p_{max}=\frac{N}{A}+\frac{M}{W}\leqslant\gamma_R[f_a] \tag{3-4}$$

3）当基底双向偏心受压，承受竖向力 N 和绕 x 轴弯矩 M_x 与绕 y 轴弯矩 M_y 共同作用时，除满足式(3-1)外，尚应符合下列条件：

$$p_{max}=\frac{N}{A}+\frac{M_x}{W_x}+\frac{M_y}{W_y}\leqslant\gamma_R[f_a] \tag{3-5}$$

(2)当设置在基岩上的基底承受单向偏心荷载，其偏心距 e_0 超过核心半径时，可仅按受压区计算基底最大压应力(不考虑基底承受拉力，见图1)。基底为矩形截面的最大压应力 p_{max} 按下式计算：

$$p_{max}=\frac{2N}{3da}=\frac{2N}{3\left(\frac{b}{2}-e_0\right)a} \tag{3-6}$$

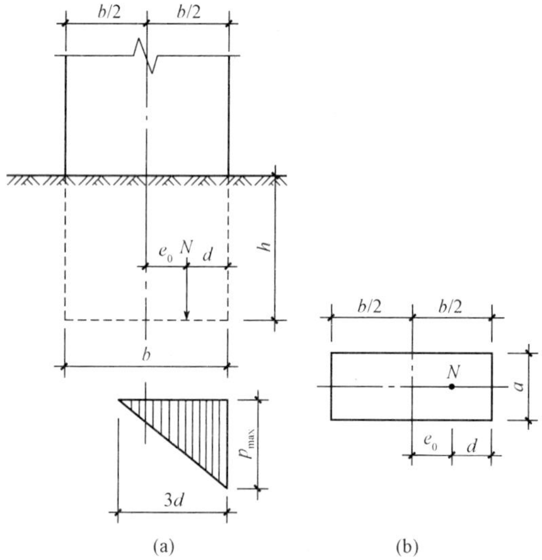

图1　基岩上矩形截面基底单向偏心受压应力重分布图
(a)基础立面；(b)基础平面

(3)地基承载力的验算，应以修正后的地基承载力容许值 $[f_a]$ 控制。该值系在地基原位测试或各类岩土承载力基本容许值 $[f_{a0}]$ 的基础上，经修正而得。

(4)地基承载力容许值应按以下原则确定：

1)地基承载力基本容许值应首先考虑由载荷试验或其他原位测试取得，其值不应大于地基极限承载力的1/2。

对中小桥、涵洞，当受现场条件限制，或载荷试验和原位测试确有困难时，也可按照第(5)条有关规定采用。

2)地基承载力基本容许值尚应根据基底埋深、基础宽度及地基土的类别按照(6)条规定进行修正。

3)软土地基承载力容许值可按照第(7)条确定。

</td>
<td>

p_{max}——基底最大压应力；

M——作用短期效应组合产生于墩台的水平力和竖向力对基底重心轴的弯矩；

W——基础底面偏心方向面积抵抗矩。

M_x、M_y——作用于基底的水平力和竖向力绕 x 轴、y 轴的对基底的弯矩；

M_x、M_y——基础底面偏心方向边缘绕 x 轴、y 轴的面积抵抗矩。

b——偏心方向基础底面的边长；

a——垂直于 b 边基础底面的边长；

d——N 作用点至基底受压边缘的距离；

e_0——N 作用点距截面重心的距离。

</td>
</tr>
</table>

续表

计算项目	计算公式	符号意义
基础承载力计算	4)其他特殊性岩土地基承载力基本容许值可参照各地区经验或相应的标准确定。 (5)地基承载力基本容许值$[f_{a0}]$可根据岩土类别、状态及其物理力学特性指标按表 3-9～表 3-15 选用。 1)一般岩石地基可根据强度等级、节理按表 3-9 确定承载力基本容许值$[f_{a0}]$。对于复杂的岩层(如溶洞、断层、软弱夹层、易溶岩石、软化岩石等)应按各项因素综合确定。 2)碎石土地基可根据其类别和密实程度按表 3-10 确定承载力基本容许值$[f_{a0}]$。 3)砂土地基可根据土的密实度和水位情况按表 3-11 确定承载力基本容许值$[f_{a0}]$。 4)粉土地基可根据土的天然孔隙比 e 和天然含水量 w(%)按表 3-12 确定承载力基本容许值$[f_{a0}]$。 5)老黏性土地基可根据压缩模量 E_s 按表 3-13 确定承载力基本容许值$[f_{a0}]$。 6)一般黏性土可根据液性指数 I_L 和天然孔隙比 e 按表 3-14 确定地基承载力基本容许值$[f_{a0}]$。 7)新近沉积黏性土地基可根据液性指数 I_L 和天然孔隙比 e 按表 3-15 确定承载力基本容许值$[f_{a0}]$。 (6)修正后的地基承载力容许值$[f_a]$按式(3-7)确定。当基础位于水中不透水地层上时,$[f_a]$按平均常水位至一般冲刷线的水深每米再增大 10kPa。 $[f_a]=[f_{a0}]+k_1\gamma_1(b-2)+k_2\gamma_2(h-3)$　(3-7) (7)软土地基承载力容许值$[f_a]$按下列规定确定: 1)软土地基承载力基本容许值$[f_{a0}]$应由载荷试验或其他原位测试取得。载荷试验和原位测试确有困难时,对于中小桥、涵洞基底未经处理的软土地基,承载力容许值[fa]可采用以下两种方法确定: ①根据原状土天然含水量 w,按表 3-17 确定软土地基承载力基本容许值$[f_{a0}]$,然后按式(3-8)计算修正后的地基承载力容许值$[f_a]$: $[f_a]=[f_{a0}]+\gamma_2 h$　(3-8) ②根据原状土强度指标确定软土地基承载力容许值$[f_a]$: $[f_a]=\frac{5.14}{m}k_pC_u+\gamma_2 h$　(3-9) $k_p=\left(1+0.2\frac{b}{l}\right)\left(1-\frac{0.4H}{blC_u}\right)$　(3-10) 2)经排水固结方法处理的软土地基,其承载力基本容许值$[f_{a0}]$应通过载荷试验或其他原位测试方法确定;经复合地基方法处理的软土地基,其承载力基本容许值应通过载荷试验确定,然后按式(3-8)计算修正后的软土地基地基承载力容许值$[f_a]$。	$[f_a]$——修正后的地基承载力容许值(kPa)。 b——基础底面的最小边宽(m);当 $b<2$m 时,取 $b=2$m;当 $b>10$m 时,取 $b=10$m; h——基底埋置深度(m),自天然地面起算,有水流冲刷时自一般冲刷线起算;当 $h<3$m 时,取 $h=3$m;当 $h/b>4$ 时,取 $h=4b$; k_1、k_2——基底宽度、深度修正系数,根据基底持力层土的类别按表 3-16 确定; γ_1——基底持力层土的天然重度(kN/m^3);若持力层在水面以下且为透水者,应取浮重度; γ_2——基底以上土层的加权平均重度(kN/m^3);换算时若持力层在水面以下,且不透水时,不论基底以上土的透水性质如何,一律取饱和重度;当透水时,水中部分土层则应取浮重度; m——抗力修正系数,可视软土灵敏度及基础长度比等因素选用 1.5～2.5; C_u——地基土不排水抗剪强度标准值(kPa); k_p——系数;按式(3-10)计算; H——由作用(标准值)引起的水平力(kN); b——基础宽度(m),有偏心作用时,取 $b-2e_b$; l——垂直于 b 边的基础长度(m),有偏心作用时,取 $l-2e_l$; e_b、e_l——偏心作用在宽度和长度方向的偏心距。

续表

计算项目	计算公式	符号意义
基础承载力计算	(8)地基承载力容许值$[f_a]$应根据地基受荷阶段及受荷情况，乘以下列规定的抗力系数γ_R。 1)使用阶段： ①当地基承受作用短期效应组合或作用效应偶然组合时，可取$\gamma_R=1.25$；但对承载力容许值$[f_a]$小于150kPa的地基，应取$\gamma_R=1.0$。 ②当地基承受的作用短期效应组合仅包括结构自重、预加力、土重、土侧压力、汽车和人群效应时，应取$\gamma_R=1.0$。 ③当基础建于经多年压实未遭破坏的旧桥基(岩石旧桥基除外)上时，不论地基承受的作用情况如何，抗力系数均可取$\gamma_R=1.5$；对$[f_a]$小于150kPa的地基，可取$\gamma_R=1.25$。 ④基础建于岩石旧桥基上，应取$\gamma_R=1.0$。 2)施工阶段： ①地基在施工荷载作用下，可取$\gamma_R=1.25$。 ②当墩台施工期间承受单向推力时，可取$\gamma_R=1.5$。	—
附加力计算	台背路基填土对桥台基底或桩端平面处地基土上引起的附加压应力p_1(图2)按下列公式计算： $p_1=\alpha_1\cdot\gamma_1\cdot H_1$ (3-11) 对于埋置式桥台，应按下列公式加算由于台前锥体对基底或桩端平面处的前边缘引起的附加压应力p_2(图2)： $p_2=\alpha_2\cdot\gamma_2\cdot H_2$ (3-12) 将p_1和p_2与其他荷载引起的相应基底或桩端平面处的边缘应力相加即得基底总应力。 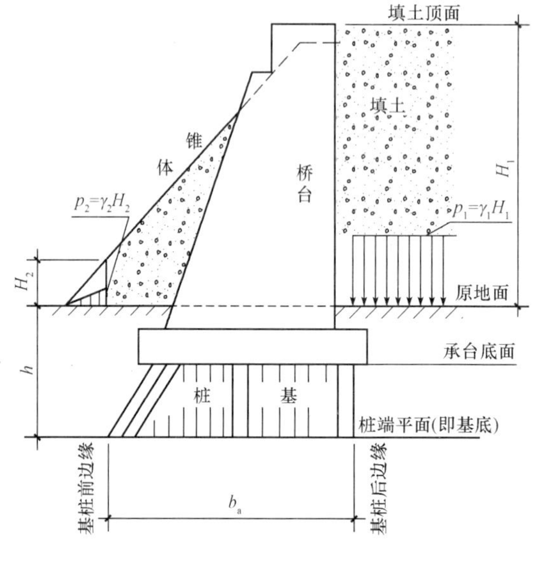 图2 台背填土对桥台基底的附加压应力	p_1——台背路基填土产生的土压应力(kPa)； p_2——台前锥体产生的土压应力(kPa)； γ_1——路基填土的重度(kN/m³)； γ_2——锥体填土的重度(kN/m³)； H_1——台背路基填土的高度(m)； H_2——基底或桩端平面处的前边缘上的锥体高度(m)，取基底或桩端前边缘处的原地面向上竖向引线与溜坡相交点距离(m)； b_a——基底或桩端平面处的前、后边缘间的基础长度(m)； h——原地面至基底或桩端平面处的深度(m)； α_1、α_2——附加竖向压应力系数，见表3-18和表3-19。

续表

计算项目	计算公式	符号意义
桥涵墩台验算	（1）桥涵墩台应验算作用于基底的合力偏心距。 1）桥涵墩台基底的合力偏心距容许值[e_0]应符合表 3-20 的规定。 2）基底以上外力作用点对基底重心轴的偏心距 e_0 按下式计算： $e_0=\frac{M}{N}\leqslant[e_0]$　（3-13） 3）基底承受单向或双向偏心受压的 ρ 值可按下式计算： $\rho=\frac{e_0}{1-\frac{p_{\min}A}{N}}$　（3-14） $p_{\min}=\frac{N}{A}-\frac{M_x}{W_x}-\frac{M_y}{W_y}$　（3-15） （2）在基础底面下或基桩桩端下有软弱地基或软土层时，应按下式验算软弱地基或软土层的承载力： $p_z=\gamma_1(h+z)+\alpha(p-\gamma_2 h)\leqslant\gamma_R[f_a]$　（3-16） 若下卧层为压缩性较大的厚层软黏土时，应验算沉降量。	N、M——作用于基底的竖向力和所有外力（竖向力、水平力）对基底截面重心的弯矩； $p_{\min}$——基底最小压应力，当为负值时表示拉应力； e_0——N 作用点距截面重心的距离； p_z——软弱地基或软土层的压应力； h——基底或桩端处的埋置深度（m）；当基础受水流冲刷时，由一般冲刷线算起；当不受水流冲刷时，由天然地面算起；如位于挖方内，则由开挖后地面算起； z——从基底或基桩桩端处到软弱地基或软土层地基顶面的距离（m）； γ_1——深度（$h+z$）范围内各土层的换算重度（kN/m³）； γ_2——深度 h 范围内各土层的换算重度（kN/m³）； α——土中附加压应力系数，见表 3-28； p——基底压应力（kPa）；当 $z/b>1$ 时，p 采用基底平均压应力；当 $z/b\leqslant1$ 时，p 按基底压应力图形采用距最大压应力点 $b/3\sim b/4$ 处的压应力（对于梯形图形前后端压应力差值较大时，可采用上述 $b/4$ 点处的压应力值；反之，则采用上述 $b/3$ 处压应力值），以上 b 为矩形基底的宽度； F_k——作用在基础上的结构自重（kN）； G_k——基础自重及襟边上的土自重（kN）； Q_{sk}——基础周边融化层的摩阻力标准值（kN），按公式（3-21）计算； k——冻胀力修正系数，砌筑或架设上部结构之前，k 取 1.1；砌筑或架设上部结构之后，对外静定结构 k 取 1.2，对外超静定结构 k 取 1.3； T_k——对基础的切向冻胀力标准值（kN）； z_d——设计冻深（m），当基础埋置深度 h 小于 z_d 时，z_d 采用 h； z_0——标准冻深（m）； ψ_{zs}——土的类别对冻深的影响系数，按 3-2 查取； ψ_{zw}——土的冻胀性对冻深的影响系数，按表 3-3 查取； ψ_{ze}——环境对冻深的影响系数，按表 3-4 查取； ψ_{zg}——地形坡向对冻深的影响系数，按表 3-5 查取； ψ_{zf}——基础对冻深的影响系数，取 $\psi_{zf}=1.1$； τ_{sk}——季节性冻土切向冻胀力标准值（kPa），按表 3-21 选用； u——在季节性冻土层中，基础和墩身的平均周长（m）。
冻土地基抗冻拔稳定性验算	（1）季节性冻土地基墩、台和基础（含条形基础）抗冻拔稳定性按下列公式验算： $F_k+G_k+Q_{sk}\geqslant kT_k$　（3-17） $T_k=z_d\tau_{sk}u$　（3-18） $z_d=z_0\psi_{zs}\psi_{zw}\psi_{ze}\psi_{zg}\psi_{zf}$　（3-19） （2）多年冻土地基墩、台和基础（含条形基础）抗冻拔稳定性按下列公式验算（图 3）： $F_k+G_k+Q_{sk}+Q_{pk}\geqslant kT_k$　（3-20） $Q_{sk}=q_{sk}\cdot A_s$　（3-21） $Q_{pk}=q_{pk}\cdot A_p$　（3-22） 如图 3，季节性冻土层与多年冻土层之间可分为衔接的和不衔接的。当季节性冻土层下面为多年冻土层顶面时为季节性冻土层与多年冻土层衔接（$Q_{sk}=0$）；当季节性冻土层下面有融化层或融化层与多年冻土层交错相间时为季节性冻土层与多年冻土层不衔接[Q_{sk}按公式（3-21）计算]。 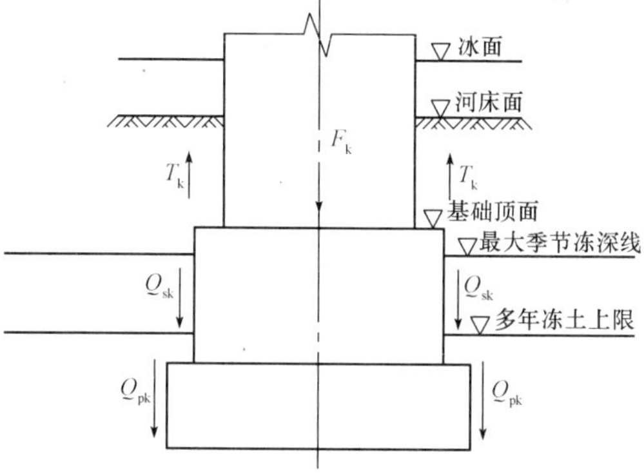 图 3　多年冻土地基冻胀力图 T_k—对基础切向冻胀力；Q_{sk}—基础位于融化层的摩阻力；Q_{pk}—基础和多年冻土的冻结力	

续表

<table>
<tr><th>计算项目</th><th>计算公式</th><th>符号意义</th></tr>
<tr><td>冻土地基抗冻拔稳定性验算</td><td>(3)桩(柱)基础抗冻拔稳定性按下列公式验算；
$F_k + G_k + Q_{fk} \geqslant kT_k$ (3-23)
$Q_{fk} = 0.4u\sum q_{ik}\cdot l_i$ (3-24)
(4)当切向冻胀力较大时，应验算墩、台、基础和桩(柱)的薄弱截面处的抗拉力。</td><td rowspan="2">Q_{sk}——基础周边融化层的摩阻力标准值(kN)，当季节冻土层与多年冻土层衔接时，$Q_s=0$；当季节冻土与多年冻土层不衔接时，按公式(3-21)计算；
A_s——融化层中基础的侧面面积(m^2)；
q_{sk}——基础侧面与融化层的摩阻力标准值(kPa)，无实测资料时，对黏性土可采用20～30kPa，对砂土及碎石土可采用30～40kPa；
Q_{pk}——基础周边与多年冻土的冻结力标准值(kN)，按公式(3-22)计算；
A_p——在多年冻土内的基础侧面面积(m^2)；
q_{pk}——多年冻土与基础侧面的冻结力标准值(kPa)，可按表3-22选用；
F_k——作用在桩(柱)顶上的竖向结构自重(kN)；
G_k——桩(柱)自重(kN)，对于水位以下且桩(柱)底为透水土时取浮重度；
Q_{fk}——桩(柱)在冻结线以下各土层的摩阻力标准值之和，按公式(3-24)计算；
u——桩的周长(m)；
q_{ik}——冻结线以下各层土的摩阻力标准值(kPa)，见表3-48或表3-49；
l_i——冻结线以下各层土的厚度(m)；
T_k——每根桩(桩)的切向冻胀力标准值(kN)，按公式(3-18)计算，式中 u 为桩(柱)周长(m)
k_0——墩台基础抗倾覆稳定性系数；
s——在截面重心至合力作用点的延长线上，自截面重心至验算倾覆轴的距离(m)；
e_0——所有外力的合力 R 在验算截面的作用点对基底重心轴的偏心距；
P_i——不考虑其分项系数和组合系数的作用标准值组合或偶然作用(地震除外)标准值组合引起的竖向力(kN)；
e_i——竖向力 P_i 对验算截面重心的力壁(m)；
H_i——不考虑其分项系数和组合系数的作用标准值组合或偶然作用(地震除外)标准值组合引起的水平力(kN)；
h_i——水平力对验算截面的力臂(m)；
k_c——桥涵墩台基础的抗滑动稳定性系数；
$\sum P_i$——竖向力总和；
$\sum H_{iP}$——抗滑稳定水平力总和；
$\sum H_{ia}$——滑动水平力总和；
μ——基础底面与地基土之间的磨擦系数，通过试验确定；当缺少实际资料时，可参照表3-24采用。</td></tr>
<tr><td>基础稳定性计算</td><td>(1)桥涵墩台基础的抗倾覆稳定，按下式计算(图4)：
$k_0 = \dfrac{s}{e_0}$ (3-25)
$e_0 = \dfrac{\sum P_i e_i + \sum H_i h_i}{\sum P_i}$ (3-26)
弯矩应视其绕验算截面重心轴的不同方向取正负号。对于矩形凹缺的多边形基础，其倾覆轴应取基底截面的外包线。
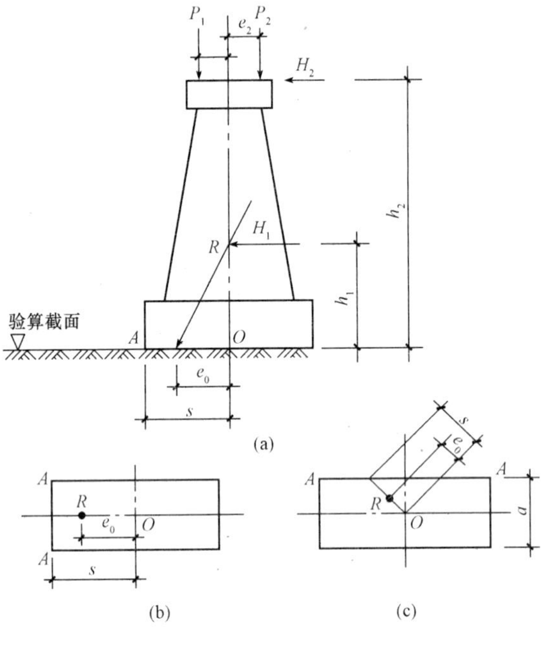
图4 墩台基础的稳定验算示意图
(a)立面；(b)平面(单向偏心)；(c)平面(双向偏心)
O—截面重心；R—合力作用点；A—A—验算倾覆轴
(2)桥涵墩台基础的抗滑动稳定性系数 k_c 按下式计算：
$k_c = \dfrac{\mu\sum P_i + \sum H_{iP}}{\sum H_{ia}}$ (3-27)
$\sum H_{iP}$ 和 $\sum H_{ia}$ 分别为两个相对方向的各自水平力总和，绝对值较大者为滑动水平力 $\sum H_{ia}$，另一为抗滑稳定力 $\sum H_{iP}$；$\mu\sum P_i$ 为抗滑动稳定力。</td></tr>
</table>

续表

计算项目	计算公式	符号意义
基础稳定性计算	（3）验算墩台抗倾覆和抗滑动的稳定性时，稳定性系数不应小于表 3-25 的规定。 （4）基础结构的稳定性可按下式进行验算： $$k\leqslant\frac{S_{bk}}{\gamma_0 S_{ak}} \quad (3\text{-}28)$$	γ_0——结构重要性系数，取 $\gamma_0=1.0$； S_{ak}——使基础结构失稳的作用标准值效应的组合值，按基本组合和偶然组合最大组合值计算； S_{bk}——使基础结构稳定的作用标准值效应的组合值，按基本组合和偶然组合最小组合值计算； k——基础结构稳定性系数。
基础沉降计算	（1）当墩台建筑在地质情况复杂、土质不均匀及承载力较差的地基上，以及相邻跨径差别悬殊而需计算沉降差或跨线桥净高需预先考虑沉降量时，均应计算其沉降。 （2）墩台的沉降，应符合下列规定： 1）相邻墩台间不均匀沉降差值（不包括施工中的沉降），不应使桥面形成大于 0.2％的附加纵坡（折角）。 2）外超静定结构桥梁墩台间不均匀沉降差值，还应满足结构的受力要求。 （3）墩台基础的最终沉降量，可按下式计算： $$s=\psi_s s_0=\psi_s\sum_{i=1}^{n}\frac{p_0}{E_{si}}(z_i\overline{\alpha}_i-z_{i-1}\overline{\alpha_{i-1}}) \quad (3\text{-}29)$$ $$p_0=p-\gamma h \quad (3\text{-}30)$$ 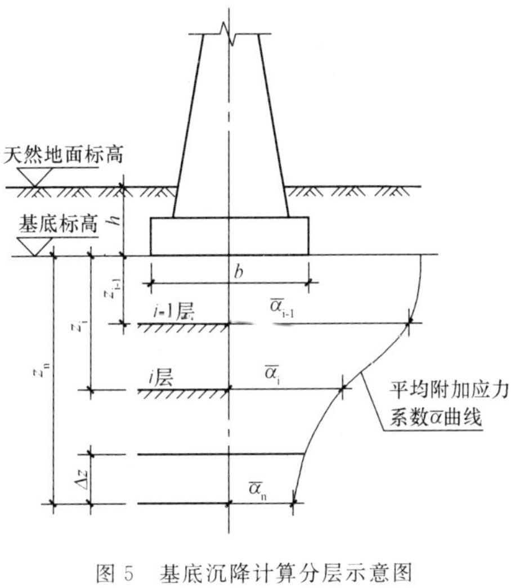 图 5 基底沉降计算分层示意图 （4）地基沉降计算时设定计算深度 z_n，在 z_n 以上取 Δz 厚度（表 3-27），其沉降量应符合下式： $$\Delta s_n\leqslant 0.025\sum_{i=1}^{n}\Delta s_i \quad (3\text{-}31)$$ （5）当无相邻荷载影响，其底宽度在 1～30m 范围内时，基底中心的地基沉降计算深度 z_n 也可按下列简化公式计算： $$z_n=b(2.5-0.4\ln b) \quad (3\text{-}32)$$ 式中，b——基础宽度（m）。 在计算深度范围内存在基岩时，z_n 可取至基岩表面；当存在较厚的坚硬黏土层，其孔隙比小于 0.5、压缩模量大于 50MPa，或存在较厚的密实砂卵石层，其压缩模量大于 80MPa 时，z_n 可取至该土层表面。	s——地基最终沉降量（mm）； s_0——按分层总和法计算的基基沉降量（mm）； ψ_s——沉降计算经验系统，根据地区沉降观测资料及经验确定，缺少沉降观测资料及经验数据时，可按表 3-26 确定； n——地基沉降计算深度范围内所划分的土层数（图 5）； p_0——对应于荷载长期效应组合时的基础底面处附加压应力（kPa）； E_{si}——基础底面下第 i 层土的压缩模量（MPa），应取土的“自重压应力”至“土的自重压应力与附加压应力之和”的压应力段计算； z_i、z_{i-1}——基础底面至第 i 层土、第 $i-1$ 层土底面的距离（m）； α_i、$\overline{\alpha_{i-1}}$——基础底面计算点至第 i 层土、第 $i-1$ 层土底面范围内平均附回压应力系数，可按表 3-29 取用； p——基底压应力（kPa），当 $z/b>1$ 时，p 采用基底平均压应力；$z/b\leqslant 1$ 时，p 按压应力图形采用距最大压应力点 $b/3$～$b/4$ 处的压应力（对梯形图形，前后端压应力差值较大时，可采用上述 $b/4$ 处的压应力值；反之，则采用上述 $b/3$ 处压应力值），以上 b 为矩形基底宽度； h——基底埋置深度（m），当基础受水流冲刷时，从一般冲刷线算起；当不受水流冲刷时，从天然地面算起；如位于挖方内，则由开挖后地面算起； γ——h 内土的重度（KN/m^3），基底为透水基地时水位以下取浮重度。 Δs_n——在计算深度底面向上取厚度为 Δz 的土层的计算沉降量，Δz 见图 5 并按表 3-27 采用； Δs_i——在计算深度范围内，第 i 层土的计算沉降量； b——基础宽宽度（m）。

表 3-2　土的类别对冻深的影响系数

土的类别	影响系数 φ_{zs}	土的类别	影响系数 φ_{zs}
黏性土	1.00	中、粗、砾砂	1.30
细砂、粉砂、粉土	1.20	碎石土	1.40

表 3-3　土的冻胀性对冻深的影响系数

冻胀性	影响系数 φ_{zw}	冻胀性	影响系数 φ_{zw}
不冻胀	1.00	强冻胀	0.85
弱冻胀	0.95	特强冻胀	0.80
冻　胀	0.90		

表 3-4　环境对冻深的影响系数

周围环境	影响系数 φ_{ze}	周围环境	影响系数 φ_{ze}
村、镇、旷野	1.00	城市市区	0.90
城市近郊	0.95		

注：环境影响系数一项，当城市市区人口为 20～50 万时，按城市近郊取值；当城市市区人口大于 50 万小于或等于 100 万时，按城市市区取值；当城市市区人口超过 100 万时，按城市市区取值，5km 以内的郊区应按城市近郊取值。

表 3-5　地形坡向对冻深度的影响系数 ψ_{zg}

地形坡向	平坦	阳坡	阴坡
ψ_{zg}	1.0	0.9	1.1

表 3-6　不同冻胀土类别在基础底面下容许最大冻层厚度 h_{max}

冻胀土类别	弱冻胀	冻胀	强冻胀	特强冻胀	极强冻胀
h_{max}	$0.38z_0$	$0.28z_0$	$0.15z_0$	$0.08z_0$	0

注：z_0 为标准冻深(m)。季节性冻胀土分类见表 3-7。

表 3-7　公路桥涵地基土的季节性冻胀性分类

<table>
<tr><th>土的名称</th><th>冻前天然含水量
w(%)</th><th>冻前地下水位至
地表距离 z(m)</th><th>平均冻胀率
K_d(%)</th><th>冻胀等级</th><th>冻胀类别</th></tr>
<tr><td>岩石、碎石土、
砾砂、粗砂、中砂、
(粉黏粒含量≤15%)</td><td>不考虑</td><td>不考虑</td><td>$K_d \leqslant 1$</td><td>Ⅰ</td><td>不冻胀</td></tr>
<tr><td rowspan="6">碎石土、砾砂、
粗砂、中砂
(粉黏粒含量>15%)</td><td rowspan="2">$w \leqslant 12$</td><td>$z > 1.5$</td><td>$K_d \leqslant 1$</td><td>Ⅰ</td><td>不冻胀</td></tr>
<tr><td>$z \leqslant 1.5$</td><td rowspan="2">$1 < K_d \leqslant 3.5$</td><td rowspan="2">Ⅱ</td><td rowspan="2">弱冻胀</td></tr>
<tr><td rowspan="2">$12 < w \leqslant 18$</td><td>$z > 1.5$</td></tr>
<tr><td>$z \leqslant 1.5$</td><td rowspan="2">$3.5 < K_d \leqslant 6$</td><td rowspan="2">Ⅲ</td><td rowspan="2">冻胀</td></tr>
<tr><td rowspan="2">$w > 18$</td><td>$z > 1.5$</td></tr>
<tr><td>$z \leqslant 1.5$</td><td>$6 < K_d \leqslant 12$</td><td>Ⅳ</td><td>强冻胀</td></tr>
</table>

续表

土的名称	冻前天然含水量 w(%)	冻前地下水位至地表距离 z(m)	平均冻胀率 K_d(%)	冻胀等级	冻胀类别
细砂、粉砂	$w\leq14$	$z>1.0$	$K_d\leq1$	Ⅰ	不冻胀
		$z\leq1.0$	$1<K_d\leq3.5$	Ⅱ	弱冻胀
	$14<w\leq19$	$z>1.0$			
		$1.0>z\geq0.25$	$3.5<K_d\leq6$	Ⅲ	冻胀
		$z\leq0.25$	$6<K_d\leq12$	Ⅳ	强冻胀
	$19<w\leq23$	$z>1.0$	$3.5<K_d\leq6$	Ⅲ	冻胀
		$1.0>z\geq0.25$	$6<K_d\leq12$	Ⅳ	强冻胀
		$z\leq0.25$	$12<K_d\leq18$	Ⅴ	特强冻胀
	$w>23$	$z>1.0$	$6<K_d\leq12$	Ⅳ	强冻胀
		$z\leq1.0$	$12<K_d\leq18$	Ⅴ	特强冻胀
粉土	$w\leq19$	$z>1.5$	$K_d\leq1$	Ⅰ	不冻胀
		$z\leq1.5$	$1<K_d\leq3.5$	Ⅱ	弱冻胀
	$19<w\leq22$	$z>1.5$			
		$z\leq1.5$	$3.5<K_d\leq6$	Ⅲ	冻胀
	$22<w\leq26$	$z>1.5$			
		$z\leq1.5$	$6<K_d\leq12$	Ⅳ	强冻胀
	$26<w\leq30$	$z>1.5$			
		$z\leq1.5$	$K_d>12$	Ⅴ	特强冻胀
	$w>30$	不考虑			
黏性土	$w\leq w_p+2$	$z>2.0$	$K_d\leq1$	Ⅰ	不冻胀
		$z\leq2.0$	$1<K_d\leq3.5$	Ⅱ	弱冻胀
	$w_p+2<w\leq w_p+5$	$z>2.0$			
		$2.0>z\geq1.0$	$3.5<K_d\leq6$	Ⅲ	冻胀
		$1.0>z\geq0.5$	$6<K_d\leq12$	Ⅳ	强冻胀
		$z\leq0.5$	$12<K_d\leq18$	Ⅴ	特强冻胀
	$w_p+5<w\leq w_p+9$	$z>2.0$	$3.5<K_d\leq6$	Ⅲ	冻胀
		$2.0>z\geq0.5$	$6<K_d\leq12$	Ⅳ	强冻胀
		$0.5>z\geq0.25$	$12<K_d\leq18$	Ⅴ	特强冻胀
		$z\leq0.25$	$K_d>18$	Ⅵ	极强冻胀
	$w_p+9<w\leq w_p+15$	$z>2.0$	$6<K_d\leq12$	Ⅳ	强冻胀
		$2.0>z\geq0.25$	$12<K_d\leq18$	Ⅴ	特强冻胀
		$z\leq0.25$	$K_d>18$	Ⅵ	极强冻胀
	$w_p+15<w\leq w_p+23$	$z>2.0$	$12<K_d\leq18$	Ⅴ	特强冻胀
		$z\leq2.0$	$K_d>18$	Ⅵ	极强冻胀
	$w>w_p+23$	不考虑			

注：1. w_p 为塑限含水量(%)；w 为在冻土层内冻前天然含水量的平均值。

2. 本分类不包括盐渍化冻土。

表 3-8　基底埋深安全值 (m)

总冲刷深度(m) / 桥梁类别	0	5	10	15	20
大桥、中桥、小桥(不铺砌)	1.5	2.0	2.5	3.0	3.5
特大桥	2.0	2.5	3.0	3.5	4.0

注：1. 总冲刷深度为自河床面算起的河床自然演变冲刷、一般冲刷与局部冲刷深度之和。

2. 表列数值为墩台基底埋入总冲刷深度以下的最小值；若对设计流量、水位和原始断面资料把无把握或不能获得河床演变准确资料时，其值宜适当加大。

3. 若桥位上下游有已建桥梁，应调查已建桥梁的特大洪水冲刷情况，新建桥梁墩台基础埋置深度不宜小于已建桥梁的的冲刷深度且酌加必要的安全值。

4. 如河床上有铺砌层时，基础底面宜设置在铺砌层顶面以下不小于 1m。

表 3-9　岩石地基承载力基本容许值[f_{a0}] (kPa)

节理发育程度 / 坚硬程度	节理不发育	节理发育	节理很发育
坚硬岩、较硬岩	>3 000	2 000～3 000	1 500～2 000
较软岩	1 500～3 000	1 000～1 500	800～1 000
软岩	1 000～1 200	800～1 000	500～800
极软岩	400～500	300～400	200～300

表 3-10　碎石土地基承载力基本容许值[f_{a0}] (kPa)

密实程度 / 土名	密实	中密	稍密	松散
卵石	1 000～1 200	650～1 000	500～650	300～500
碎石	800～1 000	550～800	400～550	200～400
圆砾	600～800	400～600	300～400	200～300
角砾	500～700	400～500	300～400	200～300

注：1. 由硬质岩组成，填充砂土取高值；由软质岩组成，填充黏性土者取低值。

2. 半胶结的碎石土，可按密实的同类土的[f_{a0}]值提高 10%～30%。

3. 松散的碎石土在天然河床中很少遇见，需特别注意鉴定。

4. 漂石、块石的[f_{a0}]值，可参照卵石、碎石适当提高。

表 3-11　砂土地基承载力基本容许值[f_{a0}] (kPa)

密实度 / 土名及水位情况		密实	中密	稍密	松散
砾砂、粗砂	与湿度无关	550	430	370	200
中砂	与湿度无关	450	370	330	150
细砂	水上	350	270	230	100
	水下	300	210	190	—
细砂	水上	300	210	190	—
	水下	200	110	90	—

表 3-12　粉土地基承载力基本容许值[f_{a0}]　(kPa)

e \ w(%)	10	15	20	25	30	35
0.5	400	380	355	—	—	—
0.6	300	290	280	270	—	—
0.7	250	235	225	215	205	—
0.8	200	190	180	170	165	—
0.9	160	150	145	140	130	125

表 3-13　老黏性土地基承载力基本容许值[f_{a0}]　(kPa)

E_s(MPa)	10	15	20	25	30	35	40
[f_{a0}](kPa)	380	430	470	510	550	580	620

注：当老黏性土 $E_s<10$MPa 时，承载力基本容许值[f_{a0}]按一般黏性土(表 3-14)确定。

表 3-14　一般黏性土地基承载力基本容许值[f_{a0}]　(kPa)

e \ I_L	0	0.1	0.2	0.3	0.4	0.5	0.6	0.7	0.8	0.9	1.0	1.1	1.2
0.5	450	440	430	420	400	380	350	310	270	240	220	—	—
0.6	420	410	400	380	360	340	310	280	250	220	200	180	
0.7	400	370	350	330	310	290	270	240	220	190	170	160	150
0.8	380	330	300	280	260	240	230	210	180	160	150	140	130
0.9	320	280	260	240	220	210	190	180	160	140	130	120	100
1.0	250	230	220	210	190	170	160	150	140	120	110	—	—
1.1	—	—	160	150	140	130	120	110	100	90	—	—	—

注：1. 土中含有粒径大于 2mm 的颗粒质量超过总质量 30%以上者，[f_{a0}]可适当提高。

2. 当 $e<0.5$ 时，取 $e=0.5$；当 $I_L<0$ 时，取 $I_L=0$。此外，超过表列范围的一般黏性土，[f_{a0}]$=57.22E_s^{0.57}$。

表 3-15　新近沉积黏性土地基承载力基本容许值[f_{a0}]　(kPa)

e \ I_L	≤0.25	0.75	1.25
≤0.8	140	120	100
0.9	130	110	90
1.0	120	100	80
1.1	110	90	

表 3-16 地基土承载力宽度、深度修正系数 k_1、k_2

土类 \ 系数	黏性土				粉土	砂土								碎石土			
	老黏性土	一般黏性土		新近沉积黏性土	—	粉砂		细砂		中砂		砾砂、粗砂		碎石、圆砾、角砾		卵石	
		$I_L \geqslant 0.5$	$I_L < 0.5$		—	中密	密实	中密	密实	中密	密实	中密	密实	中密	密实	中密	密实
k_1	0	0	0	0	0	1.0	1.2	1.5	2.0	2.0	3.0	3.0	4.0	3.0	4.0	3.0	4.0
k_2	2.5	1.5	2.5	1.0	1.5	2.0	2.5	3.0	4.0	4.0	5.5	5.0	6.0	5.0	6.0	6.0	10.0

注：1. 对于稍密和松散状态的砂、碎石土，k_1、k_2 值可采用表列中密值的 50%。

2. 强风化和全风化的岩石，可参照所风化成的相应土类取值；其他状态下的岩石不修正。

表 3-17 软土地基承载力基本容许值[f_{a0}]

天然含水量 w(%)	36	40	45	50	55	65	75
[f_{a0}](kPa)	100	90	80	70	60	50	40

表 3-18 系数 α_1 表

基础埋置深度 h (m)	填土高度 H_1(m)	桥台边缘			
		后边缘	前边缘，基底平面的基础长度 b_a(m)		
			5	10	15
5	5	0.44	0.07	0.01	0
	10	0.47	0.09	0.02	0
	20	0.48	0.11	0.04	0.01
10	5	0.33	0.13	0.05	0.02
	10	0.40	0.17	0.06	0.02
	20	0.45	0.19	0.08	0.03
15	5	0.26	0.15	0.08	0.04
	10	0.33	0.19	0.10	0.05
	20	0.41	0.24	0.14	0.07
20	5	0.20	0.13	0.08	0.04
	10	0.28	0.18	0.10	0.06
	20	0.37	0.24	0.16	0.09
25	5	0.17	0.12	0.08	0.05
	10	0.24	0.17	0.12	0.08
	20	0.33	0.24	0.17	0.10
30	5	0.15	0.11	0.08	0.06
	10	0.21	0.16	0.12	0.08
	20	0.31	0.24	0.18	0.12

注：路堤按黏性土考虑。

表 3-19　系数 α_2 表

基础埋置深度 h/m	台背路基填土高度 H_1(m)	
	10	20
5	0.4	0.5
10	0.3	0.4
15	0.2	0.3
20	0.1	0.2
25	0	0.1
30	0	0

表 3-20　墩台基底的合力偏心距容许值 $[e_0]$

作用情况	地基条件	合力偏心距	备注
墩台仅承受永久作用标准值效应组合	非岩石地基	桥墩 $[e_0]\leqslant 0.1\rho$	拱桥、刚构桥墩台，其合力作用点应尽量保持在基底重心附近
		桥台 $[e_0]\leqslant 0.75\rho$	
墩台承受作用标准值效应组合或偶然作用(地震作用除外标准值效应组合)	非岩石地基	$[e_0]\leqslant \rho$	拱桥单向推力墩不受限制，但应符合表 3-25 规定的抗倾覆稳定系数
	较破碎～极破碎岩石地基	$[e_0]\leqslant 1.2\rho$	
	完整、较完整岩石地基	$[e_0]\leqslant 1.5\rho$	

表 3-21　季节性冻土切向冻胀力标准值 τ_{sk}　(kPa)

冻胀类别 / 基础形式	不冻胀	弱冻胀	冻胀	强冻胀	特强冻胀	特强冻胀
墩、台、柱、桩基础	0～15	15～80	80～120	120～160	160～180	180～200
条形基础	0～10	10～40	40～60	60～80	80～90	90～100

注：1. 条形基础系指基础长宽比等于或大于 10 的基础。
　　2. 对表面光滑的预制桩，τ_{sk}乘以 0.8。

表 3-22　多年冻土与基础间的冻结力标准值 q_{pk}　(kPa)

土类及隔沉等级	温度/℃	-0.2	-0.5	-1.0	-1.5	-2.0	-2.5	-3.0
粉土、黏性土	Ⅲ	35	50	85	115	145	170	200
	Ⅱ	30	40	60	80	100	120	140
	Ⅰ、Ⅳ	20	30	40	60	70	85	100
	Ⅴ	15	20	30	40	50	55	65
砂土	Ⅲ	40	60	100	130	165	200	230
	Ⅱ	30	50	80	100	130	155	180
	Ⅰ、Ⅳ	25	35	50	70	85	100	115
	Ⅴ	10	20	30	35	40	50	60

续表

温度/℃ 土类及隔沉等级		−0.2	−0.5	−1.0	−1.5	−2.0	−2.5	−3.0
砾石土（粒径小于 0.075mm 的颗粒含量小于或等于 10%）	Ⅲ	40	55	80	100	130	155	180
	Ⅱ	30	40	60	80	100	120	135
	Ⅰ、Ⅳ	25	35	50	60	70	85	95
	Ⅴ	15	20	30	40	45	55	65
砾石土（粒径小于 0.075mm 的颗粒含量大于 10%）	Ⅲ	35	55	85	115	150	170	200
	Ⅱ	30	40	70	90	115	140	160
	Ⅰ、Ⅳ	25	35	50	70	85	95	115
	Ⅴ	15	20	30	35	45	55	60

注：1. 多年冻土融沉等级见表 3-23。

2. 对于预制混凝土、木质、金属的冻结力标准值，表列数值分别乘以 1.0、0.9 和 0.66 的系数。

3. 多年冻土与沉桩的冻结力标准值按融沉等级Ⅳ类取值。

表 3-23　多年冻土分类表

土的名称	含水量 w(%)	平均融沉系数 δ_0	融沉等级	融沉类别	冻土类型
碎（卵）石，砾、粗、中砂（粒径小于 0.075mm 的颗粒含量不大于 15%）	$w<10$	$\delta_0\leqslant 1$	Ⅰ	不融沉	少冰冻土
	$w\geqslant 10$	$1<\delta_0\leqslant 3$	Ⅱ	弱融沉	多冰冻土
碎（卵）石，砾、粗、中砂（粒径小于 0.075mm 的颗粒含量不大于 15%）	$w<12$	$\delta_0\leqslant 1$	Ⅰ	不融沉	少冰冻土
	$12\leqslant w<15$	$1<\delta_0\leqslant 3$	Ⅱ	弱融沉	多冰冻土
	$15\leqslant w<25$	$3<\delta_0\leqslant 10$	Ⅲ	融沉	富冰冻土
	$w\geqslant 25$	$10<\delta_0\leqslant 25$	Ⅳ	强融沉	饱冰冻土
粉、细砂	$w<14$	$\delta_0\leqslant 1$	Ⅰ	不融沉	少冰冻土
	$14\leqslant w<18$	$1<\delta_0\leqslant 3$	Ⅱ	弱融沉	多冰冻土
	$18\leqslant w<28$	$3<\delta_0\leqslant 10$	Ⅲ	融沉	富冰冻土
	$w\geqslant 28$	$10<\delta_0\leqslant 25$	Ⅳ	强融沉	饱冰冻土
粉土	$w<17$	$\delta_0\leqslant 1$	Ⅰ	不融沉	少冰冻土
	$17\leqslant w<21$	$1<\delta_0\leqslant 3$	Ⅱ	弱融沉	多冰冻土
	$21\leqslant w<32$	$3<\delta_0\leqslant 10$	Ⅲ	融沉	富冰冻土
	$w\geqslant 32$	$10<\delta_0\leqslant 25$	Ⅳ	强融沉	饱冰冻土
黏性土	$w<w_p$	$\delta_0\leqslant 1$	Ⅰ	不融沉	少冰冻土
	$w_p\leqslant w<w_p+4$	$1<\delta_0\leqslant 3$	Ⅱ	弱融沉	多冰冻土
	$w_p+4\leqslant w<w_p+15$	$3<\delta_0\leqslant 10$	Ⅲ	融沉	富冰冻土
	$w_p+15\leqslant w<w_p+35$	$10<\delta_0\leqslant 25$	Ⅳ	强融沉	饱冰冻土
含土冰层	$w\geqslant w_p+35$	$\delta_0>25$	Ⅴ	融陷	含土冰层

注：1. 总含水量 w，包括冰和未冻水。

2. 盐渍化冻土、冰结泥炭化土、腐殖土、高塑黏性土不在表列。

表 3-24　基底摩擦系数

地基土分类	μ	地基土分类	μ
黏土(流塑～坚硬)、粉土	0.25	软岩(极软岩～较软岩)	0.40～0.60
砂土(粉砂～砾砂)	0.30～0.40	硬岩(较硬岩、坚硬岩)	0.60、0.70
碎石土(松散～密实)	0.40～0.50		

表 3-25　抗倾覆和抗滑动的稳定性系数

作用组合		验算项目	稳定性系数
使用阶段	永久作用(不计混凝土收缩及徐变、浮力)和汽车、人群的标准值效应组合	抗倾覆 抗滑动	1.5 1.3
	各种作用(不包括地震作用)的标准值效应组合	抗倾覆 抗滑动	1.3 1.2
施工阶段作用的标准值效应组合		抗倾覆 抗滑动	1.2

表 3-26　沉降计算经验系数 ψ_s

E_s(MPa) 基底附加压应力	2.5	4.0	7.0	15.0	20.0
$p_0 \geqslant [f_{a0}]$	1.4	1.3	1.0	0.4	0.2
$p_0 \leqslant 0.75[f_{a0}]$	1.1	1.0	0.7	0.4	0.2

注:1. 表中$[f_{a0}]$为地基承载力基本容许值。

2. 表中 $\bar{E}_s$ 为沉降计算范围内压缩模量的当量值,应按下式计算:

$$\bar{E}_s = \frac{\sum A_i}{\sum \frac{A_i}{E_{si}}}$$

式中,A_i——第 i 层土的附加压应力系数沿土层厚度的积分值。

表 3-27　Δz 值

基底宽度 b(m)	$b \leqslant 2$	$2 < b \leqslant 4$	$4 < b \leqslant 8$	$b > 8$
Δz(m)	0.3	0.6	0.8	1.0

表 3-28　基底中点下卧层附加压应力系数 a

l/b z/b	1.0	1.2	1.4	1.6	1.8	2.0	2.4	2.8	3.2	3.6	4.0	5.0	≥10 (条形)
0.0	1.000	1.000	1.000	1.000	1.000	1.000	1.000	1.000	1.000	1.000	1.000	1.000	1.000
0.1	0.980	0.984	0.986	0.987	0.987	0.988	0.988	0.989	0.989	0.989	0.989	0.989	0.989
0.2	0.960	0.968	0.972	0.974	0.975	0.976	0.976	0.977	0.977	0.977	0.977	0.977	0.977
0.3	0.880	0.899	0.910	0.917	0.920	0.923	0.925	0.928	0.928	0.929	0.929	0.929	0.929
0.4	0.800	0.830	0.848	0.859	0.866	0.870	0.875	0.878	0.879	0.880	0.880	0.881	0.881
0.5	0.703	0.741	0.765	0.781	0.791	0.799	0.810	0.812	0.814	0.816	0.817	0.818	0.818
0.6	0.606	0.651	0.682.	0.703	0.717	0.727	0.737	0.746	0.749	0.751	0.753	0.754	0.755

续表

z/b \ l/b	1.0	1.2	1.4	1.6	1.8	2.0	2.4	2.8	3.2	3.6	4.0	5.0	≥10（条形）
0.7	0.527	0.574	0.607	0.630	0.648	0.660	0.674	0.685	0.690	0.692	0.694	0.697	0.698
0.8	0.449	0.496	0.532	0.558	0.578	0.593	0.612	0.623	0.630	0.633	0.636	0.639	0.642
0.9	0.392	0.437	0.473	0.499	0.520	0.536	0.559	0.572	0.579	0.584	0.588	0.592	0.596
1.0	0.334	0.378	0.414	0.441	0.463	0.482	0.505	0.520	0.529	0.536	0.540	0.545	0.550
1.1	0.295	0.336	0.369	0.396	0.418	0.436	0.462	0.479	0.489	0.496	0.501	0.508	0.513
1.2	0.257	0.294	0.325	0.352	0.374	0.392	0.419	0.437	0.449	0.457	0.462	0.470	0.477
1.3	0.229	0.263	0.292	0.318	0.339	0.357	0.384	0.403	0.416	0.424	0.431	0.440	0.448
1.4	0.201	0.232	0.260	0.284	0.304	0.321	0.350	0.369	0.383	0.393	0.400	0.410	0.420
1.5	0.180	0.209	0.235	0.258	0.277	0.294	0.322	0.341	0.356	0.366	0.374	0.385	0.397
1.6	0.160	0.187	0.210	0.232	0.251	0.267	0.294	0.314	0.329	0.340	0.348	0.360	0.374
1.7	0.145	0.170	0.191	0.212	0.230	0.245	0.272	0.292	0.307	0.317	0.326	0.340	0.355
1.8	0.130	0.153	0.173	0.192	0.209	0.224	0.250	0.270	0.285	0.296	0.305	0.320	0.337
1.9	0.n9	0.140	0.159	0.177	0.192	0.207	0.233	0.251	0.263	0.278	0.288	0.303	0.320
2.0	0.108	0.127	0.145	0.161	0.176	0.189	0.214	0.233	0.241	0.260	0.270	0.285	0.304
2.1	0.099	0.116	0.133	0.148	0.163	0.176	0.199	0.220	0.230	0.244	0.255	0.270	0.292
2.2	0.090	0.107	0.122	0.137	0.150	0.163	0.185	0.208	0.218	0.230	0.239	0.256	0.280
2.3	0.083	0.099	0.113	0.127	0.139	0.151	0.173	0.193	0.205	0.216	0.226	0.243	0.269
2.4	0.077	0.092	0.105	0.118	0.130	0.141	0.161	0.178	0.192	0.204	0.213	0.230	0.258
2.5	0.072	0.085	0.097	0.109	0.121	0.131	0.151	0.167	0.181	0.192	0.202	0.219	0.249
2.6	0.066	0.079	0.091	0.102	0.112	0.123	0.141	0.157	0.170	0.184	0.191	0.208	0.239
2.7	0.062	0.073	0.084	0.095	0.105	0.115	0.132	0.148	0.161	0.174	0.182	0.199	0.234
2.8	0.058	0.069	0.079	0.089	0.099	0.108	0.124	0.139	0.152	0.163	0.172	0.189	0.228
2.9	0.054	0.064	0.074	0.083	0.093	0.101	0.177	0.132	0.144	0.155	0.163	0.180	0.218
3.0	0.051	0.060	0.070	0.078	0.087	0.095	0.110	0.124	0.136	0.146	0.155	0.172	0.208
3.2	0.045	0.053	0.062	0.070	0.077	0.085	0.098	0.111	0.122	0.133	0.141	0.158	0.190
3.4	0.040	0.048	0.055	0.062	0.069	0.076	0.088	0.100	0.110	0.120	0.128	0.144	0.184
3.6	0.036	0.042	0.049	0.056	0.062	0.068	0.080	0.090	0.100	0.109	0.117	0.133	0.175
3.8	0.032	0.038	0.044	0.050	0.056	0.062	0.072	0.082	0.091	0.100	0.107	0.123	0.166
4.0	0.029	0.035	0.040	0.046	0.051	0.056	0.066	0.075	0.084	0.090	0.095	0.113	0.158
4.2	0.026	0.031	0.037	0.042	0.048	0.051	0.060	0.069	0.077	0.084	0.091	0.105	0.150
4.4	0.024	0.029	0.034	0.038	0.042	0.047	0.055	0.063	0.070	0.077	0.084	0.098	0.144
4.6	0.022	0.026	0.031	0.035	0.039	0.043	0.051	0.058	0.065	0.072	0.078	0.091	0.137
4.8	0.020	0.024	0.028	0.032	0.036	0.040	0.047	0.054	0.060	0.067	0.072	0.085	0.132
5.0	0.019	0.022	0.026	0.030	0.033	0.037	0.044	0.050	0.056	0.062	0.067	0.079	0.126

注：l、b 分别为矩形基础边缘的长边和短边(m)；z 为基底至下卧层土面的距离(m)。

表 3-29 矩形面积上均布荷载作用下中点平均附加压应力系数 $\bar{a}$

z/b \ l/b	1.0	1.2	1.4	1.6	1.8	2.0	2.4	2.8	3.2	3.6	4.0	5.0	≥10
0.0	1.000	1.000	1.000	1.00	1.000	1.000	1.000	1.000	1.000	1.000	1.000	1.000	1.000
0.1	0.997	0.998	0.998	0.998	0.998	0.998	0.998	0.998	0.998	0.998	0.998	0.998	0.998
0.2	0.987	0.990	0.991	0.992	0.992	0.992	0.993	0.993	0.993	0.993	0.993	0.993	0.993
0.3	0.967	0.973	0.976	0.978	0.979	0.979	0.980	0.980	0.981	0.981	0.981	0.981	0.981
0.4	0.936	0.947	0.953	0.956	0.958	0.965	0.961	0.962	0.962	0.963	0.963	0.963	0.963
0.5	0.900	0.915	0.924	0.929	0.933	0.935	0.937	0.939	0.939	0.940	0.940	0.940	0.940
0.6	0.858	0.878	0.890	0.898	0.903	0.906	0.910	0.912	0.913	0.914	0.914	0.915	0.915
0.7	0.816	0.840	0.855	0.865	0.871	0.876	0.881	0.884	0.885	0.886	0.887	0.887	0.888
0.8	0.775	0.801	0.819	0.831	0.839	0.844	0.851	0.855	0.857	0.858	0.859	0.860	0.860
0.9	0.735	0.764	0.784	0.797	0.806	0.813	0.821	0.826	0.829	0.830	0.831	0.830	0.836
1.0	0.698	0.728	0.749	0.764	0.775	0.783	0.792	0.798	0.801	0.803	0.804	0.806	0.807
11	0.663	0.694	0.717	0.733	0.744	0.753	0.764	0.771	0.775	0.777	0.779	0.780	0.782
1.2	0.631	0.663	0.686	0.703	0.715	0.725	0.737	0.744	0.749	0.752	0.754	0.756	0.758
1.3	0.601	0.633	0.657	0.674	0.688	0.698	0.711	0.719	0.725	0.728	0.730	0.733	0.735
1.4	0.573	0.605	0.629	0.648	0.661	0.672	0.687	0.696	0.701	0.705	0.708	0.711	0.714
15	0.548	0.580	0.604	0.622	0.637	0.648	0.664	0.673	0.679	0.683	0.686	0.690	0.693
1.6	0.524	0.556	0.580	0.599	0.613	0.625	0.641	0.651	0.658	0.663	0.666	0.670	0.675
1.7	0.502	0.533	0.558	0.577	0.591	0.603	0.620	0.631	0.638	0.643	0.646	0.651	0.656
1.8	0.482	0.513	0.537	0.556	0.571	0.588	0.600	0.611	0.619	0.624	0.629	0.633	0.638
1.9	0.463	0.493	0.517	0.536	0.551	0.563	0.581	0.593	0.601	0.606	0.610	0.616	0.622
2.0	0.446	0.475	0.499	0.518	0.533	0.545	0.563	0.575	0.584	0.590	0.594	0.600	0.606
2.1	0.429	0.459	0.482	0.500	0.515	0.528	0.546	0.559	0.567	0.574	0.578	0.585	0.591
2.2	0.414	0.443	0.466	0.484	0.499	0.511	0.530	0.543	0.552	0.558	0.563	0.570	0.577
2.3	0.400	0.428	0.451	0.469	0.484	0.496	0.515	0.528	0.537	0.544	0.548	0.554	0.564
2.4	0.387	0.414	0.436	0.454	0.469	0.481	0.500	0.513	0.523	0.530	0.535	0.543	0.551
2.5	0.374	0.401	0.423	0.441	0.455	0.468	0.486	0.500	0.509	0.516	0.522	0.530	0.539
2.6	0.362	0.389	0.410	0.428	0.442	0.473	0.473	0.487	0.496	0.504	0.509	0.518	0.528
2.7	0.351	0.377	0.398	0.416	0.430	0.461	0.461	0.474	0.484	0.492	0.497	0.506	0.517
2.8	0.341	0.366	0.387	0.404	0.418	0.449	0.449	0.463	0.472	0.480	0.486	0.495	0.506
2.9	0.331	0.356	0.377	0.393	0.407	0.438	0.438	0.451	0.461	0.469	0.475	0.485	0.496
3.0	0.322	0.346	0.366	0.383	0.397	0.409	0.429	0.441	0.451	0.459	0.465	0.474	0.487
3.1	0.313	0.337	0.357	0.373	0.387	0.398	0.417	0.430	0.440	0.448	0.454	0.464	0.477
3.2	0.305	0.328	0.348	0.364	0.377	0.389	0.407	0.420	0.431	0.439	0.445	0.455	0.468
3.3	0.297	0.320	0.339	0.355	0.368	0.379	0.397	0.411	0.421	0.429	0.436	0.446	0.460
3.4	0.289	0.312	0.331	0.346	0.359	0.371	0.388	0.402	0.412	0.420	0.427	0.437	0.452
3.5	0.282	0.304	0.323	0.338	0.351	0.362	0.380	0.393	0.403	0.412	0.418	0.429	0.444
3.6	0.276	0.297	0.315	0.330	0.343	0.354	0.372	0.385	0.395	0.403	0.410	0.421	0.436

续表

z/b \ l/b	1.0	1.2	1.4	1.6	1.8	2.0	2.4	2.8	3.2	3.6	4.0	5.0	≥10
3.7	0.269	0.290	0.308	0.323	0.335	0.346	0.364	0.377	0.387	0.395	0.402	0.413	0.429
3.8	0.263	0.284	0.301	0.316	0.328	0.339	0.356	0.369	0.379	0.388	0.394	0.405	0.422
3.9	0.257	0.277	0.294	0.309	0.321	0.332	0.349	0.362	0.372	0.380	0.387	0.398	0.415
4.0	0.251	0.271	0.288	0.302	0.311	0.325	0.342	0.355	0.365	0.373	0.379	0.391	0.408
4.1	0.246	0.265	0.282	0.296	0.308	0.318	0.335	0.348	0.358	0.366	0.372	0.384	0.402
4.2	0.241	0.260	0.276	0.290	0.302	0.312	0.328	0.341	0.352	0.359	0.366	0.377	0.396
4.3	0.236	0.255	0.270	0.284	0.296	0.306	0.322	0.335	0.345	0.353	0.359	0.371	0.390
4.4	0.231	0.250	0.265	0.278	0.290	0.300	0.316	0.329	0.339	0.347	0.353	0.365	0.384
4.5	0.226	0.245	0.260	0.273	0.285	0.294	0.310	0.323	0.333	0.341	0.347	0.359	0.378
4.6	0.222	0.240	0.255	0.268	0.279	0.289	0.305	0.317	0.327	0.335	0.341	0.353	0.373
4.7	0.218	0.235	0.250	0.263	0.274	0.284	0.299	0.312	0.321	0.329	0.336	0.347	0.367
4.8	0.214	0.231	0.245	0.258	0.269	0.279	0.294	0.306	0.316	0.324	0.330	0.342	0.362
4.9	0.210	0.227	0.241	0.253	0.265	0.274	0.289	0.301	0.311	0.319	0.325	0.337	0.357
5.0	0.206	0.223	0.237	0.249	0.260	0.269	0.284	0.296	0.306	0.313	0.320	0.332	0.352

注：l、b-矩形基础的长边和短边(m)；z-从基础底面算起的土层深度(m)。

第二节　挡　土　墙

(1)重力式挡土墙稳定性验算按表3-30～表3-33计算。

表3-30　重力式挡土墙稳定性验算

项　目	内　容
作用荷载效应组合	验算挡土墙的稳定性，应用承载能力极限状态下荷载效应的基本组合进行计算，各分项系数取值为1.0。挡土墙前的被动土压力，一般不予考虑。
一般地区挡土墙稳定验算	(1)抗滑稳定安全系数： $K_s=\dfrac{(G_n+E_{an})\mu}{E_{at}-G_t}\geqslant 1.3$　　(3-33) $G_n=G\cos\alpha_0$　　$G_t=G\sin\alpha_0$ $E_{an}=E_a\cos(\alpha-\alpha_0-\delta)$　　$E_{at}=E_a\sin(\alpha-\alpha_0-\delta)$ 式中，G——挡土墙每延米自重； α_0——挡土墙基底的倾角，见图1； α——挡土墙墙背的倾角； δ——土对挡土墙墙背的摩擦角； μ——土对挡土墙基底的摩擦系数。 (2)抗倾覆稳定性验算： $K_L=\dfrac{Gx_0+E_{az}x_f}{E_{ax}z_f}\geqslant 1.6$　　(3-34) $E_{ax}=E_a\sin(\alpha-\delta)$　　$E_{az}=E_a\cos(\alpha-\delta)$ $x_f=b-z\cos\alpha$　　$z_f=z-b\tan\alpha_0$

续表

项　目	内　　　　容
一般地区挡土墙稳定验算	式中，z——土压力作用点离墙踵的高度； x_0——挡土墙重心离墙趾的水平距离； b——基底的水平投影宽度。 (3)整体滑动稳定性验算。一般采用圆弧滑动面法。当砌体结构作为一个刚体，应按式(3-35)验算： $$\gamma_0(1.2S_{G2k}+1.4S_{Q1k}+\sum_{i=2}^{n}S_{Qik})\leqslant 0.8S_{G1k} \quad (3\text{-}35)$$ 式中，S_{G1k}——起有利作用的永久荷载标准值。 S_{G2k}——起不利作用的永久荷载标准值； S_{Qik}——可变荷载标准值。 (4)地基承载力验算： 当轴心荷载作用时， $$p_k\leqslant f_a \quad (3\text{-}36)$$ 式中，p_k——相应于荷载效应标准组合时，基础底面处的平均压力值； f_a——修正后的地基承载力特征值。 当偏心荷载作用时，除符合式(3-36)要求外，尚应符合式(3-37)要求(图2)： $$p_{kmax}\leqslant 1.2f_a \quad (3\text{-}37)$$ 式中，p_{kmax}——相应于荷载效应标准组合时，基础底面边缘的最大压力值。 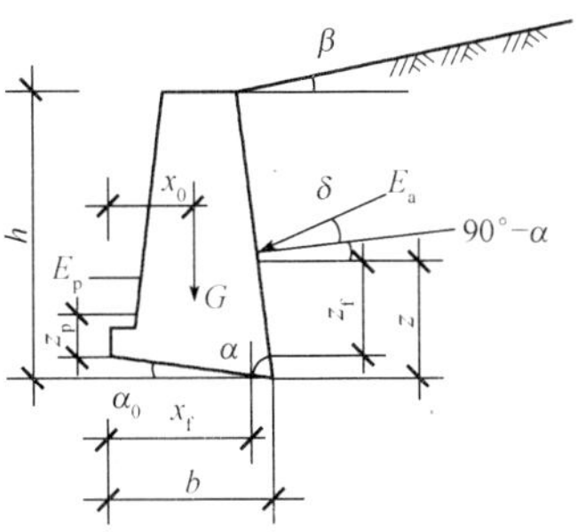 图1　一般地区挡土墙受力图 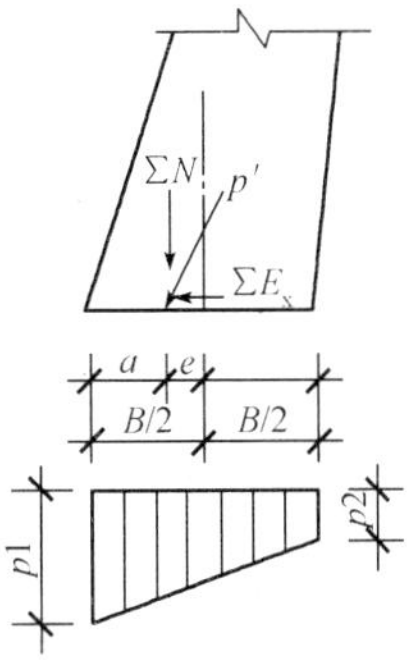 图2　基底偏心距与基底应力分布 基础底面的压力，按下列公式确定： ①当轴心荷载作用时， $$p_k=\frac{F_k+G_k}{A} \quad (3\text{-}38)$$ 式中，F_k——相应于荷载效应标准组合时，上部结构传至基础顶面的竖向力值； G_k——基础自重和基础上的土重； A——基础底面积。 ②当偏心荷载作用时，$$p_{kmax}=\frac{F_k+G_k}{A}+\frac{M_k}{W} \quad (3\text{-}39)$$ $$p_{kmin}=\frac{F_k+G_k}{A}-\frac{M_k}{W} \quad (3\text{-}40)$$ 式中，M_k——相应于荷载效应标准组合时，作用于基础底面的力矩值； W——基础底面的抵抗矩； p_{kmin}——相应于荷载效应标准组合时，基础底面边缘的最小压力值。

续表

项　目	内　　容
一般地区挡土墙稳定验算	（续）

当偏心距 $e>\frac{b}{6}$ 时，p_{kmax} 应按式(3-41)计算(图 3)：

$$p_{kmax}=\frac{2(F_k+G_k)}{3La} \quad (3\text{-}41)$$

式中，L——垂直于力矩作用方向的基础底面边长；

a——合力作用点至基础底面最大压力边缘的距离。

地基承载力特征值可由载荷试验或其他原位测试、公式计算，并结合工程实践经验等方法综合确定。

(5)基底合力偏心距：

$$e=\frac{b}{2}-c=\frac{b}{2}-\frac{\sum M_y-\sum M_0}{\sum N}\leqslant\frac{b}{4} \quad (3\text{-}42)$$

式中，$\sum M_y$——稳定力系对墙趾的总力矩；

$\sum M_0$——倾覆力系对墙趾的总力矩；

$\sum N$——作用在基础底面上总垂直力。

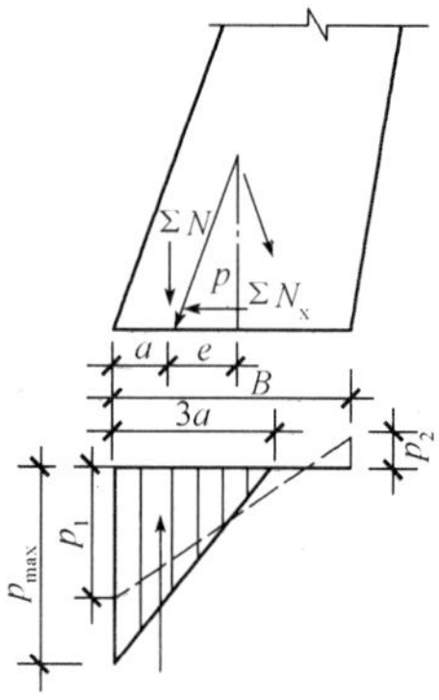

图 3　基底应力重分布

(6)当基底下受力层范围内有软弱下卧层时，按下列公式验算其强度：

$$p_z+p_{cz}\leqslant f_z \quad (3\text{-}43)$$

式中，p_z——软弱下卧层顶面处附加压力设计值；

p_{cz}——软弱下卧层顶面处土的自重压力；

f_z——软弱下卧层顶面处经深度修正后的地基承载力设计值。

如上层土和下层软弱土层的压缩模量比值大于等于 3 时，对于条形挡土墙基础，p_z 可按式(3-44)计算：

$$p_z=\frac{b(p-p_c)}{(b+2z\tan\theta)} \quad (3\text{-}44)$$

式中，b——挡土墙条形基础底宽度；

p_c——基底处土的自重压力标准值；

z——基底至软弱下卧层顶面的距离；

θ——地基压力扩散线与竖直线之间的夹角。

(7)当基底下受力层范围内有软弱土层时，按下式验算：

$$K_s=\frac{M_R}{M_S}\geqslant 1.2 \quad (3\text{-}45)$$

式中，M_R——为作用于滑动体上各力对滑动中心的抗滑力矩；

M_S——为作用于滑动体上各力对滑动中心的滑动力矩。

(8)位于稳定土坡上的挡墙，当垂直于坡顶边缘线的基础底面边长小于或等于 3m 时，其基础底面外边缘至坡顶面的水平距离(图 4)应符合下式，但不得小于 2.5m。

$$a\geqslant 3.5b-\frac{d}{\tan\beta} \quad (3\text{-}46)$$

式中，a——基础底面外边缘至坡顶的水平距离；

b——垂直于坡顶边缘线的基础底面边长；

d——基础埋置深度；

β——边坡的坡角。

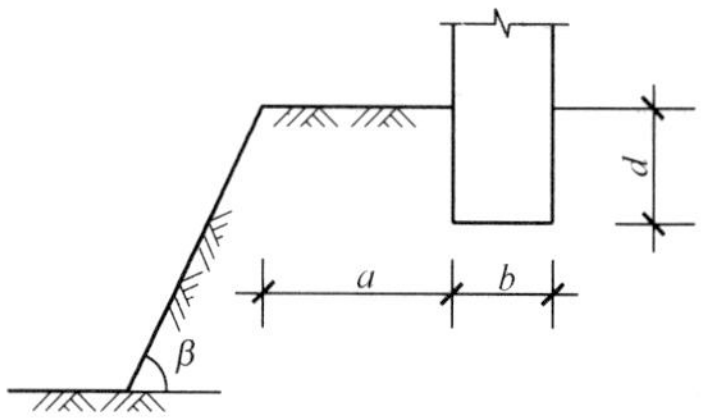

图 4　基础底面外边缘至坡顶的水平距离示意图

续表

<table>
<tr><th>项　目</th><th>内　　　　　　　容</th></tr>
<tr><td>浸水地区挡土墙稳定计算</td><td>
浸水地区挡土墙后的填料采用岩块及渗水土时，不考虑静水压力及墙后动水压力，但得考虑水位以下挡土墙及填料的水浮力。挡土墙的计算水位应采用最不利水位，见图 5。
浸水地区稳定验算公式：
抗滑稳定，
$$K_s=\frac{\sum N\cdot\mu}{E'_x}=\frac{(G'+E'_{az})}{E'_{ax}}\geqslant 1.3 \quad (3\text{-}47)$$
抗倾覆稳定，
$$K_z=\frac{\sum M'_y}{\sum M'_0}=\frac{(G'x_0+E'_{az}x_f)}{E'_{ax}z_f}\geqslant 1.6 \quad (3\text{-}48)$$
基底合力的偏心距，
$$\rho=\frac{b}{2}-c=\frac{b}{2}-\frac{\sum M'_y-\sum M'_0}{\sum N'}\leqslant\frac{b}{4} \quad (3\text{-}49)$$
基底压应力，
轴心荷载　$p_k\leqslant f_a$
$e\leqslant\frac{b}{6}$时，　$p_{kmax}=\frac{F_k+G'}{A}\leqslant 1.2f_a$　(3-50)
$e>\frac{b}{6}$时，　$p_{kmax}=\frac{2\sum N'}{3La}\leqslant 1.2f_a$　(3-51)
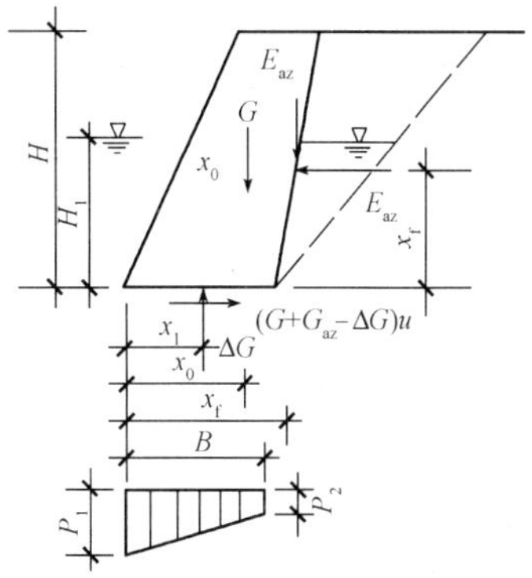

图 5　浸水地区挡土墙作用力系
式中，G'——考虑了浮力的墙身自重；
E'_{ax}、E'_{az}——考虑了填料部分浸水的主动土压力分力；
$\sum N'$——考虑了浸水后垂直力总和；
$\sum M'_y$——考虑了浸水后的稳定力矩；
$\sum M'_0$——考虑了浸水后的倾覆力矩。
</td></tr>
<tr><td>地震地区挡土墙的稳定计算</td><td>
挡土墙抗震稳定性验算：
抗滑稳定，
$$K_s=\frac{\sum N\cdot\mu+E_p}{E''_{ax}+F_i}=\frac{(G+E''_{az})\cdot\mu+E_p}{E''_{ax}+F_i}\geqslant 1.1 \quad (3\text{-}52)$$
抗倾覆稳定，
$$K_l=\frac{\sum M''_y}{\sum M''_0}=\frac{Gx_0+E''_{az}x_f+E_pz_p}{E''_{ax}z_f+F_iz_k}\geqslant 1.2 \quad (3\text{-}53)$$
基底合力的偏心距，
$$e=\frac{b}{2}-c=\frac{b}{2}-\frac{\sum M''_y-\sum M''_0}{\sum N''}\leqslant\frac{b}{4} \quad (3\text{-}54)$$
抗震时，对于岩石地基：
当为硬质岩石时，　$e\leqslant\frac{b}{3}$
当为其他岩石时，　$e\leqslant\frac{b}{4}$
对于土质地基：　$e\leqslant\frac{b}{4}$
基底应力：
$e\leqslant\frac{b}{6}$时，　$p_{kmax}=\frac{F_k+G+E''_{az}}{A}+\frac{M_k}{W}\leqslant 1.2f_{aE}$　(3-55)
$e\leqslant\frac{b}{6}$时，　$p_{kmax}=\frac{2\sum N''}{3La}\leqslant 1.2f_{aE}$　(3-56)
地基承载力应提高，地基土抗震承载力应按下式计算：
$$f_{aE}=\zeta_a\cdot f_a \quad (3\text{-}57)$$
式中，f_{aE}——调整后的地基抗震承载力；
ζ_a——地基抗震承载力调整系数，应按表 3-32 采用；
f_a——深宽修正后的地基承载力特征值。
</td></tr>
</table>

表 3-31 压力扩散角 θ(°)

换填材料 / z/b	中砂、粗砂、砾砂、圆砾、角砾、石屑、卵石、碎石、矿渣	粉质粘土、粉煤灰	灰土
0.25	20	6	28
≥0.50	30	23	

注：1. 当 $z/b<0.25$，除灰土取 $\theta=28°$ 外，其余材料均取 $\theta=0°$，必要时，宜由试验确定；

2. 当 $0.25<z/b<0.5$ 时，θ 值可内插求得。

表 3-32 地基抗震承载力调整系数表

岩 土 名 称 和 性 状	ζ_a
岩石、密实的碎石土，密实的砾石、粗砂、中砂，$f_{ak}\geqslant300$ 的黏性土粉土。	1.5
中密、稍密的碎石土，中密和稍密的砾石、粗砂、中砂，密实和中密的细砂、粉砂、$150\leqslant f_{ak}<300$ 的黏性土和粉土，坚硬黄土。	1.3
稍密的细砂、粉砂，$100\leqslant f_{ak}<150$ 的黏性土和粉土，可塑黄土。	1.1
淤泥、淤泥质土、松散的砂、杂填土，新近堆积黄土及流塑黄土。	1.0

表 3-33 重力式挡土墙基础设计

项 目	内 容
基础埋置深度要求	(1)在冻结深度以下 0.25m(不冻胀土除外)，同时不少于 1m 埋深。 (2)对于平原河流和山区的稳定河段，一般冲刷深度为： $h_{pm}=(\lambda-1)H_0$ (3-58) 式中，λ——冲刷系数，一般应由水文资料提供，如无水文资料，也可按式(3-59)计算， $\lambda=\dfrac{W_x}{W_G}$ (3-59) W_x——挡土墙处需要不产生冲刷的河床过水断面积，可用流量和允许不冲刷流速来计算。 (3)当挡土墙没有压缩或很少压缩河道的水流断面，但水流流向冲击挡土墙，需考虑局部冲刷。 对于非黏性土河床， $h_{pi}=23\dfrac{\tan\dfrac{\alpha}{2}}{\sqrt{1+m^2}}\cdot\dfrac{v^2}{g}-30d$ (3-60) 对于黏性土河床， $h_{pi}=23\dfrac{\tan\dfrac{\alpha}{2}}{\sqrt{1+m^2}}\cdot\dfrac{v^2}{g}-6\dfrac{v_b^2}{g}$ (3-61) 式中，h_{pi}——挡土墙前局部冲刷深度； v——行进水流的平均流速； g——重力加速度； v_b——河床上的允许不冲刷流速； m——挡土墙墙面的坡度； d——冲刷过程中，裸露出来的河床表层土颗粒筛分达 15%以上重量的粗颗粒直径 α——水流方向与挡土墙迎水面切线的交角。在变迁河段上，当在洪水位时，水流方向可能改变，α 角大为减小。设计时，应分析中水位时水流方向，因为 α 角可能很大，局部冲刷较深。 当挡土墙较多地压缩了河流断面，且水流流向又冲击了挡土墙，则应在一般冲刷和局部冲刷的基础上外加 1.0m 的安全深度值。

续表

项　目	内　　　　　容
扩大基础设计	(1)正截面剪切承载力： $V \leqslant f_v bz$　(3-62) 式中，V——剪力设计值； f_v——砌体的抗剪强度设计值； b——截面宽度，挡土墙为单位延长米； z——内力臂，$z=\frac{I}{S}$，在挡土墙计算时，截面为矩形，$z=\frac{2h}{3}$； I——截面惯性矩； S——截面面积矩； h——截面高度，挡土墙的厚度。 (2)斜截面承载力。由于钢筋混凝土墙趾板 h_p 一般小于 0.4m，由斜截面承载力可知 $V \leqslant 0.7h_0bf_t$　(3-63) 式中，V——构件斜截面上最大剪力设计值； f_t——混凝土轴心抗拉强度设计值。 (3)单筋受弯构件承载力。一般墙趾钢筋混凝土板，只在受拉侧配置钢筋。可由式(3-64)计算： $$\alpha_s=\frac{M}{\alpha_1 f_c bh_0^2}$$　(3-64) 式中，α_s——计算系数，是反映截面抵抗矩的系数； M——正截面受弯承载力设计值； f_c——混凝土轴心抗压强度设计值； α_1——等效矩形应力图形系数，当混凝土强度等级不超过 C50 时，α_1 取为 1.0，当混凝土强度等级为 C80 时，α_1 取为 0.94，其间按线性内插法确定； b——截面的宽度，在挡土墙计算中一般为 1.0m； h_0——截面的有效高度； 根据计算得出系数 α_s，由下式确定受拉钢筋面积： $A_s=\frac{M}{\gamma_s f_y h_0}$　(3-65) $A_s=\frac{\xi\alpha_1 f_c bh_0}{f_y}$　(3-66) 式中，γ_s——内力臂系数； ξ——相对界限受压高度； f_y——钢筋抗拉强度设计值。 墙趾板端顶面采用倾斜坡时，其端部之最小厚度，不得小于 30cm。 (4)榫头长度计算。为保证钢筋混凝土板与墙身的连接，板上常做凸榫，榫头长度计算，不考虑钢筋的作用，可用下式 $$L \geqslant 1.5\frac{E_{ax}}{f_v}$$　(3-67)
换土地基	当基础设置在较弱土层上(如淤泥、软黏土等)，可用较好的土(一般采用碎石、砾石、卵石及砂夹卵石为好。粗中砂也可以)，严格分层夯实，便能取到良好效果。也可选用机械压(夯)实，堆载预压、砂井真空预压、砂桩、碎石桩、灰土桩、水泥土桩及桩基等方法。换土的深度和宽度不宜小于 1.5m，也不宜大于 3.0m。

(2)悬臂式挡土墙按表 3-34 计算。

表 3-34 悬臂式挡土墙受力计算

<table>
<tr><th>计算项目</th><th>计 算 公 式</th></tr>
<tr><td>土压力计算</td><td>

(1)按库仑土压力计算。用墙踵下缘与立板上边缘连线作为假想墙背,按库仑公式计算,如图 1。此时,δ 值应取土的内摩擦角 φ,ρ 应为假想墙背的倾角;计算 $\sum G$ 时,要计入墙背与假想墙背之间 $\triangle ABD$ 的土体自重力。

(2)按朗肯土压力计算。用墙踵的竖直面作为假想墙背,如图 2。

$$\left.\begin{aligned}E&=\frac{1}{2}\gamma H^2 K_a\left(1+\frac{2h_0}{H}\right)\\K_a&=\frac{1-\sin\varphi}{1+\sin\varphi}\end{aligned}\right\}\tag{3-68}$$

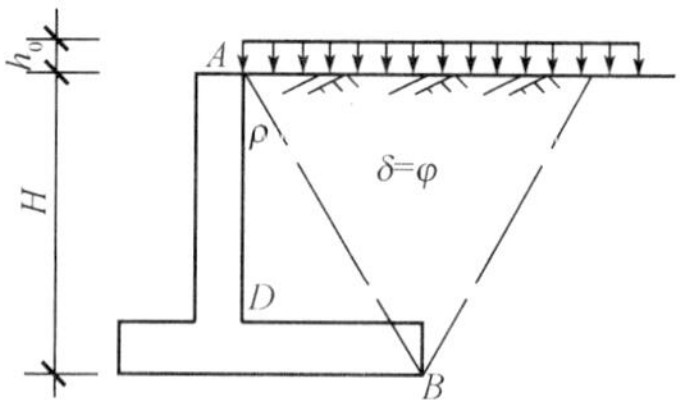

图 1

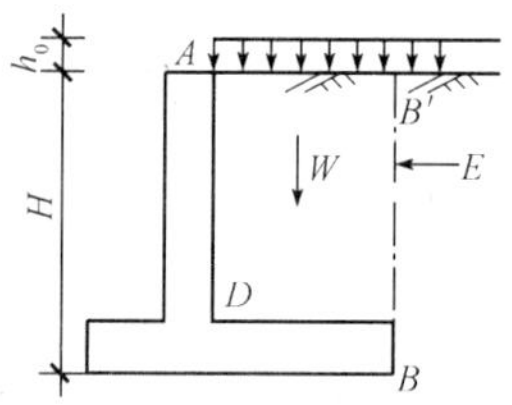

图 2

(3)按第二破裂面计算。当墙踵下边缘与立板上边缘连线的倾角大于临界角,在墙后填土中将会出现第二破裂面(图 3),则应按第二破裂面理论计算公式计算。稳定计算时应记入第二破裂面与墙背之间的土体作用。

$$\left.\begin{aligned}K&=\frac{\tan^2\left(45^\circ-\frac{\varphi}{2}\right)}{\cos\left(45^\circ+\frac{\varphi}{2}\right)}\\K_1&=1+\frac{2h_0}{H}\\\alpha_i&=\theta_i=45^\circ-\frac{\varphi}{2}\\E&=\frac{1}{2}\gamma H^2\cdot K\cdot K_1\end{aligned}\right\}\tag{3-69}$$

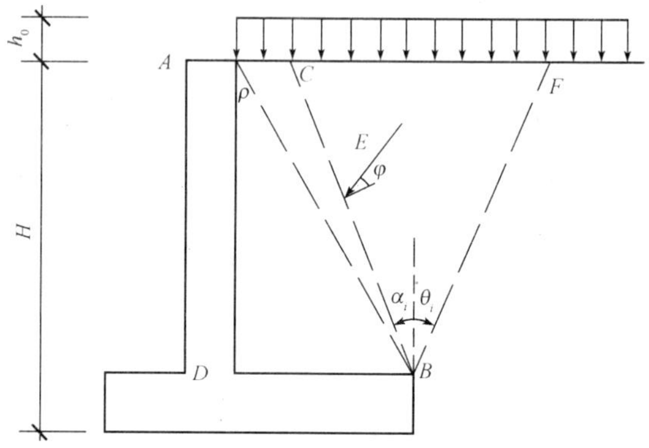

图 3 墙背出现第二破裂面

</td></tr>
<tr><td>墙身内力计算</td><td>

(1)立臂内力。立臂可视为固定在底板上的悬臂梁,主要承受墙后主动土压力和地下水压力,墙前土压力可不予考虑(图 4),故墙身的剪力和弯矩力:

</td></tr>
</table>

续表

计算项目	计　　算　　公　　式

墙身内力计算

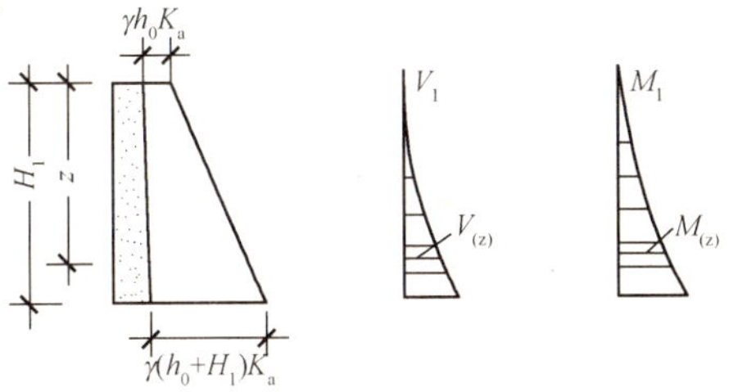

图 4　悬臂式挡土墙立臂土压力、剪力和弯矩分布图

$$V_{(z)}=\gamma z h_0 K_a+\frac{1}{2}\gamma z^2 K_a \tag{3-70}$$

$$M_{(z)}=\gamma z h_0 K_a\cdot\frac{z}{2}+\frac{1}{2}\gamma z^2 K_a\cdot\frac{1}{3}z \tag{3-71}$$

式中，$V_{(z)}$——距墙顶 z 处立臂剪力；

$M_{(z)}$——距墙顶 z 处立臂弯矩；

γ——填土重力密度；

h_0——荷载折算土体高度；

K_a——主动土压力系数。

(2)墙踵板内力计算。墙踵板可以看成是墙身为固定端的悬臂梁。墙踵板上作用的有第二破裂面与墙背间的土体(含土体上部重力)的重力、墙踵板自重、主动土压力的竖直分量、地基土反力、地下水浮力、板上水重和静水压力等荷载(图 5)。当无地下水时，可按下式计算：

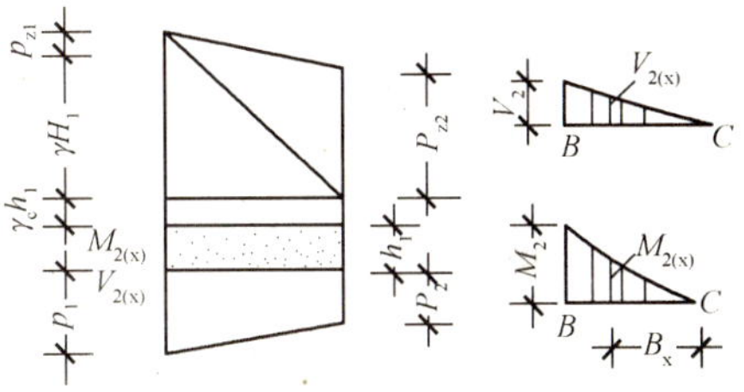

图 5　踵板荷载、剪力和弯矩分布

$$\left.\begin{aligned}V_{2(x)}&=B_x\left[p_{z2}+\gamma_c h_1-p_2+\frac{(\gamma H_1-p_{z2}+p_{z1})B_x}{2B}-\frac{(p_1-p_2)B_x}{2B}\right]\\M_{2(x)}&=(p_{z2}+\gamma_c h_1-p_2)\frac{B_x^2}{2}+(\gamma H_1-p_{z2}+p_{z1}-p_1+p_2)\frac{B_x^3}{6B}\end{aligned}\right\} \tag{3-72}$$

式中，$V_{2(x)}$——墙踵板端部至 B_x 处的剪力(kN)；

$M_{2(x)}$——墙踵板端部至 B_x 处的弯矩(kN · m)；

B_x——计算截面到墙踵板端部的距离；

h_1——墙踵板厚板；

γ_c——混凝土重力密度；

p_{z1}、p_{z2}——分别为墙趾、墙踵端头处的竖直土压力；

p_1、p_2——分别为墙趾、墙踵端头处地基反力。

(3)墙趾板内力计算：

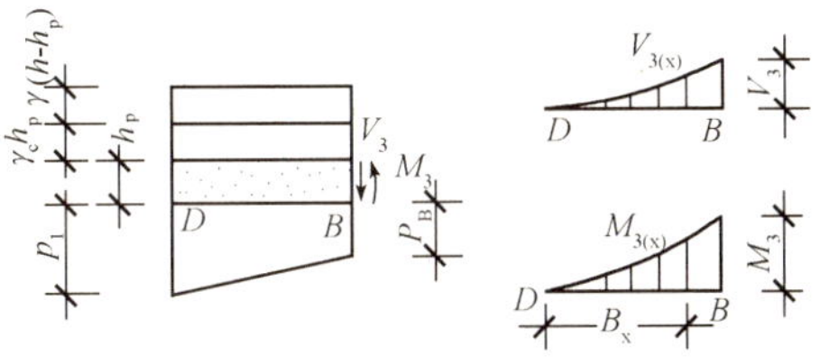

图 6　趾板荷载、剪力和弯矩分布

续表

计算项目	计　算　公　式
墙身内力计算	$$\left.\begin{aligned}V_{3(x)}&=B_x\left[p_1-\gamma_c h_p-\gamma(h-h_p)-\frac{(p_1-p_2)B_x}{2B}\right]\\M_{3(x)}&=\frac{B_x^2\left\{3[p_1-\gamma_c h_p-\gamma(h-h_p)]-\frac{(p_1-p_2)B_x}{B}\right\}}{6}\end{aligned}\right\}\quad(3\text{-}73)$$ 式中，$V_{3(x)}$、$M_{3(x)}$——趾板端部至 B_x 处的剪力、弯矩； B_x——计算截面至墙趾板端部的距离； h_p——墙趾板平均厚度； h——墙趾板埋置深度； p_B——趾板根部地基反力。
钢筋混凝土墙身计算	悬臂式挡土墙的立臂和底板，按受弯构件设计，需满足最大裂缝宽度验算： $$\left.\begin{aligned}w_{max}&=\alpha_{cr}\psi\frac{\sigma_{sk}}{E_s}\left(1.9c+0.08\frac{d_{eq}}{\rho_{te}}\right)\\\psi&=1.1-0.65\frac{f_{tk}}{\rho_{te}\sigma_{sk}}\\d_{eq}&=\frac{\sum n_i d_i^2}{\sum n_i V_i d_i}\\\rho_{te}&=\frac{A_s+A_p}{A_{te}}\\\sigma_{sk}&=\frac{M_k}{0.87h_0A_s}\end{aligned}\right\}\quad(3\text{-}74)$$ 式中，α_{cr}——构件受力特征系数，对于钢筋混凝土受弯构件取 2.1； ψ——裂缝间纵向受拉钢筋应变不均匀系数，当 $\psi<0.2$ 时，取 $\psi=0.2$；当 $\psi>1$ 时，取 $\psi=1$；对直接承受重复荷载的构件，取 $\psi=1$； σ_{sk}——按荷载效应标准组合计算的钢筋混凝土构件纵向受拉钢筋的应力； E_s——钢筋弹性模量； c——最外层纵向受拉钢筋外边缘至受拉区底边的距离； ρ_{te}——按有效受拉混凝土截面面积计算的纵向受拉钢筋配筋率，当 $\rho_{te}<0.01$ 时，取 $\rho_{te}=0.01$； f_{tk}——混凝土轴心抗拉强度标准值； A_{te}——有效受拉混凝土截面面积； A_s——受拉区纵向钢筋截面面积； d_{eq}——受拉区纵向钢筋的直径； d_i——受拉区第 i 种纵向钢筋的直径； n_i——受拉区第 i 种纵向钢筋的根数； V_i——受拉区第 i 种纵向钢筋的相对黏结特性系数，光面钢筋取 0.7，螺纹钢筋取 1.0； M_k——按荷载效应标准组合计算的弯矩值。 h_0——截面的有效高度。 钢筋面积计算可按下列公式计算： $$A_s=\frac{f_{ck}}{f_y}bh_0\left(1-\sqrt{1-\frac{2M}{f_{ck}bh_0^2}}\right)\quad(3\text{-}75)$$ 式中，f_{ck}——混凝土轴心抗压强度标准值； f_y——钢筋的抗拉强度设计值； b——截面宽度，取单位长度； M——截面设计弯矩。

第三节　地下连续墙计算

地下连续墙按表 3-35～表 3-41 计算。

表 3-35　地下连续墙计算

<table>
<tr><th>计算项目</th><th>计　算　公　式</th></tr>
<tr><td>嵌固深度计算</td><td>

排桩、地下连续墙嵌固深度设计值宜按下列规定确定：

(1)悬臂式支护结构嵌固深度设计值 h_d 宜按下式确定(图 1)：

$$h_p \sum E_{pj} - 1.2\gamma_0 h_a \sum E_{ai} \geqslant 0 \tag{3-76}$$

式中，$\sum E_{pj}$——桩、墙底以上的基坑内侧各土层水平抗力标准值 e_{pjk} 的合力之和；

h_p——合力 $\sum E_{pj}$ 作用点至桩、墙底的距离；

$\sum E_{ai}$——桩、墙底以上的基坑外侧各土层水平荷载标准值 e_{aik} 的合力之和；

h_a——合力 $\sum E_{ai}$ 作用点至桩、墙底的距离。

(2)单层支点支护结构支点力及嵌固深度设计值 h_d 宜按下列规定计算(图 2)：

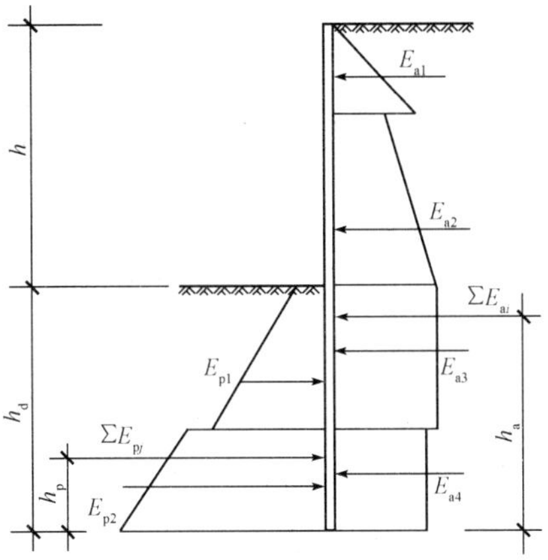

图 1　悬臂式支护结构嵌固深度计算简图

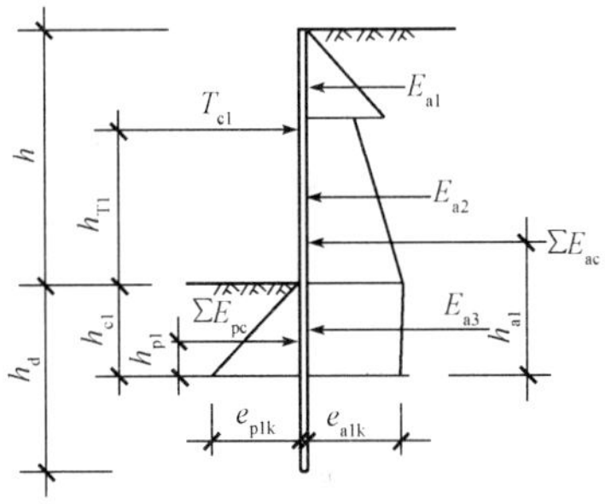

图 2　单层支点支护结构支点力计算简图

①基坑底面以下支护结构设定弯矩零点位置至基坑底面的距离 h_{c1} 可按下式确定(图 2)：

$$e_{a1k} = e_{p1k} \tag{3-77}$$

②支点力 T_{c1} 可按下式计算：

$$T_{c1} = \frac{h_{a1} \sum E_{ac} - h_{p1} \sum E_{pc}}{h_{T1} + h_{c1}} \tag{3-78}$$

式中，e_{a1k}——水平荷载标准值；

e_{p1k}——水平抗力标准值；

$\sum E_{ac}$——设定弯矩零点位置以上基坑外侧各土层水平荷载标准值的合力之和；

h_{a1}——合力 $\sum E_{ac}$ 作用点至设定弯矩零点的距离；

$\sum E_{pc}$——设定弯矩零点位置以上基坑内侧各土层水平抗力标准值的合力之和；

h_{p1}——合力 $\sum E_{pc}$ 作用点至设定弯矩零点的距离；

h_{T1}——支点至基坑底面的距离；

h_{c1}——基坑底面至设定弯矩零点位置的距离。

</td></tr>
</table>

续表

<table>
<tr><th>计算项目</th><th>计　算　公　式</th></tr>
<tr><td>嵌固深度计算</td><td>
③嵌固深度设计值 h_d 可按下式确定(图 3)：
$h_p\sum E_{pj}+T_{c1}(h_{T1}+h_d)-1.2\gamma_0 h_a\sum E_{ai}\geqslant 0$　　(3-79)
(3)多层支点排桩、地下连续墙嵌固深度设计值 h_d 宜按表 3-39 圆弧滑动简单条分法确定。
当按上述方法确定的悬臂式及单支点支护结构嵌固深度设计值 $h_d<0.3h$ 时，宜取 $h_d=0.3h$；多支点支护结构嵌固深度设计值小于 $0.2h$ 时，宜取 $h_d=0.2h$。
当基坑底为碎石土及砂土、基坑内排水且作用有渗透水压力时，侧向截水的排桩、地下连续墙除应满足本章上述规定外，嵌固深度设计值尚应满足式(3-80)抗渗透稳定条件(图 4)：
$h_d\geqslant 1.2\gamma_0(h-h_{wa})$　　(3-80)
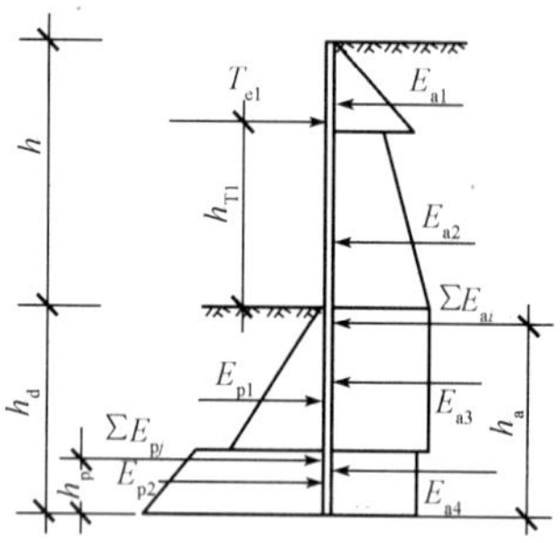

图 3　单层支点支护结构嵌固深度计算简图
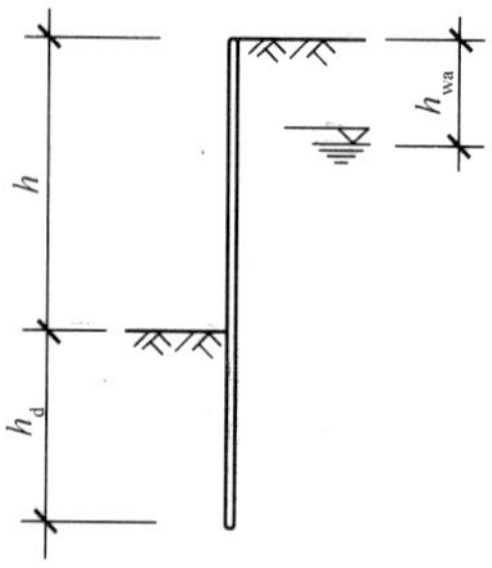

图 4　渗透稳定计算简图
</td></tr>
<tr><td>结构计算</td><td>
结构内力及支点力的设计值应按下列规定计算：
(1)截面弯矩设计值 M：
$M=1.25\gamma_0 M_c$　　(3-81)
式中，M_c——截面弯矩计算值，可按表 3-37 计算。
(2)截面剪力设计值 V：
$V=1.25\gamma_0 V_c$　　(3-82)
式中，V_c——截面剪力计算值，可按表 3-37 计算。
(3)支点结构第 j 层支点力设计值 T_{dj}：
$T_{dj}=1.25\gamma_0 T_{cj}$　　(3-83)
式中，T_{cj}——第 j 层支点力计算值，可按表 3-37 计算。
</td></tr>
<tr><td>截面承载力计算</td><td>
排桩、地下连续墙及支撑体系混凝土结构的承载力应按下列规定计算：
(1)正截面受弯及斜截面受剪承载力计算以及纵向钢筋、箍筋的构造要求，应符合现行国家标准《混凝土结构设计规范》(GB 50010—2002)有关规定。
(2)圆形截面正截面受弯承载力应按表 3-41 的规定计算，正截面弯矩设计值可按式(3-81)至式(3-83)确定。
</td></tr>
<tr><td>锚杆计算</td><td>
(1)锚杆承载力计算应符合式(3-84)规定：
$T_d\leqslant N_u\cos\theta$　　(3-93)
式中，T_d——锚杆水平拉力设计值，按式(3-83)计算；
N_u——锚杆轴向受拉承载力设计值，按式(3-87)规定；
θ——锚杆与水平面的倾角。
(2)锚杆杆体的截面面积应按下列公式确定：
</td></tr>
</table>

续表

计算项目	计　算　公　式
锚杆计算	①普通钢筋截面面积应按式(3-85)计算： $$A_s \geqslant \frac{T_d}{f_y \cos\theta} \quad (3\text{-}85)$$ ②预应力钢筋截面面积应按式(3-86)计算： $$A_p \geqslant \frac{T_d}{f_{py} \cos\theta} \quad (3\text{-}86)$$ 式中，A_s、A_p——普通钢筋、预应力钢筋杆体截面面积； f_y、f_{py}——普通钢筋、预应力钢筋抗拉强度设计值。 (3)锚杆轴向受拉承载力设计值应按下列规定确定： ①安全等级为一级及缺乏地区经验的二级基坑侧壁，锚杆轴向受拉承载力设计值可取基本试验确定的极限承载力除以受拉抗力分项系数 γ_s，受拉抗力分项系数可取 1.3。 ②基坑侧壁安全等级为二级且有邻近工程经验时，可按式(3-87)计算锚杆轴向受拉承载力设计值： $$N_u = \frac{\pi}{\gamma_s}\left[d \cdot \sum q_{sik} l_i + d_1 \sum q_{sjk} l_j + 2c_k(d_1^2 - d^2)\right] \quad (3\text{-}87)$$ 式中，N_u——锚杆轴向受拉承载力设计值； d_1——扩孔锚固体直径； d——非扩孔锚杆或扩孔锚杆的直孔段锚固体直径； l_i——第 i 层土中直孔部分锚固段长度； l_j——第 j 层土中扩孔部分锚固段长度； q_{sik}、q_{sjk}——土体与锚固体的极限摩阻力标准值，应根据当地经验取值； c_k——扩孔部分土体黏聚力标准值； γ_s——锚杆轴向受拉抗力分项系数，可取 1.3。 ③对于塑性指数大于 17 的黏性土层中的锚杆应进行蠕变试验。 ④基坑侧壁安全等级为三级时，可按式(3-87)确定锚杆轴向受拉承载力设计值。 (4)锚杆自由段长度 l_f 宜按下式计算(图 5)： $$l_f = l_t \cdot \sin\left(45° - \frac{\varphi_k}{2}\right) / \sin\left(45° + \frac{\varphi_k}{2} + \theta\right) \quad (3\text{-}88)$$ 式中，l_t——锚杆锚头中点至基坑底面以下基坑外侧荷载标准值与基坑内侧抗力标准值相等处的距离； φ_k——土体各土层厚度加权内摩擦角标准值； θ——锚杆倾角。 (5)锚杆预加力值(锁定值)应根据地层条件及支护结构变形要求确定，宜取为锚杆轴向受拉承载力设计值的0.50～0.65倍。 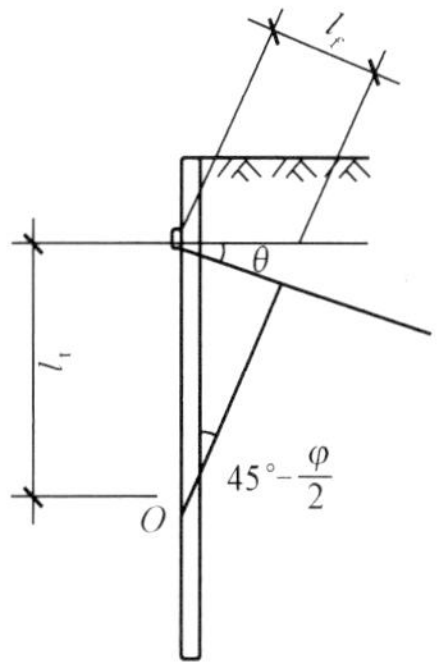 图 5　锚杆自由段长度计算简图

表 3-36　圆弧滑动简单条分法

序号	计　算　及　图　示
1	水泥土墙、多层支点排桩及多层支点地下连续墙嵌固深度计算值 h_0 宜按整体稳定条件采用圆弧滑动简单条分法确定(图 1)。 $$\sum c_{ik} l_i + \sum (q_0 b_i + w_i)\cos\theta_i \tan\varphi_{ik} - \gamma_k \sum (q_0 b_i + w_i)\sin\theta_i \geqslant 0 \quad (3\text{-}89)$$ 式中，c_{ik}、φ_{ik}——最危险滑动面上第 i 土条滑动面上土的固结不排水(快)剪粘聚力、内摩擦角标准值； l_i——第 i 土条的弧长； b_i——第 i 土条的宽度。 γ_k——整体稳定分项系数，应根据经验确定，当无经验时可取 1.3。

续表

序号	计 算 及 图 示
1	式中，w_i——作用于滑裂面上第 i 土条的重量，按上覆土层的天然土重计算； θ_i——第 i 土条弧线中点切线与水平线夹角。 当嵌固深度下部存在软弱土层时，尚应继续验算软下卧层整体稳定性。 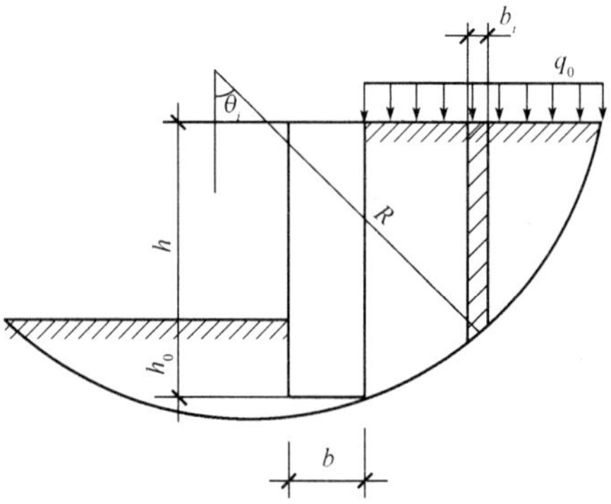 图 1 嵌固深度计算简图
2	对于均质黏性土及地下水位以上的粉土或砂类土，嵌固深度 h_0 $h_0 = n_0 h$ (3-90) 式中，n_0——嵌固深度系数，当 γ_k 取 1.3 时，可根据三轴试验（当有可靠经验时，可采用直接剪切试验）确定的土层固结不排水（快）剪内摩擦角 φ_k 及黏聚力系数 δ 查表 3-40；黏聚力系数 δ 可按式(3-91)确定。
3	黏聚力系数 δ 应按式(3-91)确定： $\delta = c_k / \gamma h$ (3-91) 式中，γ——土的天然重力密度。
4	嵌固深度设计值可按式(3-92)确定： $h_d = 1.1 h_0$ (3-92) 式中，h_0——根据式(3-90)计算的嵌固深度。

表 3-37 嵌固深度系数 n_0 表（地面超载 $q_0 = 0$）

δ \ φ_k	7.5	10.0	12.5	15.0	17.5	20.0	22.5	25.0	27.5	30.0	32.5	35.0	37.5	40.0	42.5
0.00	3.18	2.24	1.69	1.28	1.05	0.80	0.67	0.55	0.40	0.31	0.26	0.25	0.15	<0.1	
0.02	2.87	2.03	1.51	1.15	0.90	0.72	0.58	0.44	0.36	0.26	0.19	0.14	<0.1		
0.04	2.54	1.74	1.29	1.01	0.74	0.60	0.47	0.36	0.24	0.19	0.13	<0.1			
0.06	2.19	1.54	1.11	0.81	0.63	0.48	0.36	0.27	0.17	0.12	<0.1				
0.08	1.89	1.28	0.94	0.69	0.51	0.35	0.26	0.15	<0.1	<0.1					
0.10	1.57	1.05	0.74	0.52	0.35	0.25	0.13	<0.1							
0.12	1.22	0.81	0.54	0.36	0.22	<0.1	<0.1								
0.14	0.95	0.55	0.35	0.24	<0.1										
0.16	0.68	0.35	0.24	<0.1											
0.18	0.34	0.24	<0.1												
0.20	0.24	<0.1													
0.22	<0.1														

表 3-38　弹性支点法

<table>
<tr><th>序号</th><th>计　算　及　简　图</th></tr>
<tr><td>1</td><td>基坑外侧水平荷载标准值 e_{aik} 计算(图 1)
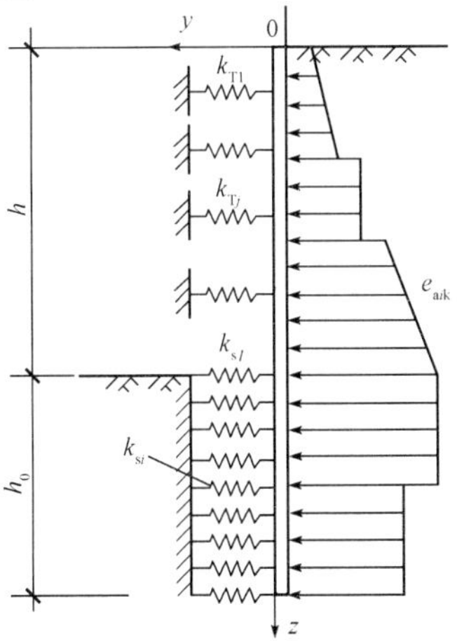

图 1　计算简图</td></tr>
<tr><td>2</td><td>支护结构的基本挠曲方程应按式(3-93)、式(3-94)确定(图 1),支点处的边界条件可按式(3-97)确定:
$$EI\frac{d^4y}{dz^4}-e_{aik}\cdot b_s=0\qquad(0\leqslant z\leqslant h_n)\tag{3-93}$$
$$EI\frac{d^4y}{dz^4}+mb_0(z-h_n)y-e_{aik}\cdot b_s=0\qquad(z\geqslant h_n)\tag{3-94}$$
式中,EI——支护结构计算宽度的抗弯刚度;
m——地基土水平抗力系数的比例系数;
b_0——抗力计算宽度,地下连续墙和水泥土墙取单位宽度,排桩结构按式(3-95)或式(3-96)规定计算;
z——支护结构顶部至计算点的距离;
h_n——第 n 工况基坑开挖深度;
y——计算点水平变形;
b_s——荷载计算宽度,排桩可取桩中心距,地下连续墙和水泥土墙可取单位宽度。</td></tr>
<tr><td>3</td><td>排桩结构抗力计算宽度宜按下列规定计算:
(1)圆形桩按下式计算:
$$b_0=0.9\times(1.5d+0.5)\tag{3-95}$$
式中,d——桩身直径。
(2)方形桩按下式计算:
$$b_0=1.5b+0.5\tag{3-96}$$
式中,b——方桩边长。
(3)按式(3-95)或(3-96)确定的抗力计算宽度大于排桩间距时,应取排桩间距。</td></tr>
<tr><td>4</td><td>第 j 层支点边界条件宜按下式确定:
$$T_j=k_{Tj}(y_j-y_{0j})+T_{0j}\tag{3-97}$$
式中,k_{Tj}——第 j 层支点水平刚度系数,可按表 3-39 确定;
y_j——按本表第 2 项计算的第 j 层支点水平位移值;
y_{0j}——按本表第 2 项计算的在支点设置前的水平位移值;
T_{0j}——第 j 层支点预加力。
当支点有预加力 T_{0j} 且按式(3-97)确定的支点力 $T_j\leqslant T_{0j}$ 时,第 j 层支点力 T_j 应按该层支点位移为 y_{0j} 的边界条件确定。</td></tr>
</table>

续表

序号	计　算　及　简　图
5	支护结构内力计算值可按下列规定计算(图 2)： 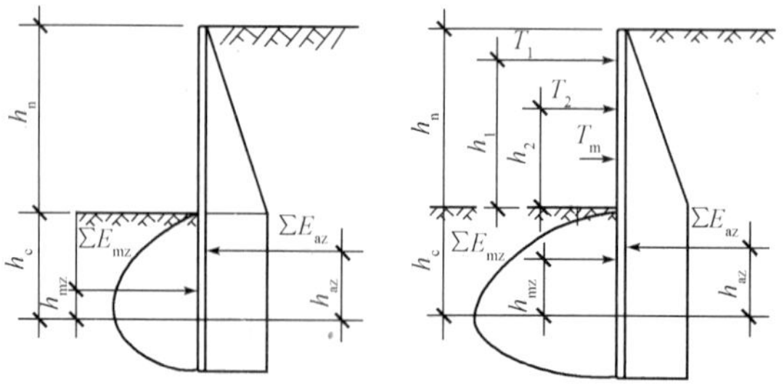 图 2　内力计算简图 (1)悬臂式支护结构弯矩计算值 M_c 及剪力计算值 V_c 可按下式计算： $M_c=h_{mz}\sum E_{mz}-h_{az}\sum E_{az}$　(3-98) $V_c=\sum E_{mz}-\sum E_{az}$　(3-99) 式中，$\sum E_{mz}$——计算截面以上根据表第 2 项确定的基坑内侧各土层弹性抗力值 $mb_0(z-h_n)y$ 的合力之和； h_{mz}——合力$\sum E_{mz}$作用点至计算截面的距离； $\sum E_{az}$——计算截面以上根据本表第 2 项确定的基坑外侧各土层水平荷载标准值 $e_{aik}b_s$ 的合力之和； h_{az}——合力$\sum E_{az}$作用点至计算截面的距离。 (2)支点支护结构弯矩计算值 M_c 及剪力计算值 V_c 可按下式计算： $M_c=\sum T_j(h_j+h_c)+h_{mz}\sum E_{mz}-h_{az}\sum E_{az}$　(3-100) $V_c=\sum T_j+\sum E_{mz}-\sum E_{az}$　(3-101) 式中，h_j——支点力 T_j 至基坑底的距离； h_c——基坑底面至计算截面的距离，当计算截面在基坑底面以上时取负值。

表 3-39　支点水平刚度系数 k_T 及地基土水平抗力比例系数 m 计算

序号	计　算
1	锚杆水平刚度系数 k_T 应按锚杆基本试验确定，当无试验资料时，可按式(3-102)计算： $k_T=\dfrac{3AE_sE_cA_c}{3l_fE_cA_c+E_sAl_a}\cos^2\theta$　(3-102) 式中，A——杆体截面面积； E_s——杆体弹性模量； E_c——锚固体组合弹性模量，可按式(3-103)确定； A_c——锚固体截面面积； l_f——锚杆自由段长度； l_a——锚杆锚固段长度； θ——锚杆水平倾角。 锚杆体组合弹性模量可按式(3-103)确定： $E_c=\dfrac{AE_s+(A_c-A)E_m}{A_c}$　(3-103) 式中，E_m——锚固体中注浆体弹性模量。

续表

序号	计　　　　算
2	(1)支撑体系(含具有一定刚度的冠梁)或其与锚杆混合的支撑体系水平刚度系数 k_T,可按支撑体系与排桩、地下连续墙的空间作用协同分析方法确定;亦可根据空间作用协同分析方法直接确定支撑体系及排桩或地下连续墙的内力与变形。 (2)当基坑周边支护结构荷载相同、支撑体系采用对撑并沿具有较大刚度的腰梁或冠梁等间距布置时,水平刚度系数 k_T 可按式(3-104)计算: $$k_T=\frac{2\alpha EA}{L}\cdot\frac{s_a}{s} \quad (3\text{-}104)$$ 式中,k_T——支撑结构水平刚度系数; α——与支撑松弛有关的系数,取 0.8～1.0; E——支撑构件材料的弹性模量; A——支撑构件断面面积; L——支撑构件的受压计算长度; s——支撑的水平间距; s_a——支撑的中心距。
3	开挖面以下土的水平抗力系数的比例系数 m,应以根据单桩水平荷载试验结果按式(3-105)计算: $$m=\frac{\left(\frac{H_{cr}}{x_{cr}}v_x\right)^{5/3}}{b_0(EI)^{2/3}} \quad (3\text{-}105)$$ 式中,m——地基水平抗力系数的比例系数(MN/m^4),该数值为基坑开挖面以下 $2(d+1)$m 深度内各土层的综合值; H_{cr}——单桩水平临界荷载(MN); x_{cr}——单桩水平临界荷载对应的位移(m); v_x——桩顶位移系数,可按表 3-40 采用(先假定 m,试算 α); b_0——计算宽度(m),按式(3-105)或式(3-106)计算 当无试验或缺少当地经验时,第 i 土层水平抗力系数的比例系数 m_i 可按下列经验公式计算: $$m_i=\frac{1}{\Delta}(0.2\varphi_{ik}^2-\varphi_{ik}+c_{ik}) \quad (3\text{-}106)$$ 式中,φ_{ik}——第 i 层土的固结不排水(快)剪内摩擦角标准值(°); c_{ik}——第 i 层土的固结不排水(快)剪黏聚力标准值(kPa); Δ——基坑底面处位移量(mm),按地区经验取值,无经验时可取 10。

表 3-40　桩顶位移系数 v_x 表

换算深度 αh_d	≥4.0	3.5	3.0	2.8	2.6	2.4
v_x	2.441	2.502	2.727	2.905	3.163	3.526

注:表中 $\alpha=\sqrt[5]{\frac{mb_0}{EI}}$。

表 3-41　正截面受弯承载力计算

序号	计　　　　算
1	对沿周边均匀配置纵向钢筋的圆形截面和矩形截面的排桩和地下连续墙,其正截面受弯承载力可按现行国家标准《混凝土结构设计规范》(GB 50010—2002)的有关规定进行计算,并应符合有关构造要求。

续表

<table>
<tr><th>序号</th><th>计　　　　算</th></tr>
<tr><td>2</td><td>

沿截面受拉区和受压区周边配置局部均匀纵向钢筋或集中纵向钢筋的圆形截面钢筋混凝土桩(图 1)，其正截面受弯承载力可按下列公式计算：

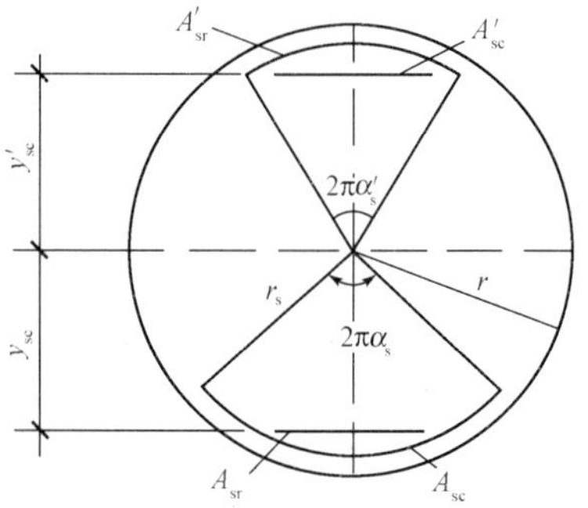

图 1　配置局部均匀配筋和集中配筋的圆形截面

$$\alpha\alpha_1 f_c A\left(1-\frac{\sin 2\pi\alpha}{2\pi\alpha}\right)+f_y(A'_{sr}+A'_{sc}-A_{sr}-A_{sc})=0 \tag{3-107}$$

$$M\leqslant\frac{2}{3}\alpha_1 f_c A_r\frac{\sin^3\pi\alpha}{\pi}+f_yA_{sr}r_s\frac{\sin\pi\alpha_s}{\pi\alpha_s}+f_yA_{sc}y_{sc}+f_yA'_{sr}r_s\frac{\sin\pi\alpha'_s}{\pi\alpha'_s}+f_yA'_{sc}y'_{sc} \tag{3-108}$$

选取的距离 y_{sc}、y'_{sc}应符合下列条件：

$$y_{sc}\geqslant r_s\cos\pi\alpha_s \tag{3-109}$$

$$y'_{sc}\geqslant r_s\cos\pi\alpha'_s \tag{3-110}$$

混凝土受压区圆心半角的余弦应符合下列要求：

$$\cos\pi\alpha\geqslant 1-\left(1+\frac{r_s}{r}\cos\pi\alpha_s\right)\xi_b \tag{3-111}$$

式中，α——对应于受压区混凝土截面面积的圆心角(rad)与 2π 的比值；

α_s——对应于周边均匀受拉钢筋的圆心角(rad)与 2π 的比值；α_s 值宜在 1/6 到 1/3 之间选取，通常可取定值 0.25；

α'_s——对应于周边均匀受压钢筋的圆心角(rad)与 2π 的比值，宜取 $\alpha'_s\leqslant 0.5\alpha$；

A——构件截面面积；

A_{sr}、A'_{sr}——均匀配置在圆心角 $2\pi\alpha_s$、$2\pi\alpha'_s$ 内沿周边的纵向受拉、受压钢筋截面面积；

A_{sc}、A'_{sc}——集中配置在圆心角 $2\pi\alpha_s$、$2\pi\alpha'_s$ 的混凝土弓形面积范围内的纵向受拉、受压钢筋截面面积；

r——圆形截面的半径；

r_s——纵向钢筋所在圆周的半径；

y_{sc}、y'_{sc}——纵向受拉、受压钢筋截面面积 A_{sc}、A'_{sc}的重心至圆心的距离；

f_y——普通钢筋的抗拉强度设计值。

f_c——混凝土轴心抗压强度设计值；

α_1——等效矩形应力图形系数；

ξ_b——矩形截面的相对界限受压区高度，应按《混凝土结构设计规范》(GB 50010—2002)规定确定。

计算的受压区混凝土截面面积的圆心角(rad)与 2π 的比值 α 宜符合下列条件：

$$\alpha\geqslant 1/3.5 \tag{3-112}$$

当不符合上述的条件时，其正截面受弯承载力可按式(3-113)计算：

$$M\leqslant f_yA_{sr}\left(0.78r+r_s\frac{\sin\pi\alpha_s}{\pi\alpha_s}\right)+f_yA_{sc}(0.78r+y_{sc}) \tag{3-113}$$

本条适用于截面受拉区内纵向钢筋不少于 3 根的圆形截面的情况。

</td></tr>
</table>

续表

序号	计　　　　算
3	沿圆形截面受拉区和受压区周边实际配置均匀纵向钢筋的圆心角应分别取为 $2\frac{n-1}{n}\pi\alpha_s$ 和 $2\frac{m-1}{m}\pi\alpha'_s$，其中 n、m 为受拉区、受压区配置均匀纵向钢筋的根数。 配置在圆形截面受拉区的纵向钢筋的最小配筋率（按全截面面积计算）不宜小于 0.2%。在不配置纵向受力钢筋的圆周范围内应设置周边纵向构造钢筋，纵向构造钢筋直径不应小于纵向受力钢筋直径的 1/2，且不应小于 10mm；纵向构造钢筋的环向间距不应大于圆截面的半径和 250mm 两者的较小值，且不得少于 1 根。

第四节　土钉墙计算

土钉墙设计按表 3-42 和表 3-43 计算。

表 3-42　土钉墙设计计算

项　目	内　　　　容
土钉抗拉承载力计算	（1）单根土钉抗拉承载力计算应符合下式要求： $$1.25\gamma_0 T_{jk} \leqslant T_{uj} \quad (3\text{-}114)$$ 式中，T_{jk}——第 j 根土钉受拉荷载标准值，可按式（3-123）确定； T_{uj}——第 j 根土钉抗拉承载力设计值，可按式（3-126）确定。 （2）单根土钉受拉荷载标准值可按下式计算： $$T_{jk} = \zeta e_{ajk} s_{xj} s_{zj} / \cos\alpha_j \quad (3\text{-}115)$$ 式中，ζ——荷载折减系数，根据式（3-116）确定； e_{ajk}——第 j 个土钉位置处的基坑水平荷载标准值； s_{xj}、s_{zj}——第 j 根土钉与相邻土钉的平均水平、垂直间距； α_j——第 j 根土钉与水平面的夹角。 （3）荷载折减系数 ζ 可按下式计算： $$\zeta = \tan\frac{\beta-\varphi_k}{2}\left(\frac{1}{\tan\frac{\beta+\varphi_k}{2}} - \frac{1}{\tan\beta}\right) \Big/ \tan^2\left(45° - \frac{\varphi}{2}\right) \quad (3\text{-}116)$$ 式中，β——土钉墙坡面与水平面的夹角。 （4）对于基坑侧壁安全等级为二级的土钉，抗拉承载力设计值应按试验确定，基坑侧壁安全等级为三级时可按下式计算（图 1）： $$T_{uj} = \frac{1}{\gamma_s}\pi d_{nj} \sum q_{sik} l_i \quad (3\text{-}117)$$ 式中，γ_s——土钉抗拉抗力分项系数，取 1.3； d_{nj}——第 j 根土钉锚固体直径； q_{sik}——土钉穿越第 i 层土土体与锚固体极限摩阻力标准值，应由现场试验确定，如无试验资料，可采用表 3-43 确定； l_i——第 j 根土钉在直线破裂面外穿越第 i 稳定土体内的长度，破裂面与水平面的夹角为 $\frac{\beta+\varphi_k}{2}$。 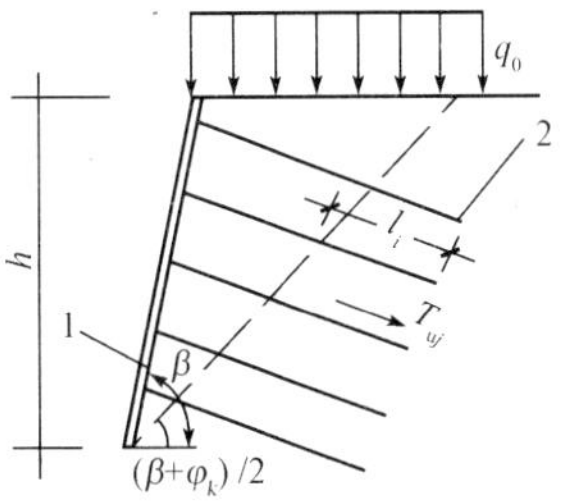 图 1　土钉抗拉承载力计算简图 1—喷射混凝土面层；2—土钉

续表

<table>
<tr><th>项　目</th><th>内　　　　容</th></tr>
<tr><td>土钉墙整体稳定性验算</td><td>

(1)土钉墙应根据施工期间不同开挖深度及基坑底面以下可能滑动面，采用圆弧滑动简单条分法(图2)按下式进行整体稳定性验算：

$$\sum_{i=1}^{n} c_{ik} L_i s + s\sum_{i=1}^{n}(w_i + q_0 b_i)\cos\theta_i \tan\varphi_{ik} + \sum_{j=1}^{m} T_{nj} \times [\cos(\alpha_j + \theta_j) + \frac{1}{2}\sin(\alpha_j + \theta_j)\tan\varphi_{ik}] - s\gamma_k\gamma_0 \sum_{i=1}^{n}(w_i + q_0 b_i)\sin\theta_i \geqslant 0 \quad (3\text{-}118)$$

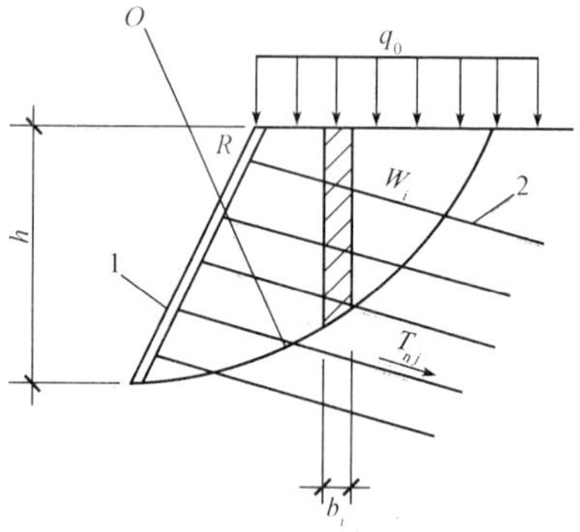

图 2　整体稳定性验算简图

1—喷射混凝土面层；2—土钉

式中，n——滑动体分条数；

m——滑动体内土钉数；

γ_k——整体滑动分项系数，可取 1.3；

γ_0——基坑侧壁重要性系数；

w_i——第 i 分条土重，滑裂面位于黏性土或粉土中时，按上覆土层的饱和土重力密度计算；滑裂面位于砂土或碎石类土中时，按上覆土层的浮重力密度计算。

b_i——第 i 分条宽度；

c_{ik}——第 i 分条滑裂面处土体固结不排水(快)剪黏聚力标准值；

φ_{ik}——第 i 分条滑裂面处土体固结不排水(快)剪内摩擦角标准值；

θ_i——第 i 分条滑裂面处中点切线与水平面夹角；

α_j——土钉与水平面之间的夹角；

L_i——第 i 分条滑裂面处弧长；

s——计算滑动体单元厚度；

T_{nj}——第 j 根土钉在圆弧滑裂面外锚固体与土体的极限抗拉力，可按式(3-119)确定。

(2)单根土钉在圆弧滑裂面外锚固体与土体的极限抗拉力可按下式确定：

$$T_{nj} = \pi d_{nj} \sum q_{sik} l_{ni} \quad (3\text{-}119)$$

式中，l_{ni}——第 j 根土钉在圆弧滑裂面外穿越第 i 层稳定土体内的长度。

</td></tr>
</table>

表 3-43　土钉锚固体与土体极限摩阻力标准值

土的名称	土的状态	q_{sik}/kPa	土的名称	土的状态	q_{sik}/kPa
填　土	—	16～20	粉细砂	稍　密	20～40
淤　泥	—	10～16		中　密	40～60
淤泥质土	—	16～20		密　实	60～80
黏性土	$I_L>1$	18～30	中　砂	稍　密	40～60
	$0.75<I_L\leqslant1$	30～40		中　密	60～70
	$0.50<I_L\leqslant0.75$	40～53		密　实	70～90
	$0.25<I_L\leqslant0.50$	53～65	粗　砂	稍　密	60～90
	$0.0<I_L\leqslant0.25$	65～73		中　密	90～120
	$I_L\leqslant0.0$	73～80		密　实	120～150
粉　土	$e>0.90$	20～40	砾　砂	中密、密实	130～160
	$0.75<e\leqslant0.90$	40～60			
	$e<0.75$	60～90			

第五节　沉 井 计 算

沉井的设计与计算按表 3-44 和表 3-45 计算。

表 3-44　沉井的设计与计算

项　目	内　　　　容
一般规定	(1)当桥梁墩台基础处的河床地质、水文及施工等条件适宜时，可选用沉井基础。但河床中有流砂、孤石、树干或老桥基等难于清除的障碍物，或在表面倾斜较大的岩层上时，不宜采用沉井基础。当水深较大，流速适宜时亦可考虑采用浮运沉井。 (2)使沉井顺利下沉，沉井重力(不排水下沉时，应计浮重度)须大于井壁与土体间的摩阻力标准值。土与井壁间摩阻力标准值应根据实践经验或实测资料确定；当缺乏上述资料时，可根据土的性质、施工措施，按表 6-45 选用。
构造	(1)沉井平面形状及尺寸应根据墩台身底面尺寸、地基土的承载力及施工要求确定。沉井棱角外宜做成圆角或钝角，顶面襟边宽度应根据沉井施工容许偏差而定，不应小于沉井全高的 1/50，且不应小于 0.2m，浮式沉井另加 0.2m。沉井顶部需设置围堰时，其襟边宽度应满足安装墩台身模板的需要。井孔的布置和大小应满足取土机具操作的需要，对顶部设置围堰的沉井，宜结合井顶围堰统一考虑。 (2)沉井每节高度可视沉井的平面尺寸、总高度、地基土情况和施工条件而定，不宜高于 5m。沉井外壁可做成垂直面、斜面(斜面坡度为竖/横:20/1～50/1)或与斜面坡度相当的台阶形。 (3)沉井井壁的厚度应根据结构强度、施工下沉需要的重力、便于取土和清基等因素而定，可采用 0.8～1.5m；但钢筋混凝土薄壁浮运沉井及钢模薄壁浮运沉井的壁厚不受此限。 (4)沉井刃脚根据地质情况，可采用尖刃脚或带踏面刃脚。如土质坚硬，刃脚面应以型钢加强或底节外壳采用钢结构。刃脚底面宽度可为 0.1～0.2m，如为软土地基可适当放宽。刃脚斜面与水平面交角不宜小于 45°。沉井内隔墙底面比刃脚底面至少应高出 0.5m。当沉井需要下沉至稍有倾斜的岩面上时，在掌握岩层高低差变化的情况下，可将刃脚做成与岩面倾斜度相适应的高低刃脚。 (5)沉井材料可用混凝土、钢筋混凝土(配筋率不应小于 0.1%)和钢材等。混凝土沉井仅适用于松软土层；其井壁竖向接缝应设置接缝钢筋。沉井刃脚不宜采用混凝土结构。浮运沉井可采用钢筋混凝土薄壁或钢模薄壁结构。

续表

项　目	内　　　容
构造	(6)沉井填料可采用混凝土、片石混凝土或浆砌片石；在无冰冻地区亦可采用粗砂和砂砾填料；空心沉井应考虑受力和稳定要求。粗砂、砂砾填芯沉井和空心沉井的顶面均须设置钢筋混凝土盖板，盖板厚度通过计算确定。 (7)沉井各部分混凝土强度等级：刃脚不应低于C25；井身不应低于C20；当为薄壁浮运沉井时，井壁和隔板不应低于C25，腹腔内填料不应低于C15。 (8)沉井封底混凝土厚度由计算确定，但其顶面应高出刃脚根部(即刃脚斜面的顶点处)不小于0.5m。封底混凝土强度等级，非岩石地基不应低于C25，岩石地基不应低于C20。
确定下沉系数 K_1，下沉稳定系数 K'_1 和抗浮安全系数 K_2	在确定沉井主体尺寸后，即可算出沉井自重，验算在沉井施工下沉时，保证在自重作用下克服井壁摩阻力 R_f 而顺利下沉，亦即下沉系数 K_1 应为： $$K_1=\frac{G-B}{R_f} \tag{3-120}$$ 式中，G——沉井在各种施工阶段时的总自重(kN)； B——下沉过程中地下水的总浮力(kN)； R_f——井壁总摩阻力(kN)； K_1——下沉系数，一般为1.05～1.25，对位于淤泥质土层中的沉井宜取小值；位于其他土层的沉井可取较大值。 在下沉过程中，构成 K_1 的分子和分母在不断变化，因此不仅要确定最终状态下，而且应跟踪整个下沉过程中 K_1 值的变化规律。如沉井在软弱土层中接高时有突沉可能，应根据施工情况进行下沉稳定验算： $$K'_1=\frac{G-B}{R_f+R_1+R_2} \tag{3-121}$$ 式中，K'_1——下沉稳定系数，一般取0.8～0.9； R_1——刃脚踏面及斜面下土的支承力(kN)； R_2——隔墙和底梁下土的支承力(kN)。 井壁与土之间的单位面积摩阻力，在缺乏可靠资料时，表3-45可供参考采用。 当沉井沉到设计标高，在进行封底并抽除井内积水后，而内部结构及设备尚未安装，井外按各个时期出现的最高地下水位验算沉井的抗浮稳定： $$K_2=\frac{G+R_f}{B'} \tag{3-122}$$ 式中，K_2——抗浮安全系数，一般取1.05～1.1；在不计井壁摩阻力时，可取1.05； B'——封底后沉井所受的总浮力。
刃脚计算	沉井刃脚相当于是三面固定、一面自由的双向板，为简化计算，一方面刃脚可看作为固定在刃脚根部处的悬臂梁，梁长等于井壁刃脚斜面部分的高度；另一方面，刃脚又可看作为一个封闭的水平框架。因此，作用在刃脚侧面上的水平外力将由悬臂梁和框架来共同承担，也即部分水平外力是垂直向传至刃脚根部，余下部分由框架承担。其分配系数为 悬臂作用： $$\alpha=\frac{0.1l_1^4}{h_k^4+0.05l_1^4}\quad(\text{但}\ \alpha\ \text{不得大于}\ 1) \tag{3-123}$$

续表

<table>
<tr><th>项 目</th><th>内 容</th></tr>
<tr><td>刃脚计算</td><td>

框架作用：$$\beta=\frac{h_k^4}{h_k^4+0.05l_2^4} \tag{3-124}$$

式中，l_1——沉井外壁支承于内隔墙间的最大计算跨度；

l_2——沉井外壁支承于内隔墙间的最小计算跨度；

h_k——刃脚斜面部分的高度。

上述公式只适用于当内墙刃脚踏面高出外壁不超过 0.5m，或当刃脚处有隔墙或底梁加强，且隔墙或底面不高于刃脚踏面 0.5m 的情况，否则全部水平力都由悬臂梁承担，即 $\alpha=1$。

(1)刃脚竖向受力分析。

①刃脚向外挠曲的计算(配置内侧竖向钢筋)。设计时假定当沉井已下沉全部深度的一半，并且已接高其余各节井壁，或当采用分节浇筑一次下沉的起始下沉时，并假定刃脚入土 1m。此时刃脚斜面上土向外横推力 U 产生向外弯矩最大，用以计算内侧竖向钢筋。此时可沿井壁周边取 1m 宽的截条作为计算单元，计算步骤如下：

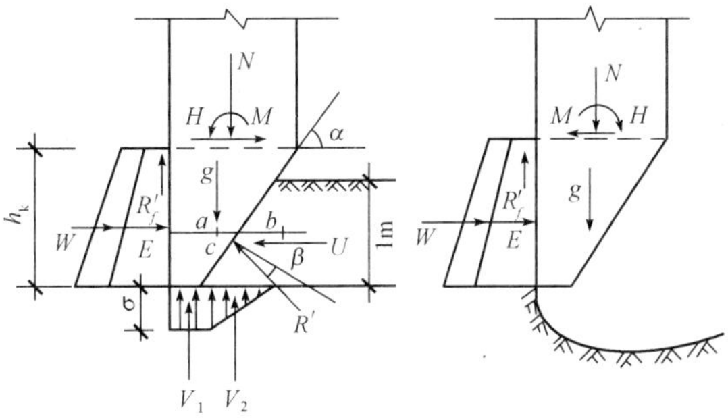

图 1 沉井刃脚计算

a. 计算井壁自重 G'——沿井壁周长单位宽度上的沉井自重(按全井高度计算)，不排水下沉时应扣除浮力(kN)。

b. 计算刃脚自重 g(kN)。

c. 计算刃脚上外侧的水、土压力 W 和 E(kN)(按朗肯主动土压力理论计算)。

d. 计算刃脚上外侧的土对井壁的摩阻力 R'_f。

e. 计算刃脚下土的反力，即踏面上土反力 V_1 和斜面上土反力 R'。假定 R' 作用方向与斜面法线为 β 角(即刃脚斜面与土之间的摩擦角，$\beta=10°\sim30°$)，并将 R' 分解成竖直的和水平的两个分力 V_2 和 U(均假定为三角形分布)。

此时刃脚下的土反力

$$V_1+V_2\approx G'-T \tag{3-125}$$

式中，T——作用于单位周长井壁上的摩擦力(kN)。

$\frac{V_1}{V_2}$ ~~由于~~ $\frac{a\sigma}{\frac{1}{2}b\sigma}=\frac{2a}{b}$ (3-126)

解式(3-125)和式(3-126)两联立方程式后得：

$$V_2=\frac{b(G'-T)}{2a+b} \tag{3-127}$$

</td></tr>
</table>

续表

项　目	内　　　容
刃脚计算	从 V_2 在刃脚斜面上的作用点 c，可知 R' 和 U 的作用点距刃脚地面 $\frac{1}{3}$m 处，刃脚斜面部分土的水平反力按三角形分布，其合力的大小为： $U = V_2\tan(\alpha - \beta)$　(3-128) 式中，α——刃脚斜面与水平面所成的夹角(°)。 f. 确定刃脚内侧竖向钢筋。 按以上求得的力的大小、方向和作用点后，即可在刃脚根部 h_k 处截面上得到轴向力 N、剪力 Q 和力矩 M，从而计算刃脚内侧的竖向钢筋。 对于圆形沉井尚应计算环向拉力。也即在沉井下沉途中，由于刃脚内侧的土反力的作用，使圆形沉井的刃脚产生环向拉力 N，其值为： $N = UR$　(3-129) 式中，U——按式(3-128)计算； R——圆形沉井环梁轴线的半径。 ②刃脚向内挠曲的计算(配置外侧竖向钢筋)。设计假定为当沉井下沉到设计标高，刃脚下的土已被掏空且尚未浇筑混凝土，而此时井壁外侧作用最大的水、土压力，使刃脚产生最大的向内挠曲(图 1)。 刃脚自重 g 和刃脚外侧摩阻力 R'_t 对于刃脚根部的弯矩值所占比重都很小，可忽略不计。此时，刃脚向内挠曲计算取决于刃脚外侧的水、土压力 W 和 E，由此求得刃脚根部 N、Q 和 M 值，从而计算刃脚外侧的竖向钢筋。 如井壁刃脚附近设有槽口，而刃脚根部至槽口底的距离小于 2.5cm 时，则验算断面定在槽口底。 由于刃脚有悬臂作用及水平闭合框架的作用，故当刃脚作为悬臂考虑时，刃脚所受水平力应乘以 α。 (2)刃脚水平受力计算。刃脚水平向受力最不利的情况是沉井已下沉至设计标高，刃脚下的土已挖空，并且尚未浇筑封底混凝土的时候。作用于框架的水平力应乘以分配系数 β 后，其值作为水平框架上的外力，由此求出框架的弯矩及轴向力值，再计算框架所需的水平钢筋用量。
井壁计算	(1)竖向挠曲计算(沉井抽承垫木时计算)。一般沉井在制作第一节时，多用承垫木支承。当第一节沉井制成后开始抽承垫木下沉时，刃脚踏面下逐渐脱空，此时井壁在自重作用下会产生较大的应力，因此需要根据不同的支承情况进行验算。验算时，应采用的第一节沉井的支承点位置与沉井的施工方法有关，现分别叙述如下： ①排水挖土下沉。由于沉井是排水挖土下沉，所以不论在抽除刃脚下垫木以及在挖土下沉过程中，都能很好地控制沉井的支承点。为了使井体挠曲应力尽可能小些，支点距离可以控制在最有利的位置处。对矩形及圆端形沉井而言，是使其支点和跨中点的弯矩大致相等。如沉井长宽比大于 1.5，支点设在长边上，支点间距可采用 $0.7l$，l 为沉井长度(图 2)，以此验算沉井井壁顶部和下部弯曲抗拉的强度，防止开裂。圆形沉井四个支点可布置在两个相互垂直线上的端点处。 ②不排水挖土下沉。由于井孔中有水，挖土可能不均匀，支点设置也难控制，沉井下沉过程中可能会出现最不利的支承情况。对矩形及圆端形沉井，支点在长边的中点上，另一种情况支点在四个角上；对于圆形沉井，两个支点位于一直径上。 (2)沉井均布竖向拉力计算(井壁竖直钢筋验算)。沉井下沉过程中，上部有可能被四周坚硬土体夹住，而刃脚下的土已被挖除，井壁阻力假定近似呈倒三角形分布，此时最危险的截面在沉井入土深度的一半处，其竖向拉力 S_{max} 为：

续表

<table>
<tr><th>项　目</th><th>内　　　　容</th></tr>
<tr><td>井壁计算</td><td>

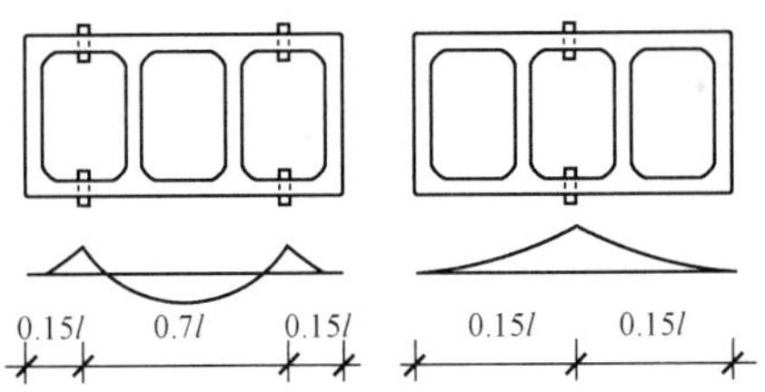

图 2　第一节沉井支承点布置示意图

$$S_{max}=\frac{1}{4}G \quad (3\text{-}130)$$

式中，G——沉井的总重(kN)。

因此，井壁中应有足够的纵向钢筋以承受拉力。

(3)沉井井壁水平应力计算(井壁水平钢筋计算)。作用在井壁上的水、土压力沿沉井的深度是变化的，因此井壁水平应力的计算也应沿沉井的高度分段计算(图 3)。对于刃脚根部以上，高度等于该处井壁厚度的一段井壁框架(图 3)，是刃脚悬臂梁的固端，除承受框架本身高度范围内的水、土压力外，尚需承受由刃脚部分水、土压力传来的剪力 Q_1。

对作用于圆形沉井井壁任一标高上的水平侧压力，在理论上是各处相等的，此时圆环应当只承受轴向压力，而井壁内弯矩等于零。但实际土质是不均匀的，沉井下沉过程中也可能发生倾斜，因而井壁外侧土压力也是不均匀分布的。为简化计算，假定井圈上互成 90°的两点处，土的内摩擦角的差值为 5°～10°，即计算 A 点土压力 p_A 时，内摩擦角值采用 $\varphi-(2.5°\sim5°)$，计算 B 点土压力 p_B 时，内摩擦角值采用 $\varphi+(2.5°\sim5°)$，以作为土压力的不均匀分布，并假定其他各点的土压力 p_a 按下式变化(图 4)。

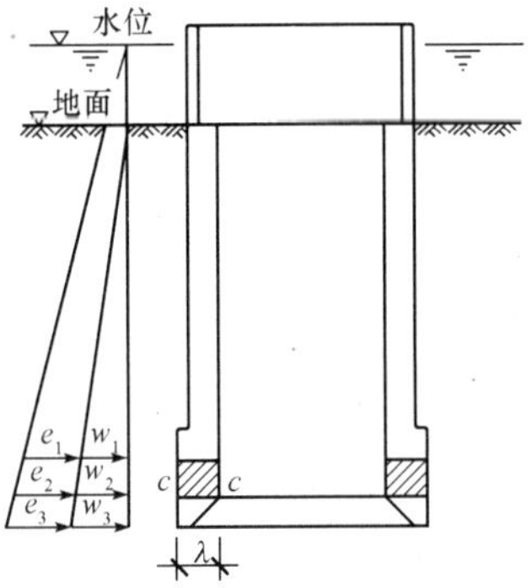

图 3　井壁框架承受的外力

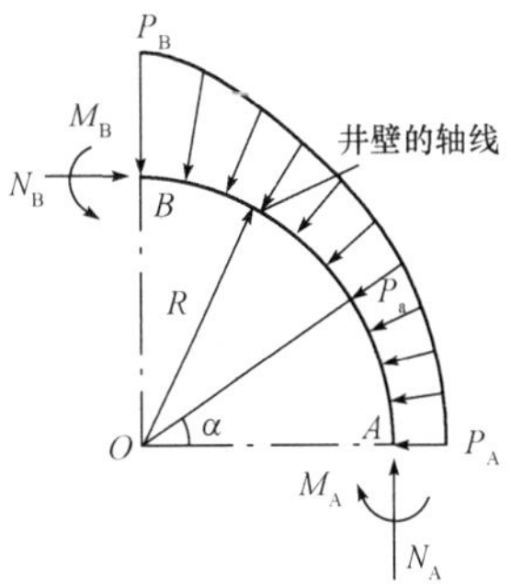

图 4　圆形沉井井壁土压力分布

$$p_a = p_A[1+(\omega-1)\sin\alpha] \quad (3\text{-}131)$$

式中，$\omega=\frac{p_B}{p_A}$

</td></tr>
</table>

续表

项　目	内　　　　容
封底混凝土的厚度计算	如果排水下沉的沉井，其基底处于不透水的黏土层中，或虽有涌水和翻砂但数量不大时，应力争采用干封底，以保证封底混凝土的质量。根据以往经验，封底厚度一般可取 0.6～1.2m。当工程地质和水文地质条件极为不利时，应采用水下混凝土封底（又称湿封底）。 沉井底板可按均布荷载作用下的板进行设计，在计算该均布荷载时，不计沉井均布摩阻力。沉井底板及封底混凝土与井壁间的连接，宜按铰支承考虑。当底板与井壁间有可靠的整体连接措施（由井壁内预留钢筋连接等）时，底板与井壁间的连接可按弹性固接考虑。 不论干封底还是湿封底，作用在沉井底板上的荷载 q 均为： $q=p-g$ (3-132) 式中，p——底板下最大的静水压力（kPa）； g——封底板自重（kPa）。 采用水下混凝土封底，虽其底板厚度已进行过静水压力的强度计算，但因水下封底混凝土质量不易保证，封底后常会出现漏水现象，再加上从井内抽水后，水下封底混凝土在持续高压水头压力的作用下，其渗水情况可能较以前加剧，因此，水下封底混凝土仅作为一种临时性的施工措施。设计钢筋混凝土底板时不考虑与水下封底混凝土的共同作用，仍应按底板标高以下的最大静水压力考虑，再按单向板或双向板计算底板的配筋。

表 3-45　井壁与土体间的摩阻力标准值

土的名称	摩阻力标准值/kPa	土的名称	摩阻力标准值/kPa
黏性土	25～50	砾石	15～20
砂性土	12～25	软土	10～12
卵石	15～30	泥浆套	3～5

注：泥浆套为灌注在井壁外侧的浊变泥浆，是一种助沉材料。

第六节　桩　基　础

桩基础的设计计算见表 3-46～表 3-66。

表 3-46　桩基础计算

项目	内　　　　容
一般规定	（1）桩可按下列规定分类。 1）按承载性状分类。 ①摩擦桩：桩顶荷载主要由桩侧阻力承受，并考虑桩端阻力。 ②端承桩：桩顶荷载主要由桩端阻力承受，并考虑桩侧阻力。 2）按成桩方法分类。 ①非挤土桩：分为干作业法钻（挖）孔灌注桩、泥浆护壁法钻孔灌注桩、套管护壁法钻孔灌注桩。 ②部分挤土桩：分为冲孔灌注桩、挤扩孔灌注桩、预钻孔沉桩、敞口预应力混凝土管桩等。

续表

项目	内　　容
一般规定	③挤土桩：分为沉桩（锤击、静压、振动沉入的预制桩及闭口预应力混凝土管桩等）。 （2）各类桩基须根据地质、水文等条件比较采用。 1）钻（挖）孔桩适用于各类土层（包括碎石类土层和岩石层），但应注意： ①钻孔桩用于淤泥及可能发生流砂的土层时，宜先做试桩。 ②挖孔桩宜用于无地下水或地下水量不多的地层。 2）沉桩可用于黏性土、砂土以及碎石类土等。 （3）各类桩基础的承台底面标高应符合下列要求： 1）冻胀土地区，承台底面在土中时，其埋置深度表 3-7 的有关规定。 2）有流水的河流，其标高应在最低冰层底面以下不小于 0.25m。 3）当有流筏、其他漂流物或船舶撞击时，承台底面标高应保证桩不受直接撞击损伤。 （4）位于冻胀土地区的桩，桩间若需设横系梁，其位置应避开冻胀层，以免受冻胀力的作用。 （5）在同一桩基中，除特殊设计外，不宜同时采用摩擦桩和端承桩；不宜采用直径不同、材料不同和桩端深度相差过大的桩。 （6）对于具有下列情况的大桥、特大桥，应通过静载荷试验确定单桩承载力。 1）桩的入土深度远超过常用桩。 2）地质情况复杂，难以确定桩的承载力。 3）有其他特殊要求的桥梁用桩。
构造	（1）钻孔桩设计直径不宜小于 0.8m；挖孔桩直径或最小边宽度不宜小于 1.2m；钢筋混凝土管桩直径可采用 0.4～0.8m，管壁最小厚度不宜小于 80mm。 （2）混凝土桩。 1）桩身混凝土强度等级：钻（挖）孔桩、沉桩不应低于 C25；管桩填芯混凝土不应低于 C15。 2）钢筋混凝土沉桩的桩身，应按运输、沉入和使用各阶段内力要求通长配筋。桩的两端和接桩区箍筋或螺旋筋的间距须加密，其值可取 40～50mm。 3）钻（挖）孔桩应按桩身内力大小分段配筋。当内力计算表明不需配筋时，应在桩顶 3.0～5.0m 内设构造钢筋。 ①桩内主筋直径不应小于 16mm，每桩的主筋数量不应少于 8 根，其净距不应小于 80mm 且不应大于 350mm。 ②如配筋较多，可采用束筋。组成束筋的单根钢筋直径不应大于 36mm，组成束筋的单根钢筋根数，当其直径不大于 28mm 时不应多于 3 根，当其直径大于 28mm 时应为 2 根。束筋成束后等代直径为 $d_e=\sqrt{n}d$，式中 n 为单束钢筋根数，d 为单根钢筋直径。 ③钢筋保护层净距不应小于 60mm。 ④闭合式箍筋或螺旋筋直径不应小于主筋直径的 1/4，且不应小于 8mm，其中距不应大于主筋直径的 15 倍且不应大于 300mm。 ⑤钢筋笼骨架上每隔 2.0～2.5m 设置直径 16～32mm 的加劲箍一道。 ⑥钢筋笼四周应设置突出的定位钢筋、定位混凝土块，或采用其他定位措施。 ⑦钢筋笼底部的主筋宜稍向内弯曲，作为导向。 4）钢筋混凝土预制桩的分节长度应根据施工条件决定，并应尽量减少接头数量。接头强度不应低于桩身强度，接头法兰盘不应突出于桩身之外，在沉桩时和使用过程中接头不应松动和开裂。 5）桩端嵌入非饱和状态强风化岩的预应力混凝土敞口管桩，应采取有效的预防渗水软化桩端持力层的措施。 6）河床岩层有冲刷时，钻孔桩有效深度应考虑岩层最低冲刷标高。 （3）钢桩。 1）钢桩可采用管型或 H 型，其材质应符合现行国家有关规范、标准规定。

续表

项目	内　　　　容
构造	2)钢桩焊接接头应采用等强度连接。使用的焊条、焊丝和焊剂应符合现行国家有关规范、标准规定。 3)钢桩的端部形式,应根据桩所穿越的土层、桩端持力层性质、桩的尺寸、挤土效应等因素综合考虑确定。 ①钢管桩可采用下列桩端形式: a. 敞口带加强箍(带内隔板、不带内隔板)、敞口不带加强箍(带内隔板、不带内隔板); b. 闭口平底、锥底。 ②H 型钢可采用下列桩端形式: a. 带端板; b. 不带端板、锥底、平底(带扩大翼、不带扩大翼)。 4)钢桩的防腐处理应符合下列规定: ①海水环境中,钢桩的单面年平均腐蚀速度可按表 3-47 取值,有条件时也可根据现场实测确定。其他条件下,在平均低水位以上,年平均腐蚀速度可取 0.06mm/年;平均低水位以下,年平均腐蚀速度可取 0.03mm/年。 ②钢桩防腐处理可采用外表面涂防腐层、增加腐蚀余量和阴极保护等方法;当钢管桩内壁同外界隔绝时,可不考虑内壁防腐。 (4)桩的布置和中距。 1)群桩的布置可采用对称形、梅花形或环形。 2)桩的中距应符合以下要求: ①摩擦桩。锤击、静压沉桩,在桩端处的中距不应小于桩径(或边长)的 3 倍,对于软土地基宜适当增大;振动沉入砂土内的桩,在桩端处的中距不应小于桩径(或边长)的 4 倍。桩在承台底面处的中距不应小于桩径(或边长)的 1.5 倍。钻孔桩中距不应小于桩径的 2.5 倍。挖孔桩中距可参照钻孔桩采用。 ②端承桩。支承或嵌固在基岩中的钻(挖)孔桩中距,不应小于桩径的 2.0 倍。 ③扩底灌注桩。钻(挖)孔扩底薄注桩中距不应小于 1.5 倍扩底直径或扩底直径加 1.0m,取较大者。 3)边桩(或角桩)外侧与承台边缘的距离,对于直径(或边长)小于或等于 1.0m 的桩,不应小于 0.5 倍桩径(或边长),并不应小于 250mm;对于直径大于 1.0m 的桩,不应小于 0.3 倍桩径(或边长),并不应小于 500mm。 (5)承台和横系梁的构造。 1)承台的厚度宜为桩直径的 1.0 倍及以上,且不宜小于 1.5m,混凝土强度等级不应低于 C25。 2)当桩顶直接埋入承台连接时,应在每根桩的顶面上设 1~2 层钢筋网。当桩顶主筋伸入承台时,承台在桩身混凝土顶端平面内须设一层钢筋网,在每料内(按每一方向)设钢筋网 1 200~1 500mm^2,钢筋直径采用 12~16mm,钢筋网应通过桩顶且不应截断。承台的顶面和侧面应设置表层钢筋网,每个面在两个方向的截面积均不宜小于 400mm^2/m,钢筋间距不应大于 400mm。 3)当用横系梁加强桩之间的整体性时,横系梁的高度可取为 0.8~1.0 倍桩的直径,宽度可取为 0.6~1.0 倍桩的直径。混凝土的强度等级不应低于 C25。纵向钢筋不应少于横系梁截面面积的 0.15%;箍筋直径不应小于 8mm,其间距不应大于 400mm。 (6)桩与承台、横系梁的连接应符合下列要求。 1)桩顶直接埋入承台连接:当桩径(或边长)小于 0.6m 时,埋入长度不应小于 2 倍桩径(或边长);当桩径(或边长)为 0.6~1.2m 时,埋入长度不应小于 1.2m;当桩径(或边长)大于 1.2m 时,埋入长度不应小于桩径(或边长)。 2)桩顶主筋伸入承台连接:桩身嵌入承台内的深度可采用 100mm;伸入承台内的桩顶主筋可做成喇叭形(与竖直线夹角大约为 15°)。伸入承台内的主筋长度,光圆钢筋不应小于 30 倍钢筋直径(设弯钩),带肋钢筋不应小于 35 倍钢筋直径(不设弯钩)。 3)对于大直径灌注桩,当采用一柱一桩时,可设置横系梁或将桩与柱直接连接。 4)管桩与承台连接时,伸入承台内的纵向钢筋如采用插筋,插筋数量不应少于 4 根,直径不应小于 16mm,锚入承台长度不宜少于 35 倍钢筋直径,插入管桩顶填芯混凝土长度不宜小于 1.0m。 5)横系梁的主钢筋应伸入桩内,其长度不小于 35 倍主筋直径。

续表

项目	内　　　　　　容
承载力计算	(1)桩的计算，可按下列规定进行： 1)承台底面以上的荷载假定全部由桩承受； 2)桥台土压力可自填土前的原地面起算。 (2)在软土和软弱地基土层较厚、持力层较好的地基中，桩基计算应考虑路基填土荷载或地下水位下降等因素所引起的负摩阻力的影响。 (3)摩擦桩单桩轴向受压承载力容许值$[R_a]$，可按下列公式计算： 1)钻(挖)孔灌注桩的承载力容许值： $[R_a]=\frac{1}{3}u\sum_{i=1}^{n}q_{ik}l_i+A_pq_r$ (3-133) $q_r=m_0\lambda[[f_{a0}]+k_2\gamma_2(h-3)]$ (3-134) 式中，$[R_a]$——单桩轴向受压承载力容许值(kN)，桩身自重与置换土重(当自重计入浮力时，置换土重也计入浮力)的差值作业荷载考虑； u——桩身周长(m)； A_p——桩端截面面积(m^2)，对于扩底桩，取扩底截面面积； n——土的层数； l_i——承台底面或局部 q_{ik}——与l_i对应的各土层与桩侧的摩阻力标准值(kPa)，宜采用单桩摩阻力试验确定，当无试验条件时按表3-48选用； q_r——桩端处土的承载力容许值(kPa)，当持力层为砂土、碎石土时，若计算值超过下列值，宜按下列值采用：粉砂1 000kPa；细砂1 150kPa；中砂、粗砂、砾砂1 450kPa；碎石土2 750kPa $[f_{a0}]$——桩端处土的承载力基本容许值(kPa)； h——桩端的埋置深度(m)，对于有冲刷的桩基，埋深由一般冲刷线起算；对无冲刷的桩基，埋深由天然地面线或实际开挖后的地面线起算；h的计算值不大于40m，当大于40m时，按40m计算； k_2——容许承载力随深度的修正系数，根据桩端处持力层土类按表3-16选用； γ_2——桩端以上各土层的加权平均重度(kN/m^3)，若持力层在水位以下且不透水时，不论桩端以上土层的透水性如何，一律取饱和重度；当持力层透水时则水中部分土层取浮重度； λ——修正系数，按表3-49选用； m_0——清底系数，按表3-50选用。 2)沉桩的承载力容许值 $[R_a]=\frac{1}{2}(u\sum_{i=1}^{n}\alpha_il_iq_{ik}+\alpha_rA_pq_{rk})$ (3-135) 式中，$[R_a]$——单桩轴向受压承载力容许值(kN)，桩身自重与置换土重(当自重计入浮力时，置换土重也计入浮力)的差值作为荷载考虑； u——桩身周长(m)； n——土的层数； l_i——承台底面或局部冲刷线以下各土层的厚度(m)； q_{ik}——与l_i对应的各土层与桩侧摩阻力标准值(kPa)，宜采用单桩摩阻力试验确定或通过静力触探试验测定，当无试验条件时按表3-51选用； q_{rk}——桩端处土的承载力标准值(kPa)，宜采用单桩试验确定或通过静力触探试验测定，当无试验条件时按表3-52选用； α_i、α_r——分别为振动沉桩对各土层桩侧摩阻力和桩端承载力的影响系数，按表3-53采用；对于锤击、静压沉桩其值均取为1.0。 $\overline{q}r$——桩端(不包括桩靴)标高以上和以下各$4d$(d为桩的直径或边长)范围内静力触探端阻的平均值(kPa)；若桩端标高以上$4d$范围内端阻的平均值大于桩端标高以下$4d$的端阻平均值时，则取桩端以下$4d$范围内端阻的平均值； β_i、β_r——分别为侧摩阻和端阻的综合修正系数，其值按下面判别标准选用相应的计算公式；当土层的$\overline{q}r$大于2000kPa，且$\overline{q}_i/\overline{q}_r$小于或等于0.014时；

续表

项目	内容
承载力计算	（见下）

$\beta_i = 5.067(\bar{q}_i)^{-0.45}$

$\beta_r = 3.975(\bar{q}_r)^{-0.25}$

如不满足上述 $\bar{q}_r$ 和 $\bar{q}_i/\bar{q}_r$ 条件时：

$\beta_i = 10.045(\bar{q}_i)^{-0.55}$

$\beta_r = 12.064(\bar{q}_r)^{-0.35}$

上列综合修正系数计算公式不适合城市杂填土条件下的短桩；综合修正系数用于黄土地区时，应做试桩校核。

(4)支承在基岩上或嵌入基岩内的钻(挖)孔桩、沉桩的单桩轴向受压承载力容许值$[R_a]$，可按下式计算：

$$[R_a] = c_1 A_p f_{rk} + u\sum_{i=1}^{m} c_{2i} h_i f_{rki} + \frac{1}{2}\zeta_s u \sum_{i=1}^{n} l_i q_{ik} \tag{3-136}$$

式中，$[R_a]$——单桩轴向受压承载力容许值(kN)，桩身自重与置换土重(当自重计入浮力时，置换土重也计入浮力)的差值作为荷载考虑；

c_1——根据清孔情况、岩石破碎程度等因素而定的端阻发挥系数，按表 3-54 采用；

A_p——桩端截面面积(m^2)，对于扩底桩，取扩底截面面积；

f_{rk}——桩端岩石饱和单轴抗压强度标准值(kPa)，黏土质岩取天然湿度单轴抗压强度标准值，当 f_{rk} 小于 2MPa 时按摩擦桩计算(f_{rki}为第 i 层的 f_{rk} 值)；

c_{2i}——根据清孔情况、岩石破碎程度等因素而定的第 i 层岩层的侧阻发挥系数，按表 3-54 采用；

u——各土层或各岩层部分的桩身周长(m)；

h_i——桩嵌入各岩层部分的厚度(m)，不包括强风化层和全风化层；

m——岩层的层数，不包括强风化层和全风化层；

ζ_s——覆盖层土的侧阻力发挥系数，根据桩端 f_{rk} 确定：当 $2\text{MPa} \leqslant f_{rk} < 15\text{MPa}$ 时，$\zeta_s = 0.8$；当 $15\text{MPa} \leqslant f_{rk} < 30\text{MPa}$ 时，$\zeta_s = 0.5$；当 $f_{rk} > 30\text{MPa}$ 时，$\zeta_s = 0.2$；

l_i——各土层的厚度(m)；

q_{ik}——桩侧第 i 层土的侧阻力标准值(kPa)，宜采用单桩摩阻力试验值，当无试验条件时，对于钻(挖)孔桩按表 3-48 选用，对于沉桩按表 3-51 选用；

n——土层的层数，强风化和全风化岩层按土层考虑。

(5)当河床岩层有冲刷时，桩基须嵌入基岩，嵌岩桩按桩底嵌固设计。其应嵌入基岩中的深度，可按下列公式计算。

1)圆形桩：

$$h = \sqrt{\frac{M_H}{0.0655\beta f_{rk} d}} \tag{3-137}$$

2)矩形桩：

$$h = \sqrt{\frac{M_H}{0.0833\beta f_{rk} b}} \tag{3-138}$$

以上两式中：h——桩嵌入基岩中(不计强风化层和全风化层)的有效深度(m)，不应小于 0.5m；

M_H——在基岩顶面处的弯矩(kN·m)；

f_{rk}——岩石饱和单轴抗压强度标准值(kPa)，黏土质岩取天然湿度单轴抗压强度标准值；

β——系数，$\beta = 0.5 \sim 1.0$，根据岩层侧面构造而定，节理发育的取小值；节理不发育的取大值；

d——桩身直径(m)；

b——垂直于弯矩作用平面桩的边长(m)。

(6)桩端后压浆灌注桩单桩轴向受压承载力容许值，应通过静载试验确定。后压浆单桩轴向受压承载力容许值可按下式计算：

$$[R_a] = \frac{1}{2}u\sum_{i=1}^{n}\beta_{si} q_{ik} l_i + \beta_p A_p q_r \tag{3-139}$$

续表

项目	内容
承载力计算	（续）

式中，$[R_a]$——桩端后压浆灌注桩的单桩轴向受压承载力容许值(kN)，桩身自重与置换土重(当自重计入浮力时，置换土重也计入浮力)的差值作为荷载考虑；

β_{si}——第 i 层土的侧阻力增强系数，可按表 3-55 取值，当在饱和土层中压浆时，仅对桩端以上 8.0～12.0m 范围的桩侧阻力进行增强修正；当在非饱和土层中压浆时，仅对桩端以上 4.0～5.0m 的桩侧阻力进行增强修正；对于非增强影响范围，$\beta_{si}=1$；

β_p——端阻力增强系数，可按表 3-55 取值。

(7)计算的单桩轴向受压承载力容许值$[R_a]$，应根据桩的受荷阶段及受荷情况乘以表 3-56 规定的抗力系数。

(8)摩擦桩应根据桩承受作用的情况决定是否允许出现拉力。当桩的轴向力由结构自重、预加力、土重、土侧压力、汽车荷载和人群荷载短期效应组合所引起时，桩不允许受拉；当桩的轴向力由上述荷载并与其他作用组成的短期效应组合或荷载效应的偶然组合(地震作用除外)所引起时，则桩允许受拉。磨擦桩单桩轴向受承承载力容许值按下列公式计算：

$$[R_t]=0.3u\sum_{i=1}^{n}\alpha_i l_i q_{ik} \tag{3-140}$$

式中：$[R_t]$——单桩轴向受拉承载力容许值(kN)；

u——桩身周长(m)，对于等直径桩，$u=\pi d$；对于扩底性，自桩端起算的长度$\sum l_i\leqslant 5d$ 时，取 $u=\pi D$；其余长度均取 $u=\pi D$(其中 D 为桩的扩底直径，d 为桩身直径)；

α_i——振动沉桩对各土层桩侧摩阻力的影响系数，按本表 3-53 采用；对于锤击、静压沉桩和钻孔桩，$\alpha_i=1$。

计算作用于承台底面由外荷载引起的轴向力时，应扣除桩身自重值。

(9)桩应验算桩身强度、稳定性及裂缝宽度。验算方法可按照现行《公路钢筋混凝土及预应力混凝土桥涵设计规范》(JTG D62)有关章节进行。

(10)9 根桩及 9 根桩以上的多排摩擦桩群桩在桩端平面内桩距小于 6 倍桩径时，群桩作为整体基础验算桩端平面处土的承载力，验算方法按式(3-141)、(3-142)进行。当桩端平面以下有软土层或软弱地基时，还应验算该土层的承载力。

(11)群桩(摩擦桩)作为整体基础时，桩基可视为如图 1 中的 $acde$ 范围内的实体基础，按下式计算：

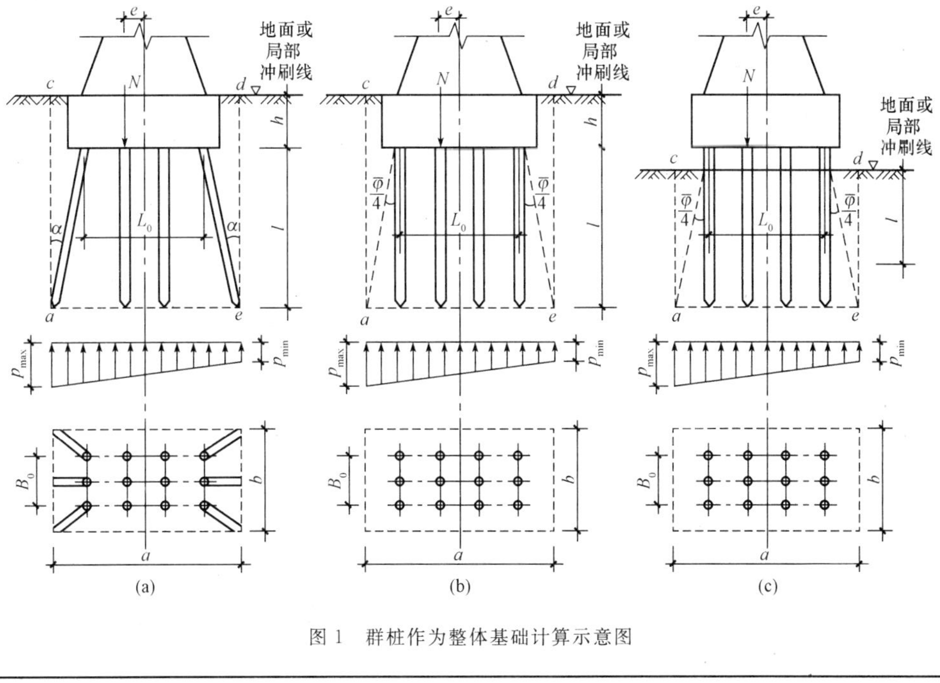

图 1　群桩作为整体基础计算示意图

续表

项目	内　　　　容
承载力计算	1)当轴心受压时： $p=\bar{\gamma}l+\gamma h+\frac{BL\gamma h}{A}+\frac{N}{A}\leqslant[f_a]$ (3-141) 2)当偏心受压时，尚应满足下列条件： $p_{max}=\bar{\gamma}l+\gamma h-\frac{BL\gamma h}{A}+\frac{N}{A}\left(1+\frac{eA}{W}\right)\leqslant\gamma_R[f_a]$ (3-142) $A=a\times b$ (3-143) 当桩的斜度 $\alpha\leqslant\frac{\bar{\varphi}}{4}$(图 1)时： $a=L_0+d+2l\tan\frac{\bar{\varphi}}{4}$ (3-144) $b=B_0+d+2l\tan\frac{\bar{\varphi}}{4}$ (3-145) 当桩的斜度 $\alpha>\frac{\bar{\varphi}}{4}$时： $a=L_0+d+2l\tan\alpha$ (3-146) $b=B_0+d+2\ l\tan\alpha$ (3-147) $\bar{\varphi}=\frac{\varphi_1l_1+\varphi_2l_2+\cdots+\varphi_nl_n}{l}$ (3-148) 式中，p、p_{max}——桩端平面处的平均压应力、最大压应力(kPa)； $\bar{\gamma}$——承台底面包括桩的重力在内至桩端平面土的平均重度(kN/m^3)； l——桩的深度(m)，见图 1； γ——承台底面以上土的重度(kN/m^3)； L——承台长度(m)； B——承台宽度(m)； N——作用于承台底面合力的竖向分力(kN)； A——假想的实体基础在桩端平面处的计算面积； a、b——假想的实体基础在桩端平面处的计算宽度和长度(m)； L_0——外围桩中心围成矩形轮廓的长度(m)； B_0——外围桩中心围成矩形轮廓的宽度(m)； d——桩的直径(m)； W——假想的实体基础在桩端平面处的截面抵抗矩(m^3)； e——作用于承台底面合力的竖向分力对桩端平面处计算面积重心轴的偏心距(m)； $\bar{\varphi}$——基桩所穿过土层的平均土内摩擦角； φ_1l_1、φ_2l_2、…、φ_nl_n——各层土的内摩擦角与相应土层厚度的乘积； $[f_a]$——修正后桩端平面处土的承载力容许值(kPa)； γ_R——抗力系数。 (2)桩基为端承桩或桩端平面内桩的中距大于桩径(或边长)的 6 倍时，桩基的总沉降量可取单桩的沉降量。在其他情况下，按规定按墩台基础计算群桩的沉降量，并应计入桩身压缩量。
m 法计算弹性桩水平位移及作用效应	(1)桩的计算宽度可按下式计算： 当 $d\geqslant1.0$m 时　$b_1=kk_f(d+1)$ (3-149) 当 $d<1.0$m 时　$b_1=kk_f(1.5d+0.5)$ (3-150) 对单排桩或 $L_1\geqslant0.6h_1$ 的多排桩　$k=1.0$ (3-151) 对 $L_1<0.6h_1$ 的多排桩　$k=b_2+\frac{1-b_2}{0.6}\cdot\frac{L_1}{h_1}$ (3-152) 式中：b_1——桩的计算宽度(m)，$b_1\leqslant2d$； d——桩径或垂直于水平外力作用方向桩的宽度(m)；

续表

项目	内容
m法计算弹性桩水平位移及作用效应	k_f——桩形状换算系数，视水平力作用面（垂直于水平力作用方向）而定，圆形或圆端截面 $k_f=0.9$；矩形截面 $k_f=1.0$；对圆端形与矩形组合截面 $k_f=\left(1-0.1\dfrac{a}{d}\right)$（图 2）； k——平行于水平力作用方向的桩间相互影响系数； L_1——平行于水平力作用方向的桩间净距（图 3）；梅花形布桩时，若相邻两排桩中心距 c 小于 $(d+1)$m 时，可按水平力作用面各桩间的投影距离计算（图 4）；

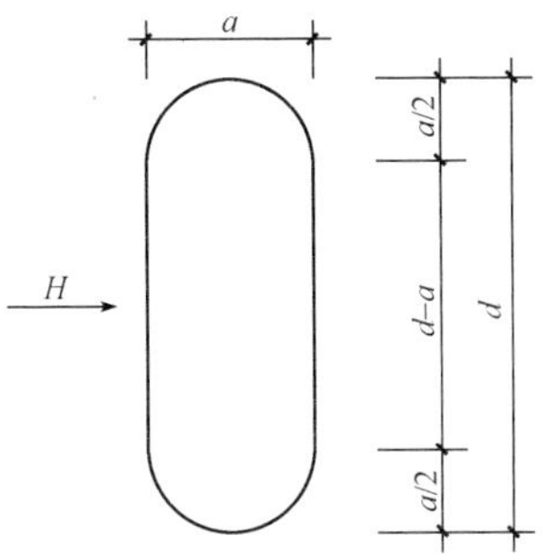

图 2　计算圆端形与矩形组合截面 k_f 值示意图

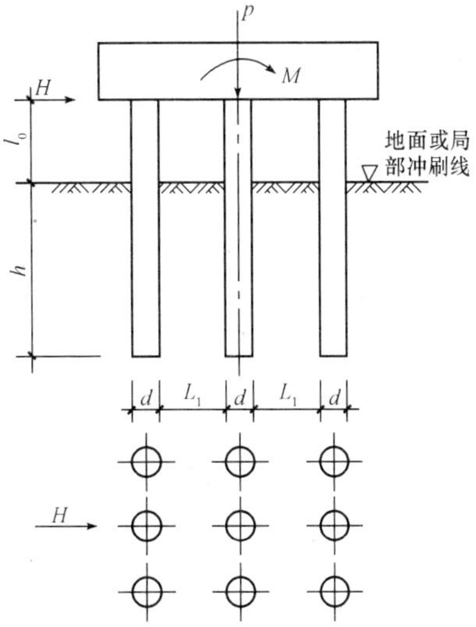

图 3　计算 k 值时桩基示意图

h_1——地面或局部冲刷线以下桩的计算埋入深度，可取 $h_1=3(d+1)$，但不得大于地面或局部冲刷线以下桩入土深度 h（图 3）；

b_2——与平行于水平力作用方向的一排桩的桩数 n 有关的系数，当 $n=1$ 时，$b_2=1.0$；$n=2$ 时，$b_2=0.6$；$n=3$ 时，$b_2=0.5$；$n\geqslant 4$ 时，$b_2=0.45$。

在桩平面布置中，若平行于水平力作用方向的各排桩数量不等，且相邻（任何方向）桩间中心距等于或大于 $(d+1)$(m)，则所验算各桩可取同一个桩间影响系数 k，其值按桩数量最多的一排选取。此外，若垂直于水平力作用方向上有 n 根桩时，计算宽度取 nb_1，但须满足 $nb_1\leqslant B+1$（B 为 n 根桩垂直于水平力作用方向的外边缘距离，以米计，见图 5）。

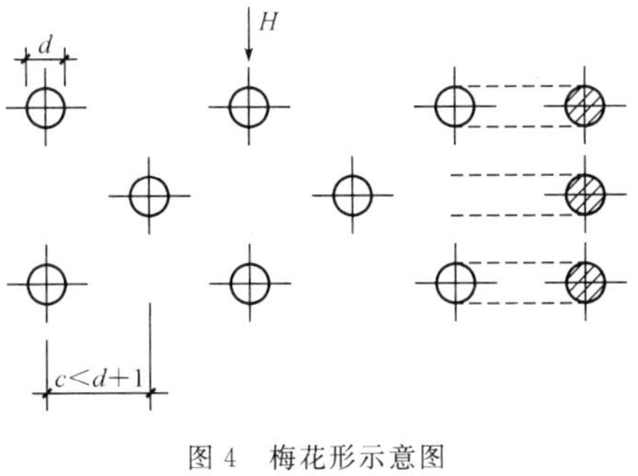

图 4　梅花形示意图

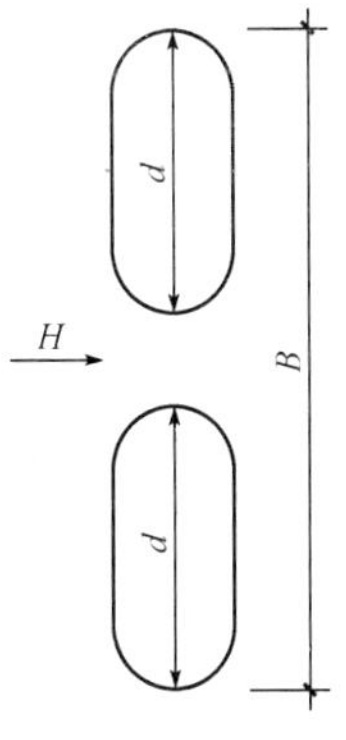

图 5　单桩宽度计算示意

(2)桩基中桩的变形系数可按下式计算：

$$\alpha=\sqrt[5]{\frac{mb_1}{EI}} \tag{3-153}$$

$$EI=0.8E_cI \tag{3-154}$$

续表

<table>
<tr><th>项目</th><th>内　　　　容</th></tr>
<tr><td>m法计算弹性桩水平位移及作用效应</td><td>
式中：α——桩的变形系数；
EI——桩的的抗弯刚度，对以受弯为主的钢筋混凝土桩，根据现行《公路钢筋混凝土及预应力混凝土桥涵设计规范》(JTG D62)规定采用；
E_c——桩的混凝土抗压弹性模量；
I——桩的毛面积惯性距；
m——非岩石地基水平向抗力系数的比例系数。非岩石地基的抗力系数随埋深成比例增大，深度 z 处的地基水平向抗力系数 $C_z=m\times z$；桩端地基竖向抗力系数为 $C_0=m_0\times h$（当 $h<10\text{m}$ 时，取 $C_0=10\times m_0$）。其中 m_0 为桩端处的地基竖向抗力系数的比例系数。m 和 m_0 应通过试验确定，缺乏试验资料时，可根据地基土分类、状态按表 3-57 查用。当基础侧面地面或局部冲刷线以下 $h_m=2(d+1)(\text{m})$（对 $h\leqslant 2.5$ 的情况，取 $h_m=h$）深度内有两层土时，应将两层土的比例系数按式(3-154)换算成一个 m 值，作为整个深度的 m 值。岩石地基抗力系数不随岩层埋深变化，取 $C_z=C_0$，其值可按表 3-58 采用或通过试验确定。
$$m=\gamma m_1+(1-\gamma)m_2 \qquad (3\text{-}155)$$
$$\gamma=\begin{cases}5(h_1/h_m)^2 & h_1/h_m\leqslant 0.2\\ 1-1.25(1-h_1/h_m)^2 & h_1/h_m>0.2\end{cases}$$
(3)桩端最大和最小压力应满足下式要求：
$$p_{\min}^{\max}=\frac{N_{hk}}{A_0}\pm\frac{M_{hk}}{W_0}\leqslant q_r(\text{钻孔桩})\text{ 或 }\alpha_r q_{rk}(\text{沉入桩}) \qquad (3\text{-}156)$$
式中，$p_{\min}^{\max}$——桩端最大、最小压应力；
N_{hk}——桩底面的轴向力标准值，对于非岩石类地基：$N_{hk}=P_k+G_k-T_k$；对于岩石类地基：$N_{hk}=P_k+G_k$；
P_k——桩柱顶面处轴向力标准值；
G_k——全部桩柱自重；对非岩石类地基钻(挖)孔桩，局部冲刷线以下部分为桩身自重减去置换土重(当桩重计入浮重时，置换土重也计入浮重)；
T_k——局部冲刷线以下桩侧面土的摩阻力标准值总和；
M_{hk}——桩底弯矩，令 $z=h$ 由表中 M_z 计算公式求得；当 $\alpha h\geqslant 4$ 时，取 $M_{hk}=0$；
A_0、W_0——桩端面积及面积抵抗矩；
q_r——桩端处土的承载力容许值(kPa)；
q_{rk}——桩端处土的承载力标准值(kPa)，按表 3-52 取用；
α_r——沉桩桩底承载力的影响系数，见表 3-53。
此处，对置于非岩石类土或岩石面上 $ah>3.5$，以及嵌入岩石中 $\alpha h>4$ 的桩，认为桩底压力均匀分布，可不验算桩端土的压应力，但须满足单桩受压容许承载力要求。对支承在基岩面上的桩，当 $e>\rho$ 时(e 为荷载偏心矩，ρ 为桩底面核心半径)，应考虑桩底的压力重工业分布；对嵌入基岩中的桩应验算嵌固处截面强度。
(4)$ah>2.5$ 时的单排桩柱式桥墩承受桩柱顶荷载、桥台桩柱侧面受土压力作用效应及位移分别按表 3-59～3-60计算。$ah>2.5$ 时，桩顶受力的多排竖直桩柱式桥墩、多排竖直桩桥台桩侧面受土压力作用时的作用效应及位移分别按表 3-61、3-62 计算。
(5)$\alpha h\leqslant 2.5$ 时的桩基础、沉井基础的水平位移及作用效应计算适用于，对于支承在非岩石上基础和岩石基础上的深基础，分别采用表 3-64 和表 3-65 方法计算。
(6)为了保证基础在土中有可靠的嵌固，基础侧面水平压力 p_z 应满足下列条件：
$$\left.\begin{aligned}p_{h/3}&\leqslant\frac{4}{\cos\varphi}\left(\frac{\gamma}{3}h\tan\varphi+c\right)\eta_1\eta_2\\ p_h&\geqslant\frac{4}{\cos\varphi}(\gamma h\tan\varphi+c)\eta_1\eta_2\end{aligned}\right\} \qquad (3\text{-}157)$$
式中，$p_{h/3}$、p_h——相应于 $z=h/3$ 和 $z=h$ 深度处的水平压力；
φ、γ、c——土的内摩擦角、重度、黏聚散力；对于透水性土，γ 取浮重度，在验算深度范围内有数层土时，取各层土的加权平均值；
η_1——系数，对于外超静定推力拱桥的墩台 $\eta_1=0.7$，其他结构体系的墩台 $\eta_1=1.0$；
η_2——考虑结构重力在总荷载中所占百分比的系数，$\eta_2=1-0.8\dfrac{M_g}{M}$；
M_g——结构自重对基础底面重心产生的弯矩；
M——全部荷载对基础底面重心产生的总弯矩。
(7)墩台顶面水平位移计算采用下式计算：
$$\Delta=k_1\omega z_0+k_2\omega l_0+\delta_0 \qquad (3\text{-}158)$$
式中：l_0——地面或局部冲刷线至墩台顶面的高度；
δ_0——在 l_0 范围内墩台身与基础变形产生的墩台顶面水平位移；
k_1、k_2——考虑基础刚性影响的系数，按表 3-66 采用。
</td></tr>
</table>

表 3-47　海水环境中钢桩单面平均腐蚀速度

部　　位	(mm/年)	部　　位	(mm/年)
大气区	0.05～0.10	水位变动区，水下区	0.12～0.20
浪溅区	0.20～0.50	泥下区	0.05

注：1. 表中年平均腐蚀速度适用于 pH=4～10 的环境条件，对有严重污染的环境，应适当增大。

2. 对水质含盐量层次分明的河口或年平均气温高、波浪大和流速大的环境，其对应部的年平均腐蚀速度应适当增大。

表 3-48　钻孔桩桩侧土的摩阻力标准值 q_{ik}

土　　类		q_{ik}/kPa
中密炉渣、粉煤灰		40～60
黏性土	流塑 $I_L>1$	20～30
	软塑 $0.75<I_L\leqslant1$	30～50
	可塑、硬塑 $0<I_L\leqslant0.75$	50～80
	坚硬 $I_L\leqslant0$	80～120
粉土	中密	30～55
	密实	55～80
粉砂、细砂	中密	35～55
	密实	55～70
中砂	中密	45～60
	密实	60～80
粗砂、砾砂	中密	60～90
	密实	90～140
圆砾、角砾	中密	120～150
	密实	150～180
碎石、卵石	中密	160～220
	密实	220～400
漂石、块石		400～600

注：挖孔桩的摩阻力标准值可参照本表采用。

表 3-49　修正系数 λ 值

l/d 桩端土情况	4～20	20～25	>25
透水性土	0.70	0.70～0.85	0.85
不透水性土	0.65	0.65～0.72	0.72

表 3-50　清底系数 m_0 值

t/d	0.3～0.1
m_0	0.7～1.0

注：1. t、d 为桩端沉渣厚度和桩的直径。

2. $d\leqslant1.5$m 时，$t\leqslant300$mm；$d>1.5$mm 时，$t\leqslant500$mm，且 $0.1<t/d<0.3$。

表 3-51　沉桩桩侧土的摩阻力标准值 q_{ik}

土　类	状　态	摩阻力标准值 q_{ik}/kPa
黏性土	$1.5 \geq I_L \geq 1$	15～30
	$1 > I_L \geq 0.75$	30～45
	$0.75 > I_L \geq 0.5$	45～60
	$0.5 > I_L \geq 0.25$	60～75
	$0.25 > I_L \geq 0$	75～85
	$0 > I_L$	85～95
粉土	稍密	20～35
	中密	35～65
	密实	65～80
粉、细砂	稍密	20～35
	中密	35～65
	密实	65～80
中砂	中密	55～75
	密实	75～90
粗砂	中密	70～90
	密实	90～105

注：表中土的液性指数 I_L，系按 76g 平衡锥测定的数值。

表 3-52　沉桩桩端处土的承载力标准值 q_{rk}

土　类	状　态	桩端承载力标准值 q_{rk}/kPa		
黏性土	$I_L \geq 1$	1 000		
	$1 > I_L \geq 0.65$	1 600		
	$0.65 > I_L \geq 0.35$	2 200		
	$0.35 > I_L$	3 000		
		桩尖进入持力层的相对深度		
		$1 > \frac{h_c}{d}$	$4 > \frac{h_c}{d} \geq 1$	$\frac{h_c}{d} \geq 4$
粉土	中密	1 700	2 000	2 300
	密实	2 500	3 000	3 500
粉砂	中密	2 500	3 000	3 500
	密实	5 000	6 000	7 000
细砂	中密	3 000	3 500	4 000
	密实	5 500	6 500	7 500
中、粗砂	中密	3 500	4 000	4 500
	密实	6 000	7 000	8 000
圆砾石	中密	4 000	4 500	5 000
	密实	7 000	8 000	9 000

注：表中 h_c 为桩端进入持力层的深度(不包括桩靴)；d 为桩的直径或边长。

表 3-53 系数 α_i、α_r 值

桩径或边长 d/(m) \ 土类	黏土	粉质黏土	粉土	砂土
$0.8 \geqslant d$	0.6	0.7	0.9	1.1
$2.0 \geqslant d > 0.8$	0.6	0.7	0.9	1.0
$d > 2.0$	0.5	0.6	0.7	0.9

注：当采用静力触探试验测定时，沉桩承载力容许值计算中的 q_{ik} 和 q_{rk} 取为：

$$q_{ik} = \beta_i \bar{q}_i \tag{3-159}$$

$$q_{rk} = \beta_r \bar{q}_r \tag{3-160}$$

式中，$\bar{q}_i$——桩侧第 i 层土由静力触探测得的局部侧摩阻力的平均值(kPa)，当 $\bar{q}_i$ 小于 5kPa 时，采用 5kPa；

表 3-54 系数 c_1、c_2 值

岩石层情况	c_1	c_2
完整、较完整	0.6	0.05
较破碎	0.5	0.04
破碎、极破碎	0.4	0.03

注：1. 当入岩深度小于或等于 0.5m 时，c_1 乘以 0.75 的折减系数，$c_2=0$。

2. 对于钻孔桩，系数 c_1、c_2 值应降低 20% 采用；桩端沉渣厚度 t 应满足以下要求：$d \leqslant 1.5$m 时，$t \leqslant 50$mm；$d > 1.5$m 时，$t \leqslant 100$mm。

3. 对于中风化层作为持力层的情况，c_1、c_2 应分别乘以 0.75 的折减系数。

表 3-55 桩端后压浆侧阻力增强系数 β_s、端阻力增强系数 β_p

土层名称	黏性土、粉土	粉砂	细砂	中砂	粗砂	砾砂	碎石土
β_s	1.3～1.4	1.5～1.6	1.5～1.7	1.6～1.8	1.5～1.8	1.6～2.0	1.5～1.6
β_p	1.5～1.8	1.8～2.0	1.8～2.1	1.8～2.1	2.0～2.3	2.2～2.4	2.2～2.5

表 3-56 单桩轴向受压承载力的抗力系数

受荷阶段	作用效应组合		抗力系数
使用阶段	短期效应组合	永久作用与可变作用组合	1.25
		结构自重、预加力、土重、土侧压力和汽车、人群组合	1.00
	作用效应偶然组合(不含地震作用)		1.25
施工阶段	施工荷载效应组合		1.25

表 3-57 非岩石类土的 m 值和 m_0 值

土的名称	m 和 m_0 /kN · m^{-4}	土的名称	m 和 m_0 /kN · m^{-4}
流塑性黏土 $I_L > 1.0$，软塑黏性土 $1.0 \geqslant I_L > 0.75$，淤泥	3 000～5 000	坚硬，半坚硬黏性土 $I_L \leqslant 0$，粗砂，密实粉土	20 000～30 000

续表

土的名称	m 和 m_0 /kN·m^{-4}	土的名称	m 和 m_0 /kN·m^{-4}
可塑黏性土 $0.75 \geqslant I_L > 0.25$，粉砂，稍密粉土	5 000～10 000	砾砂，角砾，圆砾，碎石，卵石	30 000～80 000
硬塑黏性土 $0.25 \geqslant I_L \geqslant 0$，细砂，中砂，中密粉土	10 000～20 000	密实卵石夹粗砂，密实漂、卵石	80 000～120 000

注：1. 本表用于基础在地面处位移最大值不应超过 6mm 的情况，当位移较大时，应适当降低。

2. 当基础侧面设有斜坡或台阶，且其坡度(横：竖)或台阶总宽与深度之比大于 1：20 时，表中 m 值应减小 50% 取用，其示意图见图 3-1。

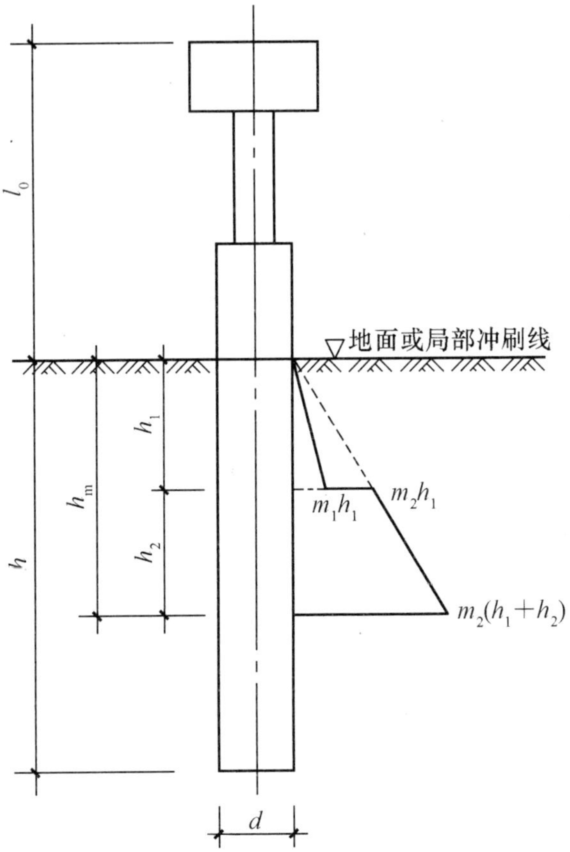

图 3-1　两层土 m 值换算计算示意图

表 3-58　岩石地基抗力系数 C_0

编　号	f_{rk}/kPa	C_0/k/N·m^{-4}
1	1 000	300 000
2	≥25 000	15 000 000

注：f_{rk} 为岩石的单轴饱和抗压强度标准值。对于无法进行饱和的试样，可采用天然含水量轴抗压强度标准值；当 1 000 < f_{rk} < 25 000 时，可用直线内插法确定 C_0。

表 3-59　桩柱顶受力的单排桩柱式桥墩计算用表

<table>
<tr><td colspan="3">计算图式</td><td>(1)柱顶自由，柱底支承在非岩石类土或基岩面上的单排桩式桥墩
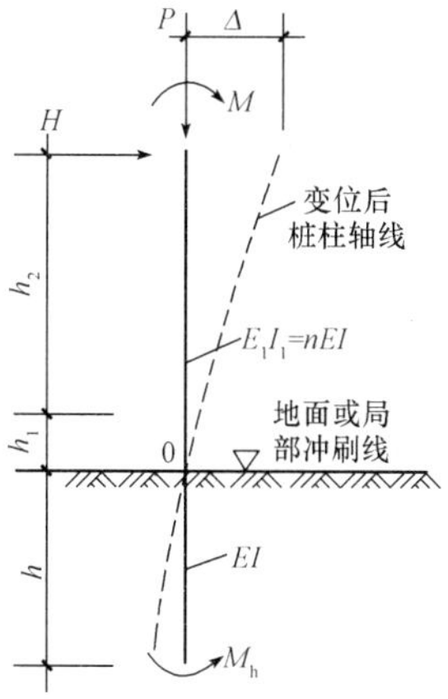</td><td>(2)柱顶自由，柱底嵌固在基岩中的单排桩式桥墩
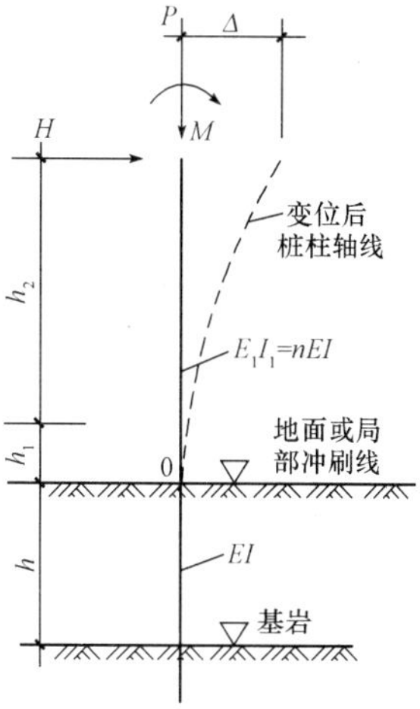</td></tr>
<tr><td colspan="2" rowspan="2">地面或局部冲刷线处桩的作用效应</td><td>弯矩</td><td colspan="2">$M_0=M+H(h_2+h_1)$</td></tr>
<tr><td>剪力</td><td colspan="2">$H_0=H$</td></tr>
<tr><td rowspan="4">地面或局部冲刷线处作用单位“力”时，该截面产生的变位</td><td rowspan="2">$H_0=1$ 作用时</td><td>水位位移</td><td>$\delta_{HH}^{(0)}=\frac{1}{\alpha^3EI}\times\frac{(B_3D_4-B_4D_3)+k_h(B_2D_4-B_4D_2)}{A_3B_4-A_4B_3+k_h(A_2B_4-A_4B_2)}$</td><td>$\delta_{HH}^{(0)}=\frac{1}{\alpha^3EI}\times\frac{B_2D_1-B_1D_2}{A_2B_1-A_1B_2}$</td></tr>
<tr><td>转角(rad)</td><td>$\delta_{MH}^{(0)}=\frac{1}{\alpha^2EI}\times\frac{(A_3D_4-A_4D_3)+k_h(A_2D_4-A_4D_2)}{(A_3B_4)+k_h(A_2B_4-A_4B_2)}$</td><td>$\delta_{MH}^{(0)}=\frac{1}{\alpha^2EI}\times\frac{A_2D_1-A_1D_2}{A_2B_1-A_1B_2}$</td></tr>
<tr><td rowspan="2">$M_0=1$ 作用时</td><td>水平位移</td><td>$\delta_{HM}^{(0)}=\delta_{MH}^{(0)}=\frac{1}{\alpha^2EI}\times\frac{(B_3C_4-B_4C_3)+k_h(B_2C_4-B_4C_2)}{(A_3B_4-A_4B_3)+k_h(A_2B_4-A_4B_2)}$</td><td>$\delta_{HM}^{(0)}=\delta_{MH}^{(0)}=\frac{1}{\alpha^2EI}\times\frac{B_2C_1-B_1C_2}{A_2B_1-A_1B_2}$</td></tr>
<tr><td>转角(rad)</td><td>$\delta_{MM}^{(0)}=\frac{1}{\alpha EI}\times\frac{(A_3C_4-A_4C_3)+k_h(A_2C_4-A_4C_2)}{(A_3B_4-A_4B_3)+k_h(A_2B_4-A_4B_2)}$</td><td>$\delta_{MM}^{(0)}=\frac{1}{\alpha EI}\times\frac{A_2C_1-A_1C_2}{A_2B_1-A_1B_2}$</td></tr>
<tr><td rowspan="2">地面或局部冲刷线处桩变位</td><td colspan="2">水位移位</td><td colspan="2">$x_0=H_0\delta_{HH}^{(0)}+M_0\delta_{HM}^{(0)}$</td></tr>
<tr><td colspan="2">转角(rad)</td><td colspan="2">$\varphi_0=-(H_0\delta_{MH}^{(0)}+M_0\delta_{MM}^{(0)})$</td></tr>
<tr><td rowspan="2">地面或局部冲刷线以下深度 z 处桩各截面内力</td><td colspan="2">弯矩</td><td colspan="2">$M_z=\alpha^2EI\left(x_0A_3+\frac{\varphi_0}{\alpha}B_4+\frac{M_0}{\alpha^2EI}C_3+\frac{H_0}{\alpha_3EI}D_3\right)$</td></tr>
<tr><td colspan="2">剪力</td><td colspan="2">$Q_x=\alpha^3EI\left(x_0A_4+\frac{\varphi_0}{\alpha}B_4+\frac{M_0}{\alpha_2EI}C_4+\frac{H_0}{\alpha_3EI}D_4\right)$</td></tr>
<tr><td colspan="3">桩柱面水平位移</td><td colspan="2">$\Delta=x_0-\varphi_0(h_2+h_1)+\Delta_0$
式中：$\Delta_0=\frac{H}{E_1I_1}\left[\frac{1}{3}(nh_1^3+h_2^3)+nh_1h_2(h_1+h_2)\right]+\frac{M}{2E_1I_1}[h_2^3+nh_1(2h_2+h_1)]$</td></tr>
</table>

续表

(a)当 $H_0=1$ 作用在地面或局部冲刷线处，桩在该处产生的水平位移 $x_0=\delta_{HH}^{(0)}$ 和转角 $\varphi_0=-\delta_{MH}^{(0)}$ 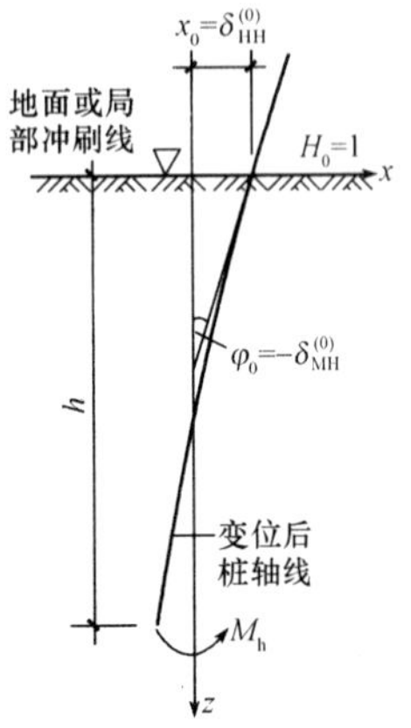	(b)当 $M_0=1$ 作用在地面或局部冲刷线处，桩在该处产生的水平位移 $x_0=\delta_{HM}^{(0)}$ 和转角 $\varphi_0=-\delta_{HM}^{(0)}$ 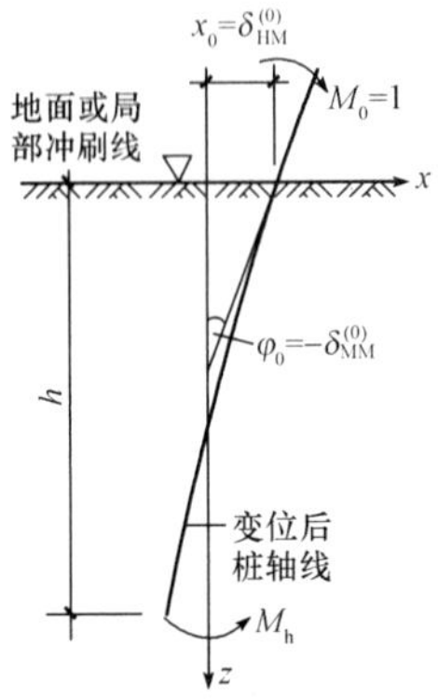	(c)当 $H_0=1$ 作用在地面或局部冲刷线处，桩在该处产生的水平位移 $x_0=\delta_{HH}^{(0)}$ 和转角 $\varphi_0=-\delta_{MH}^{(0)}$ 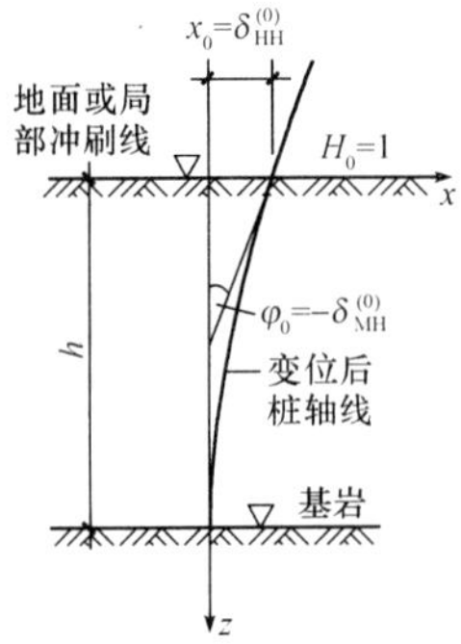	(d)当 $M_0=1$ 作用在地面或局部冲刷线处，桩在该处产生的水平位移 $x_0=\delta_{HM}^{(0)}$ 和转角 $\varphi_0=-\delta_{HM}^{(0)}$ 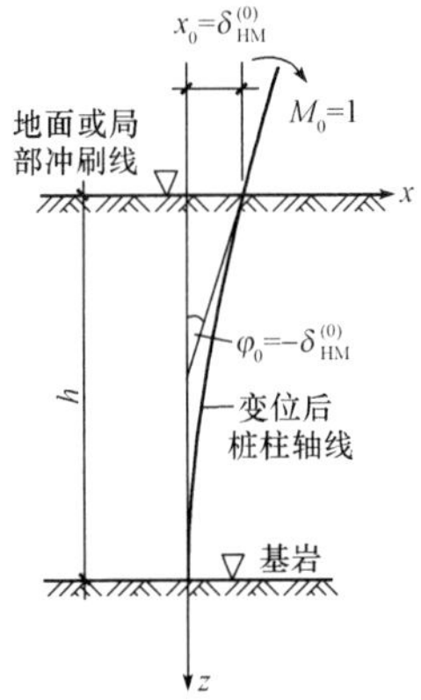
桩底支承在非岩石类土或基岩面上		桩底嵌固在基岩中	

表 3-60　桩柱侧面受土压力的单排桩柱式桥台计算用表

计算图式		(1)桩柱身受梯形荷载，桩柱顶为自由，桩底支承在非岩石类土或基岩面上的单排桩式桥台 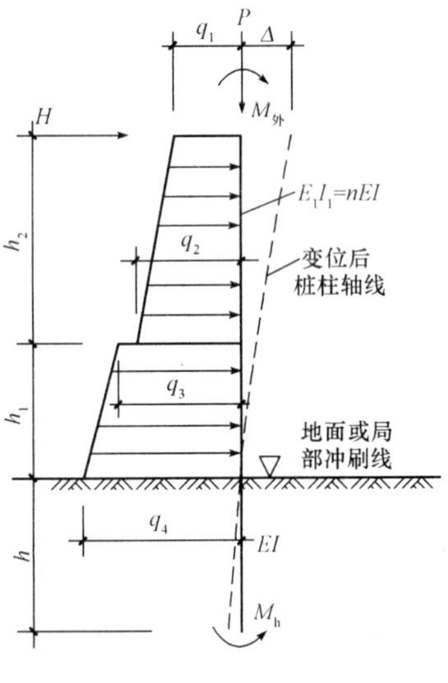	(2)桩柱身受梯形荷载，桩柱顶为自由，桩底嵌固在基岩中的单排桩式桥台 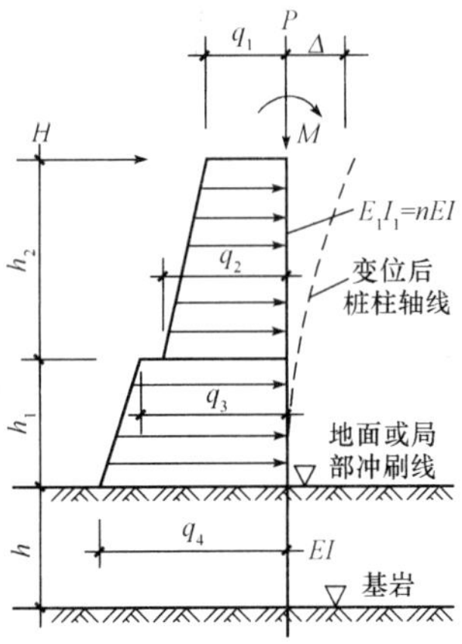
地面或局部冲刷线处桩的作用效应	弯矩	$M_0=M+H(h_2+h_1)+\frac{1}{6}h_2[(2q_1+q_2)h_2+3(q_1+q_2)h_1]+\frac{1}{6}(2q_3+q_4)h_1^2$	
	剪力	$H_0=H+\frac{1}{2}(q_1+q_2)h_2+\frac{1}{2}(q_3+q_4)h_1$	

续表

地面或局部冲刷线处作用单位"力"时，该截面产生的变位	$H_0=1$ 作用时	水平位移	$\delta_{HH}^{(0)}=\frac{1}{\alpha^3 EI}\times\frac{(B_3D_4-B_4D_3)+k_h(B_2D_4-B_4D_2)}{A_3B_4-A_4B_3+k_h(A_2B_4-A_4B_2)}$	$\delta_{HH}^{(0)}=\frac{1}{\alpha^3 EI}\times\frac{B_2D_1-B_1D_2}{A_2B_1-A_1B_2}$
		转角(rad)	$\delta_{MH}^{(0)}=\frac{1}{\alpha^2 EI}\times\frac{(A_3D_4-A_4D_3)+k_h(A_2D_4-A_4D_2)}{(A_3B_4)+k_h(A_2B_4-A_4B_2)}$	$\delta_{MH}^{(0)}=\frac{1}{\alpha^2 EI}\times\frac{A_2D_1-A_1D_2}{A_2B_1-A_1B_2}$
	$M_0=1$ 作用时	水平位移	$\delta_{HM}^{(0)}=\delta_{MH}^{(0)}=\frac{1}{\alpha^2 EI}\times\frac{(B_3C_4-B_4C_3)+k_h(B_2C_4-B_4C_2)}{(A_3B_4-A_4B_3)+k_h(A_2B_4-A_4B_2)}$	$\delta_{HM}^{(0)}=\delta_{MH}^{(0)}=\frac{1}{\alpha^2 EI}\times\frac{B_2C_1-B_1C_2}{A_2B_1-A_1B_2}$
		转角(rad)	$\delta_{MM}^{(0)}=\frac{1}{\alpha EI}\times\frac{(A_3C_4-A_4C_3)+k_h(A_2C_4-A_4C_2)}{(A_3B_4-A_4B_3)+k_h(A_2B_4-A_4B_2)}$	$\delta_{MM}^{(0)}=\frac{1}{\alpha EI}\times\frac{A_2C_1-A_1C_2}{A_2B_1-A_1B_2}$
地面或局部冲刷线处桩变位	水平位移		$x_0=H_0\delta_{HH}^{(0)}+M_0\delta_{HM}^{(0)}$	
	转角(rad)		$\varphi_0=-(H_0\delta_{MH}^{(0)}+M_0\delta_{MM}^{(0)})$	
地面或局部冲刷线以下深度 z 处桩各截面内力	弯矩		$M_z=\alpha^2 EI\left(x_0A_3+\frac{\varphi_0}{\alpha}B_3+\frac{M_0}{\alpha^2 EI}C_3+\frac{H_0}{\alpha_3 EI}D_3\right)$	
	剪力		$Q_x=\alpha^3 EI\left(x_0A_4+\frac{\varphi_0}{\alpha}B_4+\frac{M_0}{\alpha_2 EI}C_4+\frac{H_0}{\alpha_3 EI}D_4\right)$	
桩柱面水平位移			$\Delta=x_0-\varphi_0(h_2+h_1)+\Delta_0$ 式中：$\Delta_0=\frac{M}{2E_1I_1}(nh_1^2+2nh_1h_2+h_2^2)+\frac{H}{3E_1I_1}(nh_1^3+3nh_1^2h_2+3nh_1h_2^2+h_2^3)$ $+\frac{1}{120E_1I_1}[(11h_2^4+40nh_2^3h_1+20nh_2h_1^3+50nh_2^2h_1^2)q_1+4(h_2^4+10nh_2^2h_1^2$ $+5nh_2^3h_1+5nh_2h_1^3)q_2+(11nh_1^4+15nh_2h_1^3)q_3+(4nh_1^4+5nh_2h_1^3)q_4]$	

注：1. 表中 $\delta_{HH}^{(0)}$、$\delta_{MH}^{(0)}$、$\delta_{HM}^{(0)}$、$\delta_{MM}^{(0)}$的物理意义见表 3-59。

2. 表 3-59、3-60 适用于 $ah>2.5$ 桩的计算，对于 $ah\leqslant 2.5$ 的情况，见表 3-61、3-62。

3. 系数 A_i、B_i、C_i、D_i($i=1$、2、3、4)值，在计算 $\delta_{HH}^{(0)}$和 $\delta_{MH}^{(0)}$、$\delta_{HM}^{(0)}$、$\delta_{MM}^{(0)}$时，根据 $\bar{h}=ah$ 按表 3-63 查用；在计算 M_z 和 Q_z 时，根据 $\bar{h}=az$ 按表 3-63 查用；当 $\bar{h}>4$，按 $\bar{h}=4$ 计算。

4. $k_h=\frac{C_0}{\alpha E}\times\frac{I_0}{I}$为因桩端转动，桩端底面土体产生的抗力对 $\delta_{HH}^{(0)}$、$\delta_{MH}^{(0)}$、$\delta_{HM}^{(0)}$和 $\delta_{MM}^{(0)}$的影响系数。当桩底置于非岩石类土且 $\alpha h\geqslant 2.5$ 时，或置于基岩上且 $\alpha h\geqslant 3.5$ 时，取 $k_h=0$。式中，C_0 按表 3-46 确定；I、I_0 分别为地面或局部冲刷线以下桩截面和桩端面积惯性矩。

5. n 为桩式桥墩上段抗弯刚度 E_1I_1 与下段抗弯刚度 EI 的比值，EI 计算见式(3-154)条 $E_1I_1=0.8E_cI_1$，E_c 为桩身混凝土抗压弹性模量，I_1 为桩上段毛截面惯性矩。

6. q_1、q_2、q_3 和 q_4 为作用于桩上的土压力强度(kN/m)，可根据《公路桥涵设计通用规范》(JTG D60—2004)第 4.2.3 条规定确定土压力作用及在桩上的计算宽度。若地面或局部冲刷线以上桩为等截面，h_2 取全高，$h_1=0$。

7. 桩的入土深度 $h \geqslant 4/\alpha$，$z=4/\alpha$ 深度以下桩身截面作用效应可忽略不计。

8. 当基础侧面地面或局部冲刷线以下 $h_m=2(d+1)$m 对$(\alpha h) \leqslant 2.5$ 的情况，取 $h_m=h$ 深度内有两层土时，桩身实际最大弯矩可按下式进行修正：

$$M_{max}=\xi M_{zmax} \tag{3-161}$$

式中，M_{zmax}——根据表 3-59 或表 3-60 计算的桩身最大弯矩值；

M_{max}——桩身实际最大弯矩值；

ξ——最大弯矩修正系数，可按下式计算：

$$\begin{cases} \xi=\dfrac{2\delta}{\delta+2}\dfrac{h_1}{h_m}+1, & \dfrac{h_1}{h_m} \leqslant \dfrac{1}{6}(\delta+2) \\ \xi=\dfrac{2\delta}{\delta-4}\dfrac{h_1}{h_4}+\dfrac{4+\delta}{4-\delta}, & \dfrac{h_1}{h_m} > \dfrac{1}{6}(\delta+2) \end{cases} \tag{3-162}$$

$$\delta=\frac{H_0}{H_0+0.1M_0}\lg\frac{m_2}{m_1} \tag{3-163}$$

式中，H_0 单位为 kN，M_0 单位为 kN·m。

表 3-61　桩顶受力的多排竖直桩柱式桥墩计算用表

<table>
<tr><td rowspan="2" colspan="3"></td><td colspan="2">多排对称布置的竖直桩桥墩基础(高承台桩基)</td></tr>
<tr><td>(1)桩底布置在非岩石类土或基岩面上</td><td>(2)桩底嵌固在基岩中</td></tr>
<tr><td colspan="3">计算图式</td><td>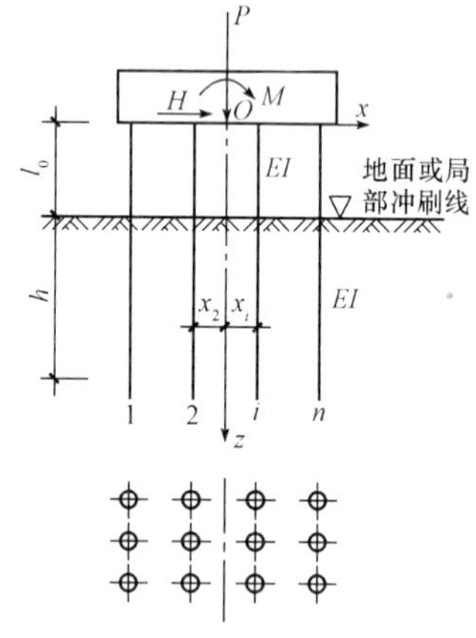</td><td>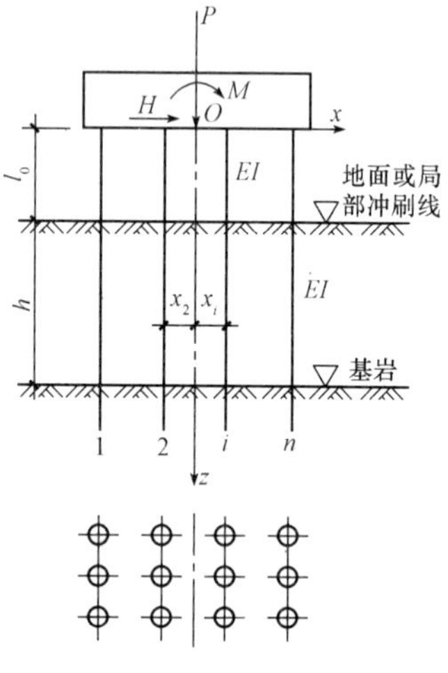</td></tr>
<tr><td rowspan="4">桩顶作用单位“力”时桩顶产生的变位</td><td rowspan="2">H=1 作用时</td><td>水平位移</td><td>$\delta_{HH}=\dfrac{l_0^3}{3EI}+\delta_{MM}^{(0)}l_0^2+2\delta_{MH}^{(0)}l_0+\delta_{HH}^{(0)}$</td><td rowspan="4">$\delta_{HH}^{(0)}$、$\delta_{MH}^{(0)}$、$\delta_{HM}^{(0)}$和 $\delta_{MM}^{(0)}$根据柱底埋置情况，采用表 3-59 或表 3-60 有关公式计算</td></tr>
<tr><td>转角(rad)</td><td>$\delta_{MH}=\dfrac{l_0^2}{2EI}+\delta_{MM}^{(0)}l_0+\delta_{MH}^{(0)}$</td></tr>
<tr><td rowspan="2">M=1 作用时</td><td>水平位移</td><td>$\delta_{HM}=\delta_{MH}=\dfrac{l_0^2}{2EI}+\delta_{MM}^{(0)}l_0+\delta_{HM}^{(0)}$</td></tr>
<tr><td>转角(rad)</td><td>$\delta_{MM}=\dfrac{l_0}{EI}+\delta_{MM}^{(0)}$</td></tr>
</table>

续表

任一桩顶发生单位变位时，桩顶产生的作用效应	沿轴线单位位移时，桩顶产生的轴向力	$\rho_{pp}=\dfrac{1}{\dfrac{l_0+\xi h}{EA}+\dfrac{1}{C_0A_0}}$	ξ——系数，对于端承桩，$\xi=1$；对于摩擦桩（或摩擦支承管桩），打入或振动下沉时 $\xi=2/3$；钻（挖）孔时 $\xi=1/2$； A——入土部位桩的平均截面积； A_0——按下列公式计算； 摩擦桩： $A_0=\begin{cases}\pi\left(\dfrac{d}{2}+h\tan\dfrac{\bar{\varphi}}{4}\right)^2\\ \dfrac{\pi}{4}S^2\end{cases}$ 取小值 端承桩：$A_0=\pi d^2/4$ $\bar{\varphi}$——桩所穿过土层的平均内摩擦角； S——柱底面中心距； d——柱底面直径
	垂直桩轴线方向单位位移时，桩顶产生的水平力	$\rho_{HH}=\dfrac{\delta_{MM}}{\delta_{HH}\delta_{MM}-(\delta_{MH})^2}$	
	垂直桩轴线方向单位位移时，桩顶产生的弯矩	$\rho_{MH}=\dfrac{\delta_{MH}}{\delta_{HH}\delta_{MM}-(\delta_{MH})^2}$	
	桩顶单位转角时，桩顶产生的水平力	$\rho_{HM}=\rho_{MH}$	
	桩顶单位转角时，桩顶产生的弯矩	$\rho_{MM}=\dfrac{\delta_{HH}}{\delta_{HH}\delta_{MM}-(\delta_{MH})^2}$	
承台发生单位变位时，所有桩顶对承台作用“反力”之和	承台产生竖向单位位移时，桩顶竖向反力之和	$\gamma_{cc}=n\rho_{pp}$	n——桩总根数； x_i——由坐标原点 O 至各桩轴线的距离； K_i——第 i 排桩根数
	承台产生水平向单位位移时，桩顶水平反力之和	$\gamma_{aa}=n\rho_{HH}$	
	承台绕原点 O 产生单位转角，桩顶水平反力之和或水平方向产生单位位移时，桩柱顶反弯矩之和	$\gamma_{a\beta}=\gamma_{\beta a}=-n\rho_{HM}=-n\rho_{MH}$	
	承台发生单位转角时，桩顶反弯矩之和	$\gamma_{\beta\beta}=n\rho_{MM}+\rho_{pp}\sum K_i x_i^2$	
承台变位	竖直位移	$c=\dfrac{P}{\gamma_{cc}}$	P、H、M——荷载作用于承台底面原点 O 处的竖直力、水平力和弯矩
	水平位移	$a=\dfrac{\gamma_{\beta\beta}H-\gamma_{a\beta}M}{\gamma_{aa}\gamma_{\beta\beta}-(\gamma_{a\beta})^2}$	
	转角(rad)	$a=\dfrac{\gamma_{aa}M-\gamma_{a\beta}H}{\gamma_{aa}\gamma_{\beta\beta}-(\gamma_{a\beta})^2}$	
桩顶作用效应	任一桩顶轴向力	$N_i=(c+\beta x_i)\rho_{pp}$	x_i 值在坐标原点 O 以右为正，以左为负
	任一桩顶剪力	$Q_i=a\rho_{HH}-\beta\rho_{HM}=\dfrac{H}{n}$	
	任一桩顶弯矩	$M_i=\beta\rho_{MM}-a\rho_{MH}$	
地面或局部冲刷线处桩顶截面上的作用“力”	水平力	$H_0=Q_i$	
	弯矩	$M_0=M_i+Q_i l_0$	

续表

(a)当 $H=1$ 作用在桩顶时，桩顶产生的水平位移 δ_{HH} 和转角 δ_{MH}	(b)当 $M=1$ 作用在桩顶时，桩顶产生的水平位移 δ_{HM} 和转角 δ_{MM}	(c)当 $H=1$ 作用在桩顶时，桩顶产生的水平位移 δ_{HH} 和转角 δ_{MH}	(d)当 $M=1$ 作用在桩顶时，桩顶产生的水平位移 δ_{HM} 和转角 δ_{HM}
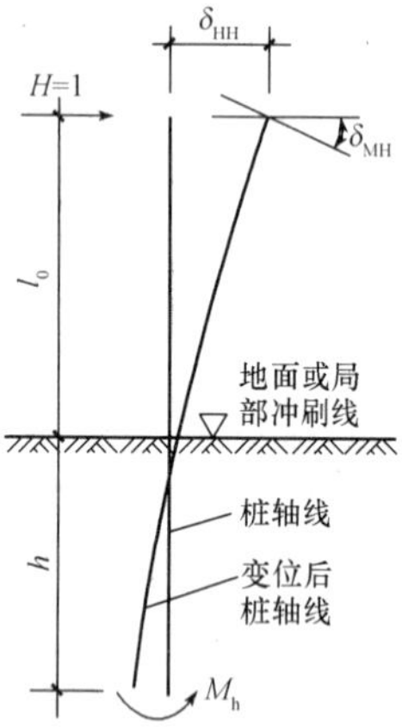	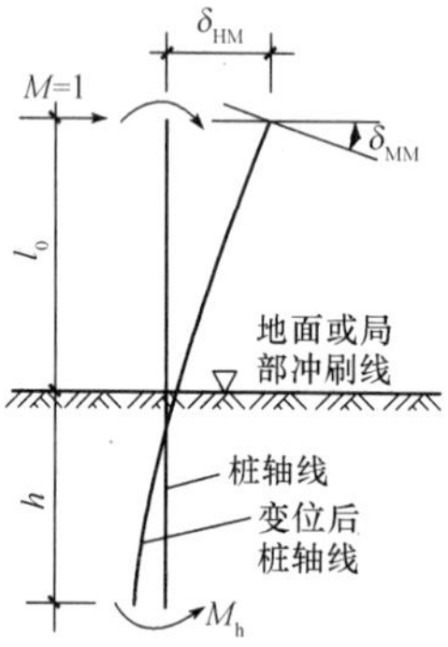	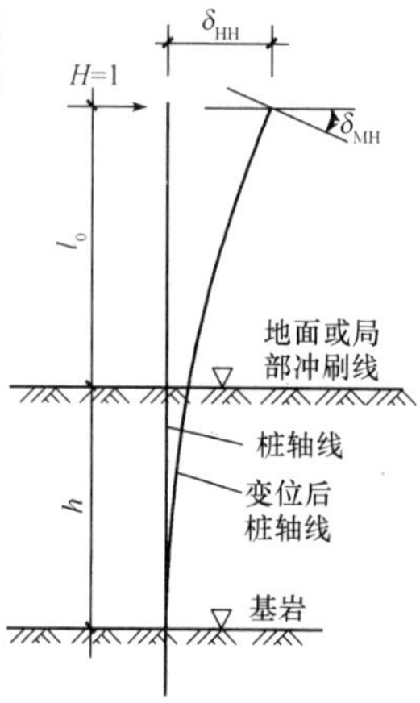	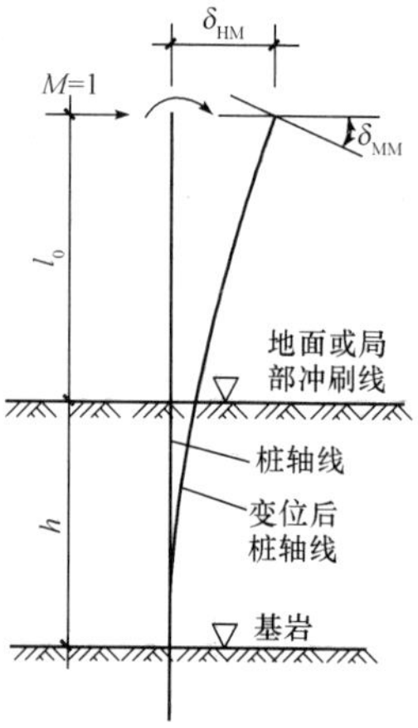
桩底支承在非岩石类土或基岩面上		桩底嵌固在基岩中	

表 3-62　桩侧面受土压力的多排竖直桩桥台计算用表

	多排对称布置的竖直桩桥墩基础(高承台桩基，桩侧承受梯形荷载)	
	(1)桩底设置在非岩石类土或基岩面上	(2)桩底嵌固在基岩中
计算图式	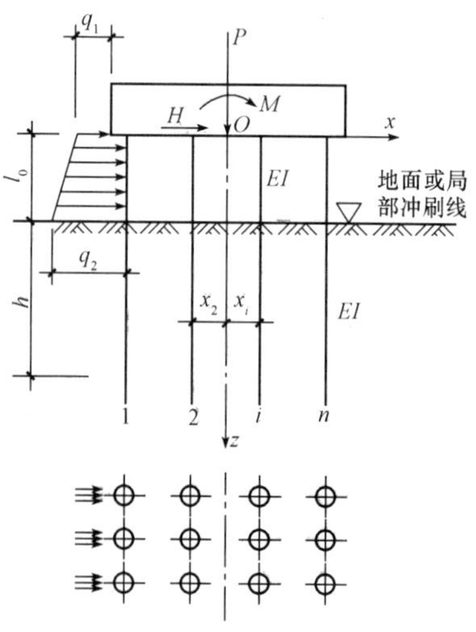	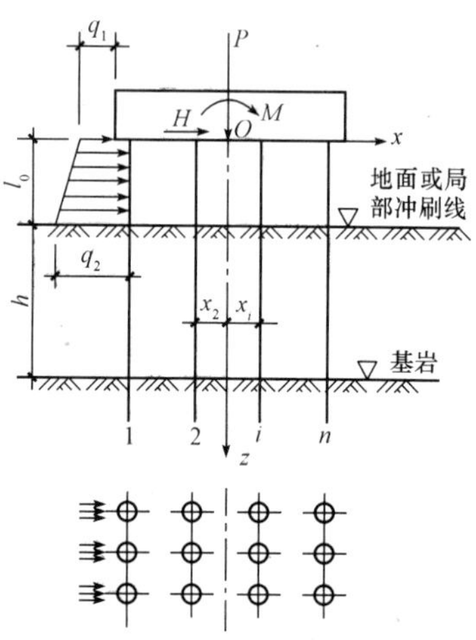

续表

桩顶作用单位“力”时，桩顶产生的变位	$H=1$ 作用时	水平位移	$\delta_{HH}=\dfrac{l_0^3}{3EI}+\delta_{MM}^{(0)}l_0^2+2\delta_{MH}^{(0)}l_0+\delta_{HH}^{(0)}$	$\delta_{HH}^{(0)}$、$\delta_{MH}^{(0)}$、$\delta_{HM}^{(0)}$和$\delta_{MM}^{(0)}$根据柱底埋置情况，采用表 3-59 或表 3-60 有关公式计算
		转角(rad)	$\delta_{MH}=\dfrac{l_0^2}{2EI}+\delta_{MM}^{(0)}l_0+\delta_{MH}^{(0)}$	
	$M=1$ 作用时	水平位移	$\delta_{HM}=\delta_{MH}=\dfrac{l_0^2}{2EI}+\delta_{MM}^{(0)}l_0+\delta_{HM}^{(0)}$	
		转角(rad)	$\delta_{MM}=\dfrac{l_0}{EI}+\delta_{MM}^{(0)}$	
任一桩顶发生单位变位时，桩顶产生的作用效应	沿轴线单位位移时，桩顶产生的轴向力		$\rho_{pp}=\dfrac{1}{\dfrac{l_0+\xi h}{EA}+\dfrac{1}{C_0A_0}}$	ξ——系数，对于端承桩，$\xi=1$；对于摩擦桩(或摩擦支承管桩)，打入或振动下沉时 $\xi=2/3$；钻(挖)孔时 $\xi=1/2$； A——入土部分桩的平均截面积； A_0——按下列公式计算： 摩擦桩： $A_0=\begin{cases}\pi\left(\dfrac{d}{2}+h\tan\dfrac{\bar{\varphi}}{4}\right)^2\\ \dfrac{\pi}{4}S^2\end{cases}$ 取小值 端承桩：$A_0=\pi d^2/4$ $\bar{\varphi}$——桩所穿过土层的平均内摩擦角； S——柱底面中心距； d——柱底面直径
	垂直桩轴线方向单位位移时，桩顶产生的水平力		$\rho_{HH}=\dfrac{\delta_{MM}}{\delta_{HH}\delta_{MM}-(\delta_{MH})^2}$	
	垂直桩轴线方向单位位移时，桩顶产生的弯矩		$\rho_{MH}=\dfrac{\delta_{MH}}{\delta_{HH}\delta_{MM}-(\delta_{MH})^2}$	
	桩顶单位转角时，桩顶产生的水平力		$\rho_{HM}=\rho_{MH}$	
	桩顶单位转角时，桩顶产生的弯矩		$\rho_{MM}=\dfrac{\delta_{HH}}{\delta_{HH}\delta_{MM}-(\delta_{MH})^2}$	
承台发生单位变位时，所有桩顶对承台作用“反力”之和	承台产生竖向单位位移时，桩顶竖向反力之和		$\gamma_{cc}=n\rho_{PP}$	n——桩总根数； x_i——由坐标原点 O 至各桩轴线的距离； K_i——第 i 排桩根数
	承台产生水平向单位位移时，桩顶水平反力之和		$\gamma_{aa}=n\rho_{HH}$	
	承台绕原点 O 产生单位转角，桩顶水平反力之和或水平方向产生单位位移时，桩柱顶反弯矩之和		$\gamma_{a\beta}=\gamma_{\beta a}=-n\rho_{HM}=-n\rho_{MH}$	
	承台发生单位转角时，桩顶反弯矩之和		$\gamma_{\beta\beta}=n\rho_{MM}+\rho_{PP}\sum K_ix_i^2$	
承台变位	竖直位移		$c=\dfrac{P}{\gamma_{cc}}$	P、H、M——荷载作用于承台底面原点 O 处的竖直力、水平力和弯矩； $\sum M_q$、$\sum Q_q$——分别为承受土压力的桩顶面作用于承台上的反弯矩和剪力之和。见本表末项
	水平位移		$a=\dfrac{\gamma_{\beta\beta}(H-\sum Q_q)-\gamma_{a\beta}(M-\sum M_q)}{\gamma_{aa}\gamma_{\beta\beta}-(\gamma_{a\beta})^2}$	
	转角(rad)		$\beta=\dfrac{\gamma_{aa}(M-\sum M_q)-\gamma_{a\beta}(H-\sum Q_q)}{\gamma_{aa}\gamma_{\beta\beta}-(\gamma_{a\beta})^2}$	

续表

<table>
<tr><td rowspan="3">桩顶
内力</td><td>任一桩顶轴向力</td><td>$N_i=(c+\beta x_i)\rho_{pp}$</td><td>$x_i$ 值在坐标原点 O 以右为正，以左为负</td></tr>
<tr><td>任一顶顶剪力</td><td>$Q_i=\alpha\rho_{HH}-\beta\rho_{HM}$
直接承受土压力桩：$Q'_i=Q_i+Q_q$</td><td rowspan="2">—</td></tr>
<tr><td>任一桩顶弯矩</td><td>$M_i=\beta\rho_{MM}-\alpha\rho_{MH}$
直接承受土压力桩：$M'_i=M_i+M_q$</td></tr>
<tr><td rowspan="2">地面或局部冲刷线处桩顶截面上的作用"力"</td><td>水平力</td><td>$H_0=Q_i$
直接承受土压力桩：
$H'_0=Q_i+Q_q+\left(\frac{q_1+q_2}{2}\right)l_0$</td><td rowspan="2">$q_1$、$q_2$——作用于桩顶与地面处的土压力强度；
M_q、Q_q——直接承受土压力的桩上端（与承台连接处）作用于承台上的弯矩和剪力，如图 3-4 所示，图中 M_q 和 Q_q 方向均为正值</td></tr>
<tr><td>弯矩</td><td>$M_0=M_i+Q_il_0$
直接承受土压力桩：
$M'_0=M_i+M_q+(Q_i+Q_q)l_0+\left(\frac{2q_1+q_2}{6}\right)l_0^2$</td></tr>
<tr><td>M_q 和 Q_q 由联立方程式求解</td><td colspan="2">$M_{l_0}=M_q=Q_ql_0+\left(\frac{q_1}{2!}+\frac{q_2-q_2}{3!}\right)l_0^2$
$Q_{l_0}=Q_q+\left(q_1+\frac{q_2-q_1}{2!}\right)l_0$
$\frac{1}{EI}\left[\frac{M_ql_0^2}{2!}+\frac{Q_ql_0^3}{3!}+\frac{q_1l_0^4}{4!}+\frac{(q_2-q_1)l_0^4}{5!}\right]=M_{l_0}\delta_{HM}^{(0)}+Q_{l_0}\delta_{HH}^{(0)}$
$\frac{1}{EI}\left[M_ql_0+\frac{Q_ql_0^2}{2!}+\frac{q_1l_0^3}{3!}+\frac{(q_2-q_1)l_0^3}{4!}\right]=-[M_{l_0}\delta_{MM}^{(0)}+Q_{l_0}\delta_{MH}^{(0)}]$</td><td>$M_{l_0}$、$Q_{l_1}$——直接承受土压力的桩，上端视为刚性嵌固于承台内，下端视为弹性嵌固在地面处时，桩在地面处的弯矩和剪力，如图 3-4 所示</td></tr>
</table>

注：1. q_1、q_2 为作用于桩上的土压力强度，可根据《公路桥涵设计通用规范》(JTG D60—2004)第 4.2.3 条确定土压力作用及其在桩上的计算宽度。

2. 承台底面坐标原点 O 位置的选择。当桩布置不对称时，原点 O 可任意选择；当桩布置对称时，选择于对称轴上，如表中所示。

3. 当竖直桩布置不对称时的计算公式：

1）桩侧面不受土侧压力时，承台的竖向位移 c、水平位移 a、转角 β 由下列方程式联解求得：

$$\left.\begin{aligned}c\gamma_{cc}+\beta\gamma_{c\beta}-P=0\\a\gamma_{aa}+\beta\gamma_{a\beta}-H=0\\a\gamma_{\beta a}+c\gamma_{\beta c}+\beta\gamma_{\beta\beta}-M=0\end{aligned}\right\}\tag{3-164}$$

2）桩侧面受土压力时，承台的竖向位移 c、水平位移 a、转角 β 由下列方程式联解求得：

$$\left.\begin{aligned}c\gamma_{cc}+\beta\gamma_{c\beta}-P=0\\a\gamma_{aa}+\beta\gamma_{a\beta}-(H-\sum Q_q)=0\\a\gamma_{\beta a}+c\gamma_{\beta c}+\beta\gamma_{\beta\beta}-(M-\sum M_q)=0\end{aligned}\right\}\tag{3-165}$$

式中，$\gamma_{c\beta}=\gamma_{\beta c}=\rho_{pp}\sum K_ix_i$——分别为承台绕坐标原点 O 产生单位转角时，所有桩顶对承台作用的竖向反力之和，或承台产生单位竖向位移时所有桩顶对承台作用的反弯矩之和；

x_i——坐标原点 O 至各桩轴线的距离，原点 O 以右为正，以左为负；

$\sum Q_q$、$\sum M_q$——直接承受土压力的各桩 Q_q 和 M_q 的总和。

3）当地面或局部冲刷线在承台底以上时，承台周围土视作弹性介质，此时，形常数 γ_{cc}、γ_{aa}、$\gamma_{a\beta}$、$\gamma_{c\beta}$ 和 $\gamma_{\beta\beta}$ 按下列公式计算：

$$\left.\begin{aligned}\gamma_{cc}&=n\rho_{PP}\\\gamma_{aa}&=n\rho_{HH}+b_1F^c\\\gamma_{a\beta}&=\gamma_{\beta a}=-n\rho_{HM}+b_1S^c=-n\rho_{MH}+b_1S^c\\\gamma_{c\beta}&=\gamma_{\beta c}=\rho_{pp}\sum K_ix_i\\\gamma_{\beta\beta}&=n\rho_{MM}+\rho_{PP}\sum K_ix_i^2+b_1I^c\end{aligned}\right\}\tag{3-166}$$

式中，　b_1——与水平力相垂直的承台作用底边的计算宽度；

F_c、S_c、I_c——分别为承台底面以上水平向地基系数 c 的图形面积对底面的面积矩和惯性矩；

$$\left.\begin{aligned}F_c&=\frac{c_ch_c}{2}\\S^c&=\frac{c_ch_c^2}{6}\\I_c&=\frac{c_ch_c^3}{12}\end{aligned}\right\}\tag{3-167}$$

c_c——承台底面处水平向土的地基系数，$c_c=mh_c$；

h_c——承台底面埋入地面或局部冲刷线下的深度。

在计算 ρ_{pp}、ρ_{HH}、ρ_{MH}和 P_{MM}时，令有关公式中的 $l_0=0$；查表 3-63 求系数 A_1、B_1……C_4、D_4 时，换算深度 $\bar{h}=az$ 中的 z 自承台底面算起。本情况可不考虑桩侧土压力。

4. 按表 3-61、表 3-62 求得地面或局部冲刷线处桩弯矩 M_0（对直接承受梯形荷载的桩为 M'_0）和水平力 H_0（对直接承受梯形荷载的桩为 H'_0）后，即可按表 3-59 和表 3-60 计算地面或局部冲刷线处桩水平位移 x_0、转角 φ_0 及地面或局部冲刷线以下深度 z 处桩身各截面弯矩 M_z、剪力 Q_z 及桩底最小压应力 p_{max}和 p_{min}。

5. 表中其他符号的意义与表 3-59、表 3-60 相同。

6. 多排桩墩台顶的水平位移 Δ 按下式计算：

$$\Delta=a+\beta l+\Delta_0\tag{3-168}$$

式中，a——承台底的水平位移；

β——承台底的转角；

l——墩台顶至承台底的距离；

Δ_0——由承台底至墩台顶面间的弹性挠曲所引起的墩台顶的水平位移。

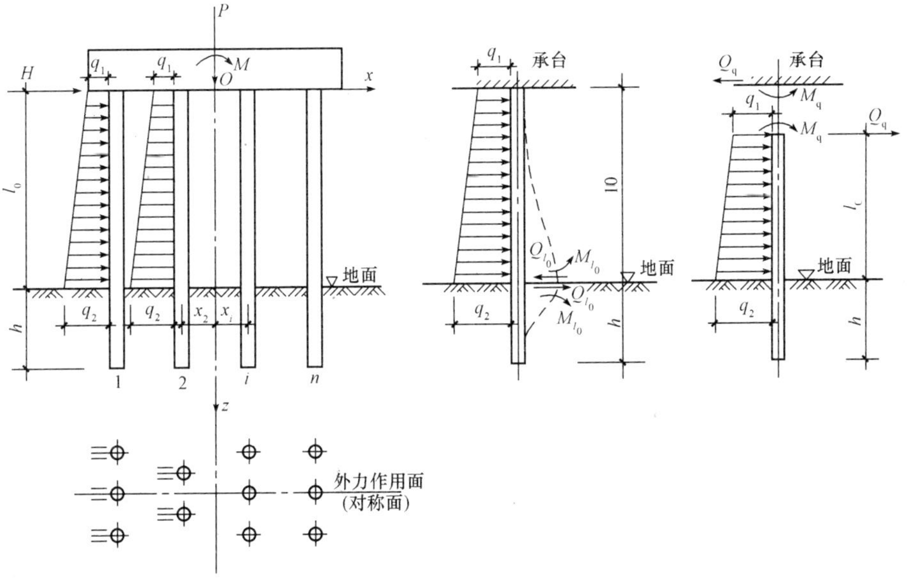

图 3-4　计算 M_q 和 Q_q 的示意图

表 3-63 计算桩身作用效应无量纲系数用表

$h=\alpha z$	A_1	B_1	C_1	D_1	A_2	B_2	C_2	D_2	A_3	B_3	C_3	D_3	A_4	B_4	C_4	D_4
0	1.00000	0.00000	0.00000	0.00000	0.00000	1.00000	0.00000	0.00000	0.00000	0.00000	1.00000	0.00000	0.00000	0.00000	0.00000	1.00000
0.1	1.00000	0.10000	0.00500	0.00017	0.00000	1.00000	0.10000	0.00500	-0.00017	-0.00001	1.00000	0.10000	-0.00500	-0.00033	-0.00001	1.00000
0.2	1.00000	0.20000	0.02000	0.00133	-0.00007	1.00000	0.20000	0.02000	-0.00133	-0.00013	0.99999	0.200000	-0.02000	-0.00267	-0.00020	0.99999
0.3	0.99998	0.30000	0.04500	0.00450	-0.00034	0.99996	0.30000	0.04500	-0.00450	-0.00067	0.99994	0.30000	-0.04500	-0.00900	-0.00101	0.99992
0.4	0.99991	0.39999	0.08000	0.01067	-0.00107	0.99983	0.39998	0.08000	-0.01067	-0.00213	0.99974	0.39998	-0.08000	-0.02133	-0.00320	0.99966
0.5	0.99974	0.49996	0.12500	0.02083	-0.00260	0.99948	0.49994	0.12499	-0.02083	-0.00521	0.99922	0.49991	-0.12499	-0.04167	-0.00781	0.99896
0.6	0.99935	0.59987	0.17998	0.03600	-0.00540	0.99870	0.59981	0.17998	-0.03600	-0.01080	0.99806	0.59974	-0.17997	-0.07199	-0.01620	0.99741
0.7	0.99860	0.69967	0.24495	0.05716	0.01000	0.99720	0.69951	0.24494	-0.05716	-0.02001	0.99580	0.69935	-0.24490	-0.11433	-0.03001	0.99440
0.8	0.99727	0.79927	0.31988	0.08532	-0.01707	0.99454	0.79891	0.31983	-0.08532	-0.03412	0.99181	0.79854	-0.31975	-0.17060	-0.05120	0.98908
0.9	0.99508	0.89852	0.40472	0.12146	-0.02733	0.99016	0.89779	0.40462	-0.12144	-0.05466	0.98524	0.89705	-0.40443	-0.24284	-0.08198	0.98032
1.0	0.99167	0.99722	0.49941	0.16657	-0.04167	0.98333	0.99583	0.49921	-0.16652	-0.08329	0.97501	0.99445	-0.49881	-0.03298	-0.12493	0.96667
1.1	0.98658	1.09508	0.60384	0.22163	-0.06096	0.97317	1.09262	0.60346	-0.22152	-0.12192	0.95975	1.09016	-0.60268	-0.44292	-0.18285	0.94634
1.2	0.97927	1.19171	0.71787	0.28758	-0.08632	0.95855	1.18756	0.71716	-0.28737	-0.17260	0.93783	1.18342	-0.71573	-0.57450	-0.25886	0.91712
1.3	0.96908	1.28660	0.84127	0.36536	-0.11883	0.93817	1.27990	0.84002	-0.36496	-0.23760	0.90727	1.27320	-0.83753	-0.72950	-0.35631	0.87638
1.4	0.95523	1.37910	0.97373	0.45588	-0.15973	0.91047	1.36865	0.97163	-0.45515	-0.31933	0.86573	1.35821	-0.96746	-0.90754	-0.47883	0.82102
1.5	0.93681	1.46839	1.11484	0.55997	-0.21030	0.87365	1.45259	1.11145	-0.55870	-0.42039	0.81054	1.43680	-1.10468	-1.11609	-0.63027	0.74745
1.6	0.91280	1.55346	1.26403	0.67842	-0.27194	0.82565	1.53020	1.25872	-0.67629	-0.54348	0.73859	1.50695	-1.24808	-1.35042	-0.81466	0.65156
1.7	0.88201	1.63307	1.42061	0.81193	-0.34604	0.76413	1.59963	1.41247	-0.80848	-0.69144	0.64637	1.56621	-1.39623	-1.61340	-1.03616	0.52871
1.8	0.84313	1.70575	1.58362	0.96109	-0.43412	0.68645	1.65867	1.57150	-0.95564	-0.86715	0.52997	1.61162	-1.54728	-1.90577	-1.29909	0.37368
1.9	0.79467	1.76972	1.75090	1.12637	-0.53768	0.58967	1.70468	1.73422	-1.11796	-1.07357	0.38503	1.63969	-1.69889	-2.22745	-1.60770	0.18071
2.0	0.73502	1.82294	1.92402	1.30801	-0.65822	0.47061	1.73457	1.89872	-1.29535	-1.31361	0.20676	1.64628	-1.84818	-2.57798	-1.96620	-0.05652
2.2	0.57491	1.88709	2.27217	1.72042	-0.95616	0.15127	1.73110	2.22299	-1.69334	-1.90567	-0.27087	1.57538	-2.12481	-3.35952	-2.84858	-0.69158
2.4	0.34691	1.87450	2.60882	2.19535	-1.33889	-0.30273	1.61286	2.51874	-2.14117	-2.66329	-0.94885	1.35201	-2.33901	-4.22811	-3.97323	-1.59151
2.6	0.033146	1.75473	2.90670	2.72365	-1.81479	-0.92602	1.33485	2.74972	-2.62126	-3.59987	-1.87734	0.91679	-2.43695	-5.14023	-5.35541	-2.82106
2.8	-0.38548	1.49037	3.12843	3.28769	-2.38756	-1.175483	0.84177	2.86653	-3.10341	-4.71748	-3.10791	0.19729	-2.34558	-6.02299	-6.99007	-4.44491
3.0	-0.92809	1.03679	3.22471	3.85838	-3.05319	-2.82410	0.06837	2.80406	-3.54058	-5.99979	-4.68788	-0.89126	-1.96928	-6.76460	-8.84029	-6.51972
3.5	-2.92799	-1.27172	2.46304	4.97982	-4.98062	-6.70806	-3.58647	1.27018	-3.91921	-9.54367	-10.34040	-5.85402	1.07408	-6.78895	-13.69240	-13.82610
4.0	-5.85333	-5.94097	-0.92677	4.54780	-6.53316	-12.15810	-10.60840	-3.76647	-1.61428	-11.73066	-17.91860	-15.07550	9.24368	-0.35762	-15.61050	-23.14040

注：z 为自地面或最大冲刷线以下的深度。

表 3-64　支承在非岩石上刚性桩水平位移及作用效应计算方法

	(1)当水平力 H 与偏心竖向力 N 共同作用时	(2)当仅有偏心竖向力 N 作用时
计算图式	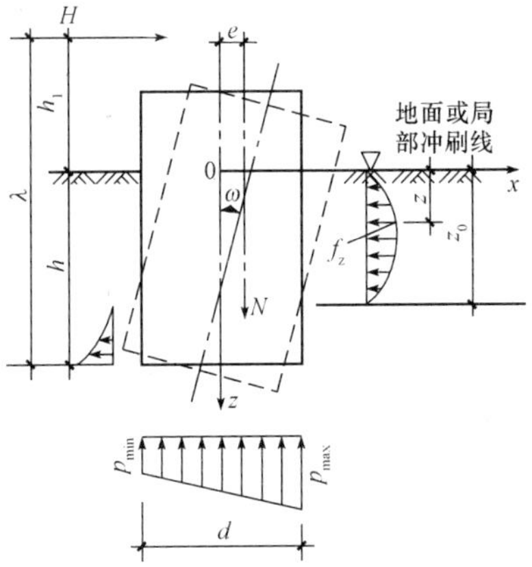	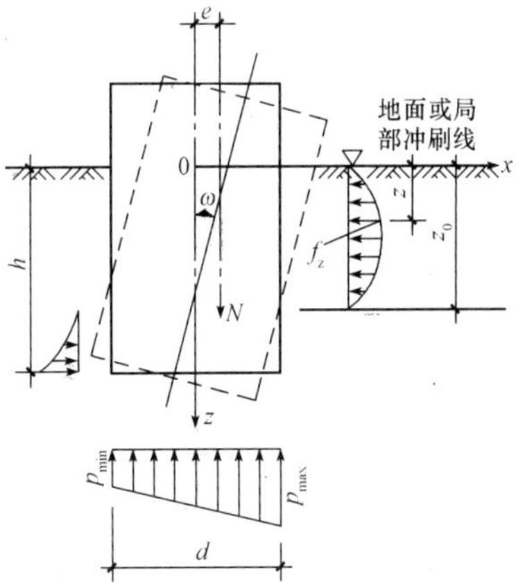
基础转角	$\omega=\dfrac{6H}{Amh}$	$\omega=\dfrac{2\beta(Ne)}{mhB}=\dfrac{2\beta M}{mhB}$
基础旋转中心至地面或局部冲刷线的距离	$z_0=\dfrac{\beta b_1 h^2(4\lambda-h)+6dW_0}{2\beta b_1 h(3\lambda-h)}$	$z_0=\dfrac{2h}{3}$
地面或局部冲刷线以下深度 z 处基础截面上的弯矩	$M_z=H(\lambda-h+z)-\dfrac{Hb_1z^3}{2hA}(2z_0-z)$	$M_z=M_1-\dfrac{\beta Mb_1z^3}{6Bh}(2z_0-z)$
地面或局部冲刷线以下深度 z 处基础侧面水平压力	$p_z=\dfrac{6H}{Ah}z(z_0-z)$	$p_z=\dfrac{2\beta M}{Bh}z(z_0-z)$
基础底面的竖向压力	$p_{\substack{max\\min}}=\dfrac{N}{A_0}\pm\dfrac{3dH}{A\beta}$	$p_{\substack{max\\min}}=\dfrac{N}{A_0}\pm\dfrac{dM}{B}$
表内系数	$A=\dfrac{\beta b_1h^3+18dW_0}{2\beta(3\lambda-h)}$；$B=\dfrac{1}{18}\beta b_1h^3+d\cdot W_0$；$\beta=\dfrac{mh}{c_0}=\dfrac{mh}{m_0h}=\dfrac{m}{m_0}$；$\lambda=\dfrac{\sum M}{H}$	

注：β——深度 h 处基础侧面的地基系数与基础底面土的地基系数之比，当基础底面置于非岩石类土上时，m、m_0 按表 3-57 查取；当置于岩石上时，C_0 按表 3-58 查取；

$\lambda=(\sum M)/H$——地面或局部冲刷线以上所有水平力和竖向力对基础底面重心总弯矩与水平力合力之比；

d——水平力作用面(垂直于水平力作用方向)的基础直径或宽度；

W_0——基础底面的边缘弹性抵抗矩；

b_1——基础的计算宽度；

A_0——基础底面积；

N——基础底面处竖向力标准值(包括基础自重)；

e——基础底面处竖向力偏心距；

M——基础底面处竖向力偏心弯矩标准值；

N_1——基础 z 深度截面处的竖向力(包括 z 以上基础自重)；

M_1——由竖向力 N_1(包括 z 以上基础自重)在基础 z 深度截面处产生的偏心弯矩，$M_1=N_1e_1$，e_1 为深度 z 处的 N_1 偏心距；当基础形状对称时，$M_1=N_1e$。

表 3-65 支承在岩石上刚性桩水平位移及作用效应计算方法

	(1)当水平力 H 与偏心竖向力 N 共同作用时	(2)当仅有偏心竖向 N 作用时
计算图式	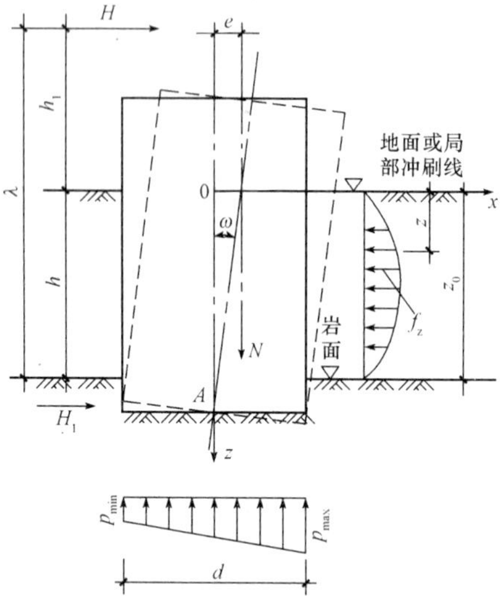	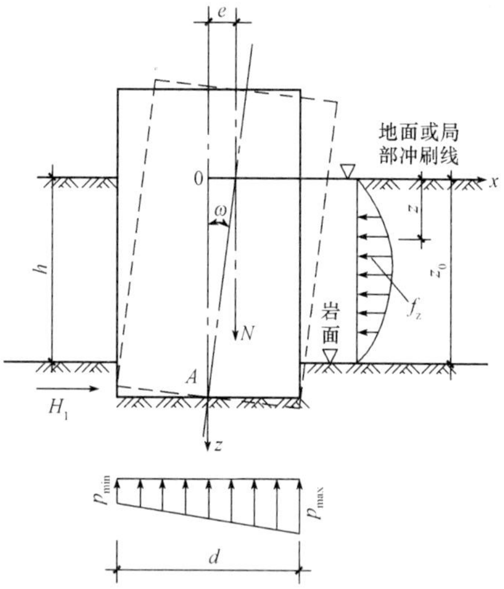
基础转角	$\omega=\dfrac{H}{mhD_0}$	$\omega=\dfrac{N_e}{D_1 mh}=\dfrac{M}{D_1 mh}$
基础旋转中心至地面或局部冲刷线的距离	$z_0=a$	$z_0=h$
地面或局部冲刷线以下深度 z 处基础截面上的弯矩	$M_z=H(\lambda-h+z)-\dfrac{z^3 b_1 H}{12D_0 h}(2h-z)$	$M_z=M_1-\dfrac{z^3 b_1 M}{12D_1 h}(2h-z)$
地面或局部冲刷线以下深度 z 处基础侧面水平压力	$p_z=(h-z)z\dfrac{H}{D_0 h}$	$p_z=(h-z)z\dfrac{M}{D_1 h}$
基础底的竖直压力	$p_{\substack{max\\min}}=\dfrac{N}{A_0}\pm\dfrac{dH}{2\beta D_0}$	$p_{\substack{max\\min}}=\dfrac{N}{A_0}\pm\dfrac{dM}{2\beta D_1}$
基础嵌固处水平力	$H_1=H\left(\dfrac{b_1 h^2}{6D_0}-1\right)$	$H_1=b_1\dfrac{h_2 M}{6D_1}$
表内系数	$D_0=\dfrac{b_1\beta h^3+6dW_0}{12\lambda\beta}$；$D_1=\dfrac{b_1\beta h^3+6dW_0}{12\beta}$；$\beta=\dfrac{mh}{c_0}=\dfrac{mh}{m_0 h}=\dfrac{m}{m_0}$；$\lambda=\dfrac{\sum M}{H}$	

注：符号意义同表 3-64。

表 3-66　k_1、k_2 系数

换算深度 $\bar{h}=ah$	系数	λ/h				
		1	2	3	5	∞
1.6	k_1	1.0	1.0	1.0	1.0	1.0
	k_2	1.0	1.1	1.1	1.1	1.1
1.8	k_1	1.0	1.1	1.1	1.1	1.1
	k_2	1.1	1.2	1.2	1.2	1.3
2.0	k_1	1.1	1.1	1.1	1.1	1.2
	k_2	1.2	1.3	1.4	1.4	1.4
2.2	k_1	1.1	1.2	1.2	1.2	1.2
	k_2	1.2	1.5	1.6	1.6	1.7
2.4	k_1	1.1	1.2	1.3	1.3	1.3
	k_2	1.3	1.8	1.9	1.9	2.0
2.5	k_1	1.2	1.3	1.4	1.4	1.4
	k_2	1.4	1.9	2.1	2.2	2.3

注：1. $ah<1.6$，$k_1=k_2=1.0$。

2. 当仅有偏心竖向力作用时，$\lambda/h\to\infty$。

第四章 公共交通

第一节 城市公共交通设计

一、路段公交容量计算

路段公交容量按表4-1～表4-7计算。

表4-1 路段公交容量计算

序号	项目	内容
1	单条公交线路最大载客容量计算	单条线路的最大实际载客容量是考虑了站点停靠能力、重复线路相互影响下的基本载客容量： $$M_v = \gamma \cdot C_x \cdot f(X_c)/T_i \quad (4\text{-}1)$$ 式中，C_x——不同车型的乘客容量，按表4-6取值； T_i——线路的发车间隔(min)； γ——线路的客流满载率，一般高峰小时取0.85，平峰时取0.6，或根据城市的具体要求而定； X_c——与某条线路重复的最大线路条数； $f(X_c)$——线路重复影响系数，函数式如下： $$f(X_c)=\begin{cases}1, & X_c=0 \text{ 或 } 1; \\ 0.85, & X_c=2 \text{ 或 } 3; \\ 0.7, & X_c \geqslant 4\end{cases} \quad (4\text{-}2)$$
2	公交出行线路最短路距离计算	公交出行线路最短路距离 $b_s(i,j)$ 的计算建立在道路网络几何数据的基础上进行，具体的算法如下： (1)将道路网络的节点距离矩阵 $d_0(i_1,j_1)$ 转换成公交节点间的距离矩阵 $d_1(i,j)$； (2)给公交出行线路最短路距离 $b_s(i,j)$ 赋初值； (3)任取一公交节点 k，判断 $b_s(i,k)(i=1,\cdots,n)$ 的大小，若 $b_s(i,k)<M$，M 为一个足够大的正数，则转入下一步骤，否则，换取另一点 i； (4)任取一公交节点 j，判断 $b_s(k,j)(j=1,\cdots,n)$ 的大小，若 $b_s(k,j)<M$，M 为一个足够大的正数，则转入下一点 $j+1$，否则，换取另一点 k； (5)$S=b_s(i,k)+b_s(k,j)$； (6)若 $S<b_s(i,j)$，则 $b_s(i,j)=S$，否则继续选取； (7)至 $k=n$ 结束。
3	公交换乘站点及距离计算	确定符合实际的公交换乘站点是公交客流分配工作的重要一环，直接影响客流分配结果的可信度。在实际公交出行过程中，乘客对换乘站点的选取有时是唯一的，有时有多种选择。据调查，乘客对换乘站点选取的依据是换乘方便和出行时间节约两个方面。一般而言，城市居民对换乘的线路、站点均比较熟悉，尤其是出行目的为上班、上学的出行者。因此，乘客在换乘站点的选取上随机性因素较小。在具体的客流分配时，以公交线网为基础，根据换乘次数的多少分别计算。

续表

序号	项　　目	内　　　　容
4	公交线路断面客流量计算的叠加算法	由于公交客流 $O-D$ 量分配是依 $O-D$ 点对的顺序依次进行，每分配一次都要对相应的公交线路的客流量进行计算并检验，分析线路的负荷情况。每一次$O-D$客流分配只涉及部分线路的部分断面，可采用以下的叠加算法。 $$V_l(k,i)=V'_l(k,i)+V_{od}(k,i) \quad (4\text{-}3)$$ 式中，$V_l(k,i)$——第 k 条线路第 i 断面的客流量(人次)； $V'_l(k,i)$——上一 $O-D$ 点对计算结束时第 k 线路第 i 断面的客流量(人次)； $V_{od}(k,i)$——此次 $O-D$ 点对的出行路径在第 k 条线路第 i 断面的分配量。一般有 $$V_{od}(k,i)=\begin{cases} V_{od}(O,D), & (k,i)\in B_{sl}(O,D) \\ O, & (k,i)\notin B_{sl}(O,D) \end{cases} \quad (4\text{-}4)$$ 式中，$B_{sl}(O,D)$——从 O 到 D 的有效公交出行路径集； $V_{od}(O,D)$——从 O 到 D 的公交 $O-D$ 量。
5	线路客流$O-D$量，线路断面客流不均衡系数的计算	线路客流 $O-D$ 量指的是线路上从上游某站点 i 上车至下游某站点 j 下车的公交客流量，根据公交线路的站点上下客流量，可依下面公式计算线路客流 $O-D$ 量 $$V_s(k,i,j)=D(k,j)Y(k,i,j)/N(k,j)$$ $$Y(k,i,j)=Y(k,i,j-1)-V_s(k,i,j-1)$$ $$D(k,j)=\sum_i V_s(k,i,j)$$ $$N(k,j)=\sum_i Y(k,i,j) \quad (4\text{-}5)$$ 式中，$V_s(k,i,j)$——线路 k 上从站点 i 上车到站点 j 下车的客流量(人次)； $D(k,j)$——线路 k 上 j 站的下客数(人)； $Y(k,i,j)$——线路 k 上在 i 站点上车，在 j 站点前仍留在车上的留车人数(人)； $N(k,j)$——线路 k 上在 j 站点前的车内人数(人) 公共交通线路客流计算流程见图。 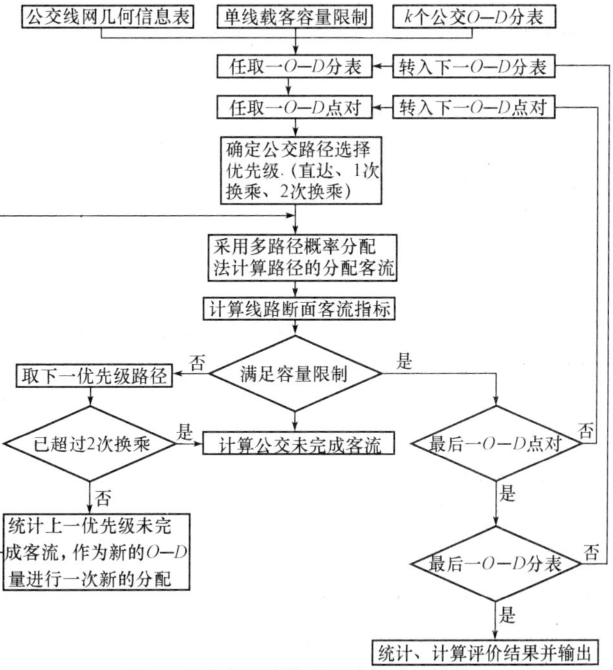 图 1　公共交通线路客流计算流程框图

表 4-2 公共交通方式单向客运能力

公共交通方式	运送速度/(km/h)	发车频率/(车次/h)	单向客运能力/(千人次/h)
公共汽车	16～25	60～90	8～12
无轨电车	15～20	50～60	8～10
有轨电车	14～18	40～60	10～15
中运量快速轨道交通	20～35	40～60	15～30
大运量快速轨道交通	30～40	20～30	30～60

表 4-3 不同规模城市的最大出行时耗和主要公共交通方式

城市规模		最大出行时耗/min	主要公共交通方式
大	>200 万人	60	大、中运量快速轨道交通、公共汽车、电车
	100 万～200 万人	50	中运量快速轨道交通、公共汽车、电车
	50 万～100 万人	40	公共汽车、电车
中	20 万～50 万人	35	公共汽车
小	<20 万人	25	公共汽车

表 4-4 客运方式人均占用道路面积比较

客运方式	公交车服务水平*			自行车	摩托车	单位及私人小汽车	出租车
	高	中	低				
占路面积/(m^2/人)	1.75	1	0.7	3.75	11.66	14	10.5
占路长度/m	7	7	7	1.5	2	3	3
占路宽度/m	3.5	3.5	3.5	1.5	3.5	3.5	3.5
纵向安全净空/m	3	3	3	1	3	3	3
平均乘载人数	20	35	50	1	1.5	1.5	2

注："*"指公交车服务水平分高、中、低三级：

高级指单节车 20 个座位，航空椅，定员 20 人；

中级指单节车 35 个座位，普通椅，定员 35 人；

低级指单节车 35 个普通座位，定员 50 人(有 15 人无座位)，相当于建设部道路交通规划标准定额指标。

表 4-5 公共交通站距

公共交通方式	市区线/m	郊区线/m
公共汽车与电车	500～800	800～1 000
公共汽车大站快车	1 500～2 000	1 500～2 500
中运量快速轨道交通	800～1 000	1 000～1 500
大运量快速轨道交通	1 000～1 200	1 500～2 000

注：《城市道路交通规划设计规范》中对公共交通车站服务面积的规定是：以 300m 半径计算，不得小于城市用地面积的 50%；以 500m 半径计算，不得小于 90%，城市出租汽车采用营业站定点服务时，营业站的服务半径不宜大于 1km。

表 4-6　不同车型的车容量值

车型	中巴	单节公交车	铰接公交车	中巴＋单车公交	中巴＋铰接公交
车容量	26	72	129	58	98
备注				30%的中巴 70%的公交	30%的中巴 70%的铰接

表 4-7　典型的车型与站距分类表

公交车辆与服务类型	最大设计速度/km·h^{-1}	站台速度/km·h^{-1}	站间距(直线距离)/m		
			CBD 地区内	非 CBD 地区	
				传统系统	现代系统
市内公共汽车	80～105	13～23	150～300	150～200	300～460
区域性公共汽车	80～105	20～30	150～300	360～900	600～1 500
有轨系统	65～95	13～25	150～300	150～250	300～460
轻轨系统	80～105	25～55	300～600	—	600～1 500
地铁系统	80～110	25～55	300～750	500～1 000	1 000～2 500
区域快速 MRT	110～135	55～90	600～900	—	1 800～9 000

注:公交车辆的中途站点规划在公交车辆的起、终点及线路走向确定以后进行,规划的原则为:

1. 中途站点应设置在公共交通线路沿途所经过的各主要客流集散点上;
2. 中途站点应沿街布置,站址宜选择在能按要求完成车辆的停和行两项任务的地方;
3. 交叉口附近设置中途站点时,一般设在过交叉口 50m 以外处,在大城市车辆较多的主干道上,宜设在 100m 以外处。

二、公交线路评价指标

公交交通评价指标见表 4-8,公交线路停靠能力检验见表 4-9～表 4-11。

表 4-8　公共交通评价指标

序号	项　目	内　容
1	公共交通线网密度	城市公共交通线网密度有以下两种算法。 (1)公交纯线网密度(km/km^2): 公交纯线网密度系指有公交服务的每平方公里的城市用地面积上,有公交线路经过的道路中心线长度,即 $$公交纯线网密度=\frac{有公交线路经过的道路中心线总长度}{有公交服务的城市用地总面积} \quad (4\text{-}6)$$ 该指标大小反映了居民接近公交线路的程度,从理论上分析全市以 2.5～3.0km/km^2 为好,在市中心区客流量大处可适当加密,市边缘地区客流密度低,则可减小。 (2)公交运营线路网密度(km/km^2): 公交运营线网密度的计算方法是用各公交运营线路的实际长度除以所经地区的面积。即 $$公交运营线网密度=\frac{公交运营线路总长度}{有公交服务的城市用地面积} \quad (4\text{-}7)$$ 这一指标考虑到了公交复线、复叠系数的事实,但对于公交线路分布是否均匀、居民乘车是否方便,还不能反映出来,该指标与公交纯线网密度指标无法联系,也不能相互换算,不过这项指标比较易于计算。

续表

序号	项目	内容
2	公交车辆拥有率(标台/万人)	反映城市公交客运实际能力的另一个重要指标，就是在城市一定空间内每万人拥有的公交车辆标台数。即 $$公交车辆拥有率=\frac{公交车辆标台数(标台)}{市区人口(万人)} \quad (4\text{-}8)$$ 其中，一辆标准车按80客位计。单纯公交车辆的绝对数不能反映城市公交设施的水平，而要用单位人口拥有公交车辆数作为标准，在全世界范围内基本上均以每万人拥有公交车辆数作为标准。 纵观世界各国，在不同地域、不同规模、不同经济发展水平条件下，各城市的公交车辆拥有率状况也各不相同，一般是城市愈大，公交车辆拥有率水平越高，这一方面是由于大城市对公交需求量大，另一方面是大城市也具备经济条件，此外与交通政策也密切相关。在我国《城市道路交通规划设计规范》中，大城市的公共汽车和电车的规划拥有量为每800～1 000人一辆标准车，即10～12标台/万人，中、小城市为每1 200～1 500人一辆标准车，即7～8标台/万人。
3	公交站点覆盖率	公交站点覆盖率，亦称公交站点服务面积率，是公交站点服务面积占城市用地面积的百分比，是反映城市居民接近公交程度的又一重要指标。通常按300m半径和500m半径计算，《城市道路交通规划设计规范》规定的公交站点覆盖率，按300m半径计算，不小于50%，按500m半径计算，不小于90%。 $$公交站点覆盖率=\frac{公交站点服务面积}{城市用地面积}\times 100\% \quad (4\text{-}9)$$

表 4-9　公交线路停靠能力检验

序号	项目	内容
1	1条线路公交车交通量	一条线路的公交车交通量为 $$N=Q_{\max}/(R\cdot r) \quad (4\text{-}10)$$ 式中，$Q_{\max}$——线路最大断面流量； R——公交车辆定载客数，与车型有关，64级单机解放车为72人/车，66级铰接车为129人/车； r——公交车满载率，高峰小时取0.85。
2	多个同名站点的停靠能力交通量	公交线路的停靠能力主要取决于车辆的停靠时间(乘客下车时间)、减速加速时间。因此，停靠能力与车型、车辆长度、车门数有关。根据苏联的研究(费舍里松，1984)，一个停靠站点的设计停靠能力D_1为110辆/h(单车)或75辆/h(铰接车)。 当某一路段上同一站点停靠的公交线路较多时，通常一个站点不能满足停靠要求，此时可设置多个同名站点分散停靠交通量。多个同名站点的停靠能力由下式计算： $$D=D_1\cdot i\cdot K_i \quad (4\text{-}11)$$ 式中，D_1——只设一个同名站点的停靠能力； i——同名站点的个数； K_i——同名站点利用系数，取值为$i=1$时，$K_i=1.0$；$i=2$时，$K_i=0.8$；$i=3$时，$K_i=0.7$。 同一路段上设置多个同名站点，可以提高停靠能力，但给乘客换乘带来了不便，一般认为同名站点数不宜超过3个。

表 4-10　公交—自行车换乘枢纽规划

项　目	内　容
出行总时间	公共交通的合理步行范围一般不超过 500m，当乘车步行距离超过这个范围时，采用自行车换乘公交的出行总时间为： $$t_{bb}=t_{bi}+t_{bo}+t_{bw}+t_{bu} \quad (4\text{-}12)$$ 式中，t_{bb}——自行车换乘公交的出行总时间(min)； t_{bi}——自行车存取时间(min)； t_{bo}——由存车处步行到车站的时间(min)； t_{bw}——自行车乘行时间(min)； t_{bu}——出行中公交车的乘行时间(min)。 设步行速度为 4km/h，自行车车速为 14km/h，则不同距离两种方式的出行时间如表 4-10 所示。

表 4-11　步行和自行车的出行时间

出行距离/m	500	1 000	1 500	2 000	2 500
步行时间/min	7.5	15	22.5	30	37.5
自行车骑车时间/min	2.1	4.1	6.3	8.4	10.6

第二节　地下铁道设计

地下铁道设计按表 4-12～表 4-26 计算。

表 4-12　车辆段及其他基地计算

序号	项　目	内　容
1	车辆段线路有效长度	车辆段内应设置牵出线，其数量根据调车作业工作量确定，但不应少于一条段，线路有效长度(不包括车挡长度)不应小于公式(4-13)计算的数值。 $$L_Q=L+L_n+15 \quad (4\text{-}13)$$ 式中，L_Q——牵出线有效长度(m)； L——列车长度(m)； L_n——内燃机车长度(m)。
2	车库长度	列检库的库线可按运用列车数的 30%设置。列检库形式为尽端式时，每条库线停放列车数可为远期车辆编组数量的一列车，但在初、近期可停最少车辆编组数量的两列车；列检库形式为贯通式时，每条线上停放列车数可为远期车辆编组数量的两列车，但在初、近期可停最少车辆编组数量的三列车。库内应设检查坑或高架检查线。当车辆为受电弓受电时，架空接触网应进库，车库顶部设受电弓检修固定走廊和梯子。当车辆为受流器受电时，库内接触轨应分段设置，并加装防护罩。车库长度不应小于公式(4-14)计算的数值。 $$L_{jk}=(L+10)N_1+1.5N_2+3 \quad (4\text{-}14)$$ 式中，L_{jk}——列检库长度(m)； N_1——一条线上停放列车数； N_2——一条线上有阶梯处数。

续表

序号	项　目	内　　容
3	停车库库线数和长度	(1)停车库的库线数和长度不应小于式(4-15)和式(4-16)计算的数值，每条线上可停放的列车数和上述第2项次规定的列检库规定相同，但停车库由于地形条件或有其他依据时，远期停放列车数当采用尽端式时可停放两列，采用贯通式时可停放三列。库内需要时可设检查坑。架空接触网或接触轨应进库，接触轨应加装防护罩。露天停放对列车正常运行不受影响的地区可不设车库。停车库线数和长度应按下列公式计算： S_t＝配属列车数－(检修列车数＋列检库停留列车数＋折返线停留列车数)　(4-15) 式中，S_t——停车库线数； $$L_t=(L+6)N_1+3 \quad (4\text{-}16)$$ 式中，L_t——停车库长度(m)。 (2)车辆段内应备有内燃机车和车库。机车可按2台配备或根据段内调车作业和运行列车故障情况确定。机车牵引能力应满足远期列车通过最大坡度的要求。车库用于机车停放、检查和一般故障处理，库内应设检查坑。库线数可按远期所需内燃机车台数确定，库长不应小于公式(4-17)计算的数值。 $$L_R=(L_n+9)N_3+6 \quad (4\text{-}17)$$ 式中，L_R——内燃机车库长度(m)； N_3——一条线上停放内燃机车数。
4	洗刷线长度	车辆段内应设车辆清扫、洗刷值班室和工具、备品仓库，并应靠近停车库设置。人工清扫和洗刷工作应在停车库内进行。段内尚应设置机械洗刷线及洗刷库，洗刷库的长度、宽度和高度应根据洗刷设备的要求确定，洗刷库及其前后一辆车长度的范围应在直线上。洗刷线长度应按下列公式计算。 (1)尽端式机械洗刷线： $$L_{ds}=L+l+L_s+8 \quad (4\text{-}18)$$ 式中，L_{ds}——尽端式机械洗刷线长度(m)； l——车辆长度(m)； L_s——洗刷库长度(m)。 (2)贯通式机械洗刷线： $$L_{ts}=L_s+2l \quad (4\text{-}19)$$ 式中，L_{ts}——贯通式机械洗刷线长度(m)。
5	列车检修所列检线长度	设列检线，其数量根据列检任务量确定。列检线和检查坑长度不应小于式(4-20)、式(4-21)计算的数值。 $$L_{jx}=L+d+24 \quad (4\text{-}20)$$ 式中，L_{jx}——列检线长度(m)； d——车挡长度(m)。 $$L_k=L+9 \quad (4\text{-}21)$$ 式中，L_k——检查坑长度(m)。
6	定修库和月修库库长	定修库和月修库的形式可建为尽端式车库，在库的一侧或两侧设生产车间。库线数量应根据检修台位和检修工艺要求确定，库长不应小于公式(4-22)、式(4-23)计算的数值。 $$L_d=(l+1)N+1.5N_2+(L_z+1)N_4+3N_5+9 \quad (4\text{-}22)$$ 式中，L_d——定修库长度(m)； N——一条线上的车辆数； N_2——一条线上有阶梯处数； N_4——一条线上的转向架数； N_5——一条线上的中间通道数； L_z——转向架长度(m) $$L_y=(l+1)N+11 \quad (4\text{-}23)$$ 式中，L_y——月修库长度。

表 4-13　地下铁道界限

序号	项　　目		主要尺寸/mm
1	车辆长度	车体长度	19 000
		两车钩中心距离	19 520
2	车辆最大宽度		2 800
3	车辆高度		3 515
4	车辆定距		12 600
5	固定轴距		2 300
6	地板面距轨顶面高度		1 100
7	受流器安装尺寸	受流器端部距车体横向中心	1 473
		受流器中心距轨顶面高度	140

表 4-14　隧道建筑限界确定

序号	项目	内　　　容
1	曲线地段矩形和马蹄形隧道建筑限界	曲线地段矩形和马蹄形隧道建筑限界，应按直线地段的建筑限界分别进行加宽和加高，其加宽和加高量应按下列公式计算： （1）曲线内侧加宽 $$E_{内}=\frac{l_1^2+a^2}{8R}+X_4\cos\alpha+Y_4\sin\alpha-X_4 \quad (4\text{-}24)$$ （2）曲线外侧加宽 $$E_{外}=\frac{L_0^2-(l_1^2+a^2)}{8R}+X_8\cos\alpha-Y_8\sin\alpha-X_8 \quad (4\text{-}25)$$ （3）顶部加高 $$E_{高}=Y_1\cos\alpha+X_1\sin\alpha-Y_1 \quad (4\text{-}26)$$ $$\alpha=\arcsin(h/s) \quad (4\text{-}27)$$ 式中，L_0——车体长度(mm)； l_1——车辆定距(mm)； a——车辆固定轴距(mm)； R——圆曲线半径(mm)； h——超高值(mm)； s——内外轨中心距离(mm)； $(X_1、Y_1)$，$(X_4、Y_4)$，(X_8, Y_8)分别为计算加宽和加高的控制点坐标值。
2	道岔区的建筑限界	道岔区的建筑限界在直线地段上，应根据不同种类的道岔和车辆有关尺寸计算出的加宽量和安装设备所需的加高量，分别进行加宽和加高。在道岔导曲线范围内的加宽量应按下列公式计算： （1）内侧加宽 $$e_{内}=\frac{(l_1^2+a^2)}{8R_0} \quad (4\text{-}28)$$ （2）外侧加宽 $$e_{外}=\frac{L_0^2-(l_1^2+a^2)}{8R_0} \quad (4\text{-}29)$$ 式中，R_0——道岔导曲线半径(mm)。

续表

<table>
<tr><th>序号</th><th>项目</th><th>内　　容</th></tr>
<tr><td>3</td><td>竖曲线地段的建筑限界</td><td>
竖曲线地段的建筑限界，应在直线地段上根据不同竖曲线半径及车辆的有关尺寸计算的加高量进行加高，其加高量应按下列公式计算：

(1)凹形竖曲线。

$$\Delta H_1=\frac{l_1^2+a^2}{8R_1} \tag{4-30}$$

(2)凸形竖曲线。

$$\Delta H_2=\frac{L_0^2-(l_1^2+a^2)}{8R_2} \tag{4-31}$$

式中，R_1，R_2——分别为凹凸形竖曲线半径(mm)。
</td></tr>
<tr><td>4</td><td>站台高度</td><td>车站直线地段的站台高度应低于车厢地板面，其高度差宜为 50～100mm。站台边缘距车厢外侧面之间的空隙宜采用 100mm。</td></tr>
<tr><td>5</td><td>直线地段隧道限界</td><td>
直线地段隧道限界与坐标值规定如下：

(1)区间直线地段圆形隧道限界(图 1)；

(2)区间直线地段矩形隧道限界(图 2)；

(3)区间直线地段马蹄形隧道限界(图 3)；

(4)车站直线地段矩形隧道限界(图 4)；

(5)节点 1(图 5)；

(6)节点 2(图 6)；

(7)车辆轮廓线坐标值(表 4-15)；

(8)车辆限界坐标值(表 4-16)；

(9)设备限界坐标值(表 4-17)。

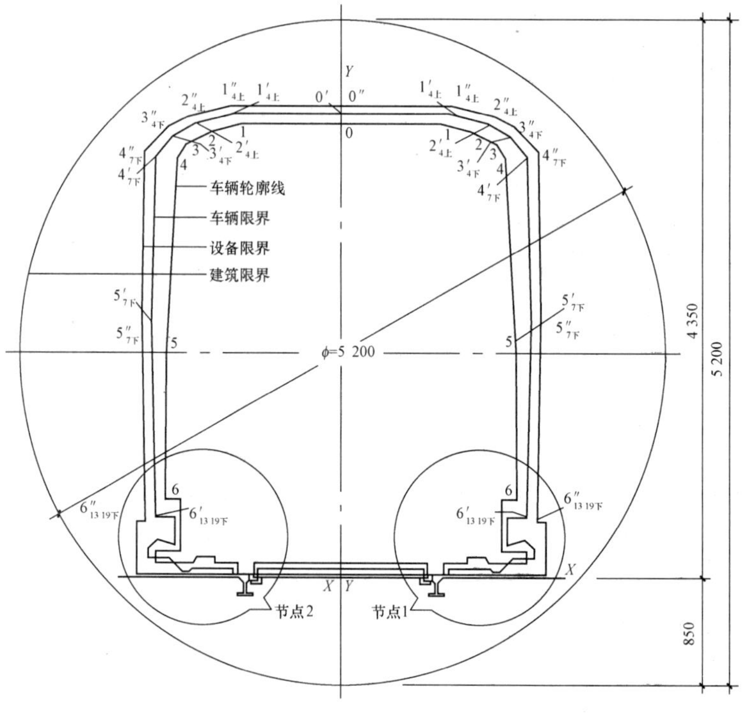

图 1　区间直线地段圆形隧道限界
</td></tr>
</table>

续表

序号	项目	内　容
5	直线地段隧道限界	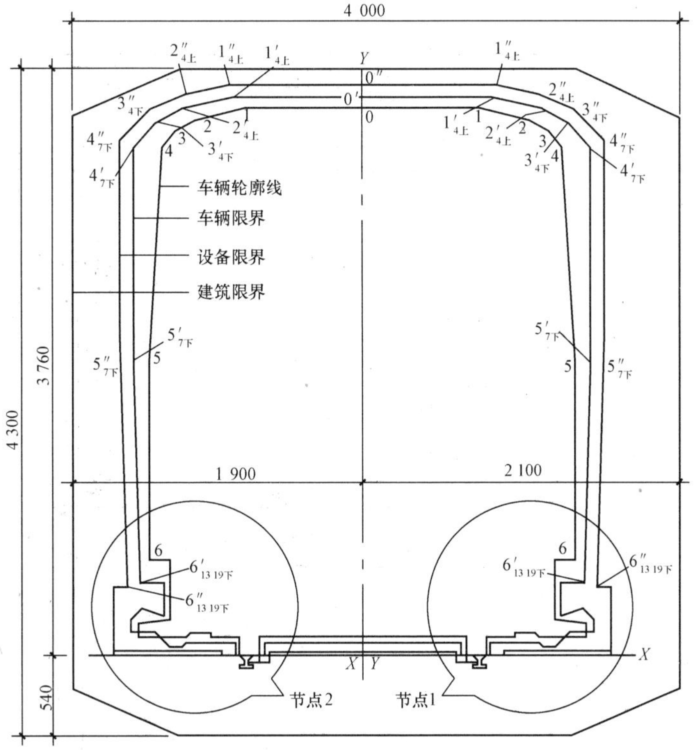 图 2　区间直线地段矩形隧道限界 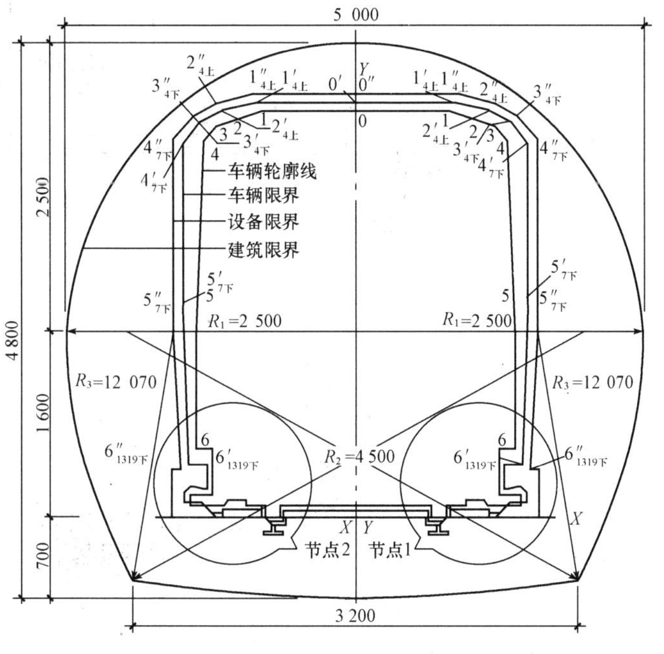 图 3　区间直线地段马蹄形隧道限界

续表

序号	项目	内　　容
5	直线地段隧道限界	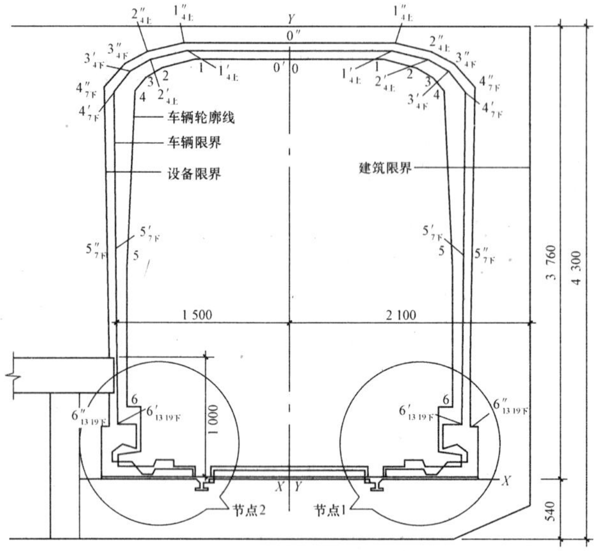 图 4　车站直线地段矩形隧道限界 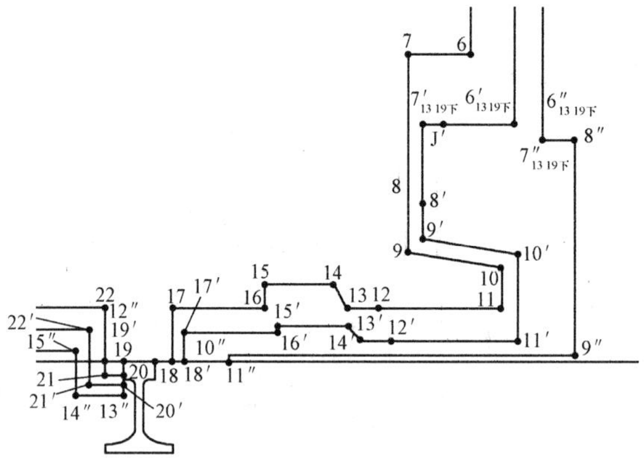 图 5　节点 1 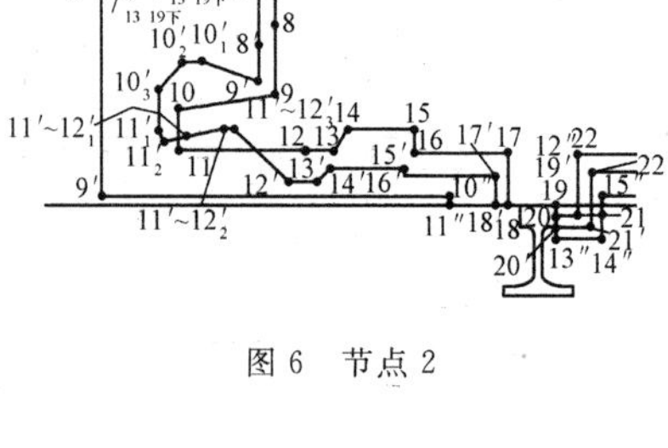 图 6　节点 2

表 4-15　车辆轮廓线坐标值

坐标＼点号	0	1	2	3	4	5	6	7	8
X	0	800	1 100	1 255	1 325	1 400	1 400	1 277	1 277
Y	3 515	3 515	3 435	3 350	3 250	1 860	600	600	350
坐标＼点号	9	10	11	12	13	14	15	16	17
X	1 277	1 473	1 473	1 220	1 160	1 140	1 000	1 000	818
Y	210	185	105	105	105	150	150	100	100
坐标＼点号	18	19	20	21	22				
X	818	717.5	717.5	676.5	676.5				
Y	0	0	−25	−25	−100				

表 4-16　车辆限界坐标值

坐标＼点号	$0'$	$1'_{4上}$	$2'_{4上}$	$3'_{4下}$	$4'_{7下}$	$5'_{7下}$	$6'_{13\ 19下}$	$7'_{13\ 19下}$	J'
X	0	881	1 181	1 368	1 502	1 520	1 471	1 348	1 307
Y	3 593	3 593	3 515	3 415	3 241	1 849	463	463	463
坐标＼点号	$8'$	$9'$	$10'_1$	$10'_2$	$10'_3$	$11'_1$	$11'_2$	$11'\text{-}12'_1$	$11'\text{-}12'_2$
X	1 307	1 308	1 425	1 460	1 515	1 515	1 510	1 455	1 382
Y	307	241	275	275	220	140	124	134	146
X	1 365	1 504	1 504	1 251	1 191	1 167	1 027	1 027	845
Y	146	216	44	44	44	70	70	60	60
坐标＼点号	$18'$	$19'$	$20'$	$21'$	$22'$				
X	845	717.5	717.5	649.5	649.5				
Y	0	0	−45	−45	60				

表 4-17　设备限界坐标值

坐标＼点号	$0''$	$1''_{4上}$	$2''_{4上}$	$3''_{4下}$	$4''_{7下}$	$5''_{7下}$	$6''_{13\ 19下}$	$7''_{13\ 19下}$	$8''$
X	0	917	1 218	1 406	1 593	1 600	1 545	1 545	1 625
Y	3 653	3 653	3 578	3 479	3 282	1 890	504	432	432
坐标＼点号	$9''$	$10''$	$11''$	$12''$	$13''$	$14''$	$15''$		
X	1625	935	935	717.5	717.5	627.5	627.5		
Y	15	15	0	0	−70	−70	15		

表 4-18　线路平面最小曲线半径

线路	一般情况/m	困难情况/m
正线	300	250
辅助线	200	150
车场线	110	80

表 4-19　缓和曲线

R \ V / l	90	85	80	75	70	65	60	55	50	45	40	35	30
2 000	30	25	—	—	—	—	—	—	—	—	—	—	—
1 500	40	35	30	25	20	20	20	20	—	—	—	—	—
1 200	50	40	35	30	25	20	20	20	—	—	—	—	—
1 000	60	50	45	35	30	25	20	20	20	—	—	—	—
800	75	60	55	45	35	30	30	25	20	20	—	—	—
700	75	70	65	50	40	35	30	25	20	20	—	—	—
600	75	70	70	60	50	45	35	30	20	20	20	—	—
500	—	70	70	65	60	50	45	35	20	20	20	20	—
450	—	—	70	65	60	55	50	40	25	20	20	20	—
400	—	—	—	65	60	60	55	45	25	20	20	20	—
350	—	—	—	—	60	60	60	50	30	25	20	20	20
300	—	—	—	—	—	60	60	60	35	30	25	20	20
250	—	—	—	—	—	—	60	60	40	30	25	20	20
240	—	—	—	—	—	—	—	—	40	35	30	20	20
230	—	—	—	—	—	—	—	—	40	35	30	25	20
220	—	—	—	—	—	—	—	—	40	40	30	25	20
210	—	—	—	—	—	—	—	—	40	40	30	25	20
200	—	—	—	—	—	—	—	—	40	40	35	25	20
190	—	—	—	—	—	—	—	—	40	40	35	25	20
180	—	—	—	—	—	—	—	—	40	40	35	30	20
170	—	—	—	—	—	—	—	—	40	40	40	30	20
160	—	—	—	—	—	—	—	—	—	40	40	30	25
150	—	—	—	—	—	—	—	—	—	40	40	35	25

注：表中 R——曲线半径(m)；
V——设计速度(km/h)；
l——缓和曲线长度(m)。

表 4-20　竖曲线半径

<table>
<tr><th colspan="2">线别</th><th>一般情况/m</th><th>困难情况/m</th></tr>
<tr><td rowspan="2">正线</td><td>区间</td><td>5 000</td><td>3 000</td></tr>
<tr><td>车站端部</td><td>3 000</td><td>2 000</td></tr>
<tr><td colspan="2">辅助线</td><td>2 000</td><td></td></tr>
<tr><td colspan="2">车场线</td><td>2 000</td><td></td></tr>
</table>

表 4-21　道岔间插入短钢轨的最小长度

道岔位置		线　别	插入短钢轨长度/*L*	
			一般地段/m	困难地段/m
对向单开道岔	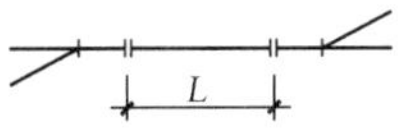	正线及辅助线	12.5	6.25
		车场线	4.5	0
顺向单开道岔	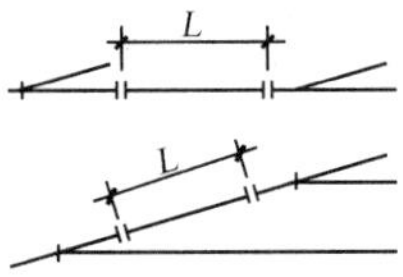	正线及辅助线	6.25	4.5
		车场线	4.5	3.0
反向单开道岔	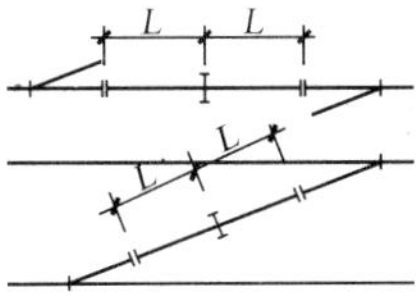	正线	6.25	4.5
		辅助线	6.25	3.0
		车场线	4.5	3.0

表 4-22　辅助线和车场线曲线轨距加宽值

曲线半径/m	加宽值/mm
151～200	5
101～150	10
80～100	15

注：辅助线的曲线轨距加宽应在缓和曲线范围内或在直线段递减。车场线的轨距加宽应在直线段递减。

表 4-23　车站各部位最大通过能力

部位名称	每小时通过人数
1m 宽通道：单向通行 双向混行	5 000 4 000
1m 宽楼梯：单向下楼 单向上楼 双向混行	4 200 3 700 3 200
1m 宽自动扶梯	8 100
1m 宽自动人行道	9 600
人工检票口(月票)	3 600
人工检票口(车票)	2 600
自动检票机	1 800
人工售票口	1 200
半自动售票机	900
自动售票机	600

表 4-24　车站各建筑部位的最小宽度

名称	最小宽度/m
岛式站台	8
多跨岛式站台车站的侧站台	2
无柱侧式站台车站的侧站台	3.5
有柱侧式站台车站的侧站台：柱外站台 柱内站台	2 3
通道或天桥	2.5
出入口	2.5
楼梯	2

表 4-25　车站各建筑部位的最小高度

名　称	最小宽度/m
站厅(地板面至吊顶面)	3
站台厅(站台面至吊顶面)	3
地下站厅一般用房(地板面至吊顶面)	2.4
地面站厅一般用房(地板面至吊顶面)	2.5
站台下面一般用房(地板面至站台板底面)	2.3
通道或天桥(地板面至吊顶面)	2.4
楼梯段(踏步面至吊顶面)	2.4

表 4-26　各车库有关部位最小尺寸

车库种类 项目名称	停车库/m	列检库/m	月修库/m	定修库/m	架修库/m	油漆库/m	内燃机车库/m
车体之间通道宽度(无柱)	1.6	2	3	4	4.5	2.5	2
柱边与车体之间通道宽度	1.3	1.3	—	—	—	—	—
车体与无车间侧墙之间通道宽度	1.5	1.5	2.5	3.5	3.5	2.2	1.5
车体与有车间侧墙之间通道宽度	—	1.7	3	3.7	4	2.2	1.7
车体距无车间侧墙柱子边通道宽度	1.3	1.3	2.3	2.7	2.7	1.8	1.3
车体距有车间侧墙柱子边通道宽度	—	1.5	2.8	2.9	3.2	1.8	1.5
库内前通道宽度(由前墙内至检查坑端)	4	4	4	5	5	3	3

续表

车库种类 项目名称	停车库/m	列检库/m	月修库/m	定修库/m	架修库/m	油漆库/m	内燃机车库/m
库内后通道宽度(由后墙内至检查坑端)	3	3	4	4	4	3	3
车库大门宽度	B+0.6	B+0.6	B+0.6	B+0.6	B+0.6	B+0.6	B+0.6
车库大门高度	H+0.4	H+0.4	H+0.4	H+0.4	H+0.4	H+0.4	H+0.4
检查坑宽度	—	1.2	1.2	1.2	1.2	—	1.2
检查坑深度	—	1.2	1.2	1	1	—	1.2
检查坑阶梯平面长度	—	1.5	1.5	1.2	1.2	—	1.5

注:1. B——电动车辆或内燃机车的宽度。

2. H——电动车辆高度(带受电弓的电动车辆按受电弓工作位置计算)或内燃机车的高度。

第五章 道路桥梁

第一节 公路路线设计

一、公路分级与等级选用

公路分级与等级选用见表 5-1～表 5-3。

表 5-1 公路分级

序号	等 级	各种汽车折合成小客车的年平均日交通量(辆)
1	高速公路 (专供汽车分向、分车道行驶并应全部控制出入的多车道公路)。	四车道 25 000～55 000
		六车道 45 000～80 000
		八车道 60 000～100 000
2	一级公路 (供汽车分向、分车道行驶,并可根据需要控制出入的多车道公路)。	四车道 15 000～30 000
		六车道 25 000～55 000
3	二级公路 (供汽车行驶的双车道公路)。	双车道 5 000～15 000
4	三级公路 (供汽车行驶的双车道公路)。	双车道 2 000～6 000
5	四级公路 (供汽车行驶的双车道或单车道公路)。	双车道 2 000 以下
		单车道 400 以下

表 5-2 设计车辆外廓尺寸

车辆类型	总长/m	总宽/m	总高/m	前悬/m	轴距/m	后悬/m
小客车	6	1.8	2	0.8	3.8	1.4
载重汽车	12	2.5	4	1.5	6.5	4
鞍式列车	16	2.5	4	1.2	4+8.8	2

表 5-3 设计速度

公路等级	高速公路			一级公路			二级公路		三级公路		四级公路
设计车速/(km/h)	120	100	80	100	80	60	80	60	40	30	20

二、公路通行能力

公路通行能力见表 5-4～表 5-19。

表 5-4 高速公路服务水平分级

服务水平	密度/[pcu/(km·1n)]	设计速度/(km/h)								
		120			100			80		
		速度/(km/h)	V/C	最大服务交通量/[pcu/(h·1n)]	速度/(km/h)	V/C	最大服务交通量/[pcu/(h·1n)]	速度/(km/h)	V/C	最大服务交通量/[pcu/(h·1n)]
一	≤7	≥109	0.34	750	≥96	0.33	700	≥78	0.30	600
二	≤18	≥90	0.74	1 600	≥79	0.67	1 400	≥66	0.60	1 200
三	≤25	≥78	0.88	1 950	≥71	0.86	1 800	≥62	0.78	1 550
四	≤45	≥48	接近 1.0	<2 200	≥47	接近 1.0	<2 100	≥45	接近 1.0	<2 000
	>45	<48	>1.0	0~2 200	<47	>1.0	0~2 100	<45	>1.0	0~2 000

注：V/C 是在理想条件下，最大服务交通量与基本通行能力之比。基本通行能力是四级服务水平上半部的最大小时交通量。

表 5-5 一级公路服务水平分级

服务水平	密度/[pcu/(km·1n)]	设计速度/(km/h)								
		100			80			60		
		速度/(km/h)	V/C	最大服务交通量/[pcu/(h·1n)]	速度/(km/h)	V/C	最大服务交通量/[pcu/(h·1n)]	速度/(km/h)	V/C	最大服务交通量/[pcu/(h·1n)]
一	≤7	≥92	0.32	650	≥75	0.29	500	≥57	0.25	400
二	≤18	≥73	0.65	1 300	≥60	0.61	1 100	≥50	0.56	900
三	≤25	≥68	0.85	1 700	≥56	0.78	1 400	≥47	0.72	1 150
四	≤40	≥50	接近 1.0	<2 000	≥46	接近 1.0	<1 800	≥40	接近 1.0	<1 600
	>40	<50	>1.0	0~2 000	<46	>1.0	0~1 800	<40	>1.0	0~1 600

注：V/C 是在理想条件下，最大服务交通量与基本通行能力之比。基本通行能力是四级服务水平上半部的最大小时交通量。

表 5-6 二级公路、三级公路的服务水平分级

服务水平	延误率(%)	设计速度/(km/h)										
		80				60				40		
		速度/(km/h)	V/C			速度/(km/h)	V/C			V/C		
			不准超车区(%)				不准超车区(%)			不准超车区(%)		
			<30	30~70	>70		>70	30~70	>70	<30	30~70	>70
一	≤30	≥76	0.15	0.13	0.12	≥57	0.15	0.13	0.11	0.14	0.13	0.10
二	≤60	≥67	0.40	0.34	0.31	≥54	0.38	0.32	0.28	0.37	0.25	0.20
三	≤80	≥58	0.64	0.60	0.57	≥48	0.58	0.48	0.43	0.54	0.42	0.35
四	<100	≥48	1.0	1.0	1.0	≥40	1.0	1.0	1.0	1.0	1.0	1.0
		<48				<40						

注：1. 设计速度为 80km/h、60km/h、40km/h，路面宽度为 9m 时，其基本通行能力分别为 2 500pcu/h、2 300pcu/h、2 100pcu/h。

2. V/C 是在理想条件下，最大服务交通量与基本通行能力之比。基本通行能力是四级服务水平上半部的最大小时交通量。

3. 延误率为车头时距小于或等于 5s 的车辆数占总交通量的百分比。

表 5-7　路侧干扰分级

类别 级别	拖拉机 TRA /[辆/(200 m·h)]	支路车辆 EEV /[辆/(200 m·h)]	路侧停车 PSV /[辆/(200 m·h)]	行人数量 PED /[人/(200 m·h)]	非机动车 SMV /[辆/(200 m·h)]	街道化程度 LU(%)
1	≤2	≤1	≤2	≤6	≤50	≤20
2	≤4	1<EEV≤2	2<PSV≤4	6<PED≤12	≤100	20<LU≤40
3	≤6	2<EEV≤3	4<PSV≤6	12<PED≤18	≤150	40<LU≤60
4	≤8	3<EEV≤4	6<PSV≤8	18<PED≤24	≤200	60<LU≤80
5	≤10	>4	>8	>24	>200	80<LU≤100

表 5-8　设计小时交通量

序号	项　目	内　容
1	设计小时交通量	设计小时交通量应按公式(5-1)计算： $$DDHV = AADT \times D \times K \quad (5\text{-}1)$$ 式中，DDHV——单向设计小时交通量(veh/h)； AADT——预测年度的年平均日交通量(veh/d)； D——方向不均匀系数(%)，宜取 50%～60%，亦可根据当地交通量观测资料确定； K——设计小时交通量系数(%)，为选定时位的小时交通量与年平均日交通量的比值，缺乏观测数据地区可参考表 5-9 取值。
2	各路侧干扰级别	将各路侧干扰级别值代入公式(5-2)，便可计算得出路侧干扰等级(FRIC)： $$FRIC = Int(0.25 \times TRA + 0.2 \times EEV + 0.18 \times PSV + 0.15 \times PED + 0.12 \times SMV + 0.10 \times LU + 0.5) \quad (5\text{-}2)$$ 路侧干扰等级规定见表 5-10。

表 5-9　各地区的设计小时交通量系数　　（单位：%）

地　区		华　北	东　北	华　东	中　南	西　南	西　北
		京、津、冀、晋、蒙	辽、吉、黑	沪、苏、浙、皖、闽、赣、鲁	豫、湘、鄂、粤、桂、琼	川、滇、黔、藏	陕、甘、青、宁、新
城市近郊	高速公路	8.0	9.5	8.5	8.5	9.0	9.5
	一级公路	9.5	11.0	10.0	10.0	10.5	11.0
	二、三级公路	11.5	13.5	12.0	12.5	13.0	13.5
公路	高速公路	12.0	13.5	12.5	12.5	13.0	13.5
	一级公路	13.5	15.0	14.0	14.0	14.5	15.0
	二、三级公路	15.5	17.5	16.0	16.5	17.0	17.5

表 5-10　路侧干扰等级

路侧干扰等级		典型状况描述
1	轻微干扰	公路条件符合标准，交通状况基本正常，各类路侧干扰因素很少。
2	较轻干扰	公路设施两侧为农田，有少量自行车、行人出行或横穿公路。
3	中等干扰	公路穿过村镇或路侧偶有停车，被交支路有少量车辆出入。
4	严重干扰	公路交通流中有较多的非机动车或拖拉机混合行驶。
5	非常严重干扰	路侧设有集市、摊位，交通管理或交通秩序很差。

表 5-11　公路实际通行能力

序号	项　目	内　　容
1	高速公路	高速公路路段的实际通行能力应按公式(5-3)计算： $$C_r = C_d \times f_{HV} \times f_N \times f_p \quad (5\text{-}3)$$ 式中，C_r——高速公路路段的实际通行能力[veh/(h·1n)]； C_d——与实际行驶速度相对应的高速公路路段设计通行能力[pcu/(h·1n)]； f_{HV}——交通组成修正系数，按式(5-4)计算； $$f_{HV} = \frac{1}{1+\sum P_i(E_i-1)} \quad (5\text{-}4)$$ P_i——中型车、大型车、拖挂车(i)交通量占总交通量的百分比； E_i——中型车、大型车、拖挂车(i)车辆折算系数，按表 5-12 选取； f_N——六车道及其以上高速公路的车道数修正系数，取 0.98～0.99； f_p——驾驶者总体特征修正系数，通过调查确定，通常在 0.95～1.00 之间。 高速公路路段的实际行驶速度可根据当地观测资料确定或按公式(5-5)计算。 $$v_R = v_D + \Delta v_W + \Delta v_N \quad (5\text{-}5)$$ 式中，v_R——二级服务水平状态下，高速公路路段的实际行驶速度(km/h)； v_D——设计速度(km/h)； Δv_W——车道宽度和路侧宽度对设计速度的修正值(km/h)，可根据当地观测资料确定或按表5-13 选取； Δv_N——车道数对设计速度的修正值(km/h)，按表 5-14 选取。
2	一级公路	一级公路路段的实际通行能力按公式(5-6)计算： $$C_r = C_d \times f_{HV} \times f_N \times f_p \times f_j \times f_f \quad (5\text{-}6)$$ 式中，C_r——一级公路路段的实际通行能力[veh/(h·1n)]； C_d——与实际行驶速度相对应的一级公路路段设计通行能力[pcu/(h·1n)]； f_{HV}——交通组成修正系数，按式(5-4)计算； f_N——车道数修正系数，取 0.95～0.97； f_p——驾驶者总体特征修正系数，通过调查确定，通常在 0.95～1.00 之间； f_j——平面交叉修正系数；一级公路不单独进行平面交叉通行能力分析时，平面交叉的修正系数可按表 5-15 选用。 f_f——路侧干扰修正系数，可按表 5-16 选用。
3	二级公路 三级公路	二级公路、三级公路的实际通行能力按公式(5-7)计算： $$C_r = C_d \times f_{HV} \times f_d \times f_w \times f_f \quad (5\text{-}7)$$ 式中，C_r——实际通行能力[veh/(h·1n)]； C_d——与实际行驶速度相对应的二级公路、三级公路路段的设计通行能力[pcu/(h·1n)]； f_{HV}——交通组成修正系数，按式(5-4)和表 5-17 计算； f_d——方向分布修正系数，按表 5-18 取值； f_w——车道宽度，路肩宽度修正系数，按表 5-19 取值； f_f——路侧干扰修正系数，按表 5-16 取值。

表 5-12 高速公路、一级公路通行能力分析车辆折算系数

车 型	交通量/[veh/(h·1n)]	实际行驶速度/(km/h)			
		120	100	80	60
中型车	≤500	1.5	2	3	3
	500～1 000	2	3	4	5
	1 000～1 500	3.0	4	5	6
	≥1 500	1.5	2	3	4
大型车	≤500	2	2	3	3
	500～1 000	4	5	6	7
	1 000～1 500	5	6	7	8
	≥1 500	2	3	4	5
拖挂车（含集装箱车）	≤500	3	4	6	7
	500～1 000	5	6	8	10
	1 000～1 500	6	7	10	12
	≥1 500	3	4	5	6

表 5-13 车道宽度和路侧宽度对设计速度的修正

宽 度/m		设计速度修正值 Δv_W/(km/h)	
		高速公路	一级公路
车 道	3.25	−5.0	−8.0
	3.50	−3.0	−3.0
	3.75	0.0	0.0
左侧路缘带	0.25	−3.0	−5.0
	0.50	−1.0	−3.0
	0.75	0.0	0.0
右侧路肩	≤0.75	−5.0	−8.0
	1.00	−3.0	−5.0
	1.50	−1.0	−3.0
	≥2.00	0.0	0.0

表 5-14 车道数对设计速度的修正

车道数(单向)	设计速度修正值 Δv_N/(km/h)
≥4	0
3	−4.0
2	−8.0

表 5-15　平面交叉修正系数

平面交叉间距/m	设计速度/(km/h)	平面交叉平均停车延误/s			
		15	30	40	50
2 000	100	0.60	0.53	0.51	0.48
	80	0.68	0.61	0.59	0.57
	60	0.77	0.70	0.68	0.66
1 000	100	0.42	0.36	0.34	0.32
	80	0.56	0.48	0.46	0.44
	60	0.63	0.54	0.51	0.48
500	100	0.28	0.23	0.20	0.18
	80	0.35	0.28	0.25	0.22
	60	0.46	0.37	0.33	0.30
300	100	0.18	0.15	0.13	0.12
	80	0.24	0.20	0.18	0.15
	60	0.35	0.26	0.23	0.20

表 5-16　路侧干扰修正系数

路侧干扰等级	1	2	3	4	5
一级公路修正系数	0.98	0.95	0.90	0.85	0.80
二级公路、三级公路修正系数	0.95	0.85	0.75	0.65	0.55

表 5-17　二级公路、三级公路通行能力分析车辆折算系数

车型	交通量/(veh/h)	实际行驶速度/(km/h)		
		80	60	≤40
中型车	≤600	1.5	1.5	2.0
	600～1 400	2.0	2.0	3.5
	1 400～2 800	2.5	3.0	5.5
	≥2 800	1.5	2.5	4.0
大型车	≤500	2.0	2.0	3.0
	500～1 200	2.5	3.0	6.0
	1 200～2 400	3.5	5.0	8.0
	≥2400	3.0	4.0	5.0
拖拉机	≤400	3.0	3.0	5.0
	400～1 000	3.5	4.0	7.0
	1 000～2 000	4.5	6.0	10.0
	≥2 000	4.0	5.0	8.0

表 5-18　方向分布修正系数

方向分布(%)	50/50	55/45	60/40	65/35	70/30
修正系数	1.00	0.97	0.94	0.91	0.88

表 5-19 车道宽度、路肩宽度修正系数

路肩宽度/m	0	0.5	1.0	1.5	2.5	3.5	≥4.5
车道宽度/m	3.0	3.25	3.5	3.75			
修正系数	0.52	0.56	0.84	1.00	1.16	1.32	1.48

三、公路横断面

公路横断面计算取值见表 5-20～表 5-24。

表 5-20 整体式路基宽度

公路等级		高速公路							
设计速度/(km/h)		120			100			80	
车道数		8	6	4	8	6	4	6	4
路基宽度/m	一般值	42.00	34.50	28.00	41.00	33.50	26.00	32.00	24.50
	最小值	40.00	—	25.00	38.50	—	23.50	—	21.50

公路等级		一级公路				
设计速度/(km/h)		100		80		60
车道数		6	4	6	4	4
路基宽度/m	一般值	33.50	26.00	32.00	24.50	23.00
	最小值	—	23.50	—	21.50	20.00

公路等级		二级公路		三级公路		四级公路	
设计速度/(km/h)		80	60	40	30	20	
车道数		2	2	2	2	2 或 1	
路基宽度/m	一般值	12.00	10.00	8.50	7.50	6.50（双车道）	4.50（单车道）
	最小值	10.00	8.50	—	—	—	

注："一般值"为正常情况下的采用值；"最小值"为条件受限制时可采用的值。

表 5-21 高速公路、一级公路分离式路基宽度

公路等级		高速公路							
设计速度/(km/h)		120			100			80	
车道数		8	6	4	8	6	4	6	4
路基宽度/m	一般值	22.00	17.00	13.75	21.75	16.75	13.00	16.00	12.25
	最小值	—	—	13.25	—	—	12.50	—	11.25

公路等级		一级公路				
设计速度/(km/h)		100		80		60
车道数		6	4	6	4	4
路基宽度/m	一般值	16.75	13.00	16.00	12.25	11.25
	最小值	—	12.50	—	11.25	10.25

注：1. 八车道的内侧车道宽度如采用 3.50m，相应路基宽度可减 0.25m。

2. 设计速度为 120km/h、100km/h 的高速公路，根据通行能力需要可设双向四车道、六车道、八车道，并采用相应的路基宽度。

3. 设计速度为 120km/h 的四车道高速公路，宜采用 28.00m 的路基宽度。当地形条件及其他特殊情况限制时，可采用 26.00m 的路基宽度。
4. 设计速度为 100km/h、80km/h 的一级公路，根据通行能力需要可设双向四车道、六车道，并采用相应的路基宽度。
5. 设计速度为 100km/h 的四车道一级公路，当预测交通量接近适应交通量高限时，宜采用 26.00m 的路基宽度。
6. 具集散功能的一级公路设置慢车道的路段，可利用硬路肩、土路肩的宽度(若宽度不足则另加宽)作为慢车道，并应在车道与慢车道之间设置隔离设施。
7. 设计速度为 80km/h 的具集散功能的二级公路，需设置慢车道的路段，经技术经济论证其路基宽度可采用 15.0m，利用加固后的路肩作为慢车道，并应在车道与慢车道之间采用划线分隔。
8. 设计速度为 60km/h 的具集散功能的二级公路，需设置慢车道的路段，经技术经济论证其路基宽度可采用 12.0m，利用加固后的路肩作为慢车道，并应在车道与慢车道之间采用划线分隔。
9. 四级公路宜采用 6.50m 路基宽。交通量小且工程特别艰巨的路段，可采用单车道 4.50m 路基宽。
10. 确定路基宽度时，其中央分隔带、路缘带、路肩等宽度的“一般值”、“最小值”应同类项相加。但高速公路，一级公路的六、八车道的路基宽度不采用“最小值”同类项相加。

表 5-22　高速公路、一级公路整体式路基中间带宽度

设计速度/(km/h)		120	100	80	60
中央分隔带宽度/m	一般值	3.00	2.00	2.00	2.00
	最小值	1.00	1.00	1.00	1.00
左侧路缘带宽度/m	一般值	0.75	0.75	0.50	0.50
	最小值	0.75	0.50	0.50	0.50
中间带宽度/m	一般值	4.50	3.50	3.00	3.00
	最小值	2.50	2.00	2.00	2.00

表 5-23　右侧路肩宽度

<table>
<tr><td colspan="2" rowspan="2">设计速度/(km/h)</td><td colspan="3">高速公路</td><td colspan="3">一级公路</td><td colspan="2">二级公路</td><td colspan="2">三级公路</td><td>四级公路</td></tr>
<tr><td>120</td><td>100</td><td>80</td><td>100</td><td>80</td><td>60</td><td>80</td><td>60</td><td>40</td><td>30</td><td>20</td></tr>
<tr><td rowspan="2">右侧硬路肩宽度/m</td><td>一般值</td><td>3.00
或
3.50</td><td>3.00</td><td>2.50</td><td>3.00</td><td>2.50</td><td>2.50</td><td>1.50</td><td>0.75</td><td rowspan="2">—</td><td rowspan="2">—</td><td rowspan="2"></td></tr>
<tr><td>最小值</td><td>3.00</td><td>2.50</td><td>1.50</td><td>2.50</td><td>1.50</td><td>1.50</td><td>0.75</td><td>0.25</td></tr>
<tr><td rowspan="2">土路肩宽度/m</td><td>一般值</td><td>0.75</td><td>0.75</td><td>0.75</td><td>0.75</td><td>0.75</td><td>0.50</td><td>0.75</td><td>0.75</td><td rowspan="2">0.75</td><td rowspan="2">0.50</td><td rowspan="2">0.25(双车道)
0.50(单车道)</td></tr>
<tr><td>最小值</td><td>0.75</td><td>0.75</td><td>0.75</td><td>0.75</td><td>0.75</td><td>0.50</td><td>0.50</td><td>0.50</td></tr>
</table>

注:1. 表中所列“一般值”为正常情况下的采用值，“最小值”为条件受限制时可采用的值。
2. 设计速度为 120km/h 的四车道高速公路，右侧硬路肩宜采用 3.50m；六车道、八车道高速公路，宜采用 3.00m。
3. 高速公路、一级公路应在右侧硬路肩宽度内设右侧路缘带，其宽度为 0.50m。
4. 二级公路的硬路肩可供非汽车交通使用。非汽车交通量较大的路段，亦可采用全铺的方式，以充分利用。
5. 二级公路、三级公路、四级公路在路肩上设置的标志、防护设施等不得侵入公路建筑限界，否则应加宽路肩。

表 5-24　高速公路、一级公路分离式路基的左侧路肩宽度

设计速度/(km/h)	120	100	80	60
左侧硬路肩宽度/m	1.25	1.00	0.75	0.75
左侧土路肩宽度/m	0.75	0.75	0.75	0.50

四、公路纵断面

公路纵断面取值见表5-25～表5-43。

表5-25 路基设计洪水频率

公路等级	高速公路	一级公路	二级公路	三级公路	四级公路
设计洪水频率	1/100	1/100	1/50	1/25	按具体情况确定

表5-26 公路横断面设计

设计速度/(km/h)	最大纵坡(%)	最小坡长/m
120	3	300
100	4	250
80	5	200
60	6	150
40	7	120
30	8	100
20	9	60

表5-27 不同纵坡最大坡长 （单位：m）

设计速度/(km/h)		120	100	80	60	40	30	20
纵坡坡度(%)	3	900	1 000	1 100	1 200	—	—	—
	4	700	800	900	1 000	1 100	1 100	1 200
	5	—	600	700	800	900	900	1 100
	6	—	—	500	600	700	700	800
	7	—	—	—	—	500	500	600
	8	—	—	—	—	300	300	400
	9	—	—	—	—	—	200	300
	10	—	—	—	—	—	—	200

表5-28 陡坡路段后延伸的附加长度

附加路段的纵坡(%)	下坡	平坡	上坡			
			0.5	1.0	1.5	2.0
附加长度/m	100	150	200	250	300	350

表5-29 爬坡车道分流、汇流渐变段长度

公路等级	分流渐变段长度/m	汇流渐变段长度/m
高速公路、一级公路	100	150～200
二级公路	50	90

表5-30 公路最大合成坡度

公路等级	高速公路			一级公路			二级公路		三级公路		四级公路
设计速度/(km/h)	120	100	80	100	80	60	80	60	40	30	20
合成坡度值(%)	10.0	10.0	10.5	10.0	10.5	10.5	9.0	9.5	10.0	10.0	10.0

表 5-31 竖曲线最小半径与竖曲线长度

设计速度/(km/h)		120	100	80	60	40	30	20
凸形竖曲线最小半径/m	一般值	17 000	10 000	4 500	2 000	700	400	200
	极限值	11 000	6 500	3 000	1 400	450	250	100
凹形竖曲线最小半径/m	一般值	6 000	4 500	3 000	1 500	700	400	200
	极限值	4 000	3 000	2 000	1 000	450	250	100
竖曲线长度/m	一般值	250	210	170	120	90	60	50
	最小值	100	85	70	50	35	25	20

注:"一般值"为正常情况下的采用值;"极限值"和"最小值"为条件受限制时可采用的值。

表 5-32 引道视距及相应的凸形竖曲线最小半径

设计速度/(km/h)	100	80	60	40	30	20
引道视距/m	160	110	75	40	30	20
引道凸形竖曲线最小半径/m	10 700	5 100	2 400	700	400	200

表 5-33 安全交叉停车视距

设计速度/(km/h)	100	80	60	40	30	20
停车视距/m	160	110	75	40	30	20
安全交叉停车视距/m	250	175	115	70	55	35

表 5-34 互通式立体交叉范围内主线形指标

设计速度/(km/h)			120	100	80	60
最小圆曲线半径/m		一般值	2 000	1 500	1 100	500
		极限值	1 500	1 000	700	350
最小竖曲线半径/m	凸形	一般值	45 000	25 000	12 000	6 000
		极限值	23 000	15 000	6 000	3 000
	凹形	一般值	16 000	12 000	8 000	4 000
		极限值	12 000	8 000	4 000	2 000
最大纵坡(%)		一般值	2	2	3	4.5(4)
		最大值	2	2	4(3.5)	5.5(4.5)

注:"( )"的含义是当主要公路以较大的下坡进入互通式立体交叉,且所接的减速车道为下坡,同时,后随的匝道线形指标较低时,主要公路的纵坡不得大于括号内的值。

表 5-35 识别视距

设计速度/(km/h)	120	100	80	60
识别视距/m	350～460	290～380	230～300	170～240

注:当驾驶者需接受的信息较多时,宜采用较大(接近高限)值。

表 5-36 匝道停车视距

设计速度/(km/h)	80	70	60	50	40	35	30
停车视距/m	110(135)	95(120)	75(100)	65(70)	40(45)	35	30

注:"( )"的含义指积雪冰冻地区,应不小于括号内的数值。

表 5-37 匝道设计速度

匝道类型		直连式	半直连式	环形匝道
匝道设计速度/(km/h)	枢纽互通式立交	80、70、60、50	80、70、60、50、40	40
	一般互通式立交	60、50、40	60、50、40、	40、35、30

注:1. 右转弯匝道宜采用上限或中间值。

2. 直连式或半直连式左转弯匝道宜采用上限或中间值。

表 5-38 匝道圆曲线的最小半径

匝道设计速度/(km/h)		80	70	60	50	40	35	30
匝道圆曲线最小半径/m	一般值	280	210	150	100	60	40	30
	极限值	230	175	120	80	50	35	25

表 5-39 匝道回旋线参数及长度

匝道设计速度/(km/h)	80	70	60	50	40	35	30
回旋线参数 A/m	140	100	70	50	35	30	20
回旋线长度/m	70	60	50	40	35	30	25

表 5-40 分流鼻处匝道平曲线的最小曲率半径

主线设计速度/(km/h)		120	100	≤80
最小曲率半径/m	一般值	350	300	250
	极限值	300	250	200

表 5-41 匝道最大纵坡

匝道设计速度/(km/h)			80,70	60,50	40,35,30
最大纵坡(%)	出口匝道	上坡*	3	4	5
		下坡	3	3	4
	入口匝道	上坡	3	3	4
		下坡*	3	4	5

注:因地形困难或用地紧张时可增大1%。

"*"指非冰冻积雪地区在特殊困难情况下可增加2%。

表 5-42 匝道竖曲线的最小半径及长度

匝道设计速度/(km/h)			80	70	60	50	40	35	30
竖曲线最小半径/m	凸形	一般值	4 500	3 500	2 000	1 600	900	700	500
		极限值	3 000	2 000	1 400	800	450	350	250
	凹形	一般值	3 000	2 000	1 500	1 400	900	700	400
		极限值	2 000	1 500	1 000	7 00	450	350	300
竖曲线最小长度/m		一般值	100	90	70	60	40	35	30
		最小值	75	60	50	40	35	30	25

表 5-43　匝道圆曲线加宽值

单车道匝道(Ⅰ型)		单向双车道或对向双车道匝道(Ⅱ型)	
圆曲线半径/m	加宽值/m	圆曲线半径/m	加宽值/m
25～<27	2.00	25～<26	2.25
27～<29	1.75	26～<27	2.00
29～<32	1.50	27～<29	1.75
32～<36	1.25	29～<31	1.50
36～<42	1.00	31～<33	1.25
42～<48	0.75	33～<36	1.00
48～<58	0.50	36～<39	0.75
58～<72	0.25	39～<43	0.50
≥72	0	43～<47	0.25
—	—	≥47	0

注:1. 表中加宽值是对标准行车道宽度而言的。当遇特殊断面时,加宽值应予调整,使加宽后的总宽度与标准一致。

2. Ⅳ型匝道,应按各自车道的曲线半径所对应的加宽值分别加宽。

3. Ⅲ型匝道的加宽为Ⅱ型的加宽值减去Ⅱ、Ⅲ型两者硬路肩的差值。

第二节　公路排水设计

一、水文计算

水文计算见表 5-44～表 5-49。

表 5-44　水文计算

序号	项　目	内　容
1	设计径流量	路界内各项排水设施所需排泄的设计径流量按下式计算确定: $$Q=16.67\psi qF \tag{5-8}$$ 式中,Q——设计径流量(m^3/s); q——设计重现期和降雨历时内的平均降雨强度(mm/min); ψ——径流系数; F——汇水面积(km^2)。
2	坡面汇流历时	坡面汇流历时可按下式计算确定: $$t_1=1.445\frac{(m_1L_s)^{0.467}}{i_s}\quad (L_s\leqslant 370m) \tag{5-9}$$ 式中,t_1——坡面汇流历时(min); L_s——坡面流的长度(m); i_s——坡面流的坡度; m_1——地表粗度系数,按地表情况查表 5-46 确定。 降雨历时一般应取设计控制点的汇流时间,其值为由汇水区最远点到排水设施处的坡面汇流历时与在沟或管内的沟管汇流历时之和。在考虑路面表面排水时,可不计沟管内汇流历时。

续表

序号	项　　目	内　　　　容
3	沟管内汇流历时	计算沟管内汇流历时时、先在断面尺寸，坡度变化点或者有支沟（支管）汇入处分段，分别计算各段的汇流历时后再叠加而得，即： $$t_2=\sum_{i=1}^{n}\frac{(l_i)}{60V_i} \quad (5\text{-}10)$$ 式中，t_2——沟管内汇流历时（min）； n 和 i——分段数和分段序号； l_i——第 i 段的长度（m）； V_i——第 i 段的平均流速（m/s）。 按下式近似估算： $$v=20i_g^{0.6} \quad (5\text{-}11)$$ 式中，i_g——该段排水沟管的平均坡度。
4	重现期的降雨强度	(1)当地气象站有 10 年以上自记雨量计资料时，可利用气象站观测资料按下整理分析得到设计重现期的降雨强度： $$q=\frac{a}{t+b} \quad (5\text{-}12)$$ 式中，t——降雨历时（min）； a 和 b——地区性参数。 (2)当地缺乏自记雨量计资料时，可利用标准降雨强度等值线图和有关转换系数，按下式计算降雨强度： $$q=c_p c_t q_{5,10} \quad (5\text{-}13)$$ 式中，$q_{5,10}$——5 年重现期和 10min 降雨历时的标准降雨强度（mm/min）； c_p——重现期转换系数，为设计重现期降雨强度 q_p 同标准重现期降雨强度 q_5 的比值（q_p/q_5），按公路所在地区由表 5-48 查取； c_t——降雨历时转换系数，为降雨历时 t 的降雨强度 q_t 同 10min 降雨历时的降雨强度 q_{10} 的比值（q_t/q_{10}），按公路所在地区的 60min 转换系数（C_{60}），由表 5-49 查取。

表 5-45　设计降雨的重现期　　（单位：年）

公路等级	路面和路肩表面排水	路界内坡面排水	公路等级	路面和路肩表面排水	路界内坡面排水
高速公路和一级公路	5	15	二级及二级以下公路	3	10

表 5-46　地表粗度系数 m_1

地表状况	粗度系数 m_1	地表状况	粗度系数 m_1
沥青路面、水泥混凝土路面	0.013	牧草地、草地	0.40
光滑的不透水地面	0.02	落叶树林	0.60
光滑的压实土地面	0.10	针叶树林	0.80
稀疏草地、耕地	0.20		

表 5-47　重现期转换系数 C_p

地　　区	重现期 p/年			
	3	5	10	15
海南、广东、广西、云南、贵州、四川东、湖南、湖北、福建、江西、安徽、江苏、浙江、上海、台湾。	0.86	1.00	1.17	1.27
黑龙江、吉林、辽宁、北京、天津、河北、山西、河南、山东、四川西、西藏。	0.88	1.00	1.22	1.36
内蒙古、陕西、甘肃、宁夏、青海、新疆（非干旱区）。	0.76	1.00	1.34	1.54
内蒙古、陕西、甘肃、宁夏、青海、新疆（干旱区 *）。	0.71	1.00	1.44	1.72

注："*"表示干旱区约相当于 5 年一遇 10min 降雨强度小于 0.5mm/min 的地区。

表 5-48　降雨历时转换系数 C_t

C_{60}	降雨历时 t/min										
	3	5	10	15	20	30	40	50	60	90	120
0.30	1.40	1.25	1.00	0.77	0.64	0.50	0.40	0.34	0.30	0.22	0.18
0.35	1.40	1.25	1.00	0.80	0.68	0.55	0.45	0.39	0.35	0.26	0.21
0.40	1.40	1.25	1.00	0.82	0.72	0.59	0.50	0.44	0.40	0.30	0.25
0.45	1.40	1.25	1.00	0.84	0.76	0.63	0.55	0.50	0.45	0.34	0.29
0.50	1.40	1.25	1.00	0.87	0.80	0.68	0.60	0.55	0.50	0.69	0.33

表 5-49　径流系数 ψ

地表种类	径流系数(ψ)	地表种类	径流系数(ψ)
沥青混凝土路面	0.95	陡峻的山地	0.75～0.90
水泥混凝土路面	0.90	起伏的山地	0.60～0.80
透水性沥青路面	0.60～0.80	起伏的草地	0.40～0.65
粒料路面	0.40～0.60	平坦的耕地	0.45～0.60
粗粒土坡面和路肩	0.10～0.30	落叶林地	0.35～0.60
细粒土坡面和路肩	0.40～0.65	针叶林地	0.25～0.50
硬质岩石坡面	0.70～0.85	水田、水面	0.70～0.80
软质岩石坡面	0.50～0.75		

二、路面内部排水

路面内部排水见表 5-50。

表 5-50 路面内部排水

<table>
<tr><th>序号</th><th>项　目</th><th>内　　容</th></tr>
<tr><td>1</td><td>内部排水系统设计</td><td>(1)路面内部排水系统中各项排水设施的泄水能力均应大于渗入路面结构内的水量，且下游排水设施的泄水能力应超过上游排水设施的泄水能力。
(2)渗入水在路面结构内的最大渗流时间，冰冻地区不应超过 1h，其他地区不应超过 2h(重交通时)～4h(轻交通时)。渗入水在路面结构内的渗流路径长度不宜超过 45～60m。
(3)各项排水设施不应被渗流从路面结构、路基或路肩中带来的细料堵塞，以保证系统的排水效率不随时间推移而很快丧失。</td></tr>
<tr><td>2</td><td>渗入路面结构的表面水水量</td><td>表面水渗入路面结构的量，按路面类型分别由下列公式计算确定：
水泥混凝土路面 $Q_i = I_c(n_c + n_h\frac{B}{L})$ (5-14)
沥青路面 $Q_i = I_a B$ (5-15)
式中，Q_i——纵向每延米路面结构表面水的渗入量[$m^3/(d \cdot m)$]；
I_c——每延米水泥混凝土路面接缝或裂缝的表面水设计渗入率[$m^3/(d \cdot m)$]，可按 $0.36m^3/(d \cdot m)$取用；
I_a——每平方米沥青路面的表面水设计渗入率[$m^3/(d \cdot m^2)$]，可按 $0.15m^3/(d \cdot m^2)$取用；
B——单向坡度路面的宽度(m)；
L——水泥混凝土路面的横缝间距(即板长)(m)；
n_c——B 长度范围内纵向接缝和裂缝的条数(包括路面与路肩之间的接缝)；
n_h——L 长度范围内横向接缝和裂缝的条数。</td></tr>
<tr><td>3</td><td>自由水在排水层内的渗流时间</td><td>自由水在排水层内的渗流的时间按下列公式计算：
$t = \frac{L_B}{3\,600 v_B}$ (5-16)
$L_B = B(1 + \frac{i_c^2}{i_h^2})$ (5-17)
$v_B = \frac{1}{n_e} k_b \quad (i_c^2 + i_h^2)$ (5-18)
式中，t——渗流时间(h)；
L_B——渗流路径长(m)；
v_B——渗流速度(m/s)；
k_b——透水材料的渗透系数(m/s)；
n_e——透水材料的有效孔隙率。</td></tr>
</table>

三、水力计算

水力计算见表 5-51～表 5-56。

表 5-51　排水沟和排水管的水力计算

序号	项　目	内　容
1	沟或管的泄水能力	沟或管的泄水能力按下式计算： $$Q_c=vA \quad (5\text{-}19)$$ 式中，Q_c——沟或管的泄水能力（m^3/S）； v——沟或管内的平均流速（m^3/S）； A——过水断面面积（m^2）。
2	沟或管内的平均流速	沟或管内的平均流速按下计算： $$v=\frac{1}{n}R^{\frac{2}{3}}I^{\frac{1}{2}} \quad (5\text{-}20)$$ 式中，n——沟壁或管壁的粗糙系数，按表 5-52 确定； R——水力半径（m），$R=A/\rho$； ρ——过水断面湿周（m）； I——水力坡度，可取用沟或管的底坡。
3	浅三角形沟或过水断面的泄水能力	浅三角形沟或过水断面的泄水能力按下述修正公式计算： $$Q_c=0.377\frac{1}{i_h n}h^{\frac{8}{3}}I^{\frac{1}{2}} \quad (5\text{-}21)$$ 式中，i_h——沟或过水断面的横向坡度； h——沟或过水断面的水深（m）。

表 5-52　沟壁或管壁的粗糙系数

沟或管类别	n	沟或管类别	n
塑料管（聚氯乙烯）	0.010	土质明沟	0.022
石棉水泥管	0.012	带杂草土质明沟	0.027
水泥混凝土管	0.013	砂砾质明沟	0.025
陶土管	0.013	岩石质明沟	0.035
铸铁管	0.015	植草皮明沟（流速 0.6m/s）	0.035～0.050
波纹管	0.027	植草皮明沟（流速 1.8m/s）	0.050～0.090
沥青路面（光滑）	0.013	浆砌片石明沟	0.025
沥青路面（粗糙）	0.016	干砌片石明沟	0.032
水泥混凝土路面（馒抹面）	0.014	水泥混凝土明沟（馒抹面）	0.015
水泥混凝土路面（拉毛）	0.016	水泥混凝土明沟（预制）	0.012

注：沟和管的允许流速应符合下列规定。

1. 明沟的最小允许流速为 0.4m/s，暗沟和管的最小允许流速为 0.75m/s。
2. 管的最大允许流速为金属管 10m/s，非金属管 5m/s。
3. 明沟的最大允许流速，在水深为 0.4～1.0m 时，按表 5-53 取用；在此水深范围外的允许值，按表列值乘表 5-54 中相应的修正系数。

表 5-53　明沟的最大允许流速　　（单位：m/s）

明沟类别	允许最大流速	明沟类别	允许最大流速	明沟类别	允许最大流速	明沟类别	允许最大流速
亚砂土	0.8	干砌片石	2.0	黏土	1.2	水泥混凝土	4.0
亚黏土	1.0	浆砌片石	3.0	草皮护面	1.6		

表 5-54　最大允许流速的水深修正系数

水深 h/m	<0.4	$0.4<h\leqslant 1.0$	$1.0<h<2.0$	$h\geqslant 2.0$
修正系数	0.85	1.00	1.25	1.40

表 5-55　沟管水力半径和过水断面面积计算公式

断面形状	断面图	断面面积/A	水力半径/R
矩形	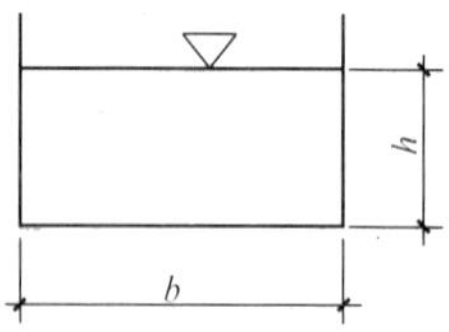	$A=bh$	$R=\frac{th}{b+2h}$
三角形	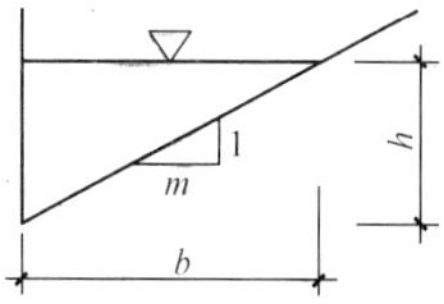	$A=0.5bh$	$R=\frac{0.5b}{(1+1+m^2)}$
三角形	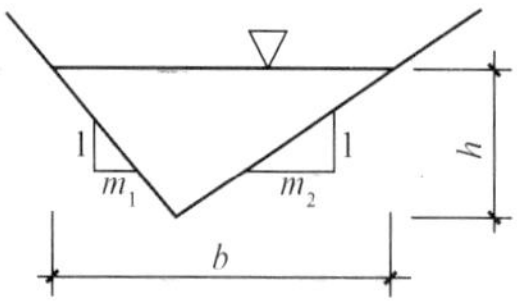	$A=0.5bh$	$R=\frac{0.5b}{(1+m_1^2+1+m_2^2)}$
梯形	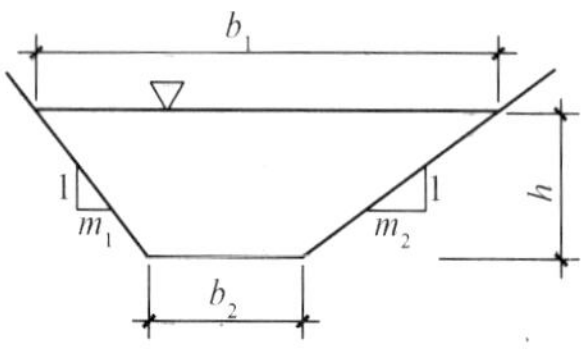	$A=0.5(b_1+b_2)h$	$R=\frac{0.5(b_1+b_2)h}{b_2+h(1+m_1^2+1+m_2^2)}$
圆形	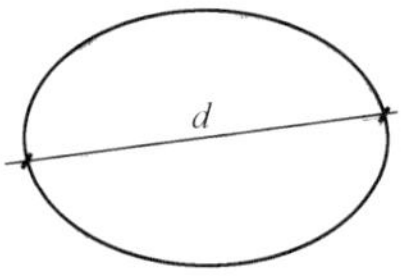	$A=\frac{\pi d^2}{4}$	$R=\frac{d}{4}$
半圆形	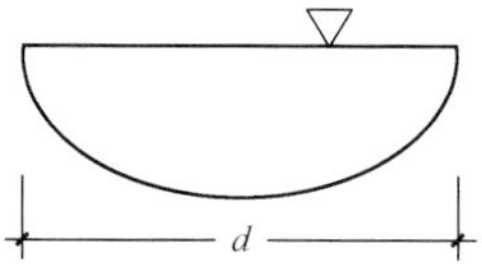	$A=\frac{\pi d^2}{8}$	$R=\frac{d}{4}$

表 5-56　U 形和碟形排水沟水力半径和过水断面面积

型式	断面图	尺寸/m					断面面积/m^2	水力半径/m
		b_1	b_2	h	r	θ		
U 形排水沟	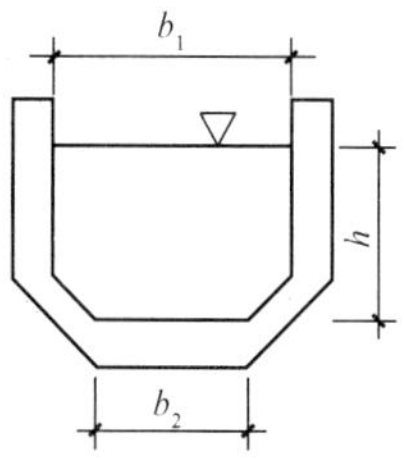	0.18	0.17	0.18			0.033	0.050
		0.24	0.22	0.24			0.055	0.079
		0.30	0.26	0.24			0.067	0.091
		0.30	0.26	0.30			0.084	0.098
		0.36	0.31	0.30			0.101	0.110
		0.36	0.31	0.36			0.121	0.117
		0.45	0.40	0.45			0.191	0.147
		0.60	0.54	0.60			0.342	0.196
碟形排水沟	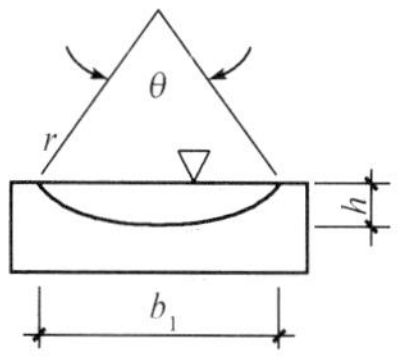	0.50		0.10	0.36	88	0.034	0.062
		0.70		0.15	0.48	92	0.073	0.093
		1.00		0.15	0.91	66	0.102	0.096

四、泄水口水力计算

泄水口水力计算见表 5-57。

表 5-57　泄水口水力计算

序号	项　目	内　　容
1	纵坡坡段上的开口式泄水口	在纵坡坡段上的开口式泄水口，其泄水量随开口长度 L_i、低凹区的宽度 B_w 和下凹深度 h_a 以及过水断面的纵向坡度 i_z 和横向坡度 i_h 而变化(图 1)。可利用《公路排水设计规范》附录 C 查取截流率(Q_D/Q_c)，按过水断面泄水能力 Q_c 确定其泄水量 Q_D。 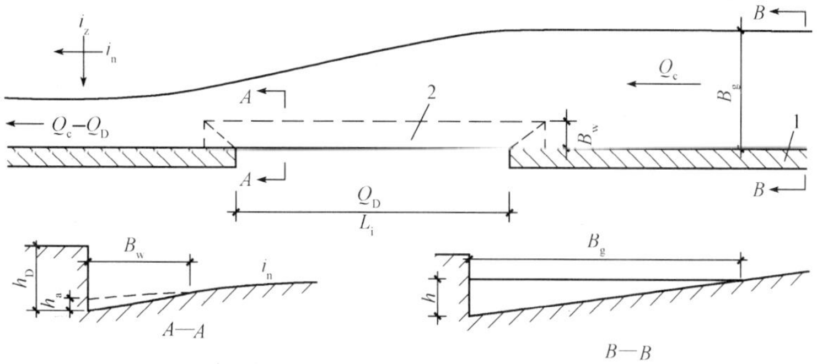 图 1　开口式泄水口周围的水流状况 1—拦水带或缘石；2—低凹区
2	纵坡坡段的格栅或泄水口	在纵坡坡段上的格栅式泄水口，其泄水量为过水断面中格栅宽度 B_g 所截流的部分(图 2)，可利用式(5-21)确定。格栅孔口所需的最小净长度按下式确定： $L_g=0.91v_g(h_i+t_b)^{0.5}$　　(5-22) 式中，L_g——格栅孔口的最小净长度(m)； v_g——格栅宽度范围内水流的平均流速(m/s)； t_b——格栅栅条的厚度(m)。

续表

<table>
<tr><th>序号</th><th>项　目</th><th>内　　　　　　容</th></tr>
<tr><td>2</td><td>纵坡坡段的格栅或泄水口</td><td>
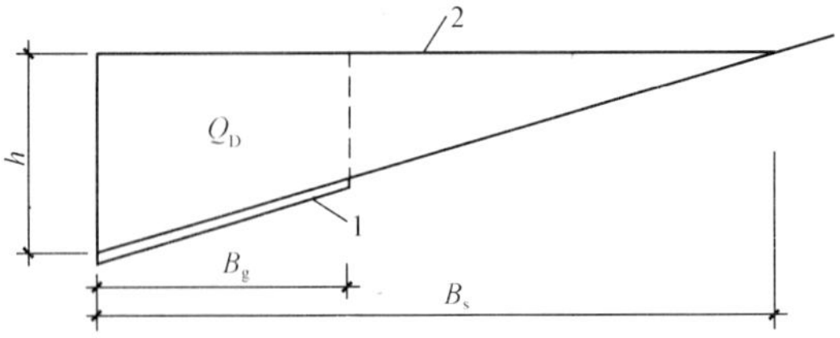

图 2　格栅式泄水口过水断面

1—格栅；2—水面
</td></tr>
<tr><td>3</td><td>凹形竖曲线底部的开口式泄水口</td><td>
在凹形竖曲线底部的开口式泄水口，按泄水口处的水深和泄水口的尺寸确定其泄水量。

(1)如开口处设有低凹区，当开口处的净高 h_0 不小于由图 3 确定的满足堰流要求的最小高度 h_m 时，可利用图 4 确定开口的泄水量或最大水深 h_i。

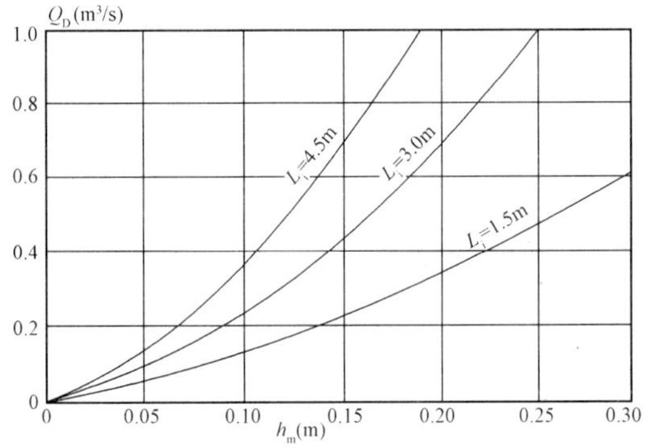

图 3　开口式泄水口满足堰流要求的最小开口高度 h_m 计算图

(2)如不设低凹区，则按下式确定其泄水量：

$$Q_D = 1.66 L_i h_i^{1.5} \tag{5-23}$$

(3)当开口处水深 h_i 超过净高 h_o 的 1.4 倍时，按下式确定其泄水量：

$$Q_o = 13.14 h_o L_i (h_i - 0.5 h_o) \tag{5-24}$$

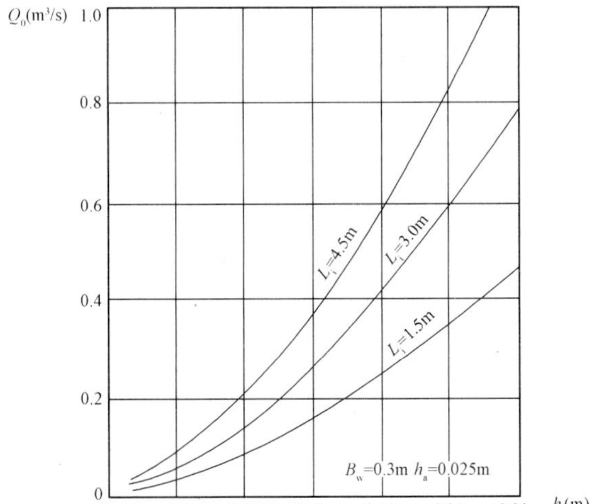

图 4　开口处净高 L_i 不小于 h_i 时开口的

泄水量 Q_D 或最大水深 h 计算图(一)
</td></tr>
</table>

续表

序号	项 目	内 容
3	凹形竖曲线底部的开口式泄水口	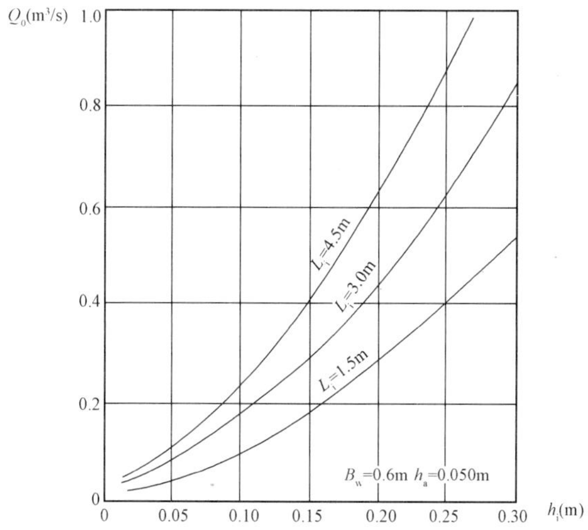 图 4 开口处净高 L_i 不小于 h_i 时开口的泄水量 Q_D 或最大水深 h 计算图(二)
4	凹形竖曲线底部的格栅式泄水口	在凹形竖曲线底部的格栅式泄水口，其泄水量按下述公式计算： (1)当格栅上面的水深 h_i 小于 0.12m 时 $Q_D = 1.66 p_g h_i^{1.5}$ (5-25) 式中，p_g——格栅的有效周边长，为格栅进水周边边长之和的一半(m)。 (2)当格栅上面的水深 h_i 大于 0.43m 时 $Q_D = 2.96 A_i h_i^{0.5}$ (5-26) 式中，A_i——格栅孔口净泄水面积的一半(m^2)。 (3)当格栅上的水深处于 0.12～0.43m 之间时，其泄水量介于按式(5-25)和式(5-26)计算的结果之间。

表 5-58 渗沟流量计算

序号	项 目	内 容
1	不透水层的横向坡度较小时渗沟流量	渗沟底部挖至或挖入不透水层，而不透水层的横向坡度较小时，可采用地下水自然流动速度近于零的假设，按下列公式计算。 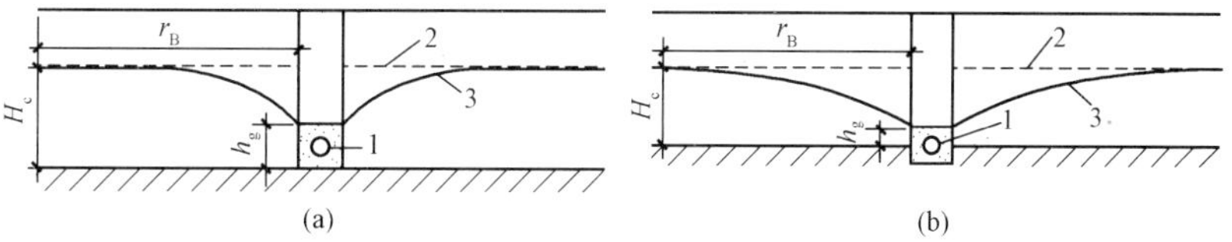 图 1 不透水层坡度平缓时的渗沟流量计算 (a)沟底设在不透水层上；(b)沟底设在不透水层内 1—渗沟；2—地下水位；3—地下水降落曲线 单位长度渗沟由沟壁一侧流入沟内的流量(图 1)：

续表

<table>
<tr><th>序号</th><th>项　目</th><th>内　　　容</th></tr>
<tr><td>1</td><td>不透水层的横向坡度较小时渗沟流量</td><td>

$$Q_B=\frac{k(H_c^2-b_g^2)}{2r_B} \quad (5\text{-}27)$$

$$h_g=\frac{I_0}{2-I_0}H_c \quad (5\text{-}28)$$

$$r_B=\frac{H_c-h_g}{I_0} \quad (5\text{-}29)$$

$$I_0=\frac{1}{3\ 000k} \quad (5\text{-}30)$$

式中，Q_B——每延米长渗沟由一侧沟壁渗入的流量[$m^3/(s \cdot m)$]；
H_c——含水层内地下水位的高度(m)。
h_g——渗沟内的水流深度(m)，在渗沟底位于不透水层内，且渗沟内水面低于不透水层顶面时，按式(5-80)取用；
k——含水层材料的渗透系数(m/s)；
r_B——地下水位受渗沟影响而降落的水平距离(m)，可按式(5-29)确定；
I_0——地下水位降落曲线的平均坡度，可按含水层材料的渗透系数由近似公式(5-30)估算。
如水由两侧流入渗沟内，则上述渗沟流量需乘以2。</td></tr>
<tr><td>2</td><td>不透水层的横向坡度较陡时渗流量</td><td>不透水层的横向坡度较陡时，按下式计算单位长度渗沟由沟壁一侧流入沟内的流量

$$Q_B=ki_hH_g \quad (5\text{-}31)$$

式中，i_b——不透水层横向坡度。</td></tr>
<tr><td>3</td><td>不透水层深时渗流量</td><td>不透水层深时，位于含水层内的单位长度渗沟的流量按下式计算确定(图2)：

$$Q_B=\frac{\pi k H_g}{2\ln\frac{(2r_B)}{r_g}} \quad (5\text{-}32)$$

式中，r_g——两相邻渗沟间距之半(m)；
H_g——渗沟位置处地下水位的下降幅度(m)。

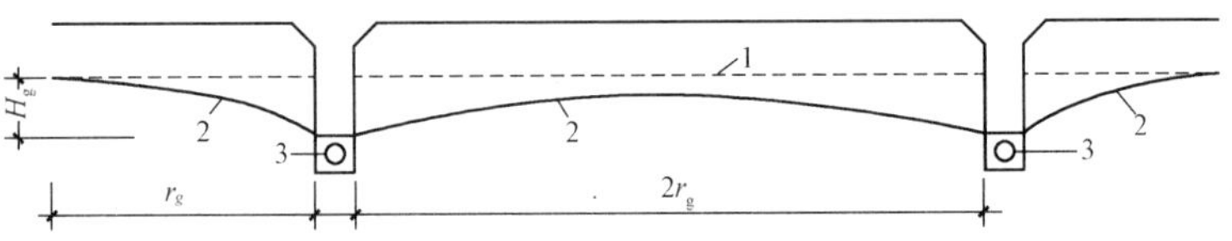

图2　不透水层深时渗沟流量的计算
1—原地下水位；2—降低后地下水位；3—渗沟</td></tr>
</table>

第三节　公路区划分级

一、公路一级区划

一级区划见表5-59和表5-61。

表 5-59　一级区划的主要指标

序号	项　目	内　　容
1	均温等值线	(1)全年均温－20℃等值线。在一般情况下，地面大气温度达到－2℃时，地面土开始冻结。因此，它大体上是区分多年冻土和季节冻土的界线。 (2)一月份均温0℃等值线，是区分季节冻土和全年不冻的界线。
2	等高线	我国地势的三级阶梯的两条等高线。 (1)1 000m 等高线：走向北偏东，自大兴安岭，南下太行山、伏牛山、武当山、雪峰山、九万山、大明山至友谊关而达国境。 (2)3 000m 等高线：走向自西向东，后折向南。西起帕米尔，沿昆仑山、阿尔金山、祁连山，南下西倾山、岷山、邛崃山、夹金山、锦屏山、雪山、云岭而达国境。 由于三级阶梯的存在，通过地形的高度和阻隔，使其气候具有不同的特色，也成为划分一级区划的主要标志。

表 5-60　一级区划的特征与指标

代号	一级区名	平均温度/℃	平均最大冻深/cm	潮湿系数/K	地势阶梯	新构造特征	土质带
Ⅰ	北部多年冻土区	全年＜0	＞200	0.50～1.00	东部 1 000m 等高线两侧。	大面积中等或微弱上升，差异运动不大。	棕黏性土。
Ⅱ	东部温润季冻区	一月＜0	10～200	0.50～1.00	东部 1 000m 等高线以东。	大面积下降，差异运动强弱不一。	棕黏性土，黑黏性土，冲积土，软土。
Ⅲ	黄土高原干湿过渡区	一月＜0	20～140	0.25～1.00	东部 1 000m 等高线以西，西南 3 000m 等高线以东。	大面积上升，幅度不大，夹有长条形中等沉降。	黄土。
Ⅳ	东南湿热区	一月＞0，全年14～22	＜10	1.00～2.25	东部 1 000m 等高线以东。	大部分地区上升，局部地区下降差异运动微弱。	下蜀土，黄棕黏性土，红黏性土，砖红黏土，软土。
Ⅴ	西南潮暖区	一月＞0，全年14～22	＜20	1.00～2.00	东部 1 000m 等高线以西，西南 3 000m 等高线以东。	大面积中等上升，差异运动强弱不一。	紫黏土，红色石灰土，砖红黏性土。
Ⅵ	西北干旱区	全年＜10 山区垂直分布	东部100～250 西部40～100	东部0.25～0.5，西部＜0.25	东部 1 000m 等高线以西，西南 3 000m 等高线以北。	大面积或长条形上升与盆地下降相同。	黑黏性土，砂砾土，碎石土。
Ⅶ	青藏高寒区	全年＜10，一月＜0	除南端外40～250	0.25～1.50	西南 3 000m 等高线以西以南。	大面积强烈上升，差异运动显著。	砂砾土，软土。

表 5-61　一级区划的自然条件及对公路设计的要求

代号	一级区名称	公路工程的自然条件特点	路基路面的设计要求
Ⅰ	北部多年冻土区	纬度高、气温低，为我国唯一的水平多年冻土区，多年冻土层夏季上部融化为无法下渗的层上水，降低土基强度。秋季层上水由上至下冻结，形成冻结层之间的承压水。冬季产生冻胀，夏季有热融发生。	路面设计的重要原则是维持其冻稳性，保护冻土上限不致下降，以防路基热融沉陷，导致路面破坏。在路基设计中是宁填勿挖。原地面植被不应破坏，露地土质应为冻稳性良好的土或砂砾，必须采用路堑时，应有保证边坡和基层稳定的措施。沥青面层因导热系数高，应相应抬高路基。结构组合中如设砂砾垫层，只能按蓄水不能按排水设计。
Ⅱ	东部湿润季冻区	我国主要的季节冻土区，冻结程度及其对路基的影响自北至南一般逐渐减小。除黑黏性土、软土和粉土，土基强度较好。主要矛盾是冬季冻胀，春季翻浆，形成明显的不利季节。夏季水毁和泥石流也有一定的影响。地形以平原和丘陵为主，局部低山公路修建条件不困难。	路基路面结构组合设计中，应使路基填土高度符合要求，结合当地自然条件，应采取隔温、排水、阻断毛细水上升，以防止冻胀翻浆。利用水温性冻稳性好的材料做路面的基层，在水文土质不良的路段，可设置排水垫层，促进水排出，提高路基路面整体强度。
Ⅲ	黄土高原干湿过渡区	为东部温润季冻区向西北干旱区和西南潮暖区的过渡区，以集中分布黄土和黄土状土为其主要特点，地下水位深，土基强度较好，边坡能直立稳定。公路面临的主要问题是粉质大孔性黄土的冲蚀和遇水湿陷。因为湿度较低，翻浆自东向西，自北向南显著减轻，新构造活跃的西部地震较少，病害较多。	路面结构组合的特点，是必须选择不透水的面层或上封闭层，以防止雨水下渗造成黄土湿陷。潮湿地段应注意排水以保护路基。对路肩横坡的设计应使水迅速排出。掺灰类结构物层是稳定的路面基层结构。在石料基层下增设砂砾底基层，亦为本区常用。
Ⅳ	东南湿热区	我国最湿热的地区，春、夏东南季风造成的梅雨和夏雨形成本区公路的明显不利季节。东南沿海台风暴雨多，由地表径流排走影响相对较小。地温较高，易引起沥青路面泛油。加大水泥路面翘曲应力。地形以丘陵、平原为主，公路通过条件尚好。	为减轻沥青路面在热季泛油和雨季粘聚力降低，沥青材料宜选用较高的标号，保证其垫层的稳定性。渣油路面应提高抗滑性能并注意封闭表面，以提高公路的水温性。在路基设计中，应加强公路的排水系统。水稻田、软土和潮湿路段的路段应进行处理，或选用低塑砂砾料或泥灰结碎石做基层或垫层。
Ⅴ	西南潮暖区	为东南湿热区向青藏高寒区的过渡区。一些地区因同时受东南和西南季风的影响，雨期较长。加之地势较高，蒸发较少，渗透较大，故土基较湿，湿质路基和部分干湿季节分明的地区，土基强度较高，本区为我国岩溶集中分布地区。北部和西部新构造强烈，不久地形高差大、地震病害亦多。	路基路面结构组合，首要任务是保证其湿稳性。个别干热河谷中，也应注意其干稳性，过湿地区为保证道路强度，断面一般宜采用路堤，并使边坡符合要求。本区土质多系碳酸盐类岩石风化形成。结构稳定，强度较好，山地多石料丰富，有利于在设计中就地取材。岩溶地区应在详细地质勘测基础上进行设计，以保证公路整体稳定性。

续表

代号	一级区名称	公路工程的自然条件特点	路基路面的设计要求
Ⅵ	西北干旱区	由于气候干、旱，土基强度和道路水文状况均佳，筑路砂石材料较多，中级路面搓板松散，扬尘为主要病害，高山区有风雪流危害。灌区和绿区有冻胀翻浆，山区公路通过垂直自然带，选线和修筑均较复杂。	路基路面的特殊要求是保证其干稳性。由于干旱，大部分白色路面搓板严重，许多地区缺黏土和水。改建沥青路面为主要解决办法。绿洲灌区地下水位高，冻融翻浆严重，结构层应充分利用就近所产的砂砾、石料进行处理。道路设计中还应注意风蚀和沙埋的防治。
Ⅶ	青藏高寒区	全区为海拔高、气温低的高寒高原，给公路建设带来特殊的问题，分布有高原多年冻土、泥石流、沮洳地和现代冰川。东南部由于新构造运动活跃和地形破碎，地震强烈，公路自然病害如滑坡，崩塌，泥石流等均极严重。公路通过条件困难，尤其是4000m以上的高山地区更甚。	结构设计应针对自然条件和工程病害，采取措施保证路基的整体稳定性，全区除高原冻土地带应维持其冻稳性外，大部分公路路基低，路面多由养护形成，一般用砂砾结构，材料和强度可满足要求。交通量大时应敷设沥青路面。由于昼夜温差大，紫外线照射强，沥青老化快，且施工季节短，故施工应采取措施。柴达木盆地气候较干旱，氯化盐可做筑路材料。

二、公路二、三级区划

公路二、三级区划见表5-62～表5-65。

表5-62 年蒸发量和潮湿系数计算

序号	项　目	内　容
1	潮湿系数和蒸发量的计算	有关潮湿系数K值和蒸发力的计算公式规定如下： $$K=R/Z \tag{5-33}$$ 式中，R——年降水量(mm)； Z——年蒸发量(mm)。
2	蒸发力计算	年蒸发量Z无法直接测定，必须采用有关参数，换算成蒸发力(可能的蒸发量)E_T。实际上K值系以$E_T t$代Z计算而来。 计算蒸发力的公式中，对比世界上现有的E_T公式，我们认为，H·L彭曼公式考虑了辐射平衡、日照百分率、气温、相对湿度和风速、下垫面反射率、降水量、太阳总辐射等八项参数，是一个半推导、半经验的公式，应用到我国公路自然区划中效果较好。 1948年H·L彭曼提出了计算蒸发力的公式： $$E_T=F\cdot E_0 \tag{5-34}$$ 式中，F——季节系数，11～12月为0.60，5～8月为0.8，其余各月为0.70； E_0——水面蒸发量，由下式求得。 $$E_0=\frac{\frac{\Delta}{r}H+E_a}{1+\frac{\Delta}{r}}\quad(\text{mm}) \tag{5-35}$$ 式中，Δ——饱和水汽压曲线在气温为T_a处的斜率，$\Delta=\frac{e_a}{273+t}\left(\frac{6463}{273+t}-3.927\right)$，其中$t$为各月平均温度℃，$e_a$为实际水汽压，它随温度$T_a$变化，在计算中由气象常用表[①]中查得；

续表

序号	项　目	内　　容
2	蒸发力计算	式中，R——干湿球湿度公式中的常数，$r=0.486$； E_a——为空气干燥率，由下式求得 $E_a=0.35(1+\frac{53.7V_2}{100})(e_a-e_d)$　(5-36) 式中，V_2——为2m高的月平均风速，单位m/s，而我国气象资料资料所测的风速为10m高，故应将(5-36)式改为(5-37)式； e_a-e_d——为饱和差，$e_a-e_d=e_a(1-RH\%)$，RH为相对湿度，e_a和RH均可用气象常用表中查得，但e_a的单位为毫巴，应换算为毫米，即1mb=0.75mm。 $E_a=0.35(1+\frac{53.7\times 0.723V_{10}}{100})(e_a-e_d)$　(5-37) 其中，V_{10}——为10m高月平均风速，由气象常用资料中查得； H——为地面辐射平衡值，由下式计算 $H=R_1-R_B$ $=R_a(1-\gamma)(0.18+0.55\frac{n}{N})-\delta T_a^4(0.56-0.092\sqrt{e_d})(0.10+0.90\frac{n}{N})$　(5-38) 其中，R_T——太阳入射辐射值(J/cm^2)； R_B——地面射出辐射值(J/cm^2)； R_a——大气完全透明时，单位面积地面上所受的太阳总辐射量(1mm蒸发量=247J/cm^2)，计算时可由附图一查得； γ——下垫面反射率； $\frac{n}{N}$——日照反射率，由《中国地面气候资料》中查得； δT_a^4——气温为T_a时黑体辐射值(T_a为绝对湿度$273+t$)，δ为斯蒂芬玻尔兹曼常数为0.825×10^{-10}。 R_B在具体计算时，由于各单位换算，需乘以24.4倍的系数； $R_a(1-\gamma)$由于单位换算关系，在计算中应除以247(1mm蒸发量=247J /cm^2)

表 5-63　潮湿系数值

区域	系数值	区域	系数值
过湿区	$k>2.00$	润干区	$0.50<k\leqslant 1.00$
中湿区	$1.50<k\leqslant 2.00$	中干区	$0.25<k\leqslant 0.50$
湿润区	$1.00<k\leqslant 1.50$	过干区	$k<0.25$

表 5-64　二级区名的特征与指标

二级区名(包括副区)	水热状态						地表情况		
	潮湿系数/K	年降水量/mm	雨型	多年平均最大冻深/cm	最高月平均地温/℃	地下水埋深/m	地貌类型	地表切割深度/m	土质和岩性
Ⅰ1 连续多年冻土区	075～1.00	400～600	夏、秋雨	>300	<30	1～3	湿润丘陵、重丘、低山和中山。	北部<200。南部 200～500。	棕黏性土，砂性土，粗粒岩。

续表

二级区名（包括副区）	水热状态							地表情况	
	潮湿系数/K	年降水量/mm	雨型	多年平均最大冻深/cm	最高月平均地温/℃	地下水埋深/m	地貌类型	地表切割深度/m	土质和岩性
Ⅰ2岛状多年冻土区	05～1.00	400～600	夏、秋雨	230～300	<30	1～3	湿润重丘、低山和中山。	200～500	黏性土和砂性土为主，粗粒岩。
Ⅱ1东北东部山地润湿冻区	0.75～1.50	600～1200	夏雨	80～250	<30.0	一般>0洼地，谷地1～1.5。	湿润重丘低山为主，其次冲积平原和沼泽。	大部为200～500。	棕黏性土、砂性土、粗粒岩。
Ⅱ1a三江平原副区	0.75～1.00	600～800	夏雨	150～200	<30.0	<1	沼泽、平原为主。	除完达山外大部分为平原。	内陆软土。
Ⅱ2东北中部山前平原重冻区	0.25～1.25	400～600	夏雨	120～240	<30.0	一般>3谷地1～3。	冲积平原阶地或洪积扇。	大部分为平原。	黑黏性土、内陆软土。
Ⅱ2a辽河平原冻融并替副区	0.75～1.25	600～800	夏雨	80～120	<30.0	一般1～2海滨<1。	冲积平原或海边软土平原。	大部分为平原。	冲积土和沿海软土。
Ⅱ3东北西部润干冻区	0.50～0.75	200～600	夏雨	100～240	<30.0	一般1～3山前>3。	重丘、低山冲积平原、阶地，并有沙地分布。	大部分为平原或高差为200～500的丘陵。	粟黏性土冲积土和砂砾土，粗粒花岗岩流纹岩。
Ⅱ4海滦中冻区	0.50～0.75	400～800	夏、秋雨	40～100	30～32.5	一般1～4海滨<1。	大部分为冲积平原，三角洲，海边为软土平原。	大部分为平原。	冲积土和沿海软土。
Ⅱ4a冀北山地副区	0.75～1.00	600～800	夏、秋雨	100～120	<30	一般>4谷地2～4。	湿润中山，低山和重丘。	200～500	冲击土，粗粒岩和细粒岩。
Ⅱ4b旅大丘陵副区	0.75～1.00	600～800	夏、秋雨	60～80	<30	>3	湿润丘陵	微丘	棕黏性土、粗粒岩。
Ⅱ5鲁豫轻冻区	0.50～1.00	600～800	夏、秋雨	10～40	30～32.5	一般2～3海滨<2。	冲积平原	平原	冲积土。

续表

二级区名（包括副区）	水热状态							地表情况	
	潮湿系数/K	年降水量/mm	雨型	多年平均最大冻深/cm	最高月平均地温/℃	地下水埋深/m	地貌类型	地表切割深度/m	土质和岩性
Ⅱ5a 山东丘陵副区	0.75～1.25	600～1 000	夏、秋雨	30～50	<30	一般>3 谷地，海滨<3。	湿润丘陵、重丘和低山局部为中山。	<200 或 200～500。	棕黏性土和砂砾土粗粒岩和可溶岩。
Ⅲ1 山西山地、盆地中冻区	0.5～1.00	400～600	夏、秋雨	40～100	25～30	一般>3 盆地 1～3。	湿润中山和冲积平原。	山地 500～1 000，盆地部分为平原。	黄土和黄土状土；粗粒岩、可溶岩。
Ⅲ1a 雁北张宣副区	0.5～0.75	400～600	夏、秋雨	100～140	25～30	一般>3 盆地 1～3。	湿润中山和冲积平原。	山地 500～1 000，盆地部分为平原。	黄土状土；粗粒岩、可溶岩。
Ⅲ2 陕北典型黄土高原中冻区	0.5～1.00	400～600	夏、秋雨	40～100	25～30	河谷<3 塬>20。	黄土峁、梁、塬为主。	大部<200 局部 200～500。	黄土和黄土状土。
Ⅲ2a 榆林副区	0.50～0.75	400～600	夏、秋雨	100～120	25～30	河谷<3 塬>20。	黄土峁、梁、塬为主局部流砂。	大部 200～500。	黄土和黄土状土、砂砾土。
Ⅲ3 甘东黄土山地区	0.25～0.75	200～600	夏、秋雨	80～100	25～30	河谷<3 塬>20。	黄土梁、塬为主。	<200	黄土和黄土状土、山区为细粒岩。
Ⅲ4 黄渭间山地、盆地轻冻区	0.50～1.00	600～800	夏、秋雨	15～40	30～32.5	一般>3 河谷<1.5	湿润重丘，低山和中山、黄土梁和冲积平原分布其中。	边缘山地 500～1 000，部分为平原。	黄土状土和黄土粗粒岩。

二级区名（包括副区）	水热状态								地表情况	
	潮湿系数/K	年降水量/mm	雨型	最高月 K 值	最大月雨期长度	最高月平均地温/℃	地下水埋深/m	地貌类型	地表切割深度/m	土质和岩性
Ⅳ1 长江下游平原润湿区	1.00～1.50	1 000～1 400	春雨梅雨	2.0～3.0	2.5～3.5	30～35	一般 1～2 海滨湖滨<1。	海滨和内陆为软土平原，冲积平原和三角洲。	平原	沿海软土和内陆软土、冲积土。
Ⅳ1a 盐城副区	1.00～1.40	930～1 150	夏秋雨	1.8～2.2	—	31.5～32.8	一般 1～2 海滨湖滨<1。	海滨和内陆为软土平原，冲积平原和三角洲。	平原	沿海软土和内陆软土、冲积土。

续表

二级区名（包括副区）	水热状态								地表情况	
	潮湿系数/K	年降水量/mm	雨型	最高月K值	最大月雨期长度	最高月平均地温/℃	地下水埋深/m	地貌类型	地表切割深度/m	土质和岩性
Ⅳ2江淮丘陵、山地润湿区	1.00～1.50	1 000～1 600	夏秋雨梅雨	1.5～2.5	3.0～3.5	30～35	一般＞3，丘陵间盆地1.5～2.0。	冲积平原阶地和湿润丘陵，重丘与低丘为主，局部为中山。	大部为≤200或200～500，局部为5 000～1 000。	黄棕黏性土、下蜀土，粗粒岩。
Ⅳ3长江中游平原中湿区	1.25～1.75	1 200～1 800	春雨梅雨	2.5～4.0	3.6～4.0	32.5～35	一般1～2湖滨＜1。	冲积平原和内陆软土平原。	平原	冲积土和内际软土，局部为下蜀土。
Ⅳ4浙闽沿海山地中湿区	1.00～2.00	1 400～2 200	台风暴雨	2.0～3.5	3.0～4.5	≥35	谷地1～3山岭＞5。	湿润重丘低山、局部为中山。	大部为200～500。	红黏性土，局部为沿海软土，粗粒岩。
Ⅳ5江南丘陵过湿区	1.5～2.25	1 400～2 000	梅雨秋雨伏旱	3.5～5.0	4.0～4.5	25～32.5	谷地2～3。	湿润丘陵局部分布有山地。	一般≥200局部为200～500。	红黏性土，细粒岩。
Ⅳ6武夷南岭山地过湿区	1.5～2.25	1 400～2 000	春、夏雨	3.0～4.5	3.5～4.5	30～35	谷地2～3山岭＞5	湿润中山和低山重丘。	大部为500～100局部为≥1 000。	红黏性土粗粒岩、细粒岩、可溶岩。
Ⅳ6a武夷副区	1.75～2.25	1 800～2 600	梅雨夏雨	3.5～4.5	4.0～5.0	25～32.5	＞5	湿润中山。	＞1 000	红黏性土、粗粒岩。
Ⅳ7华南沿海台风区	0.75～2.0	1 600～2 600	夏雨和台风暴雨	2.0～3.0	2.5～4.5	30～32.5	一般＞3海滨＜1	湿润丘陵重丘、低山、沿海有三角洲平原。	平原或≤200局部为200～500。	砖红色黏性土、沿海软土、粗粒岩。
Ⅳ7南海诸岛副区		1 600～2 000	对流雨台风雨			32.5～35		珊瑚岛	平原	砖红色黏性土。
Ⅳ7a台湾山地副区	1.50～2.75	2 000～2 800	夏雨和台风暴雨	＞3.0	2.5～3.0	≤30	＞3	湿润中山高山地	500～1 000或≥1 000。	北部为红黏性土，南部为砖红黏性土，细粒岩、粗粒岩。
Ⅳ7b海南岛西部润干副区	0.50～0.75	800～1 600	台风雨	＜3.0	＜3.0	32.5～35.0	1～3	沿海为稀林草原阶地。	平原或＜200。	砖红色黏性土。

续表

二级区名（包括副区）	水热状态								地表情况	
	潮湿系数 /K	年降水量 /mm	雨型	最高月 K值	最大月雨期长度	最高月平均地温 /℃	地下水埋深 /m	地貌类型	地表切割深度/m	土质和岩性
V1 秦巴山地润湿区	1.00～1.50	800～1 400	夏、秋雨	2.0～3.0	3.0～3.5	25～32.5	埋深不定	湿润中山局部为高山。	大部分为 500 ～1 000，局部为<200。	黄棕黏性土，粗粒岩为主。
V 2 四川盆地中湿区	1.25～1.75	1 000～1 400	夏雨秋雨	2.0～3.0	3.5～4.5	30～32.5	丘陵>2 谷地成都平原 1～2。	冲积平原和湿润丘陵，边缘为重丘，边缘为重丘，低山。	大部为<200 东南部为 500～1 000 西部为平原。	紫黏性土，细粒岩为主。
V 2a 雅安、乐山过湿副区	1.75～2.75	1 200～2 200	全年多雨秋雨量多	3.0～4.5	4.0～5.5	<30	—	湿润中山和丘陵盆地。	大部分 500～1 000。	紫黏性土，细粒岩、粗粒岩。
V 3 三西、贵州山地过湿区	1.50～2.00	1 000～1 400	全年多雨	2.5～4.0	4.0～5.0	20.0～32.5	埋深不定	湿热喀斯特山地和波状高原，湿润重丘、低山和中山。	大部分为 200 ～500 局部为 < 200 或 500 ～1 000。	红色石灰岩、红黏性土、可溶岩。
V 3a 滇南、桂西润湿副区	1.00～1.50	1 000～1 600	夏雨秋雨	1.5～3.0	3.0～4.0	25～30	谷地 2～4 山岭>5。	湿热喀斯特山地。	大部分为 200 ～500 局部<200 或 500～1 000。	砖红黏性土，可溶岩。
V 4 川、滇、黔高原干湿交替区	0.50～1.00	600～1 000	夏雨秋雨	1.5～2.5	4.5～5.0	25～30	—	湿润中山或高山，湿热喀斯特波状高原，坝子分布其间。	西北部为 500～1 000 中部 < 200 南部为 200～500。	红黏性土，粗粒岩。
V 5 滇西横断山地区	1.00～2.00	1 200～1 600。	夏雨	2.0～5.0	5.0～12.0	20～30	—	湿润中山和高山，有坝子零星分布。	大部分>1 000，南部为 500～1 000。	粗粒岩、细粒岩、可溶岩。
V 5a 大理副区	1.00～1.50	800～1 800	夏雨	2.0～4.0	4.0～5.5	20～30	—	湿热中山和坝子。	大部分>1 000，南部为 500～1 000。	砖红黏性土、细粒岩、粗粒岩。

续表

二级区名（包括副区）	水热状态							地表情况	
	潮湿系数/K	年降水量/mm	雨型	多年平均最大冻深/cm	最高月平均地温/℃	地下水埋深/m	地貌类型	地表切割深度/m	土质和岩性
Ⅵ1 内蒙草原中干区。	0.25～0.50	150～400	夏雨	140～240	<30	一般2～4；谷地洼地1～2。	干旱残积平原。丘陵、沙漠局部分布溶岩台地和冲积平原。	大部为平原，或≤200。	粟黏性土和砂砾土，粗粒岩。
Ⅵ1a 河套副区	<0.25	150～200	夏雨	100～140	<30	<1.5	冲积平原	平原	黏性土和砂性土。
Ⅵ2 绿洲—荒漠区	<0.25 其中塔里木至甘西<0.05。	<150 其中塔里木至甘西≤50。	夏雨或“无雨”。	<100	30～40	绿洲≤3，荒漠≥5	沙漠、岩漠、砾漠、干旱残积平原、盐碱化湖积平原和冲积平原。	大部分为平原。	砂砾土和黏性土为主，局部有黄土，粗粒岩为主。
Ⅵ3 阿尔泰山地冻土区	0.25～0.50	200～400	夏雨	≥150	<30	>3	高山	>1 000	粗粒岩。
Ⅵ4 天山—界山地区	0.25～1.00	200～600	夏雨	100～150	≤30	≥5	高山和冰川雪山，局部有高寒砾漠。	500～1 000或≥1 000	砂砾土和黏性土为主，局部有黄土，粗粒岩为主。
Ⅵ4a 塔城副区	0.25～0.50	≤200	夏雨	≤100	<30	3～5	冲积平原和山地。	平原或500～1 000。	黏性土为主，砂性土和黄土状土为次，粗粒岩为主。
Ⅵ4b 伊黎河谷副区	0.5～0.75	200～400	夏雨	50～100	>30	<3	冲积平原和阶地或洪积扇。	平原。	黏性土和砂性土。
Ⅶ1 祁连—昆仑山地区	0.25～0.50	100～400	夏雨	—	<30	山地>5，山前洪积扇3～5。	高山和冰山雪地。	>100	粗粒岩、细粒岩。
Ⅶ2 柴达木荒漠区	<0.25	<50	夏雨或“无雨”	100～200	—	西部荒漠3～5，东部盐沼≤3。	岩漠、盐碱化湖冲积平原南部边缘为沙漠。	大部分为平原。	砂砾土为主，局部为内陆软土，细粒岩。

续表

二级区名（包括副区）	水热状态							地表情况	
	潮湿系数 /K	年降水量 /mm	雨型	多年平均最大冻深 /cm	最高月平均地温 /℃	地下水埋深/m	地貌类型	地表切割深度 /m	土质和岩性
Ⅶ 3 河源山原草甸区	0.5～1.50	200～600	夏秋雨	—	<30	一般≥3，洼地<1。	高寒山原、高寒丘陵、台源和沮洳地。	200～500 或 500～1 000。	以粉性土和变质岩为主。
Ⅶ 4 羌塘高原冻土区	<0.50	<200	夏秋雨	有多年冻土存在，北部呈连续分布，南部呈岛状分布（以安多为界）。	<30 年平均温度低于－4℃。	冻结层上水发育，在河谷平原一般<1.0 米最高仅为 0.2～0.3 米呈片状连续分布。	高寒丘陵、台原和高山，局部分部有砾漠凹地，沼泽湿地。	台源丘陵≤200，山地为 200～1 000。	以细粒岩可溶岩为主。
Ⅶ 5 川藏高山峡谷区	0.75～1.50	400～1 000	春雨夏雨	—	<30	>3	高山和峡谷，局部分布有冰川、雪山。	>1 000	以粉性土和变质岩为主。
Ⅶ 6 藏南高山台地区。	<0.50	200～600	夏雨	—	<30	阶地 3～5	高山、冰川和雪山、台地和冲积平原。	谷地或>1 000	粗粒岩和细粒岩，河谷为砂砾土。
Ⅶ 6a 拉萨副区	0.25～0.75	400 左右	夏雨	—	<30	>3	高山，冰川和雪山、台地和冲积平原。	谷地或>1 000。	粗粒岩和细粒岩，河谷为砂砾土。

表 5-65　各二级区自然条件对公路工程的影响

二级区名（名括副区）	主要自然病害	自然条件对公路工程的影响
Ⅰ 1 连续多年冻土区	冻胀、雪害、冰锥、冰丘、涎流冰、翻浆等。	路面结构应采用保温的措施，防止夏季冻土融化，降低土基强度，以及防止秋季冻结水溢地面形成延流冰。另外，选线时应考虑冬季雪害影响。
Ⅰ 2 岛状多年冻土区	冻胀、翻浆、雪害、冰锥、冰丘、涎流冰等。	除冰冻地区公路工程特点以外，在季节冰冻区还要考虑翻浆问题，公路选线、修建和养护条件比较复杂。
Ⅱ 1 东北东部山地湿润冻区	雪害、冻胀、翻浆、水毁。	冬季雪害、夏季水毁均为公路交通的威胁，火成岩分布广泛，地质条件好，但基岩强烈风化影响公路坡稳定。
Ⅱ 1a 三江平原副区	冻胀、翻浆、雪害。	软土和沼泽分布广泛，路基易沉，稳定性差，冻胀翻浆严重。

续表

二级区名(名括副区)	主要自然病害	自然条件对公路工程的影响
Ⅱ2 东北中部山前平原重冻区	冻胀、翻浆。	冬季降温较快，水分易积聚，春季升温较慢，化冻亦慢，水分不易下渗，故翻浆期长。黑黏土含水量大，强度低。
Ⅱ2a 辽河平原冻融交替副区	冻胀、翻浆、水毁。	冬季降温较快，水分易积聚期长，春季升温快，化冻时间短，冻融交替多，故翻浆最为严重，线形条件好。沿海软土地区除翻浆外，雨季路基强度低，造成泥泞。
Ⅱ3 东北西部润干区	翻浆，盐碱、风砂、泥石流。	因水分来源较缺，冻融问题不如同纬度地区突出。粟黏性土地区公路修建条件较好，但西部分布有风成沙丘，造成工程困难。西部局部地区路基易沉陷。
Ⅱ4 海滦中冻区	冻胀、翻浆、水毁、地震。	秋雨期内路基中水分增加，春季升温快，翻浆时间短。平原地区沿海和内陆软土分布广，路基强度低，筑路石料缺乏，山前地区夏季水毁病害多。
Ⅱ4a 冀北山地副区	地震、泥石流、水毁、潜流、冻胀、延流水。	路基强度高，筑路材料丰，但有山洪泥石流，燕山一带为强震区，病害较重，加之地形较崎岖，路线通过受限制。
Ⅱ4b 旅大丘陵副区	水毁。	冻深较浅，排水条件好，故冻融翻浆较轻，土基强度高。选线容易，但有较轻水毁。
Ⅱ5 鲁豫清冻区	泥泞、水毁，鲁西南有地震。	局部路段有轻微翻浆，公路修建条件有利，但通过河漫滩和凹地常遭淹没；暴雨时期影响公路畅通。
Ⅱ5a 山地丘陵副区	水毁、泥石流、个别地区有地震。	路基强度较高，筑路材料丰富，地势虽复杂，但路线由宽广河谷通过山洪对公路有一定的影响。
Ⅲ1 山西山地、盆地中冻区	翻浆、冲沟、泥石流。	河谷盆地有次生黄土分布，边坡稳定不如典型黄土。春季公路翻浆，山区有山洪、泥石流等病害。
Ⅲ1a 雁北张宣副区	翻浆、泥石流、水毁。	公路冬季有冻胀，春季翻浆相当严重，是公路主要病害。石灰岩分布广，筑路材料较多。
Ⅲ2 陕北典型黄土高原中冻区	冲沟、湿陷、黄土溶洞。	有典型原、梁、峁地貌。除塬、梁外，路线坡陡，弯道半径小，但黄土具有直立不坠的特性。一般路基强度较高，但雨水易造成路基冲蚀和湿陷。
Ⅲ2a 榆林副区	冲沟、湿陷、风砂、翻浆。	除具有典型黄土区的公路工程特点外，风或沙侵袭对公路修建营运有影响，春季翻浆易较严重。但沙黄土分布区，边坡不能直立。
Ⅲ3 甘东黄土山地区	冲沟、湿陷、滑坡、泥石流、地震。	黄土砂性较重，且处于强震区，滑坡崩塌、泥石流等影响较大，边坡稳定性较差。
Ⅲ4 黄渭间山地、盆地轻冻区	冲沟、湿陷、局部地区有泥石流。	次生黄土分布广，有黄土梁分布其间，盆地地下水位较高。路基强度较低。有冲沟，湿陷等病害。
Ⅳ1 长江下游平原润湿区	泥泞、湿地和软土病害。	软土和稻田分布广泛，路基水文条件差，不利季节时连续阴雨更是严重，河网化地区过水结构物多。建筑砂石料亦缺乏。

续表

二级区名(名括副区)	主要自然病害	自然条件对公路工程的影响
Ⅳ1a 盐城副区	泥泞、湿地和软土病害。	软土和稻田分布广泛,路基水文条件差,不利季节时连续阴雨更是严重,河网化地区过水结构物多。建筑砂石料亦缺乏。
Ⅳ2 江淮丘陵、山地润湿区	水毁、滑坡。	路基条件好。黄棕色黏性土及下蜀黏土强度均高,但开挖边坡往往形成滑坡。路线由山地通过时较困难,标准不宜过高。
Ⅳ3 长江中游平原中湿区	泥泞、冲刷、路基强度较低。	河湖港汊较多。在河湖冲积平原,软土分布广,不利季节路基强度低,路面泥泞。围湖区委近期形成的粉砂软土,强度最低。
Ⅳ4 浙闽沿海山地中湿区	台风、水毁局部有泥石流和软土。	个别条件公路修建条件不利,标准不宜过高。除沿海局部地区外,路基强度较高。台风雨影响大,山区公路水毁严重。公路排水系统的设计在本区尤为重要。
Ⅳ5 江南丘陵过湿区	水毁为主,其次崩塌、土流。	连续阴雨多,公路的不利季节为4～6月,公路由宽广的丘陵间河谷阶地通过条件不太困难。砂岩风化后的砂屑,粘结力较低,影响路基强度。夏季地温高。沥青路面强度反而低。公路应加强排水系统设计。
Ⅳ6 武夷南岭山地过湿区	滑坡、崩塌、溶洞、水毁。	不利季节水分充足,气温较低。红黏性土和红砂岩分布地区路基强度低、山地易形成滑坡,并有水毁,西部岩溶严重,南部有土洞,对公路路基稳定和选线有影响。
Ⅳ6a 武夷副区	崩塌、滑坡。	花岗岩分布广,路基稳定,筑路材料丰富。但强烈风化地区崩塌严重,越岭线石方工程量大,标准受限制。
Ⅳ7 华南沿海台风区	台风、水毁、塌方。	在砖红黏性土,花岗岩分布地区,路基强度高,但化学风化强烈。夏季台风雨造成水毁。三角洲地区软土分布广泛,河系发育,路基强度低,公路应加强排水。
Ⅳ7a 台湾山地副区	台风、水毁、泥石流、地震。	山地南北纵列,东西向交通受阻,且为强震区,影响路基稳定性,夏季台风造成水毁。
Ⅳ7b 海南岛西部润干副区	中级路面松散扬尘。	雨影区地带潮湿系数在0.75以下,为南方罕见的干燥地区,中级路面易松散,扬尘。地温高,沥青路面易软化。
Ⅳ7c 南海诸岛副区	台风海水进退。	—
Ⅴ1 秦巴山地润湿区	崩塌、滑坡、泥石流、地震。	地势高差大,路线多沿河谷蜿蜒通过,展线困难。越岭线更为困难,土石方工程量亦大,路线标准不宜过高。路基强度高,路面材料丰富,除地震外,各种病害经常发生。
Ⅴ2 四川盆地中湿区	泥泞、滑坡、泥流。	一般紫黏性土地区,路基强度中等。成都黏土地区,因土质粉粒含量高,缺乏黏合剂,路堑边坡往往造成开裂滑坍,虽日降水量小,但持续期长,渗透量大,路基强度低,河谷线和越岭线通过条件均较易。但公路用地也与农业有矛盾,雨中中级路面泥泞。

续表

二级区名(名括副区)	主要自然病害	自然条件对公路工程的影响
Ⅴ2a 雅安、乐山过湿副区	泥泞、滑坡、崩塌。	全年多雨，秋雨更是连绵不断，严重影响路基强度，黏性土地区，雨季泥泞，路面材料不缺乏，路线标准不宜过高。
Ⅴ3 三西、贵州山地过湿区	岩溶、山洪、泥石流、滑塌。	石灰岩分布广泛。岩溶土洞不仅影响路基稳定，对其他结构物潜在危害更大，降水持续期亦长，渗透大，造成路基过湿。地形为破碎高原和山地，高差起伏大，路线通过条件较困难，工程标准不宜过高，如要求线型顺直，不仅土石方工程量大，在穿越深沟高谷时，桥涵工程量亦将增大很多。
Ⅴ3a 滇、南桂西润湿副区	岩溶、土洞、地震。	砖红黏性土强度高，但石灰岩分布区有岩溶、土洞等工程病害，山地路线通过需要展线，路线标准不宜过高，但路面材料丰富，取材较易。
Ⅴ4 川、滇、黔高原干湿交替区	滑坡、水毁、泥石流、地震。	干湿季节分明，湿季能保证路基强度，干季中级路面易出现松散、扬尘病害，特别是一些背风坝子，公路过干现象严重。北部为我国暴雨泥石流主要分布地区之一，影响公路的修建和使用。但路面材料不缺乏，路线标准不宜过高。
Ⅴ5 滇西横断山地区	崩塌、滑坡、泥石流、地震。	地势高低悬殊，山系南北纵列，东西路线通过困难，暴雨多，地震病害大，滑塌泥石流相当严重，本区又是全国降雨最连续地区，暴雨有时影响车辆正常通过。路面材料不缺乏，山岭与谷地干湿悬殊。
Ⅴ5a 大理副区	崩塌、滑坡、泥石流、地震。	与主区类似，但降雨连续性较差，高差较小。南部河谷较宽敞，但热带密林多，影响路线勘测工作。
Ⅵ1 内蒙草原中干区	东北部积雪阻车，大青山南翻浆，西部风砂、盐碱。	公路路基稳定。大青山以北以东地区，雪害影响大，呼和浩特市、包头、集宁一带冻胀翻浆较重。鄂尔多斯地区多流砂和半固定砂丘，路基稳定性差。除大青山附近外，其他地区筑路材料较缺乏。路线通过不困难、用地问题不大，标准可以提高。
Ⅵ1a 河套副区	翻浆、泥泞。	地下水位高，浸湿路基，造成不利，灌溉渠系发达，秋灌时对路基强度影响大，造成春季翻浆路基设计应注意填高要求和填土的湿度影响。
Ⅵ2 绿洲—荒漠区	风砂、盐碱、翻浆、扬尘。	为我国风成砂主要分布区，危害甚大。河西走廊和准噶尔潮湿系数在0.25以下，塔里木和甘西地区在0.05以下，路基干燥，流砂地面易造成车辙下陷。公路通过绿洲时，地下水位高，易造成路基松软和翻浆。路线通过较易，用地问题不大，标准可适当提高。
Ⅵ3 阿尔泰山地冻土区	雪害、冻胀。	分布有岛状和连续的多年冻土和季节冻土，需采取相应的工程措施。冬季雪害，影响车辆通行。
Ⅵ4 天山—界山地区	现代冰川、风害、雪害、泥石流。	地势高峻，气候具有垂直差异性，隘口峡谷较多，公路由隘口通过，但隘口多为风口，影响行车。高山有现代冰川，冬季风吹雪堵塞公路。
Ⅵ4a 塔城副区	翻浆、雪害。	河谷灌区冻胀翻浆较重，冬季雪害较严重。

续表

二级区名(名括副区)	主要自然病害	自然条件对公路工程的影响
Ⅵ 4b 伊犁河谷副区	翻浆、扬尘。	灌区地下水位高，路基稳定性差。春季易翻浆。草原地区路线通过条件良好。
Ⅶ 1 祁连—昆仑山地区	现代冰川、泥石流、地震。	高山属多年冻土区，有现代冰川和风吹雪及其他病害，南北越岭线通过条件困难。
Ⅶ 2 柴达木荒漠区	风沙、盐碱、盐盖。	气候干旱，路基强度高。碱湖分布广泛，含氯化盐的盐块可作路面材料。
Ⅶ 3 河源山原草甸区	雪害，冻胀，热溶，热溶湖，塘，冰锥，冰丘，泥石流。	有岛状多年冻土、季节冻土和沮洳地分布，与冰冻和热融有关的病害普遍。除路基路面结构设计不应破坏冻土上的覆盖层外，其取土距离，也应离路堤坡脚至少 10m 以外，湿草地不利于公路通过，公路修建和营运费用较高。
Ⅶ 4 羌塘高原冻土区	现代冰川、雪害、冻胀。	多年冻土是公路修建中的主要问题，要注意防治热溶滑坍、泥流、沉陷、公路翻浆及冻胀。除取土限制同Ⅶ 3，区外，本区高原上气压低，气候严寒，在纵坡设计应尽量采用小于5%以下坡度为宜，以免公路修建营运均带来较大困难，费用较高。
Ⅶ 5 川藏高山峡谷区	海拔 4000m 以上冻胀、雪害软土沉陷、4000m 以下泥石流、崩塌、地震。	地形切割深度大，为强震区，潮湿系数在 1.0 以上，且有暴雨，是我国公路自然病害最严重地区，暴雨和冰川型泥石流、塌方、雪崩都对公路修建养护带来危害，东西向越岭线土石方工程量最大。
Ⅶ 6 藏南高山台地区	现代冰川、雪害、崩塌、泥石流、地震。	高山地区出隘口外，路线通过条件困难，有现代冰川、雪崩、泥石流等病害，中间的高台地路线通过条件较好。西部地区因干燥，有风砂，有时妨碍行车。
Ⅶ 6a 拉萨副区	现代冰川、雪害、崩塌、泥石流、地震。	较湿润，路基排水条件尚好，但山区病害严重，路面材料不缺乏。路线标准可适当提高，公路用地问题不大。

第四节　水泥混凝土路面结构设计

水泥混凝土路面结构设计见表 5-66～表 5-100。

表 5-66　可靠度设计标准

公路技术等级	高速公路	一级公路	二级公路	三、四级公路
安全等级	一级	二级	三级	四级
设计基准期/y	30	30	20	20
目标可靠度(%)	95	90	85	80
目标可靠指标	1.64	1.28	1.04	0.84
变异水平等级	低	低～中	中	中～高

表 5-67　变异系数 c_v 的变化范围

变异水平等级	低	中	高
水泥混凝土弯拉弹度、弯拉强性模量	$c_v \leqslant 0.10$	$0.10 < c_v \leqslant 0.15$	$0.15 < c_v \leqslant 0.20$
基层顶面当量回弹模量	$c_v \leqslant 0.25$	$0.25 < c_v \leqslant 0.35$	$0.35 < c_v \leqslant 0.55$
水泥混凝土面层厚度	$c_v \leqslant 0.04$	$0.04 < c_v \leqslant 0.06$	$0.06 < c_v \leqslant 0.08$

表 5-68　水泥混凝土路面极限计算

序号	项　目	内　　容
1	极限状态	水泥混凝土路面结构设计以行车荷载和温度梯度综合作用产生的疲劳断裂作为设计的极限状态，其表达式采用式(5-39)。 $$\gamma(\sigma_{pr}+\sigma_{tr})\leqslant f_r \quad (5\text{-}39)$$ 式中，γ_r——可靠度系数； σ_{pr}——行车荷载疲劳应力(MPa)； σ_{tr}——温度梯度疲劳应力(MPa)； f_r——水泥混凝土弯拉强度标准值(MPa)。
2	标准轴载的作用次数	水泥混凝土路面结构设计以 100KN 的单轴一双轮组荷载作为标准轴载。不同轴一轮型和轴载的作用次数，按式(5-40)换算为标准轴载的作用次数。 $$N_s=\sum_{i=1}^{n}\delta_i N_i\left(\frac{P_i}{100}\right)^{16} \quad (5\text{-}40)$$ $$\delta_i=2.22\times10^3 P_i^{-0.43} \quad (5\text{-}41)$$ 或 $$\delta_i=1.07\times10^{-5} P_i^{-0.22} \quad (5\text{-}42)$$ 或 $$\delta_i=2.24\times10^{-8} P_i^{-0.22} \quad (5\text{-}43)$$ 式中，N_s——100KN 的单轴一双轮组标准轴载的作用次数； P_i——单轴一单轮、单轴一双轮组或三轴一双轮组轴型 i 级轴载的总重(KN)； n——轴型和轴载级位数； N_i——各类轴型 i 级轴载的作用次数； δ_i——轴一轮型系数，单轴一双轮组时，$\delta_i=1$；单轴一单轮时，按式(5-41)计算；双轴一双轮组时，按式(5-42)计算；三轴一双轮组时，按式(5-43)计算。

表 5-69　荷载应力分析

序号	项　目	内　　容
1	对象	选取混凝土板的纵向边缘中部作为产生最大荷载和温度梯度综合疲劳损坏的临界荷位
2	荷载疲劳应力	标准轴载 P_s 在临界荷位处产生的荷载疲劳应力按式(5-44)确定。 $$\sigma_{pr}=k_r k_f k_c \sigma_{p_s} \quad (5\text{-}44)$$ 式中，σ_{p_r}——标准轴载 P_r 在临界荷位处产生的荷载疲劳应力(MPa)； σ_{p_s}——标准轴载 P_s 在四边自由板的临界位处产生的荷载应力(MPa)； k_r——考虑接缝传荷能力的应力折减系数，纵缝为设拉杆的平缝时，$k_r=0.87\sim0.92$(刚性和半刚性基层取低值，柔性基层取高值)；纵缝为不设拉杆的平缝或自由时，$k_r=1.0$；纵缝为设拉杆的企口缝时，$k_r=0.76\sim0.84$； k_f——考虑设计基准期内荷载应力累计疲劳作用的疲劳应力系数； k_c——考虑偏载和动载等因素对路面疲劳损坏影响的综合系数，见表 5-70

续表

序号	项　目	内　　容
3	荷载应力	标准轴载 P_s 在四边自由板临界荷位处产生的荷载应力按式(5-45)计算。 $$\sigma_{ps}=0.077r^{0.60}h^{-2} \quad (5\text{-}45)$$ $$r=0.537h\left(\frac{E_c}{E_t}\right)^{1/3} \quad (5\text{-}46)$$ 式中，σ_{p_s}——标准轴载 P_s 在四边自由板临界荷位处产生的荷载应力(MPa)； r——混凝土板的相对刚度半径(m)，按式(5-46)计算； h——混凝土板的厚度(m)； E_c——水泥混凝土的弯拉弹性模量(MPa)； E_t——基层顶面当量回弹模量(MPa)。
4	荷载疲劳应力系数	设计基准期内的荷载疲劳应力系数按式(5-47)计算确定。 $$k_f=N_e^v \quad (5\text{-}47)$$ 式中，k_f——设计基准期内的荷载疲劳应力系数； N_e——设计基准内标准轴载累计作用次数； v——与混合料性质有关的指数，普通混凝土、钢筋混凝土、连续配筋混凝土，$v=0.057$；碾压混凝土和贫混凝土，$v=0.065$；钢纤维混凝土，v 按式(5-48)计算确定。 $$v=0.053-0.017\rho_f\frac{l_f}{d_f} \quad (5\text{-}48)$$ 式中，ρ_f——钢纤维的体积率(%)； l_f——钢纤维的长度(mm)； d_f——钢纤维的直径(mm)。
5	当量回弹模量	(1)新建公路的基层顶面当量回弹模量可按式(5-49)计算确定。 $$E_t=ah_x^bE_0\left(\frac{E_x}{E_0}\right)^{1/3} \quad (5\text{-}49)$$ $$E_x=\frac{h_1^2E_1+h_2^2E_2}{h_1^2+h_2^2} \quad (5\text{-}50)$$ $$h_x=\left(\frac{12D_x}{E_x}\right)^{1/3} \quad (5\text{-}51)$$ $$D_x=\frac{E_1h_1^3+E_2h_2^3}{12}+\frac{(h_1+h_2)^2}{4}\left(\frac{1}{E_1h_1}+\frac{1}{E_2h_2}\right)^{-1} \quad (5\text{-}52)$$ $$a=6.22\left[1-1.51\left(\frac{E_x}{E_0}\right)^{0.45}\right] \quad (5\text{-}53)$$ $$b=1-1.44\left(\frac{E_x}{E_0}\right)^{-0.55} \quad (5\text{-}54)$$ 式中，E_t——基层顶面的当量回弹模量(MPa)； E_0——路床顶面的回弹模量(MPa)； E_x——基层和底基层或垫层的当量回弹模量(MPa)； E_1、E_2——基层和底基层或垫层的回弹模量(MPa)； h_x——基层和底基层或垫层的当量厚度(m)。 D_x——基层和底基层或垫层的当量弯曲刚度(MN－m)； h_1、h_2——基层和底基层或垫层的厚度(m)； a、b——与 E_x/E_0 有关的回归系数。 底基层和垫层同时存在时，可先按式(5-50)～式(5-52)将底基层和垫层换算成具有当量回弹模量和当量厚度的单层，然后再与基层一起按上述各式计算基层顶面当量回弹模量，无底基层和垫层时，相应层的厚度和回弹模量分别以零值代入上述各式进行计算。 (2)在旧柔性路面上铺筑水泥混凝土面层时，原柔性路面顶面的当量回弹模量可按式(5-55)计算确定。 $$E_t=13739w_0^{-1.04} \quad (5\text{-}55)$$ 式中，W_0——以后轴重 100kN 的车辆进行弯沉测定，经统计整理后得到的原路面计算回弹弯沉值(0.01mm)。

表 5-70　综合系数 k_c

公路等级	k_c	公路等级	k_c
高速公路	1.30	二级公路	1.20
一级公路	1.25	三、四级公路	1.10

表 5-71　温度应力分析

<table>
<tr><th>序号</th><th>项　目</th><th>内　容</th></tr>
<tr><td>1</td><td>温度疲劳应力</td><td>
在临界荷位处的温度疲劳应按式(5-56)确定

$$\sigma_{tr}=k_t\sigma_{tm} \quad (5\text{-}56)$$

式中，σ_{tr}——临界荷位处的温度疲劳应力(MPa)；
σ_{tm}——最大温度梯度时混凝土板的温度翘曲应力(MPa)；
k_t——考虑温度应力累计疲劳作用的疲劳应力系数。
</td></tr>
<tr><td>2</td><td>温度翘曲应力</td><td>
最大温度梯度时混凝土的温度翘曲应力按式(5-57)计算。

$$\sigma_{tm}=\frac{\alpha_c E_c h T_g}{2}B_x \quad (5\text{-}57)$$

式中，σ_{tm}——最大温度梯度时混凝土板的温度翘曲应力(MPa)；
α_c——混凝土的线膨胀系数(1/℃)，通常可取为 1×10^{-5}/℃；
T_g——最大温度梯度，查表 5-77 取用；
B_x——综合温度翘曲应力和内应力作用的温度应力系数，可按 l/r 和 h 查图 1 确定；
l——板长，即横缝间距(m)。

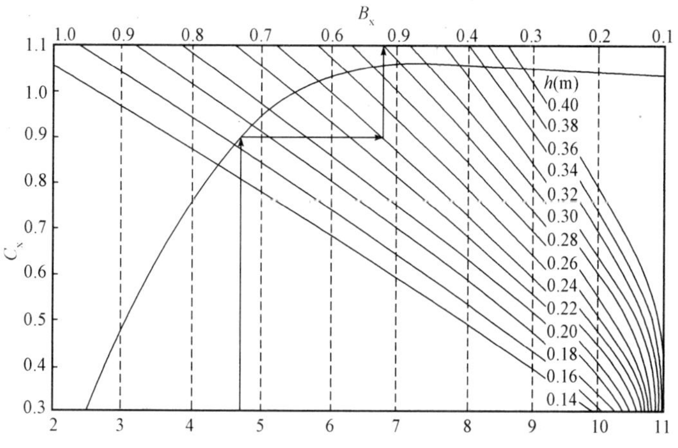

图 1　温度应力系数 B_x
</td></tr>
<tr><td>3</td><td>温度疲劳应力系数</td><td>
温度疲劳应力系数可按式(5-58)计算确定：

$$k_t=\frac{f_r}{\sigma_{tm}}\left[a\left(\frac{\sigma_{tm}}{f_r}\right)^c-b\right] \quad (5\text{-}58)$$

式中，a、b 和 c——回归系数，按所在地区的公路自然区划查表 5-72 确定。
</td></tr>
</table>

表 5-72　回归系数 *a*、*b* 和 *c*

系数	公路自然区划					
	Ⅱ	Ⅲ	Ⅳ	Ⅴ	Ⅵ	Ⅶ
a	0.828	0.855	0.841	0.871	0.837	0.834
b	0.041	0.041	0.058	0.071	0.038	0.052
c	1.323	1.355	1.323	1.287	1.382	1.270

表 5-73　可靠度系数

变异水平等级	目标可靠度(%)			
	95	90	85	80
低	1.20～1.33	1.09～1.16	1.04～1.08	—
中	1.33～1.50	1.16～1.23	1.08～1.13	1.04～1.07
高	—	1.23～1.33	1.13～1.18	1.07～1.11

注：变异系数在表 5-67 所示的变化范围的下限时，可靠度系数取低值；上限时，取高值。

表 5-74　交通分级

交通等级	特重	重	中等	轻
设计车道标准轴载累计作用次数 N_e(10^4)	>2 000	100～2 000	3～100	<3

表 5-75　混凝土弯拉强度标准值

交通等级	特重	重	中等	轻
水泥混凝土的弯拉强度标准值/MPa	5.0	5.0	4.5	4.0
钢纤维混凝土的弯拉强度标准值/MPa	6.0	6.0	5.5	5.0

表 5-76　水泥混凝土路面最小防冻厚度　(单位:m)

路基干湿类型	路基土质	当地最大冰冻深度/m			
		0.50～1.00	1.01～1.50	1.50～2.00	>2.00
中湿路基	低、中、高液限黏土	0.30～0.50	0.40～0.60	0.50～0.70	0.60～0.95
	粉土，粉质低、中液限黏土	0.40～0.60	0.50～0.70	0.60～0.85	0.70～1.10
潮湿路基	低、中、高液限黏土	0.40～0.60	0.50～0.70	0.60～0.90	0.75～1.20
	粉土，粉质低、中液限黏土	0.45～0.70	0.55～0.80	0.70～1.00	0.80～1.30

注：1. 冻深小或填方路段，或者基、垫层为隔湿性能良好的材料，可采用低值；冻深大或挖方及地下水位高的路段，或者基、垫层为隔湿性能较差的材料，应采用高值；
2. 冻深小于 0.50m 的地区，一般不考虑结构层防冻厚度。

表 5-77　最大温度梯度标准值 T_g

公路自然区划	Ⅱ、Ⅴ	Ⅲ	Ⅳ、Ⅵ	Ⅶ
最大温度梯度/(℃/m)	88～83	90～95	86～92	93～98

注：海拔高时，取高值；湿度大时，取低值。

表 5-78 轴载调查与分析

序号	项目	内容
1	轴载当量换算系数法计算标载轴载日作用次数	利用当地称重站的测定和统计资料，或者通过设计站点进行轴载调查和测定，获取所设计公路的车型、轴型和轴载组成数据，分析计算设计车道使用初期的标准轴载日作用次数。分析计算可选用下述轴载当量换算系数法或车辆当量轴载系数法。 (1)轴载当量换算系数法。统计 1 000 辆 2 轴 6 轮以上客、货车辆中单轴、双联轴和二联轴 3 种轴型分别出现的次数，并分别称取其轴重。称重测定资料分别按轴型和轴重级位整理，得到各种轴型的轴载谱。单轴轴载按 10kN 分级，双联轴和三联轴轴载按 20kN 分级。各种轴型不同轴载级位的标准轴载当量换算系数按式(5-59)计算确定。 $$k_{p,ij}=\delta_{ij}\left(\frac{P_{ij}}{100}\right)^{16} \quad (5\text{-}59)$$ 式中，$k_{p,ij}$——各种轴型不同轴载级位的标准轴载当量换算系数； i——轴型； j——二轴载级位； P_{ij}——i 种轴型 j 级轴载的轴重(kN)； δ_{ij}——i 种轴型 j 级轴载的轴一轮型系数。 由轴载谱和轴载当量换算系数可按式(5-60)计算得到设计车道使用初期的标准轴载日作用次数。 $$N_s=\frac{ADTT}{1\ 000}\sum_i n_i\sum_j(k_{p,ij}\times P_{ij}) \quad (5\text{-}60)$$ 式中，N_s——设计车道使用初期的标准轴载日作用次数； n_i——每 1 000 辆 2 轴 6 轮以上客，货车辆中 i 种轴型出现的次数； P_{ij}——i 种轴型 j 级轴载的频率(以分数计)。
2	车辆当量轴载系数法计算标载轴载日作用次数	将 2 轴 6 轮以上客、货车辆分为 3 大类：整车类，细分为单后轴货车、双后轴货车和大客车 3 类；半挂车类，细分为 3 轴、4 轴和 5 轴以上 3 类；全挂车类，细分为 4 轴、5 轴、6 轴和 6 轴以上 3 类。各类车辆的轴型分为单轴、双联轴和三联轴 3 种。 称重测定资料分别按车型和轴型整理得到相应的轴载谱。单轴轴载按 10kN 级，双轴轴载和三轴轴载按 20kN 分级。 各类车辆的当量轴载系数按式(5-61)计算确定。 $$k_{p,k}=\sum_i[\sum_j(k_{p,ij}\times P_{ij})] \quad (5\text{-}61)$$ 式中，$k_{p,k}$——车辆当量轴载系数； k——车辆类型； P_{ij}——i 种轴型 j 级载的频率(以分数计)。 由各类车辆的组成数据，可按式(5-62)计算得到标准轴载日作用次数。 $$N_s=ADTT\times\sum_k(k_{p,k}\times P_k) \quad (5\text{-}62)$$ 式中，N_s——标准轴载日作用次数； P_k——k 类车辆的组成比例(以分数计)。
3	标准轴载累计作用次数	设计基准期内水泥混凝土面层临界荷位处所承受的标准轴载累计作用次数，可按式(5-63)计算确定 $$N_e=\frac{N_s\times[(1+g_r)^t-1]\times 365}{g}\eta \quad (5\text{-}63)$$ 式中，N_e——标准轴载累计作用次数； t——设计基准期； g_r——交通量年平均增长率； η——临界荷位处的车辆轮迹横向分布系数，按表 5-80 选用。

表 5-79　交通量车道分配系数

单向车道数	1	2	3	≥4
车道分配系数	1.0	0.8～1.0	0.6～0.8	0.5～0.75

注:交通量大时,取低值;交通量小时,取高值。利用当地交通量观测站的观测和统计资料,或者通过设立站点进行交通量观测,获取所设计公路的初期年平均日交通量(双向)和车辆组成数据,剔除 2 轴 4 轮以下的客、货车辆交通量,得到初期年平均日货车交能量(双向)。调查分析双向交通的分布情况,选取交通量方向分配系数,一般情况可采用 0.5。依据设计公路的车道数,参照表 5-79 确定交通量车道分配系数。

表 5-80　车辆轮迹横向分布系数

公路等级		纵缝边缘处
高速公路、一级公路、收费站		0.17～0.22
二级及二级以下公路	行车道宽>7m	0.34～0.39
	行车道宽≤7m	0.54～0.62

注:车道或行车道宽或者交通量较大地,取高值;反之,取低值。

表 5-81　各类基层厚度的适宜范围

基层类型	厚度适宜的范围/mm
贫混凝土或碾压混凝土基层	120～200
水泥或石灰粉煤灰稳定粒料基层	150～250
沥青混凝土基层	40～60
沥青稳定碎石基层	80～100
级配粒料基层	150～200
多孔隙水泥稳定碎石排水基层	100～140
沥青稳定碎石排水基层	80～100

表 5-82　水泥混凝土面层厚度的参考范围

交通等级	特重				重			
公路等级	高速	一级		二级	高速	一级		二级
变异水平等级	低	中	低	中	低	中	低	中
面层厚度/mm	≥260	≥250	≥240		270～240	260～230	250～220	
交通等级	中等					轻		
公路等级	二级		三、四级	三、四级	三、四级			
变异水平等级	高	中	高	中	高	中		
面层厚度/mm	240～210	230～200		220～200	≤230	≤220		

表 5-83　横向接缝间距

面层类型	间　距
普通混凝土	一般为 4～6m，面层板的长宽不宜超过 1.30m，平面尺寸不宜大于 $25m^2$。
碾压混凝土或钢钎混凝土面层	6～10m
钢筋混凝土	6～15m

表 5-84　各级公路水泥混凝土面层的表面构造深度要求　（单位：mm）

公路等级	高速公路、一级公路	二、三、四级公路
一般路段	0.70～1.10	0.50～0.90
特殊路段	0.80～1.20	0.60～1.00

注：1. 特殊路段——对于高速公路和一级公路系指立交、平交或变速车道等处，对于其他等级公路系指急弯、陡坡、交叉口或集镇附近；
2. 年降雨量 600mm 以下的地区，表列数值可适当降低。

表 5-85　拉杆直径、长度和间距　（单位：mm）

面层厚度/mm	到自由边或未设拉杆纵缝的距离/m					
	3.00	3.50	3.75	4.50	6.00	7.5
200～250	14×700×900	14×700×800	14×700×700	14×700×600	14×700×500	14×700×400
260～300	16×800×900	16×800×800	16×800×700	16×800×600	16×800×500	16×800×400

注：拉杆直径、长度和间距的数字为直径×长度×间距。

表 5-86　传力杆尺寸和间距　（单位：mm）

面层厚度/mm	传力杆直径	传力杆最小长度	传力杆最大间距
220	28	400	300
240	30	400	300
260	32	450	300
280	35	450	300
300	38	500	300

表 5-87　路面垫层材料的级配渗滤标准

粒径级别	渗滤标准
防冻垫层所用砂、砂砾材料	通过 0.075mm 筛孔的细粒含量不宜大于 5%。
排水层垫层材料	垫层材料通过率为 15%时的粒径 D_{15} 不小于路床土通过率为 15%时的粒径 d_{15} 的 5 倍（$D_{15} \geqslant 5d_{15}$）； 垫层材料通过率为 15%时的粒径 D_{15} 不大于路床土通过率为 85%时的粒径 d_{85} 的 5 倍（$D_{15} \leqslant 5d_{85}$）； 垫层材料通过率为 50%时的粒径 D_{50} 不大于路床土通过率为 50%时的粒径 d_{50} 的 25 倍（$D_{50} \leqslant 25d_{50}$）； 垫层材料的均匀系数（$D_{50}$、$D_{10}$）不大于 20。

表 5-88 路面基层材料选择

基层材料	粒径选择
混凝土骨料	贫混凝土骨料公称最大粒径不宜大于 31.5mm，水泥用量不得少于 170kg/m^3，28d 弯拉强度标准值宜控制在 1.0～1.8MPa 范围内。碾压混凝土骨料公称最大粒径不得大于 26.5mm。
沥青混凝土	沥青混凝土基层宜采用骨料公称最大粒径为 19.0mm 或 26.5mm 的混合料。沥青碎石基层宜采用骨料公称最大粒长为 26.5mm 或 31.5mm 的混合料。
水泥稳定粒料、级配碎石或砾石骨料	水泥稳定粒料、级配碎石或砾石的骨料公称最大粒径宜为 26.5mm 或 19.0mm。小于 0.075mm 的细粒含量不得大于 5%，小于 4.75mm 的颗粒含量不宜大于 50%，细粒土的液限应小于 25%，塑性指数应小于 6。承受重交通时，水泥剂量宜为 5%；中等和轻交通时，水泥剂量宜为 4%。
石灰粉煤灰稳定粒料骨料	石灰粉煤灰稳定粒料的骨料公称最大粒径宜为 26.5mm。小于 0.075mm 的细粒含量不得大于 7%；小于 4.75mm 的颗粒含量不宜大于 52%。石灰与粉煤灰的配比宜为(1∶2)～(1∶4)；粒料与石灰、粉、煤灰的配比宜为 85∶(15～80)∶20。
多孔隙水泥稳定碎石骨料	多孔隙水泥稳定碎石的骨料公称最大粒径宜为 31.5mm 或 26.5mm。小于 0.075mm 的细粒含量不得大于 2%；小于 2.36mm 的颗粒含量不宜大于 5%；小于 4.75mm 的颗粒含量不宜大于 10%。水泥剂量一般为 9.5%～11%，水灰比一般为 0.39～0.43。
多孔隙沥青稳定碎石骨料	多孔隙沥青稳定碎石的骨料公称最大粒径宜为 26.5mm 或 19.00mm。小于 0.075mm 的细粒含量不得大于 2%；小于 0.6mm 的颗粒含量不宜大于 5%；小于 2.36mm 的颗粒含量不宜大于 15%；小于 4.75mm 的颗粒含量不宜大于 20%。沥青标号应选用 AH-50 或 AH-70，沥青用量一般为 2.5%～3.5%。

表 5-89 路面面层材料

骨料	粒径选择
水泥混凝土骨料	水泥混凝土骨料公称最大粒径不应大于 31.5mm(碎石)或 19.00mm(卵石)。砂的细度模数不宜小于 2.5；高速公路面层的用砂，其硅质砂或石英砂的含量不宜低于 25%。 水泥用量不得小于 300kg/m^3；(非冰冻地区)或 320kg/m^3(冰冻地区)。冰冻地区的混凝土中必须掺加引气剂。 厚度大于 280mm 的普通混凝土面层一分上下两层连续铺筑时，上层一般为总厚度的 1/3，可采用高强、耐磨的混凝土材料，碎石骨料公称最大粒径为 19mm。
钢纤维混凝土骨料	钢纤维混凝土骨料公称最大粒径宜为钢纤维长度的 1/2～2/3，并不宜大于 26.5mm(铣削型钢纤维)或 19mm(剪切型或熔抽型钢纤维)。钢纤维的抗拉强度标准值不宜小于 600 级(600～1 000MPa)，以体积率计的钢纤维掺量一般为0.6%～1.0%。水泥用量不得低于 360kg/m^3(非冰冻地区)或 380kg/m^3(冰冻地区)。
碾压混凝土面层骨料	碾压混凝土面层混凝土的骨料公称最大粒径不宜大于 19.0mm，水泥用量不得少于 280kg/m^3(非冰冻地区)或 310kg/m^3(冰冻地区)。
混凝土预制块	混凝土预制块的抗压强度不宜低于 50MPa(非冰冻地区)或 60MPa(冰冻地区)。其外观质量、尺寸偏差和物理性能应符合优等品或一等品的规定。稳平层垫砂宜选用细度模数为 2.3～3.0 的天然砂，4.75mm 筛孔的累计筛余量不应大于 5%，含泥量不应大于 5%。

表 5-90 混凝土试配弯拉强度均值

项 目	内 容
混凝土试配弯拉强度均值	混凝土配合比设计时的混凝土试配弯拉强度的均值应按式(5-64)确定。 $$f_{rm}=\frac{f_r}{1-1.04c_v}+ts \quad (5\text{-}64)$$ 式中，f_{rm}——混凝土试配弯拉强度的均值(MPa)； f_r——混凝土弯拉强度标准值(MPa)； c_v——混凝土弯拉强度的变异系数； s——混凝土弯拉强度试验样本的标准差； t——保证率系数，按样本数 n 和判别概率 p 参照表 5-91 确定。

表 5-91 保证率系数

公路等级	判别概率 p	样本数 n				
		3	6	9	15	20
高速公路	0.05	1.36	0.79	0.61	0.45	0.39
一级公路	0.10	0.95	0.59	0.46	0.35	0.30
二级公路	0.15	0.72	0.46	0.37	0.28	0.24
三、四级公路	0.20	0.56	0.37	0.29	0.22	0.19

表 5-92 双层混凝土板应力分析

序号	项 目	内 容
1	荷载应力分析	(1)双层混凝土板的临界荷位仍为板的纵向边缘中部。标准轴载 P_S 在临界荷位处产生的上层和下层混凝土板的荷载疲劳应力 σ_{pr1} 和 σ_{pr2}，分别按式(5-44)计算确定；但结合式双层板仅需计算下层板的荷载疲劳应力 σ_{pr2}。其中，应力折减系数、荷载疲劳应力系数和综合系数的确定方法，与单层混凝土板完全相同。 (2)标准轴载 P_S 在临界荷位处产生的分离式双层板上层和下层的荷载应力或者结合式双层板下层的荷载应力，分别由式(5-65)和式(5-66)确定。 $$\sigma_{pr1}=0.077r_g^{0.60}\frac{E_{c1}h_{01}}{12D_g} \quad (5\text{-}65)$$ $$\sigma_{ps2}=0.077r_g^{0.60}\frac{E_{c2}(0.5h_{02}+h_xk_u)}{6D_g} \quad (5\text{-}66)$$ 式中，σ_{pr1}、σ_{pr2}——双层混凝土板上层和下层的荷载应力(MPa)； E_{c1}、E_{c2}——双层混凝土板上层和下层的弯拉弹性模量(MPa)； h_{01}、h_{02}——双层混凝土板上层和下层的厚度(m)； h_x——下层板中面至结合式双层板中性面的距离(m)； $$h_x=\frac{E_{c1}h_{01}(h_{01}+h_{02})}{2(E_{c1}h_{01}+E_{c2}h_{02})} \quad (5\text{-}67)$$ k_u——层间结合系数，分离式时，$k_u=0$；结合式时，$k_u=1$； D_g——双层混凝土板的截面总刚度(MN－m)。 双层混凝土板的截面总刚度为上层板和下层板对各自中面的弯曲刚度以及由截面轴向力所构成的弯曲刚度三者之和，按式(5-68) $$D_g=\frac{E_{c1}h_{01}^3}{12}+\frac{E_{c2}h_{02}^3}{12}+\frac{E_{c1}h_{01}E_{c2}h_{02}(h_{01}+h_{02})^2}{4(E_{c1}h_{01}+E_{c2}h_{02})}k_u \quad (5\text{-}68)$$

续表

<table>
<tr><th>序号</th><th>项　目</th><th>内　　　容</th></tr>
<tr><td>1</td><td>荷载应力分析</td><td>r_g——双层混凝土板的相对刚度半径(m)；
$$r_g=1.23\left(\frac{D_g}{E_t}\right)^{1/3} \quad (5\text{-}69)$$
式中符号意义同前。
下层板中面至结合式双层板中性面的距离可按式(5-67)计算。
双层混凝土板的相对刚度半径按式(5-69)计算。</td></tr>
<tr><td>2</td><td>温度应力分析</td><td>(1)双层混凝土板上层和下层的温度疲劳应力 σ_{tr1} 和 σ_{tr2} 分别按式(5-44)计算确定，但分离式双层板仅需计算上层板的温度疲劳应力 σ_{tr1}，结合式双层板仅需计算下层板的温度疲劳应力 σ_{tr2}。其中，温度疲劳应力系数的确定方法与单层混凝土板完全相同。
(2)分离式双层混凝土板上层的最大温度翘曲应力按式(5-70)计算。
$$\sigma_{tm1}=\frac{\alpha_c E_{c1} h_{01} T_g}{2}B_{x1} \quad (5\text{-}70)$$
$$B_{x1}=\xi_1 B_x \quad (5\text{-}71)$$
$$\xi_1=C_x^{0.32-0.811n}\left(\frac{h_{01}E_{c1}}{h_{02}E_{c2}}+2.5\frac{h_{01}}{h_{02}}\right) \quad (5\text{-}72)$$
式中，σ_{tm1}——分离式双层混凝土板上层的最大温度翘曲应力(MPa)；
B_{x1}——分离式双层混凝土板的温度应力系数，可近似按式(5-71)和式(5-72)计算确定；
B_x——上层混凝土板的温度应力系数，按 l/r_g 和 h_{01} 查表 5-93 中图确定；
C_x——混凝土板的温度翘曲应力系数，按 l/r_g 查表 5-93 中图确定；
其他符号意义同前。
(3)结合式双层混凝土板下层的最大温度翘曲应力按式(5-73)计算确定。
$$\sigma_{tm2}=\frac{\alpha_c E_{c2}(h_{01}+h_{02})T_g}{2}B_{x2} \quad (5\text{-}73)$$
$$B_{x2}=\xi_2 B_x \quad (5\text{-}74)$$
$$\xi_2=1.77-0.27\ln\left(\frac{h_{01}E_{c1}}{h_{02}E_{c2}}+18\frac{E_{c1}}{E_{c2}}-2\frac{h_{01}}{h_{02}}\right) \quad (5\text{-}75)$$
式中，σ_{tm2}——结合式双层混凝土板下层的最大温度翘曲应力(MPa)；
B_{x2}——结合式双层混凝土板的温度应力系数，可按式(5-74)和式(5-75)计算；
B_x——混凝土板的温度应力系数，按 l/r_g 和(h_{01}，h_{02})查表 5-93 中图 1 确定；
其他符号意义同前。</td></tr>
</table>

表 5-93　有沥青上面层的混凝土板应力分析

<table>
<tr><th>序号</th><th>项　目</th><th>内　　　容</th></tr>
<tr><td>1</td><td>荷载应力分析</td><td>(1)有沥青上面层的混凝土板的临界荷位，为板的纵向边缘中部。标准轴载 P_s 在临界荷位处产生的荷载疲劳应力 σ_{pr}，按式 5-96 计算确定，其中，应力折减系数、荷载疲劳应力系数和综合系数的确定方法，与单层混凝土板完全相同。
(2)标准轴载只在有沥青上面层的混凝土板临界荷位处产生的荷载应力按式(5-76)计算。
$$\sigma_{psa}=(1-\xi h_a)\sigma_{ps} \quad (5\text{-}76)$$
式中，σ_{psa}——标准轴载 P_s 在有沥青上面层的混凝土板临界荷位处产生的荷载应力(MPa)；
ξ——系数，可由图 1 查取；
h_a——沥青上面层厚度(m)；
σ_{ps}——标准轴载在无沥青上面层的混凝土板临界荷位处的荷载应力(MPa)。</td></tr>
</table>

续表

序号	项　目	内　　　　容
1	荷载应力分析	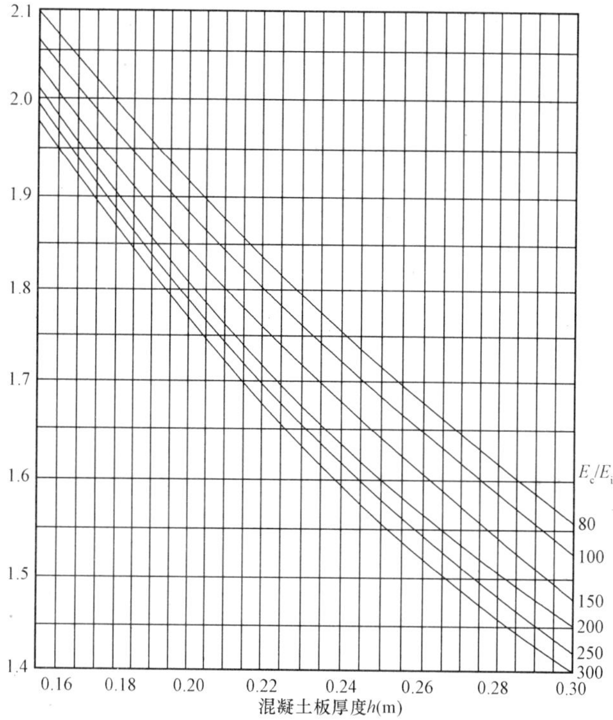 图 1　系数 ξ 图
2	温度应力分析	有沥青上面层的混凝土板临界荷位处温度疲劳应力按式(5-77)确定。 $$\sigma_{tra}=(1+\xi' h_a)\sigma_{tr} \quad (5\text{-}77)$$ 式中，σ_{tra}——有沥青上面层的混凝土板临界荷位处温度疲劳应力(MPa)； ξ'——系数，可由图 2 查取； σ_{tr}——无沥青上面层时混凝土板在临界荷位处的温度疲劳应力(MPa)，其中，计算混凝土板最大温度翘曲应力 σ_{tm} 时，其最大温度梯度 T_g 值须考虑沥青上面层厚度的影响按表 5-94 取值。 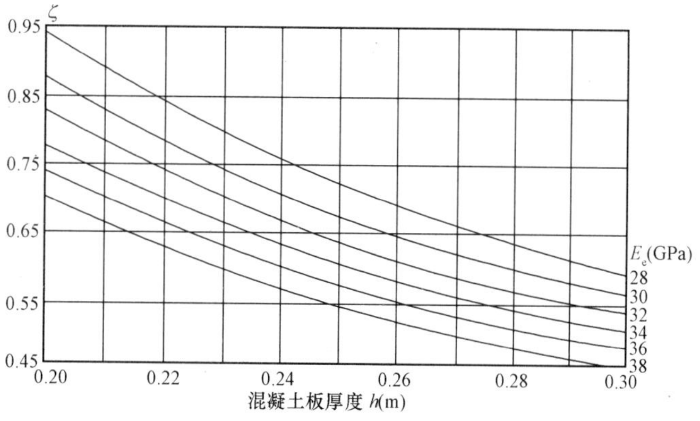 图 2　系数 ξ′图

表 5-94 有沥青上面层的混凝土板的最大温度梯度值 T_g （单位:℃/m）

h_a/m	公路自然区划			
	Ⅱ、Ⅴ	Ⅲ	Ⅳ、Ⅵ	Ⅶ
0.00	83～88	96～95	86～92	93～98
0.04	58～62	62～67	60～65	66～70
0.08	40～43	16～48	13～19	47～50
0.12	28～30	30～32	29～31	31～33

表 5-95 连续配筋混凝土面层纵向配筋计算

序号	项 目	内 容
1	横向裂缝平均间距	横向裂缝平均间距按式(5-78)和式(5-79)计算确定。 $L_d=\dfrac{2b}{\sqrt{\dfrac{4k_s}{d_sE_ss}(1+\varphi)}}$ (5-78) $\varphi=\rho\dfrac{E_s}{E_c}$ (5-79) $\lambda_c=\dfrac{f_t}{E_c(\alpha_c\Delta T+\varepsilon_{sh})}$ (5-80) 式中,L_d——横向裂缝平均间距(m); φ——钢筋刚度贡献率(%),按式(5-79)计算确定; σ——配筋率(%); E_s——钢筋弹性模量(MPa),可参考表5-99取用; E_c——混凝土弹性模量(MPa)。 d_s——钢筋直径(mm); k_s——黏结刚度系数(MPa/mm),可参考表5-100取用; b——随系数φ和λ_c而变的系数,可查图1得到; λ_c——混凝土温缩应力系数,由式(5-80)计算确定; f_t——混凝土抗拉强度标准值(MPa),可参考表5-100取用; α_c——混凝土线膨胀系数,通常取为1×10^{-5}/℃; ΔT——设计温差,为混凝土的平均养护温度与设计最低温度之差,可近似取为所在地区的日平均最高气温与最低气温之差; ε_{sh}——连续配筋混凝土干缩应变,可参考表5-100取用。 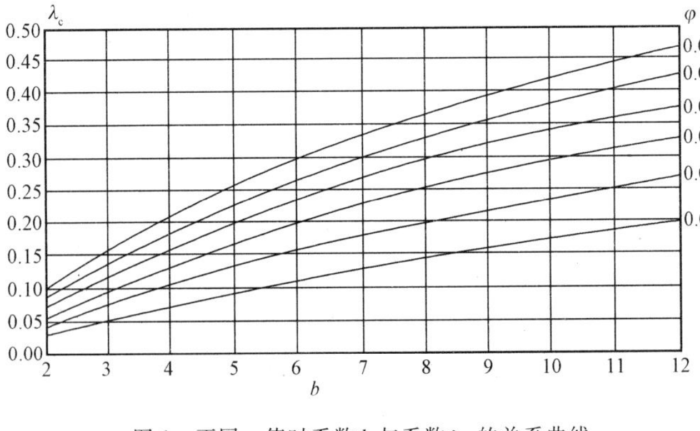 图1 不同φ值时系数b与系数λ_c的关系曲线

续表

<table>
<tr><th>序号</th><th>项　　目</th><th>内　　　　　　　　容</th></tr>
<tr><td>2</td><td>裂缝缝隙宽度</td><td>裂缝缝隙宽度可按式(5-81)计算确定。
$$b_j=(\alpha_c\Delta T+\varepsilon_{sh})\lambda_b L_d \quad (5\text{-}81)$$
式中，b_j——裂缝缝隙宽度(mm)；
λ_b——裂缝宽度系数，可由钢筋刚度贡献率 φ 值和 b 值查图 2 得到，其他符号意义同前。
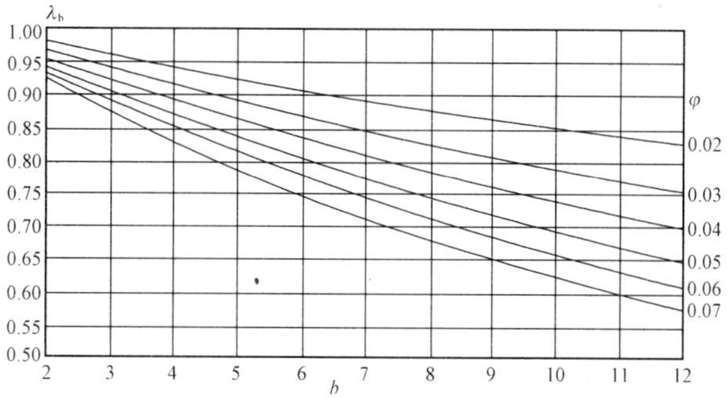

图 2　不同 φ 值时系数 b 与裂缝宽度系数 λ_b 的关系曲线</td></tr>
<tr><td>3</td><td>钢筋应力</td><td>钢筋应力可由式(5-82)计算得到。
$$\sigma_s=E_s(\alpha_c\Delta T\lambda_{st}+\alpha_s\Delta T) \quad (5\text{-}82)$$
式中，σ_s——钢筋应力(MPa)；
λ_{st}——钢缝温度应力系数，可由钢筋刚度贡献率 φ 值和 b 值查图 3 得到；
α_s——钢筋线膨胀系数，通常取为 $9\times10^{-6}/℃$；
其他符号意义同前。
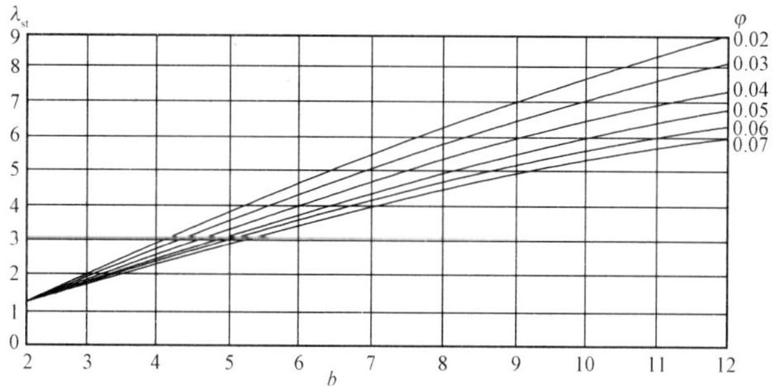

图 3　不同 φ 值时系数 b 与钢筋温度应力系数 λ_{st} 的关系曲线</td></tr>
<tr><td>4</td><td>纵向配筋率计算</td><td>(1)初拟配筋率 ρ，按式(5-79)计算钢筋刚度贡献率 φ，再按式(5-80)计算混凝土温缩应力系数 λ_c，然后根据 φ 和 λ_c 查图 1 得系数 b，最后按式(5-78)计算裂缝间距 L_d，当 $L_d>2.5$m 或 $L_d<1.0$m 时，应增大或减小配筋率，重复上述计算至符合要求。
(2)由钢筋刚度贡献率 φ 值和 b 值，查图 2 得到裂缝宽系数 λ_b，按式(5-81)计算裂缝缝隙宽度 b_j，当 $b\leqslant1$mm 时，满足要求，否则应增大配筋率，重复上述计算至符合要求。
(3)由钢筋刚度贡献率 φ 值和 b 值，查图 3 得到钢筋温度应力系数 λ_{st}。按式(5-82)计算钢筋应力 σ_s，当 $\sigma_s\leqslant f_{sv}$时，满足要求；否则应增大配筋率，重复上述计算至符合要求。
(4)综合上述 3 项计算结果，最终确定配筋率，并进一步确定钢筋根数，在满足纵向钢筋间距要求的条件下，宜选用直径较小的钢筋。</td></tr>
</table>

表 5-96　中湿路基路床顶面回弹模量经验参考值范围　　（单位：MPa）

土组	公路自然区划				
	Ⅱ	Ⅲ	Ⅳ	Ⅴ	Ⅵ
土质砂	26～42	40～50	39～50	35～60	50～60
黏质土	25～45	30～40	25～45	30～45	30～45
粉质土	22～46	32～51	30～50	27～43	30～45

表 5-97　垫层和基层材料回弹模量经验参考值范围

材料类型	回弹模量(肋)	材料类型	回弹模量/m
中、粗砂	80～100	石灰粉煤灰稳定粒料	1300～1700
天然砂砾	150～200	水泥稳定粒料	1300～1700
未筛分碎石	180～220	沥青碎石（粗粒式，20℃）	600～800
级配碎砾石（垫层）	200～250	沥青混凝土（粗粒式，20℃）	800～1200
级配碎砾石（基层）	250～350	沥青混凝土（中粒式，20℃）	1 000～1400
石灰土	200～700	多孔隙水泥碎石（水泥剂量 9.5%～11%）	1300～1700
石灰粉煤灰土	600～900	多孔隙沥青碎石（20℃，沥青含量 2.5%～3.5%）	600～800

表 5-98　水泥混凝土弯拉弹性模量经验参考值

弯拉强度/MPa	1.0	1.5	2.0	2.5	3.0
抗压强度/MPa	5.0	7.7	11.0	14.9	19.3
弯拉弹性模量/GPa	10	15	18	21	23
弯拉强度/MPa	3.5	4.0	4.5	5.0	5.5
抗压强度/MPa	24.2	29.7	35.8	41.8	48.4
弯拉弹性模量/GPa	25	27	29	31	33

表 5-99　钢筋强度和弹性模量经验参考值

钢筋种类	钢筋直径 d/mm	屈服强度 f_{sv}/MPa	弹性模量 E_s/MPa
R235(Q235)	8～20	235	2.1×10
HRB335	6～50	335	2.0×10^5
HRB400	6～50	400	2.0×10^8
KL400	8～40	400	2.0×10^5

表 5-100　连续配筋混凝土纵向配筋计算参数经验参考值

混凝土强度等级	C30	C35	C40
混凝土抗拉强度标准值 f_t/MPa	3.0	3.2	3.5
黏结刚度系数 k_s/(MPa/mm)	30	32	34
连续配筋混凝土干缩应变 ε_{sh}	0.00045	0.0003	0.0002

第五节　道路照明

道路照明设计见表 5-101～表 5-109。

表 5-101　机动车交通道路照明标准值

级别	道路类型	路面亮度			路面照度		眩光限制阈值增量 $T1$(%)最大初始值	环境比 SR 最小值
		平均亮度 L_{av} /(cd/m²)	总均匀度 U_o 最小值	纵向均匀度 U_L 最小值	平均照度 E_{av}(lx) 维持值	均匀度 U_E 最小值		
Ⅰ	快速路、主干路(含迎宾路、通向政府机关和大型公共建筑的主要道路，位于市中心或商业中心的道路)	1.5/2.0	0.4	0.7	20/30	0.4	10	0.5
Ⅱ	次干路	0.75/1.0	0.4	0.5	10/15	0.35	10	0.5
Ⅲ	支路	0.5/0.75	0.4	—	8/10	0.3	15	—

注：1. 表中所列的平均照度仅适用于沥青路面。若系水泥混凝土路面，其平均照度值可相应降低约 30%。根据表5-102给出的平均亮度系数可求出相同的路面平均亮度，沥青路面和水泥混凝土路面分别需要的平均照度。

2. 计算路面的维持平均亮度或维持平均照度时应根据光源种类、灯具防护等级和擦拭周期，按照表 5-105 确定维护系数。

3. 表中各项数值仅适用于干燥路面。

4. 表中对每一级道路的平均亮度和平均照度给出了两档标准值，“/”的左侧为低档值，右侧为高档值。

表 5-102　路面亮度系数

项　目	内　容
路面亮度系数	(1)亮度系数(q)为路面上某点的亮度和该点的水平照度之比(即 $q=L/E$)。它除了与路面材料有关外，还取决于观察者和光源相对于路面所考察的那一点的位置，即 $q=q(\beta,\gamma)$。其中 β 为光的入射平面和观察平面之间的角度，γ 为入射光线的垂直角(图 1)。 (2)根据亮度系数的定义，可按下式进行亮度计算： $$L=qE=q(\beta,\gamma)E(c,\gamma)=\frac{q(\beta,\gamma)I(c,\gamma)}{H^2}\cdot\cos^3\gamma=r(\beta,\gamma)\frac{I(c,\gamma)}{H^2} \quad (5\text{-}83)$$ $$r(\beta,\gamma)=q(\beta,\gamma)cos^3\gamma \quad (5\text{-}84)$$ 式中，$r(\beta,\gamma)$——简化亮度系数，见表 5-103 和表 5-104； $I(c,\gamma)$——灯具指向 c、γ 所确定的方向上的光强。

续表

项目	内容
路面亮度系数	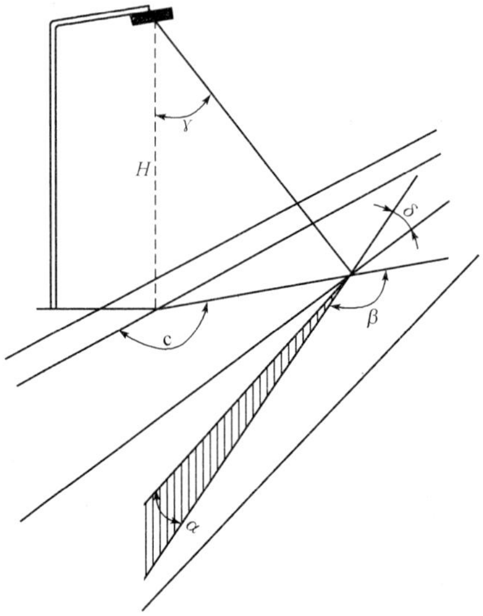 图1　确定路面亮度系数的角度

表 5-103　沥青路面的简化亮度系数 r

$\tan\gamma$ \ $\beta/(°)$	0	2	5	10	15	20	25	30	35	40	45	60	75	90	105	120	135	150	135	180
0	329	329	329	329	329	329	329	329	329	329	329	329	329	329	329	329	329	329	329	329
0.25	362	358	371	364	371	369	362	357	351	349	348	340	328	312	299	294	298	298	292	281
0.5	379	368	375	373	367	359	350	340	328	317	306	280	266	249	237	237	231	231	227	235
0.75	380	375	378	365	351	334	315	295	275	256	239	218	198	178	175	176	176	169	175	176
1	372	375	372	354	315	277	243	221	205	192	181	152	134	130	125	125	125	129	128	128
1.25	375	373	352	318	365	221	189	166	150	136	125	107	91	93	91	91	88	94	97	97
1.5	354	352	336	271	213	170	140	121	109	97	87	76	67	65	66	66	67	68	71	71
1.75	333	327	302	222	166	129	104	90	75	68	63	53	51	49	49	49	52	51	53	54
2	318	310	266	180	121	90	75	62	54	50	48	40	40	38	38	38	41	41	43	45
2.5	268	262	205	119	72	50	41	36	33	29	26	25	23	24	25	24	26	26	29	28
3	227	217	147	74	42	29	25	23	21	19	18	16	16	17	18	17	19	19	21	23
3.5	194	168	106	47	30	22	17	14	13	12	12	11	10	11	12	13	15	15	15	14
4	168	136	76	34	19	14	13	11	10	10	10	8	8	9	10	9	11	11	11	13
4.5	141	111	54	21	14	11	9	8	8	8	8	7	7	8	8	8	8	8	10	11
5	126	90	43	17	10	8	8	7	6	6	7	6	7	6	6	7	8	8	8	9

续表

tanγ \ β/(°)	0	2	5	10	15	20	25	30	35	40	45	60	75	90	105	120	135	150	135	180
5.5	107	79	32	12	8	7	7	7	6	5	—	—	—	—	—	—	—	—	—	—
6	94	65	26	10	7	6	6	6	5	—	—	—	—	—	—	—	—	—	—	—
6.5	86	56	21	8	7	6	5	5	—	—	—	—	—	—	—	—	—	—	—	—
7	78	50	17	7	5	5	5	5	—	—	—	—	—	—	—	—	—	—	—	—
7.5	70	41	14	7	4	3	4	—	—	—	—	—	—	—	—	—	—	—	—	—
8	63	37	11	5	4	4	4	—	—	—	—	—	—	—	—	—	—	—	—	—
8.5	60	37	10	5	4	4	4	—	—	—	—	—	—	—	—	—	—	—	—	—
9	56	32	9	5	4	3	—	—	—	—	—	—	—	—	—	—	—	—	—	—
9.5	53	28	9	4	4	4	—	—	—	—	—	—	—	—	—	—	—	—	—	—
10	52	27	7	5	4	3	—	—	—	—	—	—	—	—	—	—	—	—	—	—
10.5	45	23	7	4	3	3	—	—	—	—	—	—	—	—	—	—	—	—	—	—
11	43	22	7	3	3	3	—	—	—	—	—	—	—	—	—	—	—	—	—	—
11.5	44	22	7	3	3	—	—	—	—	—	—	—	—	—	—	—	—	—	—	—
12	42	20	7	4	3	—	—	—	—	—	—	—	—	—	—	—	—	—	—	—

注:1. 平均亮度系数 $Q_0=0.07$。

2. 表中 r 值已扩大 1 000 倍,实际使用时乘以 10^{-3}。

表 5-104 水泥混凝土路面的简化亮度系数 *r*

tanγ \ β/(°)	0	2	5	10	15	20	25	30	35	40	45	60	75	90	105	120	135	150	165	180
0	770	770	770	770	770	770	770	770	770	770	770	770	770	770	770	770	770	770	770	770
0.25	710	708	703	710	712	710	708	708	707	704	702	708	698	702	704	714	708	724	719	723
0.5	586	582	587	581	581	576	570	567	564	556	548	541	531	544	546	562	566	587	581	589
0.75	468	467	465	455	457	445	430	420	410	399	390	383	373	384	391	412	419	437	438	445
1	378	372	373	363	347	331	314	299	285	273	263	260	250	265	278	295	305	318	323	329
1.25	308	304	305	285	270	244	218	203	193	185	179	173	173	183	194	207	224	237	238	245
1.5	258	254	251	229	203	178	157	143	134	128	124	120	120	132	140	155	163	177	179	184
1.75	217	214	205	182	153	129	110	100	95	90	87	84	88	98	103	116	123	134	137	138
2	188	183	174	142	116	95	80	73	69	64	62	64	64	72	78	88	95	105	108	109
2.5	145	136	121	90	66	53	46	41	39	37	36	36	39	44	50	55	60	66	69	71
3	118	108	87	57	41	32	28	26	25	23	22	23	25	28	31	37	41	45	47	51
3.5	97	87	64	39	26	20	18	17	16	15	15	16	17	19	23	27	30	33	35	37
4	80	69	50	29	17	14	13	12	11	11	11	11	13	15	17	19	22	26	27	29

续表

tanγ \ β/(°)	0	2	5	10	15	20	25	30	35	40	45	60	75	90	105	120	135	150	165	180
4.5	70	58	37	21	13	10	9	8	8	8	8	9	10	12	14	16	17	20	21	22
5	60	51	29	15	9	7	7	6	6	6	6	7	7	9	10	12	14	17	17	18
5.5	52	41	23	12	7	6	6	6	5	4	—	—	—	—	—	—	—	—	—	—
6	48	36	19	8	6	5	5	5	5	—	—	—	—	—	—	—	—	—	—	—
6.5	44	32	17	7	6	5	5	5	—	—	—	—	—	—	—	—	—	—	—	—
7	41	26	14	6	5	4	4	4	—	—	—	—	—	—	—	—	—	—	—	—
7.5	37	26	12	6	4	3	3	—	—	—	—	—	—	—	—	—	—	—	—	—
8	34	23	11	5	4	3	3	—	—	—	—	—	—	—	—	—	—	—	—	—
8.5	32	21	9	5	4	3	3	—	—	—	—	—	—	—	—	—	—	—	—	—
9	29	19	8	4	3	3	—	—	—	—	—	—	—	—	—	—	—	—	—	—
9.5	27	17	7	4	3	3	—	—	—	—	—	—	—	—	—	—	—	—	—	—
10	26	16	6	3	3	3	—	—	—	—	—	—	—	—	—	—	—	—	—	—
10.5	25	16	6	3	2	1	—	—	—	—	—	—	—	—	—	—	—	—	—	—
11	23	15	6	3	2	1	—	—	—	—	—	—	—	—	—	—	—	—	—	—
11.5	22	14	6	3	2	—	—	—	—	—	—	—	—	—	—	—	—	—	—	—
12	21	14	5	3	2	—	—	—	—	—	—	—	—	—	—	—	—	—	—	—

注：1. 平均亮度系数 $Q_0=0.10$。

2. 表中 r 值已扩大 1 000 倍，实际使用时乘以 10^{-3}。

表 5-105　道路照明的维护系数

灯具防护等级	>IP54	≤IP54
维护系数	0.70	0.65

注：道路照明的维护系数为光源的光衰系数和灯具因污染的光衰系数的乘积。根据目前我国常用道路照明光源和灯具的品质及环境状况，以每年对灯具进行一次擦拭为前提，维护系数可按表 5-126 确定。

表 5-106　交会区照明标准值

交会区类型	路面平均照度 E_{av}(lx)，维持值	照度均匀度 U_E	眩光限制
主干路与主干路交会	30/50	0.4	在驾驶员观看灯具的方位角上，灯具在 80°和 90°高度角方向上的光强分别不得超过 30cd/1 000lm 和 10cd/1 000lm。
主干路与次干路交会			
主干路与支路交会			
次干路与次干路交会	20/30		
次干路与支路交会			
支路与支路交会	15/20		

注：1. 灯具的高度角是在现场安装使用姿态下度量。

2. 表中对每一类道路交会区的路面平均照度给出了两档标准值，“/”的左侧为低档照度值，右侧为高档照度值。

表 5-107　人行道路照明标准值

夜间行人流量	区域	路面平均照度 E_{av}(lx),维持值	路面最小照度 E_{min}(lx),维持值	最小垂直照度 E_{vmin}(lx),维持值
流量大的道路	商业区	20	7.5	4
	居住区	10	3	2
流量中的道路	商业区	15	5	3
	居住区	7.5	1.5	1.5
流量小的道路	商业区	10	3	2
	居住区	5	1	1

注:最小垂直照度为道路中心线上距路面 1.5m 高度处,垂直于路轴的平面的两个方向上的最小照度。

表 5-108　灯具的配光类型、布置方式与灯具的安装高度、间距的关系

配光类型	截光型		半截光型		非截光型	
布置方式	安装高度 H/m	间距 S/m	安装高度 H/m	间距 S/m	安装高度 H/m	间距 Sv/m
单侧布置	$H \geqslant W_{eff}$	$S \leqslant 3H$	$H \geqslant 1.2W_{eff}$	$S \leqslant 3.5H$	$H \geqslant 1.4W_{eff}$	$S \leqslant 4H$
双侧交错布置	$H \geqslant 0.7W_{eff}$	$S \leqslant 3H$	$H \geqslant 0.8W_{eff}$	$S \leqslant 3.5H$	$H \geqslant 0.9W_{eff}$	$S \leqslant 4H$
双侧对称布置	$H \geqslant 0.5W_{eff}$	$S \leqslant 3H$	$H \geqslant 0.6W_{eff}$	$S \leqslant 3.5H$	$H \geqslant 0.7W_{eff}$	$S \leqslant 4H$

注:W_{eff}为路面有效宽度(m)。

表 5-109　机动车交通道路的照明功率密度值

道路级别	车道数/条	照明功率密度值 (LPD)/(W/m²)	对应的照度值/(lx)
快速路主干路	≥6	1.05	30
	<6	1.25	
	≥6	0.70	20
	<6	0.85	
次干路	≥4	0.70	15
	<4	0.85	
	≥	0.45	10
	<4	0.55	
支路	≥2	0.55	10
	<2	0.60	
	≥2	0.45	8
	<2	0.50	

注:1. 本表仅适用于高压钠灯,当采用金属卤化物灯时,应将表中对应的 LPD 值乘以 1.3。
　2. 本表仅适用于设置连续照明的常规路段。
　3. 设计计算照度高于标准值时,LPD 值不得相应增加。

第六节 公路桥涵设计

一、设计要求

公路桥涵设计要求见表 5-110～表 5-120。

表 5-110 公路桥涵设计要求

项 目	说 明
一般规则	(1)公路桥涵结构的设计基准期为 100 年。 (2)公路桥涵结构应按承载能力极限状态和正常使用极限状态进行设计。 1)承载能力极限状态:对应于桥涵结构或其构件达到最大承载能力或出现不适于继续承载的变形或变位的状态。 2)正常使用极限状态:对应于桥涵结构或其构件达到正常使用或耐久性的某项限值的状态。 在进行上述两类极限状态设计时,应同时满足构造和工艺方面的要求。 (3)公路桥涵应根据不同种类的作用(或荷载)及其对桥涵的影响、桥涵所处的环境条件,考虑以下三种设计状况,并对其进行相应的极限状态设计。 1)持久状况:桥涵建成后承受自重、汽车荷载等持续时间很长的状况。该状况下的桥涵应进行承载能力极限状态和正常使用极限状态设计。 2)短暂状况:桥涵施工过程中承受临时性作用的状况。该状况下的桥涵仅作承载能力极限状态设计,必要时才作正常使用极限状态设计。 3)偶然状况:在桥涵使用过程中可能偶然出现的状况。该状况下的桥涵仅作承载能力极限状态设计。 (4)按持久状况承载能力极限状态设计时,公路桥涵结构的设计安全等级,应根据结构破坏可能产生的后果的严重程度划分为三个设计等级,并不低于表 5-111 的规定。对于有特殊要求的公路桥涵结构,其设计安全等级可根据具体情况研究确定。同一桥涵结构构件的安全等级宜与整体结构相同,有特殊要求时可作部分调整,但调整后的级差不得超过一级。特殊大桥宜进行景观设计;上跨高速公路、一级公路的桥梁应与自然环境和景观相协调。 (5)特大、大、中、小桥及涵洞按单孔跨径或多孔跨径总长分类规定如表 5-112 所示。
桥涵布置	(1)桥梁应根据公路功能、等级、通行能力及抗洪防灾要求,结合水文、地质、通航、环境等条件进行综合设计。特大、大桥桥位应选择河道顺直稳定、河床地质良好、河槽能通过大部分设计流量的河段。桥位不宜选择在河汊、沙洲、古河道、急弯、汇合口、港口作业区及易形成流冰、流木阻塞的河段以及断层、岩溶、滑波、泥石流等不良地质的河段。 (2)当桥址处有二个及二个以上的稳定河槽,或滩地流量占设计流量比例较大,且水流不易引入同一座桥时,可在各河槽、滩地、河汊上分别设桥,不宜用长大导流堤强行集中水流。平坦、草原、漫流地区,可按分片泄洪布置桥涵。天然河道不宜改移或裁弯取直。 (3)桥梁纵轴线宜与洪水主流流向正交。对通航河道上的桥梁,其墩台设水流方向的轴线应与最高通航水位时的主流方向一致。当斜交不能避免时,交角不宜大于 5°;当交角大于 5°时,宜增加通航孔净宽。 (4)桥涵水文、水力的计算应符合《公路工程地质勘察规范》(JTJ 064)和《公路工程水文勘测设计规范》(JTG C30)的规定。 (5)通航海轮桥梁的桥孔布置及净高应满足《通航海轮桥梁通航标准》(JTJ 311)的规定。通航内河桥梁的桥孔布置及净高应满足《内河通航标准》(GB 50139)的规定,并应充分考虑河床演变和不同通航水位航迹线的变化。 (6)为保证桥位附近水流顺畅,河槽、河岸不发生严重变形,必要时可在桥梁上、下游修建调治构造物。调治构造物的形式及其布置应根据河流性质、地形、地质、河滩水流情况以及通航要求、桥头引道、水利设施等因素综合考虑确定。非淹没式调治构造物的顶面,应高出桥涵设计洪水频率的水位至少 0.25m,必要时尚应考虑壅水高、波浪爬高、斜水流局部冲高、河床淤积等影响。允许淹没的调治构造物的顶面应高出常水位。单边河滩流量不超过总流量的 15%或双边河滩流量不超过 25%时,可不设导流堤。 (7)公路桥涵的设计洪水频率应符合表 5-113 的规定。

续表

项　目	说　　　　明
桥涵孔径	(1)桥涵孔径的设计必须保证设计洪水以内的各级洪水及流水、泥石流、漂流物等安全通过，并应考虑壅水、冲刷对上下游的影响，确保桥涵附近路堤的稳定。桥涵孔径的设计应考虑桥位上下游已建或拟建桥涵和水工建筑物的状况及其对河床演变的影响。桥涵孔径设计尚应注意河床地形，不宜过分压缩河道、改变水流的天然状态。 (2)小桥、涵洞的孔径，应根据设计洪水流量、河床地质、河床和锥坡加固形式等条件确定。当小桥、涵洞的上游条件许可积水时，依暴雨迳流计算的流量可考虑减少，但减少的流量不宜大于总流量的1/4。 (3)特大、大、中桥的孔径布置应按设计洪水流量和桥位河段的特性进行设计计算，并对孔径大小、结构形式、墩台基础埋置深度、桥头引道及调治构造物的布置等进行综合比较。 (4)计算桥下冲刷时，应考虑桥孔压缩后设计洪水过水断面所产生的桥下一般冲刷、墩台阻水引起的局部冲刷、河床自然演变冲刷以及调治构造物和桥位其他冲刷因素的影响。 (5)桥梁全长规定为：有桥台的桥梁为两岸桥台侧墙或八字墙尾端间的距离；无桥台的桥梁为桥面系长度。当标准设计或新建桥涵的跨径在50m及以下时，宜采用标准化跨径。桥涵标准化跨径规定如下：0.75m、1.0m、1.25m、1.5m、2.0m、2.5m、3.0m、4.0m、5.0m、6.0m、8.0m、10m、13m、16m、20m、25m、30m、35m、40m、45m、50m。
桥涵净空	(1)桥涵净空应符合图1公路建筑限界规定。 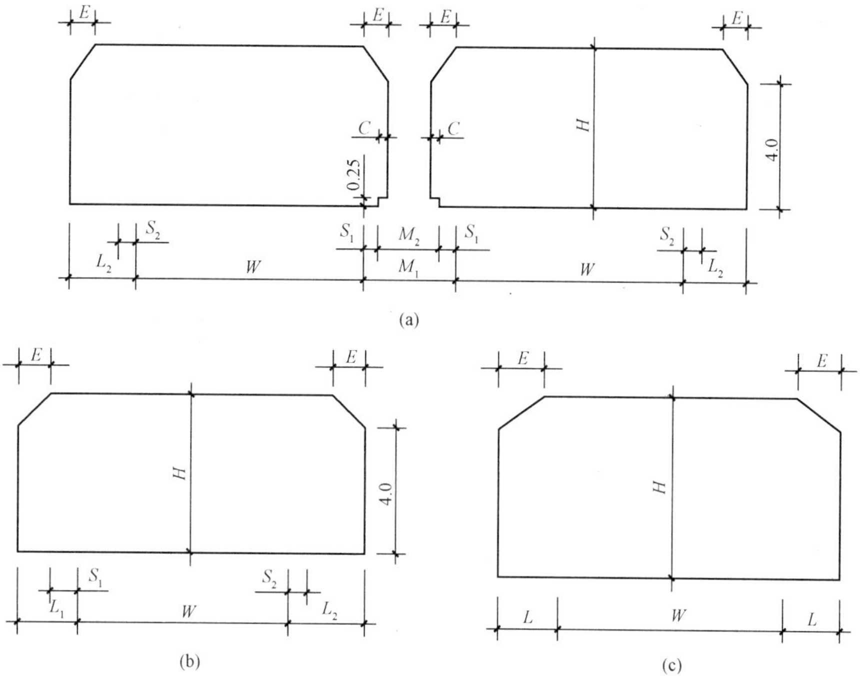 图1　桥涵净空(尺寸单位：m) (a)高速公路、一级公路(整体式)；(b)高速公路、一级公路(分离式)；(c)二、三、四级公路 图中，W——行车道宽度(m)，为车道数乘以车道宽度，并计入所设置的加(减)速车道，紧急停车道、爬坡车道、慢车道或错车道的宽度，车道宽度规定见表5-114； C——当设计速度大于100km/h时为0.5m；当设计速度等于或小于100km/h时为0.25m； S_1——行车道左侧路缘带宽度(m)，见表5-115； S_2——行车道右侧路缘带宽度(m)，应为0.5m； M_1——中间带宽度(m)，由两条左侧路缘带和中央分隔带组成，见表5-115；

续表

<table>
<tr><th>项 目</th><th>说 明</th></tr>
<tr><td>桥涵净空</td><td>图中，M_2——中央分隔带宽度(m)，见表5-115；
E——桥涵净空顶角宽度(m)，当 $L \leqslant 1m$ 时，$E=L$；当 $L>1m$ 时，$E=1m$；
H——净空高度(m)，高速公路和一级、二级公路上的桥梁应为5.0m，三、四级公路上的桥梁应为4.5m；
L_2——桥涵右侧路肩宽度(m)，见表5-116，当受地形条件及其他特殊情况限制时，可采用最小值。高速公路和一级公路上桥梁应在右侧路肩内设右侧路缘带，其宽度为0.5m。设计速度为120km/h的四车道高速公路上桥梁，宜采用3.50m的右侧路肩；六车道、八车道高速公路上桥梁，宜采用3.00m的右侧路肩。高速公路、一级公路上桥梁的右侧路肩宽度小于2.50m且桥长超过500m时，宜设置紧急停车带，紧急停车带宽度包括路肩在内为3.50m，有效长度不应小于30m，间距不宜大于500m；
L_1——桥梁左侧路肩宽度(m)，见表5-117。八车道及八车道以上高速公路上的桥梁宜设置左路肩，其宽度应为2.50m。左侧路肩宽度内含左侧路缘带宽度；
L——侧向宽度。高速公路、一级公路上桥梁的侧向宽度为路肩宽度(L_1、L_2)；二、三四级公路上桥梁的侧向宽度为其相应的路肩宽度减去0.25m。
1)各级公路应选用的设计速度见表5-118。确定桥涵净宽时，其所依据的设计速度应沿用各级公路选用的设计速度。当桥梁设置人行道时，桥涵净空应包括该部分的宽度；人行道、自行车道与行车道分开设置时，其净高不应小于2.5m。
2)高速公路、一级公路的特殊大桥为整体式上部结构时，其中央分隔带和路肩的宽度可根据具体情况适当减小，但减小后的宽度不应小于表5-115和表5-116规定的“最小值”。
3)高速公路、一级公路上的桥梁宜设计为上、下行两座分离的独立桥梁。
4)高速公路上的桥梁应设检修道，不宜设人行道。一、二、三、四级公路上桥梁的桥上人行道和自行车道的设置，应根据需要而定，并应与前后路线布置协调。人行道、自行车道与行车道之间，应设分隔设施。一个自行车道的宽度为1.0m；当单独设置自行车道时，不宜小于两个自行车道的宽度。人行道的宽度宜为0.75m或1.0m；大于1.0m时，按0.5m的级差增加。当设路缘石时，路缘石高度可取用0.25～0.35m。漫水桥和过水路面可不设人行道。
5)通行拖拉机或兽力车为主的慢行道，其宽度应根据当地行驶拖拉机或兽力车车型及交通量而定；当沿桥梁一侧设置时，不应小于双向行驶要求的宽度。
6)高速公路、一级公路上的桥梁必须设置护栏。二、三四级公路上特大、大、中桥应设护栏或栏杆和安全带，小桥和涵洞可仅设缘石或栏杆。不设人行道的漫水桥和过水路面应设标杆或护栏。
(2)桥下净空应根据计算水位(设计水位计入壅水、浪高等)或最高流冰水位加安全高度确定。当河流有形成流冰阻塞的危险或有漂浮物通过时，应按实际调查的数据，在计算水位的基础上，结合当地具体情况酌留一定富余量，作为确定桥下净空的依据。对于有淤积的河流，桥下净空应适当增加。在不通航或无流放木筏河流上及通航河流的不通航桥孔内，桥下净空不应小于表5-120的规定。无铰拱的拱脚允许被设计洪水淹没，但不宜超过拱圈高度的2/3，且拱顶底面至计算水位的净高不得小于1.0m。在不通航和无流筏的水库区域内，梁底面或拱顶底面离开水面的高度不应小于计算浪高的0.75倍加上0.25m。
(3)涵洞宜设计为无压力式的。无压力式涵洞内顶点至洞内设计洪水频率标准水位的净高应符合表5-119的规定。
(4)立体交叉跨线桥桥下净空应符合下列规定：
1)公路与公路立体交叉的跨线桥桥下净空及布孔除应符合(1)中桥涵净空的规定外，还应满足桥下公路的视距和前方信息识别的要求，其结构形式应与周围环境相协调。
2)铁路从公路上跨越通过的，其跨线桥桥下净空及布孔除应符合(1)中桥涵净空的规定外，还应满足桥下公路的视距和前方信息识别的要求。</td></tr>
</table>

续表

项 目	说 明
桥涵净空	3)农村道路与公路立体交叉的跨线桥桥下净空为: 当农村道路从公路上面跨越时,跨线桥桥下净空应符合(1)中建筑限界的规定;当农村道路从公路下面穿过时,其净空可根据当地通行的车辆和交叉情况而定,人行通道的净高应大于或等于2.2m,净宽应大于或等于4.0m;畜力车及拖拉萨市机通道的净高应大于或等于2.7m,净宽应大于或等于4.0m;农用汽车通道的净高应大于或等于3.2m,并根据交通量和通行农业机械的类型选用净宽,但应大于或等于4.0m;汽车通道的净高应大于或等于3.5m;净宽应大于或等于6.0m。 (5)车行天桥桥面净宽按交通量和通行农业机械类型可选用4.5m或7.0m;其汽车荷载应符合表5-128有关四级公路汽车荷载的规定。人行天桥桥面净宽应大于或等于3.0m。 (6)电讯线、电力线、电缆、管道等的设置不得侵入公路桥涵净空限界,不得妨害桥涵交通安全,并不得损害桥涵的构造和设施。严禁天然气输送管道、输油管道利用公路桥梁跨越河流。天然气输送管道离开特大、大、中桥的安全距离不应小于100m,离开小桥的安全距离不应小于50m。高压线跨河塔架的轴线与桥梁的最小间距,不得小于一倍塔高。高压线与公路桥涵的交叉应符合现行《公路路线设计规范》规定。
桥上线形及桥头引道	(1)桥上及桥头引道的线形应与路线布设相互协调,各项技术指标应符合路线布设的规定。桥上纵坡不宜大于4%,桥头引道纵坡不宜大于5%;位于是市镇混合交通繁忙处,桥上纵坡和桥头引道纵坡均不得大于3%。桥头两端引道线形应与桥上线形相配合。 (2)在洪水泛滥区域以内,特大、大、中桥桥头引道的路肩高程应高出桥梁设计洪水频率的水位加壅水高、波浪爬高、河弯超、河床淤积等影响0.5m以上。小桥涵引道的路肩高程,宜高出桥涵前壅水水位(不计浪高)0.5m以上。桥头锥体及引道应符合以下要求: 1)桥头锥体及桥台台后5~10m长度内的引道,可用砂性土等材料填筑。在非严寒地区当无透水性土时,可就地取土经处理后填筑。 2)锥坡与桥台两侧正交线的坡度,当有铺砌时,路肩边缘下的第一个8m高度内不宜陡于1:1;在8~12m高度内不宜陡于1 :1.25;高于12m的路基,其12m以下的边坡坡度应由计算确定,但不应陡于1:1.5,变坡处台前宜设宽0.5~2.0m的锥坡平台;不受洪水冲刷的锥坡可采用不陡于1:1.25的坡度;经常受水淹没部分的边坡坡度不应陡于1:2。 埋置式桥台和钢筋混凝土灌注桩式或排架桩式桥台,其锥坡坡度不应陡于1:1.5,对不受洪水冲刷的锥坡,加强防护时可采用不陡于1:1.25的坡度。 3)洪水泛滥范围以内的锥坡和引道的边坡坡面,应根据设计流速设置铺砌层。铺砌层的高度应为:特大、大、中桥应高出计算水位0.5m以上;小桥涵应高屈设计水位加壅水水位(不计浪高)0.25m以上。 (4)桥台侧墙后端和悬臂梁桥的悬臂端深入桥头锥坡顶点以内的长度,均不应小于0.75m(按路基和锥坡沉实后计)。高速公路、一级公路和二级公路的桥头宜设置搭板。搭板厚度不宜小于0.25m,长度不宜小于5m。
构造要求	(1)桥涵结构应符合以下要求: 1)结构在制造、运输、安装和使用过程中,应具有规定的强度、刚度、稳定性和耐久性。 2)结构的附加应力、局部应力应尽量减小。 3)结构型式和构造应便于制造、施工和养护。 4)结构物所用材料的品质及其技术性能必须符合相关现行标准的规定。 (2)公路桥涵应根据其所处环境条件选用适宜的结构型式和建筑材料,进行适当的耐久性设计,必要时应增加防护措施。 (3)桥涵的上、下部构造应视需要设置变形缝或伸缩缝,以减小温度变化、混凝土收缩和徐变、地基不均匀沉降以及其他外力所产生的影响。高速公路、一级公路上的多孔梁(板)桥宜采用连续桥面简支结构,或采用整体连续结构。

续表

项　目	说　　　　明
构造要求	(4)小桥涵可在进、出口和桥涵所在范围内将河床整治和加固，必要时在进、出口处设置减冲、防冲设施。 (5)漫水桥应尽量减小桥面和桥墩的阻水面积，其上部构造与墩台的连接必须可靠，并应采取必要的措施使基础不被冲毁。 (6)桥涵应有必要的通风、排水和防护措施及维修工作空间。 (7)需设置栏杆的桥梁，其栏杆的设计，除应满足受力要求外，尚应注意美观，栏杆高度不应小于 1.1m。 (8)安装板式橡胶支座时，应保证其上下表面与梁底面及墩台支承垫石顶面平整密贴、传力均匀，不得有脱空的橡胶支座。当板式橡胶支座设置于大于某一规定坡度上时，应在支座表面与梁底之间采取措施，使支座上、下传力面保持水平。变、坡、斜、宽桥梁宜选用圆形板式橡胶支座。公路桥涵不宜使用带球冠的板式橡胶支座或坡形的板式橡胶支座。墩台构造应满足更换支座的要求。
桥面铺装、排水和防水层	(1)桥面铺装的结构型式宜与所在位置的公路路面相协调。桥面铺装应有完善的桥面防水、排水系统。高速公路和一级公路上特大桥、大桥的桥面铺装宜采用沥青混凝土桥面铺装。 (2)桥面铺装应设防水层。圬工桥台背面及拱桥拱圈与填料间应设置防水层，并设盲沟排水。 (3)高速公路、一级公路上桥梁的沥青混凝土桥面铺装层厚度不宜小于 70mm；二级及二级以下公路桥梁的沥青混凝土桥面铺装层度不宜小于 50mm。沥青混凝土桥面铺装尚应符合现行《公路沥青路面设计规范》的有关规定。 (4)水泥混凝土桥面铺装面层(不含整平层和垫层)的厚度不宜小于 80mm，混凝土强度等级不应低于 C40。水泥混凝土桥面铺装层内应配置钢筋网。钢筋直径不应小于 8mm，间距不宜大于 100mm。水泥混凝土桥面铺装尚应符合《公路水泥混凝土路面设计规范》(JTG D40)的有关规定。 (5)正交异性板钢桥面沥青混凝土铺装结构应根据桥梁纵面线形、桥梁结构受力状态、桥面系的实际情况、当地气象与环境条件、铺装材料的性能等综合研究选用。 (6)桥面伸缩装置应保证能自由伸缩，并使车辆平稳通过。伸缩装置应具有良好的密水性和排水性，并应便于检查和清除沟槽的污物。特大桥和大桥宜使用模数式伸缩装置，其钢梁高度应按计算确定，但不应小于 70mm，并应具有强力的锚固系统。 (7)桥面应设排水设施。跨越公路、铁路、通航河流的桥梁，桥面排水宜通过设在桥梁墩台处的竖向排水管排入地面排水设施中。
养护及其他附属设施	(1)特大、大桥上部构造宜设置检查平台、通道、扶梯、箱内照明、入口井盖等专门供检查和养护用的设施，保证工作人员的正常工作和安全。条件许可时，特大、大桥应设置检修通道。特大桥和大桥的墩台宜根据需要设置测量标志，测量标志的设置应符合有关标准的规定。 (2)跨越河流或海湾的特大、大、中桥宜设置水尺或标志，较高墩台宜设围栏、扶梯等。 (3)斜拉桥和悬索桥的桥塔必须设置避雷设施。 (4)特大、大、中桥可视需要设防火、照明和导航设备以及养护工房、库房和守卫房等，必要时可设置紧急电话。

表 5-111　公路桥涵结构的设计安全等级

设计安全等级	一级	二级	三级
桥涵结构	特大桥、重要大桥	大桥、中桥、重要小桥	小桥、涵洞

注：本表所列特大、大、中桥等系按表 5-112 的单孔跨径确定，对多跨不等跨桥梁，以其中最大跨径为准；本表冠以“重要”的大桥和小桥，系指高速公路和一级公路上、国防公路上及城市附近交通繁忙公路上的桥梁。

表 5-112 桥梁涵洞分类

桥涵分类	多孔跨径总长 L/m	单孔跨径 L_K/m
特大桥	$L>1\ 000$	$L_K>150$
大 桥	$100\leqslant L\leqslant 1\ 000$	$40\leqslant L_K\leqslant 150$
中 桥	$30<L<100$	$20\leqslant L_K<40$
小 桥	$8\leqslant L\leqslant 30$	$5\leqslant L_K<20$
涵 洞	——	$L_K<5$

注:(1)单孔跨径系指标准跨径。

(2)梁式桥、板式桥的多孔跨径总长为多孔标准跨径的总长;拱式桥为两岸桥台内起拱线间的距离;其他形式桥梁为桥面系行车道长度。

(3)管涵及箱涵不论管径或跨径大小、孔数多少,均称为涵洞。

(4)标准跨径:梁式桥、板式桥以两桥墩中线之间桥中心线长度或桥墩中线与桥台台背前缘线之间桥中心线长度为准;拱式桥和涵洞以净跨径为准。

表 5-113 桥涵设计洪水频率

公路等级	设计洪水频率				
	特大桥	大 桥	中 桥	小 桥	涵洞及小型排水构造物
高速公路	1/300	1/100	1/100	1/100	1/100
一级公路	1/300	1/100	1/100	1/100	1/100
三级公路	1/100	1/50	1/50	1/25	1/25
四级公路	1/100	1/50	1/50	1/25	不作规定

注:二级公路的特大桥及三、四级公路的大桥,在水势猛急、河床易于冲刷的情况下,可提高一级洪水频率验算基础冲刷深度。三、四级公路,在交通容许有限度的中断时,可修建漫水桥和过水路面。漫水桥和过水路面的设计洪水频率,应根据容许阻断交通的时间长短和对上下游农田、城镇、村庄的影响以及泥沙淤塞桥孔、上游河床的淤高等因素确定。

表 5-114 车道宽度

设计速度/(km/h)	120	100	80	60	40	30	20
车道宽度/m	3.75	3.75	3.75	3.50	3.50	3.25	3.00 (单车道为 3.50m)

注:高速公路上的八车道桥梁,当设置左侧路肩时,内侧车道宽度可采用 3.50m。

表 5-115 中间带宽度

设计速度/(km/h)		120	100	80	60
中央分隔带宽度/m	一般值	3.00	2.00	2.00	2.00
	最小值	2.00	2.00	1.00	1.00
左侧路缘带宽度/m	一般值	0.75	0.75	0.50	0.50
	最小值	0.75	0.50	0.50	0.50
中间带宽度/m	一般值	4.50	3.50	3.00	3.00
	最小值	3.50	3.00	2.00	2.00

注:"一般值"为正常情况下的采用值;"最小值"为条件受限制时,可采用的值。

表 5-116 右侧路肩宽度

公路等级		高速公路、一级公路				二、三、四级公路				
设计速度/(km/h)		120	100	80	60	80	60	40	30	20
右侧路肩宽度/m	一般值	3.00 或 3.50	3.00	2.50	2.50	1.50	0.75	—	—	—
	最小值	3.00	2.50	1.50	1.50	0.75	0.25	—	—	

注:“一般值”为正常情况下的采用值;“最小值”为条件受限制时,可采用的值。

表 5-117 分离式断面高速公路、一级公路左侧路肩宽度

设计速度/(km/h)	120	100	80	60
左侧路肩宽度 /m	1.25	1.00	0.75	0.75

表 5-118 各级公路设计速度

公路等级	高速公路			一级公路			二级公路		三级公路		四级公路
设计速度/(km/h)	120	100	80	100	80	60	80	60	40	30	20

表 5-119 无压力式涵洞内顶点至最高流水面的净高

涵洞类型 涵洞进口净高(或内径)h/m	管涵	拱涵	矩形涵
$h \leqslant 3$	$\geqslant h/4$	$\geqslant h/4$	$\geqslant h/6$
$h > 3$	≥0.75m	≥0.75m	≥0.5m

表 5-120 非通航河流桥下最小净空

桥梁的部位		高出计算水位/m	高出最高流冰面/m
梁底	洪水期无大漂流物	0.50	0.75
	洪水期有大漂流物	1.50	—
	有泥石流	1.00	—
支承垫石顶面		0.25	0.50
拱脚		0.25	0.25

二、作用计算

1. 作用

作用选取及效应组合计算见表 5-121～表 5-125。

表 5-121　作用选取及效应组合计算

项　目	说　　明
作用分类	(1)公路桥涵设计采用的作用分为永久作用、可变作用和偶然作用三类，规定于表 5-122。 (2)公路桥涵设计时，对不同的作用应采用不同的代表值。 1)永久作用应采用标准值作为代表值。 2)可变作用应根据不同的极限状态分别采用标准值、频遇值或准永久值作为其代表值。承载能力极限状态设计及按弹性阶段计算结构强度时应采用标准值作为可变作用的代表值。正常使用极限状态按短期效应(频遇)组合设计时，应采用频遇值作为可变作用的代表值；按长期效应(准永久)组合设计时，应采用准永久值作为可变作用的代表值。 3)偶然作用取其标准值作为代表值。 (3)作用的代表值按下列规定取用： 1)永久作用的标准值，对结构自重(包括结构附加重力)，可按结构构件的设计尺寸与材料的重力密度计算确定。 2)可变作用的标准值应按本规范有关章节中的规定采用。可变作用频遇值为可变作用标准值乘以频遇值系数 ψ_1。可变作用准永久值为可变作用标准值乘以准永久值系数 ψ_2。 3)偶然作用应根据调查、试验资料，结合工程经验确定其标准值。 (4)作用的设计值规定为作用的标准值乘以相应的作用分项系数。 (5)公路桥涵结构设计应考虑结构上可能同时出现的作用，按承载能力极限状态和正常使用极限状态进行作用效应组合，取其最不利效应组合进行设计： 1)只有在结构上可能同时出现的作用，才进行其效应的组合。当结构或结构构件需做不同受力方向的验算时，则应以不同方向的最不利的作用效应进行组合。 2)当可变作用的出现对结构或结构构件产生有利影响时，该作用不应参与组合。实际不可能同时出现的作用或同时参与组合概率很小的作用，按表 5-123 规定不考虑其作用效应的组合。 3)施工阶段作用效应的组合，应按计算需要及结构所处条件而定，结构上的施工人员和施工机具设备均应作为临时荷载加以考虑。组合式桥梁，当把底梁作为施工支撑时，作用效应宜分两个阶段组合，底梁受荷为第一个阶段，组合梁受荷为第二个阶段。 4)多个偶然作用不同时参与组合。
承载能力极限状态设计时的效应相组合	公路桥涵结构按承载能力极限状态设计时，应采用以下两种作用效应组合： (1)基本组合。永久作用的设计值效应与可变作用设计值效应组合，其效应组合表达式为： $\gamma_0 S_{ud} = \gamma_0 \left(\sum_{i=1}^{m} \gamma_{Gi} S_{Gik} + \gamma_{Q1} S_{Q1k} + \psi_c \sum_{j=2}^{n} \gamma_{Qj} S_{Qjk} \right)$　(5-85) 或　$\gamma_0 S_{ud} = \gamma_0 \left(\sum_{i=1}^{m} S_{Gid} + S_{Q1d} + \psi_c \sum_{j=2}^{n} S_{Qjd} \right)$　(5-86) 式中，S_{ud}——承载能力极限状态下作用基本组合的效应组合设计值； γ_0——结构重要性系数，按表 5-111 规定的结构设计安全等级采用，对应于设计安全等级一级、二级和三级分别取 1.1、1.0 和 0.9； γ_{Gi}——第 i 个永久作用效应的分项系数，应按表 5-124 的规定采用； S_{Gik}、S_{Gid}——第 i 个永久作用效应的标准值和设计值； γ_{Q1}——汽车荷载效应(含汽车冲击力、离心力)的分项系数，取 $\gamma_{Q1}=1.4$。当某个可变作用在效应组合中其值超过汽车荷载效应时，则该作用取代汽车荷载，其分项系数应采用汽车荷载的分项系数；对专为承受某作用而设置的结构或装置，设计时该作用的分项系数取与汽车荷载同值；计算人行道板和人行道栏杆的局部荷载，其分项系数也与汽车荷载取同值； S_{Q1k}、S_{Q1d}——汽车荷载效应(含汽车冲击力、离心力)的标准值和设计值； γ_{Qj}——在作用效应组合中除汽车荷载效应(含汽车冲击力、离心力)、风荷载外的其他第 j 个可变作用效应的分项系数，取 $\gamma_{Qj}=1.4$，但风荷载的分项系数取 $\gamma_{Qj}=1.1$；

续表

项目	说明
承载能力极限状态设计时的效应组合	S_{Qjk}、S_{Qjd}——在作用效应组合中除汽车荷载效应(含汽车冲击力、离心力)外的其他第 j 个可变作用效应的标准值和设计值; ψ_c——在作用效应组合中除汽车荷载效应(含汽车冲击力、离心力)外的其他可变作用效应的组合系数,当永久作用与汽车荷载和人群荷载(或其他一种可变作用)组合时,人群荷载(或其他一种可变作用)的组合系数取 $\psi_c=0.80$;当除汽车荷载(含汽车冲击力、离心力)外尚有两种其他可变作用参与组合时,其组合系数取 $\psi_c=0.70$;尚有三种可变作用参与组合时,其组合系数取 $\psi_c=0.60$;尚有四种及多于四种的可变作用参与组合时,取 $\psi_c=0.50$。 设计弯桥时,当离心力与制动力同时参与组合时,制动力标准值或设计值按70%取用。 (2)偶然组合。永久作用标准值效应与可变作用某种代表值效应、一种偶然作用标准值效应相组合。偶然作用的效应分项系数取1.0;与偶然作用同时出现的可变作用,可根据观测资料和工程经验取用适当的代表值。地震作用标准值及其表达式按现行《公路工程抗震设计规范》规定采用。
正常使用极限状态时的效应组合	公路桥涵结构按正常使用极限状态设计时,应根据不同的设计要求,采用以下两种效应组合: (1)作用短期效应组合。永久作用标准值效应与可变作用频遇值效应相组合,其效应组合表达式为: $S_{sd}=\sum_{i=1}^{m}S_{Gik}+\sum_{j=1}^{n}\psi_{1j}S_{Qjk}$ (5-87) 式中,S_{sd}——作用短期效应组合设计值; ψ_{1j}——第 j 个可变作用效应的频遇值系数,汽车荷载(不计冲击力)$\psi_1=0.7$,人群荷载 $\psi_1=1.0$,风荷载 $\psi_1=0.75$,温度梯度作用 $\psi_1=0.8$,其他作用 $\psi_1=1.0$; ψ_{1j}、S_{Qjk}——第 j 个可变作用效应的频遇值。 (2)作用长期效应组合。永久作用标准值效应与可变作用准永久值效应相组合,其效应组合表达式为: $S_{ld}=\sum_{i=1}^{m}S_{Gik}+\sum_{j=1}^{n}\psi_{2j}S_{Qjk}$ (5-88) 式中,S_{ld}——作用长期效应组合设计值; ψ_{2j}——第 j 个可变作用效应的准永久值系数,汽车荷载(不计冲击力)$\psi_2=0.4$,人群荷载 $\psi_2=0.4$,风荷载 $\psi_2=0.75$,温度梯度作用 $\psi_2=0.8$,其他作用 $\psi_2=1.0$; ψ_{2j}、S_{Qjk}——第 j 个可变作用效应的准永久值。
其他荷载效应	(1)结构构件当需进行弹性阶段截面应力计算时,降特别指明外,各作用效应的分项系数及组合系数均取为1.0,各项应力限值按各设计规范规定采用。 (2)验算结构的抗倾覆、滑动稳定时,稳定系数、各作用的分项系数及摩擦系数,应根据不同结构按各有关桥涵设计规范的规定确定,支座的摩擦系数可按表5-125规定采用。 支座摩阻力标准值可按下列计算: $F=\mu W$ (5-89) 式中,W——作用于活动支座上由上部结构重力产生的效应; μ——支座的磨擦系数,无实测数据时可按表5-125取用。 (3)构件在吊装、运输时,构件重力应乘以动力系数1.2或0.85,并可视构件具体情况作适当增减。

表 5-122　作用分类

编号	作用分类	作用名称
1	永久作用	结构重力（包括结构附加重力）
2		预加力
3		土的重力
4		土侧压力
5		混凝土收缩及徐变作用
6		水的浮力
7		基础变应作用
8	可变作用	汽车荷载
9		汽车冲击力
10		汽车离心力
11		汽车引起的土侧压力
12		人群荷载
13		汽车制动力
14		风荷载
15		流水压力
16		冰压力
17		温度（均匀温度和梯度温度）作用
18		支座摩阻力
19	偶然作用	地震作用
20		船舶或漂流物的撞击作用
21		汽车撞击作用

表 5-123　可变作用不同时组合表

编号	作用分类	不与该作用同时参与组合的作用编号
13	汽车制动力	15，16，18
15	流水压力	13，16
16	冰压力	13，15
18	支座摩阻力	13

表 5-124　永久作用效应的分项系数

编号	作用类别	永久作用效应分项系数	
		对结构的承载能力不利时	对结构的承载能力有利时
1	混凝土和圬工结构重力（包括结构附加重力）	1.2	1.0
	钢结构重力（包括结构附加重力）	1.1 或 1.2	
2	预加力	1.2	1.0
3	土的重力	1.2	1.0

续表

编号	作用类别		永久作用效应分项系数	
			对结构的承载能力不利时	对结构的承载能力有利时
4	混凝土的收缩及徐变作用		1.0	1.0
5	土侧压力		1.4	1.0
6	水的浮力		1.0	1.0
7	基础变作用	混凝土 T 圬工结构	0.5	0.5
		钢结构	1.0	1.0

注：本表编号 1 中，当钢桥采用钢桥面板时，永久作用效应分项系数取 1.1；当采用混凝土桥面板时，取 1.2。

表 5-125　支座摩擦系数

支座种类	支座摩擦系数 μ
滚动支座或摆动支座	0.05
板式橡胶支座 支座与混凝土面接触	 0.30
支座与钢板接触	0.20
聚四氟乙烯板与不锈钢板接触	0.06（加硅脂；温度低于－25℃时为 0.078） 0.12（不加硅脂；温度低于－25℃时为 0.156）

2. 永久作用

永久作用计算见表 5-126～5-127。

表 5-126　永久作用计算

项目	说明
常用材料重力	结构自重及桥面铺装、附属设备等附加重力均属结构重力，结构重力标准值可按表 5-127 所列常用材料的重力密度计算。
预应力作用	预加力在结构进行正常使用极限状态设计和使用阶段构件应力计算时，应作为永久作用计算其主效应和次效应，并计入相应阶段的预应力损失，但不计由于预加力偏心距增大引起的附加效应。在结构进行承载能力极限状态设计时，预加力不作为作用，而将预应力钢筋作为结构抗力的一部分，但在连续梁等超静定结构中，仍需考虑预加力引起的次效应。
土的重力及土侧压力	（1）静土压力的标准值可按下列公式计算： $$e_j = \xi\gamma h \quad (5\text{-}90)$$ $$\xi = 1 - \sin\varphi \quad (5\text{-}91)$$ $$E_j = \frac{1}{2}\xi\gamma H^2 \quad (5\text{-}92)$$ 式中，e_j——任一高度 h 处的静土压力强度（kN/m^2）； ξ——压实土的静土压力系数； γ——土的重力密度（kN/m^3）； φ——土的内摩擦角（°）； h——填土顶面至任一点的高度（m）； H——填土顶面至基底高底（m）； E_j——高度 H 范围内单位宽度的静土压力标准值（kN/m）。

续表

项　目	说　　　　明
土的重力及土侧压力	在计算倾覆和滑动稳定时，墩、台、挡土墙前侧地面以下不受冲刷部分土的侧压力可按静土压力计算。 (2)主动土压力的标准值可按下列公式计算(图 1)： 1)当土层特性无变化且无汽车荷载时，作用在桥台、挡土墙前后的主动土压力标准值可按下式计算： $E=\frac{1}{2}B\mu\gamma H^2$　(5-93) $\mu=\frac{\cos^2(\varphi-\alpha)}{\cos^2\alpha\cdot\cos(\alpha+\delta)\left[1+\sqrt{\frac{\sin(\varphi+\delta)\sin(\varphi-\beta)}{\cos(\alpha+\delta)\cos(\alpha-\beta)}}\right]^2}$　(5-94) 式中，E——主动土压力标准值(kN)； γ——土的重力密度(kN/m³)； B——桥台的计算宽度或挡土墙的计算长度(m)； H——计算土层高度(m)； β——填土表面与水平面的夹角，当计算台后或墙后的主动土压力时，β 按图 1(a)取正值；当计算台前或墙前主动土压力时，β 按图 1(b)取负值； α——桥台或挡土墙背与竖直面的夹角，俯墙背(如图 1)时为正值，反之为负值； δ——台背或墙背与填土间的摩擦角，可取 $\delta=\varphi/2$。 主动土压力的着力点自计算土层底面算起，$C=H/3$。 2)当土层特性无变化但有汽车荷载作用时，作用在桥台、挡土墙后的主动土压力标准值在 $\beta=0°$ 时可按下式计算： $E=\frac{1}{2}B\mu\gamma H(H+2h)$　(5-95) 式中，h——汽车荷载的等代均布土层厚度(m)。 主动土压力的着力点自计算土层底面算起，$C=\frac{H}{3}\times\frac{H+3h}{H+2h}$。 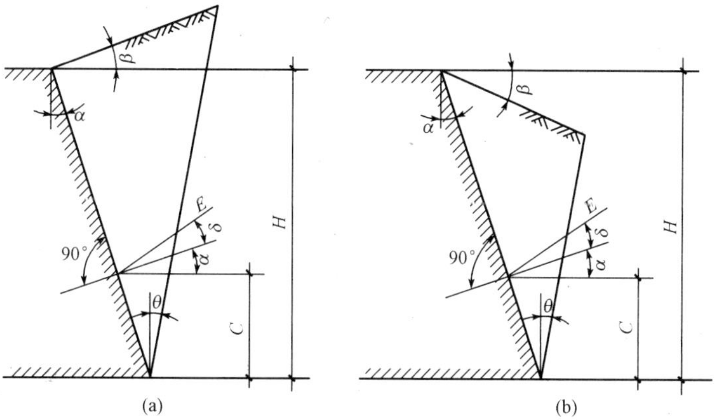 图 1　主动土压力图 3)当 $\beta=0°$ 时，破坏棱体破裂面与竖直线间夹角 θ 的正切值可按下式计算： $\tan\theta=-\tan\omega+\sqrt{(\cos\varphi+\tan\omega)(\tan\omega-\tan\alpha)}$　(5-96) 式中，$\omega=\alpha+\delta+\varphi$。 (3)当土层特性有变化或受水位影响时，宜分层计算土的侧压力。 (4)土的重力密度和内摩擦角应根据调查或试验确定，当无实际资料时，可按照表 5-127 和现行的《公路桥涵地基与基础设计规范》采用。

续表

<table>
<tr><th>项　目</th><th>说　　　　明</th></tr>
<tr><td>土的重力及土侧压力</td><td>
(5)承受土侧压力的柱式墩台,作用在柱上的土压力计算宽度,按下列规定采用(图 2):
1)当 $l_i \leqslant D$ 时,作用在每根柱上的土压力计算宽度按下式计算:
$$b=\frac{\left(nD+\sum_{i=1}^{n-1}l_i\right)}{n} \quad (5\text{-}97)$$
式中,b——土压力计算宽度(m);
D——柱的直径或宽度(m);
l_i——柱间净距(m);
n——柱数。
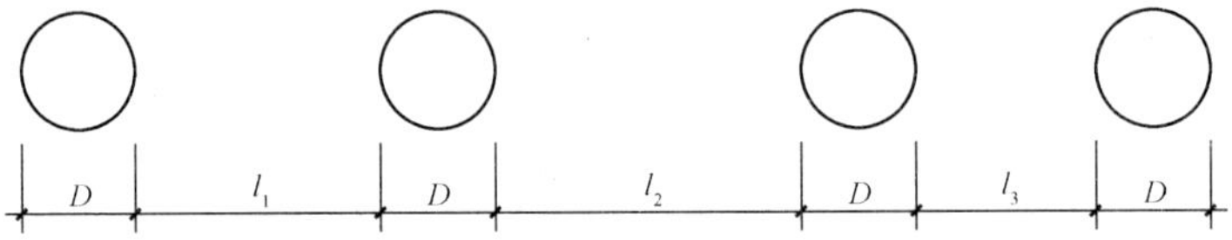

图 2　柱的土侧压力计算宽度
2)当 $l_i > D$ 时,应根据柱的直径或宽度来考虑柱间空隙的折减。
当 $D \leqslant 1.0$m 时,作用在每一柱上的土压力计算宽度可按下式计算:
$$b=\frac{D(2n-1)}{n} \quad (5\text{-}98)$$
当 $D>1.0$ 时,作用在每一柱上的土压力计算宽度可按下式计算:
$$b=\frac{n(D+1)-1}{n} \quad (5\text{-}99)$$
(6)压实填土重力的竖向和水平压力强度标准值,可按下式计算:
竖向压力强度　$q_v=\gamma h$　(5-100)
水平压力强度　$q_H=\lambda\gamma h$　(5-101)
$$\lambda=\tan^2\left(45°-\frac{\varphi}{2}\right) \quad (5\text{-}102)$$
式中,γ——土的重力密度(kN/m^3);
h——计算截面至路面顶的高度(m);
λ——侧压系数。
</td></tr>
<tr><td>水的浮力</td><td>
(1)基础底面位于透水性地基上的桥梁墩台,当验算稳定时,应考虑设计水位的浮力;当验算地基应力时,可仅考虑低水位的浮力,或不考虑水的浮力。
(2)基础嵌入不透水性地基的桥梁墩台不考虑水的浮力。
(3)作用在桩基承台底面的浮力,应考虑全部底面积。对桩嵌入不透水地基并灌注混凝土封闭者,不应考虑桩的浮力,在计算承台底面浮力时应扣除桩的截面面积。
(4)当不能确定地基是否透水时,应以透水或不透水两种情况与其他作用组合,取其最不利者。
</td></tr>
<tr><td>混凝土收缩及徐变作用</td><td>
(1)外部超静定的混凝土结构、钢和混凝土的组合结构等应考虑混凝土收缩及徐变的作用。
(2)混凝土的收缩应变和徐变系数可按《公路钢筋混凝土及预应力混凝土桥涵设计规范》(JTG D62)的规定计算。
(3)混凝土徐变的计算,可假定徐变与混凝土应力呈线性关系。
(4)计算圬工拱圈的收缩作用效应时,如考虑徐变影响,作用效应可乘以 0.45 折减系数。
(5)超静定结构当考虑由于地基压密等引起的长期变形影响时,应根据最终位移量计算构件的效应。
</td></tr>
</table>

表 5-127　常用材料的重力密度

材料种类	重力密度(kN/m³)	材料种类	重力密度(kN/m³)
钢、铸钢	78.5	浆砌片石	23.0
铸铁	72.5	干砌块石或片石	21.0
锌	70.5	沥青混凝土	23.0～24.0
铅	114.0	沥青碎石	22.0
黄铜	81.1	碎(砾)石	21.0
青铜	87.4	填土	17.0～18.0
钢筋混凝土或预应力混凝土	25.0～26.0	填石	19.0～20.0
混凝土或片石混凝土	24.0	石灰三合土、石灰土	17.5
浆砌块石或料石	24.0～25.0		

3. 可变作用

可变作用计算见表 5-128～表 5-129。

表 5-128　可变作用计算

项　目	说　　明
汽车荷载	(1)公路桥涵设计时，汽车荷载的计算图式、荷载等级及其标准值、加载方法和纵横向折减等应符合下列规定： 1)汽车荷载分为公路—Ⅰ级和公路—Ⅱ级两个等级。 2)汽车荷载由车道荷载和车辆荷载组成。车道荷载由均布荷载和集中荷载组成。桥梁结构的整体计算采用车道荷载；桥梁结构的局部加载、涵洞、桥台和挡土墙土压力等的计算采用车辆荷载。车辆荷载与车道荷载的作用不得叠加。 3)各级公路桥涵设计的汽车荷载等级应符合表 5-129 的规定。 4)车道荷载的计算图式见图 1。 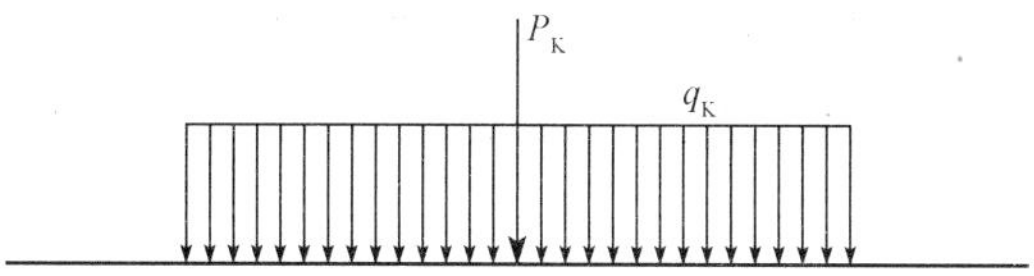 图 1　车道荷载 ①公路—Ⅰ级车道荷载的均布荷载标准值为 $q_K=10.5$kN/m；集中荷载标准值按以下规定选取：桥梁计算跨径小于或等于 5m 时，$P_K=180$kN；桥梁计算跨径等于或大于 50m 时，$P_K=360$kN；桥梁计算跨径在 5m～50m 之间时，P_K 值采用直线内插求得。计算剪力效应时，上述集中荷载标准值 P_K 应乘以 1.2 的系数。 ②公路—Ⅱ级车道荷载的均布荷载标准值 q_K 和集中荷载标准值 P_K 按公路—Ⅰ级车道荷载的 0.75 倍采用。 ③车道荷载的均布荷载标准值应满布于使结构产生最不利效应的同号影响线上；集中荷载标准值只作用于相应影响线中一个最大影响线峰值处。 5)车辆荷载的立面、平面尺寸见图 2，主要技术指标规定于表 5-130。公路—Ⅰ级和公路—Ⅱ级汽车荷载采用相同的车辆荷载标准值。 6)车道荷载横向分布系数应按设计车道数如图 3 布置车辆荷载进行计算。

续表

项　目	说　　　　明
汽车荷载	7)桥涵设计车道数应符合表 5-131 的规定。多车道桥梁上的汽车荷载应考虑多车道折减。当桥涵设计车道数等于或大于 2 时,由汽车荷载产生的效应应按表 5-132 规定的多车道折减系数进行折减,但折减后的效应不得小于两设计车道的荷载效应。 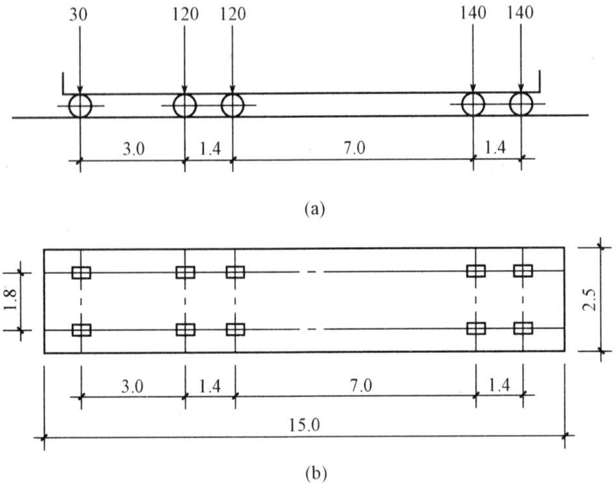 图 2　车辆荷载的立面、平面尺寸 (a)立面布置;(b)平面尺寸 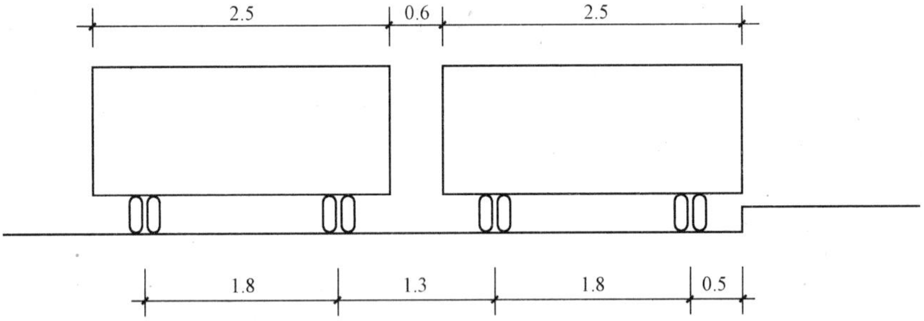 图 3　车辆荷载横向布置 8)大跨径桥梁上的汽车荷载应考虑纵向折减。当桥梁计算跨径大于 150m 时,应按表 5-133 规定的纵向折减系数进行折减。当为多跨连续结构时,整个结构应按最大的计算跨径考虑汽车荷载效应的纵向折减。 (2)汽车荷载冲击力应按下列规定计算: 1)钢桥、钢筋混凝土及预应力混凝土桥、圬工拱桥等上部构造和钢支座、板式橡胶支座、盆式橡胶支座及钢筋混凝土柱式墩台,应计算汽车的冲击作用。 2)填料厚度(包括路面厚度)等于或大于 0.5m 的拱桥、涵洞以及重力式墩台不计冲击力。 3)支座的冲击力,按相应的桥梁取用。 4)汽车荷载的冲击力标准值为汽车荷载标准值乘以冲击系数 μ。 5)冲击系数 μ 可按下式计算: 当 $f<1.5\text{Hz}$ 时,　$\mu=0.05$ 当 $1.5\text{Hz}\leqslant f\leqslant 14\text{Hz}$ 时,　$\mu=0.1767\ln f-0.0157$　　(5-103) 当 $f>14\text{Hz}$ 时,　$\mu=0.45$

续表

项　目	说　　　明
汽车荷载	式中，f——结构基频(Hz)。 6)汽车荷载的局部加载及在T梁、箱梁悬臂板上的冲击系数采用1.3。 (3)汽车荷载离心力可按下列规定计算： 1)当弯道桥的曲线半径等于或小于250m时，应计算汽车荷载引起的离心力。汽车荷载了心力标准值为按(1)条规定的车辆荷载(不计冲击力)标准值乘以离心力系数C计算。离心力系数按下式计算： $C=\frac{V^2}{127R}$　　(5-104) 式中，V——设计速度(km/h)，应按桥梁所在路线设计速度采用； R——曲线半径(m)。 2)计算多车道桥梁的汽车荷载离心力时，车辆荷载标准值应乘以本规范表5-153规定的横向折减系数。 3)离心力的着力点在桥面以上1.2m处(为计算简便也可移至桥面上，不计由此引起的作用效应)。 (4)汽车荷载引起的土压力采用车辆荷载加载，并可按下列规定计算： 1)车辆荷载在桥台或挡土墙后填土的破坏棱体上引起的土侧压力，可按下式换算成等代均布土层厚度h(m)计算： $h=\frac{\sum G}{Bl_0\gamma}$　　(5-105) 式中，γ——土的重力密度(kN/m^3)； $\sum G$——布置在$B\times l_0$面积内的车轮的总重力(kN)，计算挡土墙的土压力时，车辆荷载应按本规范图3规定作横向布置，车辆外侧车轮中线距路面边缘0.5m，计算中当涉及多车道加载时，车轮总重力应按(1)中规定进行折减； l_0——桥台或挡土墙后填土的破坏棱体长度(m)，对于墙顶以上有填土的路堤式挡土墙，l_0为破坏棱体范围内的路基宽度部分； B——桥台横向全宽或挡土墙的计算长度(m)。 挡土墙的计算长度可按下列公式计算，但不应超过挡土墙分段长度： $B=13+H\tan30^\circ$　　(5-106) 当挡土墙分段长度小于13m时，B取分段长度，并在核长度内按不利情况布置轮重。 式中，H——挡土墙高度(m)，对墙顶以上有填土的挡土墙，为两倍墙顶填土厚度加墙高。 2)计算涵洞顶上车辆荷载引起的竖向土压力时，车轮按其着地面积的边缘向下作30°角分布。当几个车轮的压力扩散线相重叠时，扩散面积以最外边的扩散线为准。 (6)汽车荷载制动力可按下列规定计算和分配： 1)汽车荷载制动力按同向行驶的汽车荷载(不计冲击力)计算，并应按本规范表4.3.1-5的规定，以使桥梁墩台产生最不利纵向力的加载长度进行纵向折减。 一个设计车道上由汽车荷载产生的制动力标准值按(1)中规定的车道荷载标准值在加载长度上计算的总重力的10%计算，但公路—Ⅰ级汽车荷载的制动力标准值不得小于165kN；公路—Ⅱ级汽车荷的制动力标准值不得小于90kN。同向行驶双车道的汽车荷载制动力标准值为一个设计车道制动力标准值的两倍；同向行驶三车道为一个设计车道的2.34倍；同向行驶四车道为一个设计车道的2.68倍。 2)制动力的着力点在桥面以上1.2m处，计算墩台时，可移至支座铰中心或支座底座面上。计算刚构桥、拱桥时，制动力的着力点可移至桥面上；但不计因此而产生的竖向力和力矩。 3)设有板式橡胶支座的简支梁、连续桥面简支梁或连续梁排架式柔性墩台，应根据支座与墩台的抗推刚度的刚度集成情况分配和传递制动力。设有板式橡胶支座的简支梁刚性墩台，按单跨两端的板式橡胶支座的抗推刚度分配制动力。 4)设有固定支座、活动支座(滚动或摆动支座、聚四氟乙烯板支座)的刚性墩台传递的制动力，按表5-134的规定采用。每个活动支座传递的制动力，其值不应大于其摩阻力，当大于摩阻力时，按摩阻力计算。

续表

项目	说明
人群荷载	(1)当桥梁计算跨径小于或等于 50m 时，人群荷载标准值为 3.0kN/m²；当桥梁计算跨径等于或大于 150m 时，人群荷载标准值为 2.5kN/m²；当桥梁计算跨径在 50m～150m 之间时，可由线性内插得到人群荷载标准值。对跨径不等的连续结构，以最大计算跨径为准。城镇郊区行人密集地区的公路桥梁，人群荷载标准值取上述规定值的 1.15 倍。专用人行桥梁，人群荷载标准值为 3.5kN/m²。 (2)人群荷载在横向应布置在人行道的净宽度内，在纵向施加于使结构产生最不利荷载效应的区段内。 (3)人行道板(局部构件)可以一块板为单元，按标准值 4.0kN/m² 的均布荷载计算。 (4)计算人行道栏杆时，作用在栏杆立柱顶上的水平推力标准值取 0.75kN/m；作用在栏杆扶手上的竖向力标准值取 1.0kN/m。
风荷载	(1)横桥向风荷载假定水平地垂直作用于桥梁各部分迎风面积的形心上，其标准值可按下式计算： $$F_{wh}=k_0k_1k_3W_dA_{wh} \quad (5\text{-}107)$$ $$W_d=\frac{\gamma V_d^2}{2g} \quad (5\text{-}108)$$ $$W_0=\frac{\gamma V_{10}^2}{2g} \quad (5\text{-}109)$$ $$V_d=k_2k_5V_{10} \quad (5\text{-}110)$$ $$\gamma=0.012017e^{-0.0001z} \quad (5\text{-}111)$$ 式中，F_{wh}——横桥向风荷载标准值(kN)； W_0——基本风压(kN/m²)，全国各主要气象台站 10 年、50 年、100 年一遇的基本风压可按各地的基本风速和基本值经实地核实后采用； W_d——设计基准风压(kN/m²)； A_{wh}——横向迎风面积(m²)，按桥跨结构各部分的实际尺寸计算； V_{10}——桥梁所在地区的设计基本风速(m/s)，系按平坦空旷地面，离地面 10m 高，重现期为 100 年 10min 平均最大风速计算确定；当桥梁所在地区缺乏风速观测资料时，V_{10} 可按“全国基本风速图及全国各气象台站基本风速和基本风压值”的有关数据并经实地调查核实后采用； V_d——高度 Z 处的设计基准风速(m/s)； Z——距地面或水面的高度(m)； γ——空气重力密度(kN/m³)； k_0——设计风速重现期换算系数，对于单孔跨径指标为特大桥和大桥的桥梁，$k_0=1.0$，对其他桥梁，$k_0=0.90$；对施工架设期桥梁，$k_0=0.75$；当桥梁位于台风多发地区时，可根据实际情况适度提高 k_0 值； k_3——地形、地理条件系数，按表 5-135 取用； k_5——阵风风速系数，对 A、B 类地表 $k_5=1.38$，对 C、D 类地表 $k_5=0.70$。A、B、C、D 地表类别对应的地表状况见表 5-136。 式中，k_2——考虑地面粗糙度类别和梯度风的风速高度变化修正系数，可按表 5-58 取用；位于山间盆地、谷地或峡谷、山口等特殊场合的桥梁上、下部结构的风速高度变化修正系数 k_2 按 B 类地表类别取值； k_1——风载阻力系数，见表 5-138～5-150； g——重力加速度，$g=9.81\text{m/s}^2$。 风载阻力系数应按下列规定确定：

续表

项　目	说　　　　　明
风荷载	1)普通实腹桥梁上部结构的风载阻力系数可按下式计算： $$k_1=\begin{cases}2.1-0.1\left(\dfrac{B}{H}\right) & 1\leqslant\dfrac{B}{H}<8\\1.3 & 8\leqslant\dfrac{B}{H}\end{cases}\qquad(5\text{-}112)$$ 式中，B——桥梁宽度(m)； H——梁高(m)。 2)桁架桥上部结构的风载阻力系数 k_1 规定见表 5-138。上部结构为两片或两片以上桁架时，所有迎风桁架的风载阻力数均取 ηk_1，η 为遮挡系数，按表 5-139 采用；桥面系构造的风载阻力系数取 $k_1=1.3$。 3)桥墩或桥塔的风载阻力系数 k_1 可依据桥墩的断面形状、尺寸比及高宽比值的不同由表 5-150 查得。表中没有包括的断面，其 k_1 值宜由风洞试验确定。 (2)桥梁顺桥向可不计桥面系及上承式梁所受的风荷载，下承式桁架顺桥向风荷载标准值按其横桥向风压的 40%乘以桁架迎风面积计算。桥墩上的顺桥向风荷载标准值可按横桥向风压的 70%乘以桥墩迎风面积计算。悬索桥、斜拉桥桥塔上的顺桥向风荷载标准值可按横桥向风压乘以迎风面积计算。桥台可不计算纵、横向风荷载。上部构造传至墩台的顺桥向风荷载，其在支座的着力点及墩台上的分配，可根据上部构造的支座条件，按汽车制动力的规定处理。 (3)对风敏感且可能以风荷载控制设计的桥梁，应考虑桥梁在风荷载作用下的静力和动力失稳，必要时应通过风洞试验验证，同时可采取适当的风致振动控制措施。
流水荷载	作用在桥墩上的流水压力标准值可按下式计算： $$F_w=KA\frac{\gamma V^2}{2g}\qquad(5\text{-}113)$$ 式中，F_w——流水压力标准值(kN)； γ——水的重力密度(kN/m^3)； V——设计流速(m/s)； A——桥墩阻水面积(m^2)，计算至一般冲刷线处； g——重力加速度，$g=9.81(m/s^2)$； K——桥墩形状系数，见表 5-141。 流水压力合力的着力点，假定在设计水位线以下 0.3 倍水深处。
冰荷载	对具有竖向前棱的桥墩，冰压力可按下述规定取用： (1)冰对桩或墩产生的冰压力标准值可按下式计算： $$F_i=mC_tbtR_{ik}\qquad(5\text{-}114)$$ 式中，F_i——冰压力标准值(kN)； m——桩或墩迎冰面形状系数，可按表 5-142 取用； 式中，C_t——冰温系数，可按表 5-143 取用； b——桩或墩迎冰面投影宽度(m)； t——计算冰厚(m)，可取实际调查的最大冰厚； R_{ik}——冰的抗压强度标准值(kN/m^2)，可取当地冰温 0℃时的冰抗压强度；当缺乏实测资料时，对海冰可取 $R_{ik}=750kN/m^2$；对河冰，流冰开始时 $R_{ik}=750kN/m^2$，最高流冰水位时可取 $R_{ik}=450kN/m^2$。 当冰块流向桥轴线的角度 $\varphi\leqslant80°$时，桥墩竖向边缘的冰荷载应乘以 $\sin\varphi$ 予以折减。 冰压力合力作用在计算结冰水位以下 0.3 倍冰厚处。 (2)当流冰范围内桥墩有倾斜表面时，冰压力应分解为水平分力和竖向分力。

续表

<table>
<tr><th>项　目</th><th>说　　明</th></tr>
<tr><td>冰荷载</td><td>水平分力　$F_{xi}=m_0 C_t R_{bk} t^2 \tan\beta$　(5-115)
竖向分力　$F_{zi}=F_{xi}/\tan\beta$　(5-116)
式中，F_{xi}——冰压力的水平分力(kN)；
F_{zi}——冰压力的垂直分力(kN)；
β——桥墩倾斜的棱边与水平线的夹角(°)；
R_{bk}——冰的抗弯强度标准值(kN/m²)，取 $R_{bk}=0.7R_{ik}$；
m0——系数，$m_0=0.2b/t$，但不小于 1.0。
(3)建筑物受冰作用的部位宜采用实体结构。对于具有强烈流冰的河流中的桥墩、柱，其迎冰面宜做成圆弧形、多边形或尖角，并做成 3∶1～10∶1(竖∶横)的斜度，在受冰作用的部位宜缩小其迎冰面投影宽度。对流冰期的设计高水位以上 0.5m 到设计低水位以下 1.0m 的部位宜采取抗冻性混凝土或花岗岩镶面或包钢板等防护措施。同时，对建筑物附近的冰体采取适宜的使冰体减小对结构物作用力的措施。</td></tr>
<tr><td>温度作用</td><td>计算温度作用时的材料线膨胀系数及作用标准值可按下列规定取用：
(1)桥梁结构当要考虑温度作用时，应根据当地具体情况、结构物使用的材料和施工条件等因素计算由温度作用引起的结构效应。各种结构的线膨胀系数规定见表 5-144。
(2)计算桥梁结构因均匀温度作用引起外加变形或约束变形时，应从受到约束时的结构温度开始，考虑最高和最低有效温度的作用效应。如缺乏实际调查资料，公路混凝土结构和钢结构的最高和最低有效温度标准值可按表 5-145 取用。
(3)计算桥梁结构由于梯度温度引起的效应时，可采用图 4 所示的竖向温度梯度曲，其桥面板表面的最高温度 T_1 规定见表 5-146。对混凝土结构，当梁高 H 小于 400mm 时，图中 $A=H-100$(mm)；梁高 H 等于或大于 400mm 时，$A=300$mm。对带混凝土桥面板钢结构，$A=300$mm，图 4 中的 t 为混凝土桥面板的厚度(mm)。
混凝土上部结构和带混凝土桥面板的钢结构的竖向日照反温差为正温差乘以－0.5。
(4)计算圬工拱圈考虑徐变影响引起的温差作用效应时，计算的温差效应应乘以 0.7 的折减系数。
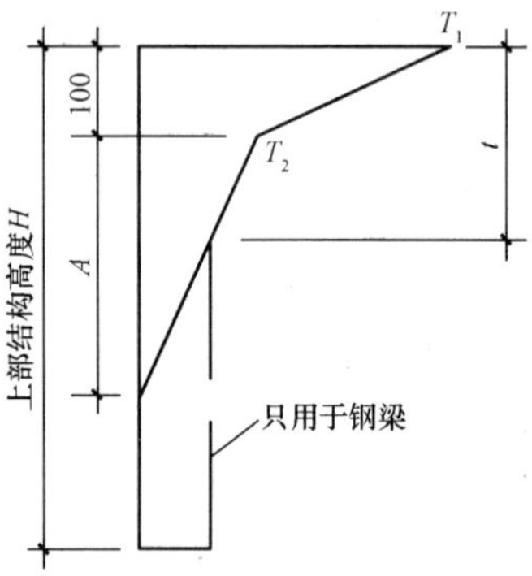

图 4　竖向梯度温度(尺寸单位：mm)</td></tr>
</table>

表 5-129　各级公路桥涵的汽车荷载等级

公路等级	高速公路	一级公路	二级公路	三级公路	四级公路
汽车荷载等级	公路—Ⅰ级	公路—Ⅰ级	公路—Ⅱ级	公路—Ⅱ级	公路—Ⅱ级

注：二级公路为干线公路且重型车辆多时，其桥涵的设计可采用公路—Ⅰ级汽车荷载。四级公路上重型车辆少时，其桥涵设计所采用的公路—Ⅱ级车道荷载的效应可乘以 0.8 的折减系数，车辆荷载的效应可乘以 0.7 的折减系数。

表 5-130　车辆荷载的主要技术指标

项　目	单位	技术指标	项　目	单位	技术指标
车辆重力标准值	kN	550	轮　距	m	1.8

续表

项 目	单位	技术指标	项 目	单位	技术指标
前轴重力标准值	kN	30	前轮着地宽度及长度	m	0.3×0.2
中轴重力标准值	kN	2×120	中、后轮着地宽度及长度	m	0.6×0.2
后轴重力标准值	kN	2×140	车辆外形尺寸(长×宽)	m	15×2.5
轴 距	m	3+1.4+7+1.4			

表 5-131 桥涵设计车道数

桥面宽度 W/m		桥涵设计车道数
车辆单向行驶时	车辆双向行驶时	
$W<7.0$		1
$7.0\leqslant W<10.5$	$6.0\leqslant W<14.0$	2
$10.5\leqslant W<14.0$		3
$14.0\leqslant W<17.5$	$14.0\leqslant W<21.0$	4
$17.5\leqslant W<21.0$		5
$21.0\leqslant W<24.5$	$21.0\leqslant W<28.0$	6
$24.5\leqslant W<28.0$		7
$28.0\leqslant W<31.5$	$28.0\leqslant W<35.0$	8

表 5-132 横向折减系数

横向布置设计车道数(条)	2	3	4	5	6	7	8
横向折减系数	1.00	0.78	0.67	0.60	0.55	0.52	0.50

表 5-133 纵向折减系数

计算跨径 L_0/m	纵向折减系数	计算跨径 L_0/m	纵向折减系数
$150<L_0<400$	0.97	$800\leqslant L_0<1\ 000$	0.94
$400\leqslant L_0<600$	0.96	$L_0\geqslant 1\ 000$	0.93
$600\leqslant L_0<800$	0.95		

表 5-134 刚性墩台各种支座传递的制动力

桥梁墩台及支座类型		应计的制动力	符号说明
简支梁桥台	固定支座	T_1	T_1——加载长度为计算跨径时的制动力； T_2——加载长度为相邻两跨计算跨径之和时的制动力； T_3——加载长度为一联长度的制动力
	聚四氟乙烯板支座	$0.30T_1$	
	滚动(或摆动)支座	$0.25T_1$	
简支梁桥墩	两个固定支座	T_2	
	一个固定支座，一个活动支座	按注选取	
	两个聚四氟乙烯板支座	$0.30T_2$	
	两个滚动(或摆动)支座	$0.25T_2$	
连续梁桥墩	固定支座	T_3	
	聚四氟乙烯板支座	$0.30T_3$	
	滚动(或摆动)支座	$0.25T_3$	

注：固定支座按 T_4 计算，活动支座按 $0.30T_5$(聚四氟乙烯板支座)计算或 $0.25T_5$(滚动或摆动支座)计算，T_4 和 T_5 分别为与固定支座或活动支座相应的单跨跨径的制动力，桥墩承受的制动力为上述固定支座与活动支座传递的制动力之和。

表 5-135　地形、地理条件系数 k_3

地形、地理条件	地形、地理条件系数 k_3
一般地区	1.00
山间盆地、谷地	0.75～0.85
峡谷口、山口	1.20～1.40

表 5-136　地表分类

地表粗糙度类别	地　表　状　况
A	海面、海岸、开阔水面
B	田野、乡村、丛林及低层建筑物稀少地区
C	树木及低层建筑物等密集地区、中高层建筑物稀少地区、平缓的丘陵地
D	中高层建筑物密集地区、起伏较大的丘陵地

表 5-137　风速高度变化修正系数 k_2

离地面或水面高度/m	地　表　类　别			
	A	B	C	D
5	1.08	1.00	0.86	0.79
10	1.17	1.00	0.86	0.79
15	1.23	1.07	0.86	0.79
20	1.28	1.12	0.92	0.79
30	1.34	1.19	1.00	0.85
40	1.39	1.25	1.06	0.85
50	1.42	1.29	1.12	0.91
60	1.46	1.33	1.16	0.96
70	1.48	1.36	1.20	1.01
80	1.51	1.40	1.24	1.05
90	1.53	1.42	1.27	1.09
100	1.55	1.45	1.30	1.13
150	1.62	1.54	1.42	1.27
200	1.73	1.62	1.52	1.39
250	1.75	1.67	1.59	1.48
300	1.77	1.72	1.66	1.57
350	1.77	1.77	1.71	1.64
400	1.77	1.77	1.77	1.71
≥450	1.77	1.77	1.77	1.77

表 5-138　桁架的风载阻力系数

实面积比	矩形与 H 形截面构件	圆柱型构件(D 为圆柱直径)	
		$D\sqrt{W_0}<5.8$	$D\sqrt{W_0}\geqslant 5.8$
0.1	1.9	1.2	0.7
0.2	1.8	1.2	0.8
0.3	1.7	1.2	0.8
0.4	1.7	1.1	0.8
0.5	1.6	1.1	0.8

注:(1)实面积比=桁架净面积/桁架轮廓面积;

(2)表中圆柱直径 D 以 m 计,基本风压以 kN/m^2 计。

表 5-139　桁架摭系数 η

间距比	实　面　积　比				
	0.1	0.2	0.3	0.4	0.5
≤1	1.0	0.90	0.80	0.60	0.45
2	1.0	0.90	0.80	0.65	0.50
3	1.0	0.95	0.80	0.70	0.55
4	1.0	0.95	0.80	0.70	0.60
5	1.0	0.95	0.85	0.75	0.65
6	1.0	0.95	0.90	0.80	0.70

注:间距比=两桁架中心距/迎风桁架高度。

表 5-140　桥墩或桥塔的阻力系数 k_1

断面形状	$\frac{t}{b}$	桥墩或桥塔的高宽比						
		1	2	4	6	10	20	40
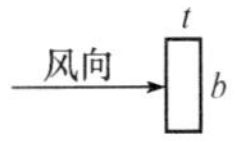	≤1/4	1.3	1.4	1.5	1.6	1.7	1.9	2.1
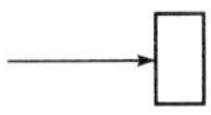	1/3 1/2	1.3	1.4	1.5	1.6	1.6	2.0	2.2
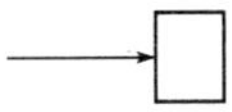	2/3	1.3	1.4	1.5	1.6	1.8	2.0	2.2
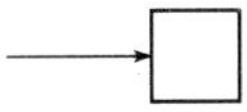	1	1.2	1.3	1.4	1.5	1.6	1.8	2.0
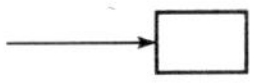	3/2	1.0	1.1	1.2	1.3	1.4	1.5	1.7
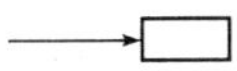	2	0.8	0.9	1.0	1.1	1.2	1.3	1.4

续表

断面形状	$\frac{t}{b}$	桥墩或桥塔的高宽比						
		1	2	4	6	10	20	40
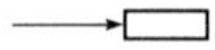	3	0.8	0.8	0.8	0.9	0.9	1.0	1.2
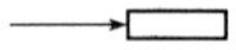	≥4	0.8	0.8	0.8	0.8	0.8	0.9	1.1
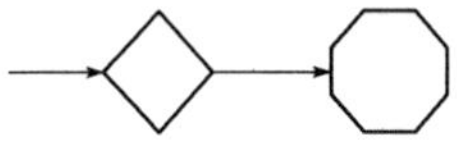		1.0	1.1	1.1	1.2	1.2	1.3	1.4
12边形 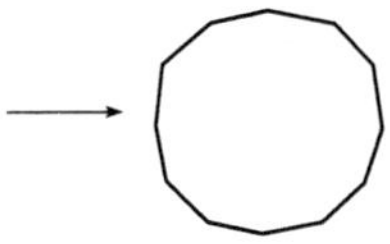		0.7	0.8	0.9	0.9	1.0	1.1	1.3
光滑表面圆形且 $D\sqrt{W_0}\geq 5.8$ 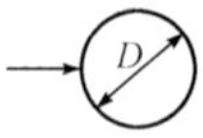		0.5	0.5	0.5	0.5	0.5	0.6	0.6
1. 光滑表面圆形且 $D\sqrt{W_0}<5.8$ 2. 粗糙表面或有凸起的圆形 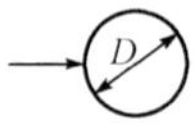		0.7	0.7	0.8	0.8	0.9	1.0	1.2

注:(1)上部结构架设后,应按高度比为 40 计算 k_1 值;

(2)对于带有圆弧角的短形桥墩,其风载阻力系数应从表中查得 k_1 值后,再乘以折减系数 $\left(1-1.5\frac{r}{b}\right)$ 或 0.5,取其二者之较大值,在此 r 为圆弧角的半径;

(3)对于沿桥墩高度有锥度变化的情形,k_1 值应按桥墩高度分段计算,每段的 t 及 b 取各该段的平均值,高度比则应以桥墩总高度对每段的平均宽度之比计之;

(4)对于带三角尖端的桥墩,其 k_1 值应按包括该桥墩处边缘的短形截面计算。

表 5-141 桥墩形状系数

桥墩形状	K	桥墩形状	K
方形桥墩	1.5	尖端形桥墩	0.7
短形桥墩(长边与水流平行)	1.3	圆端形桥墩	0.6
圆形桥墩	0.8		

表 5-142 桩或墩迎冰面形状系数 m

系数 \ 迎冰面形状	平面	圆弧形	尖角形的迎冰面角度				
			45°	60°	75°	90°	120°
m	1.00	0.90	0.54	0.59	0.64	0.69	0.77

表 5-143 冰温系数 C_t

冰温/℃	0	−10 及以下
C_t	1.0	2.0

注:(1)表列冰温系数可直线内插;

(2)对海冰,冰温取结冰期最低冰温;对河水,取解冻期最低冰温。

表 5-144 线膨胀系数

结构种类	线膨胀系数(以摄氏度计)
钢结构	0.000 012
混凝土和钢筋混凝土及预应力混凝土结构	0.000 010
混凝土预制块砌体	0.000 009
石砌体	0.000 008

表 5-145 公路桥梁结构的有效温度标准值(℃)

气温分区	钢桥面板钢桥		混凝土桥面板钢桥		混凝土、石桥	
	最高	最低	最高	最低	最高	最低
严寒地区	46	−43	39	−32	34	−23
寒冷地区	46	−21	39	−15	34	−10
温热地区	46	−9(−3)	39	−6(−1)	34	−3(0)

注:表中括弧内数值适用于昆明、南宁、广州、福州地区。

表 5-146 竖向日照正温差计算的温度基数

结构类型	T_1/℃	T_2/℃
混凝土铺装	25	6.7
50mm 沥青混凝土铺装层	20	6.7
100mm 沥青混凝土铺装层	14	5.5

4. 偶然作用

偶然作用计算见表 5-147~5-149。

表 5-147 偶然作用计算

项目	说明
地震作用	地震动峰值加速等于 0.10g、0.15g、0.20g、0.30g 地区的公路桥涵,应进行抗震设计。地震动峰值加速度大于或等于 0.40g 地区的公路桥涵,应进行专门的抗震研究和设计。地震动峰值加速度小于或等于 0.05g 地区的公路桥涵,除有特殊要求者外,可采用简易设防。做过地震小区划的地区,应按主管部门审批后的地震动参数进行抗震设计。 公路桥梁地震作用的计算及结构的设计,应符合现行《公路工程抗震设计规范》的规定。
撞击作用	(1)位于通航河流或有漂流物的河流中的桥梁墩台,设计时应考虑船舶或漂流物的撞击作用,其撞击作用标准值可按下列规定采用或计算: 1)当缺乏实际调查资料时,内河上船舶撞击作用的标准值可按表 5-148 采用。四、五、六、七级航道内的钢筋混凝土桩墩,顺桥向撞击作用可按表 5-148 所列数值的 50%考虑。

续表

项　目	说　　　明
撞击作用	2)当缺乏实际调查资料时，海轮撞击作用的标准值可按表5-149采用。 3)可能遭受大型船舶撞击作用的桥墩，应根据桥墩的自身抗撞击能力、桥墩的位置和外形、水流流速、水位变化、通航船舶类型和碰撞速度等因素作桥墩防撞设施的设计。当设有与墩台分开的防撞击的防护结构时，桥墩可不计船舶的撞击作用。 4)漂流物横桥向撞击力标准值可按下式计算： $$F=\frac{WV}{gT} \quad (5\text{-}117)$$ 式中，W——漂流物重力(kN)，应根据河流中漂流物情况，按实际调查确定； V——水流速度(m/s)； T——撞击时间(s)，应根据实际资料估计，在无实际资料时，可用1s； g——重力加速度，$g=9.81(\mathrm{m/s^2})$。 5)内河船舶的撞击作用点，假定为计算通航水位线以上2m的桥墩宽度或长度的中点。海轮船舶撞击作用点需视实际情况而定。漂流物的撞击作用点假定在计算通航水位线上桥墩宽度的中点。 (2)桥梁结构必要时可考虑汽车的撞击作用。汽车撞击力标准值在车辆行驶方向取1 000kN，在车辆行驶垂直方向取500kN，两个方向的撞击力不同时考虑，撞击力作用于行车道以上1.2m处，直接分布于撞击涉及的构件上。对于设有防撞设施的结构构件，可视防撞设施的防撞能力，对汽车撞击力标准值予以折减，但折减后的汽车撞击力标准值不应低于上述规定值的1/6。 (3)高速公路上桥梁的防撞护栏应按现行《高速公路交通安全设施设计及施工技术规范》有关规定执行。

表 5-148　内河船舶撞击作用标准值

内河航道等级	船舶吨级 DWT/t	横桥向撞击作用/kN	顺桥向撞击作用/kN
一	3 000	1 400	1 100
二	2 000	1 100	900
三	1 000	800	650
四	500	550	450
五	300	400	350
六	100	250	200
七	50	150	125

表 5-149　海轮撞击作用的标准值

船舶吨级 DWT/t	3 000	5 000	7 500	10 000	20 000	30 000	40 000	50 000
横桥向撞击作用/kN	19 600	25 400	31 000	35 800	50 700	61 100	71 700	80 200
顺桥向撞击作用/kN	9 800	12 700	15 500	17 900	25 350	31 050	35 850	40 100

第六章 混凝土工程

第一节 混凝土基本构件计算

一、受弯构件正截面承载力计算

受弯构件正截面承载力计算见表 6-1～表 6-3。

表 6-1 受弯构件正截面承载力计算

项目	内容
环形和圆形截面受弯构件	(1)环形截面受弯构件承载力计算： $\alpha\alpha_1 f_c A + (\alpha - \alpha_t) f_y A_s = 0$ (6-1) $M \leqslant \alpha_1 f_c A (r_1 + r_2) \frac{\sin\pi\alpha}{2\pi} + f_y A_s r_s \frac{(\sin\pi\alpha + \sin\pi\alpha_t)}{\pi}$ (6-2) $\alpha_t = 1 - 1.5\alpha$ (6-3) 式中，A——环形截面面积； A_s——全部纵向普通钢筋的截面面积； r_1、r_2——环形截面的内、外半径； r_s——纵向普通钢筋重心所在的圆周的半径； α——受压区混凝土截面面积与全截面面积的比值； α_t——纵向受拉钢筋截面面积与全部纵向钢筋截面面积的比值，当 $\alpha > 2/3$ 时，取 $\alpha_t = 0$。 (2)圆形截面受弯构件承载力计算： $\alpha\alpha_1 f_c A \left(1 - \frac{\sin^2\pi\alpha}{2\pi\alpha}\right) + (\alpha - \alpha_t) f_y A_s = 0$ (6-4) $M \leqslant \frac{2}{3}\alpha_1 f_c A r \frac{\sin^3\pi\alpha}{\pi} + f_y A_s r_s \frac{(\sin\pi\alpha + \sin\pi\alpha_t)}{\pi}$ (6-5) $\alpha_t = 1.25 - 2\alpha$ (6-6) 式中，A——圆形截面面积； A_s——全部纵向钢筋的截面面积； r——圆形截面的半径； r_s——纵向钢筋重心所在圆周的半径； α——对应于受压区混凝土截面面积的圆心角(rad)与 2π 的比值； α_t——纵向受拉钢筋截面面积与全部纵向钢筋截面面积的比值，当 $\alpha > 0.625$ 时，取 $\alpha_t = 0$。
混凝土受压的应力与应变关系的近似计算公式	(1)当 $\varepsilon_c \leqslant \varepsilon_0$ 时 $\sigma_c = f_c[1 - (1 - \varepsilon_c/\varepsilon_0)^n]$ (6-7) (2)当 $\varepsilon_0 < \varepsilon_c \leqslant \varepsilon_{cu}$ 时 $\sigma_c = f_c$ (6-8) $n = 2 - \frac{1}{60}(f_{cu,k} - 50)$ (6-9) $\varepsilon_0 = 0.002 + 0.5(f_{cu,k} - 50) \times 10^{-5}$ (6-10) $\varepsilon_{cu} = 0.0033 - (f_{cu,k} - 50) \times 10^{-5}$ (6-11)

续表

项　目	内　　　容
混凝土受压的应力与应变关系的近似计算公式	式中，σ_c——混凝土压应变为 ε_c 时的混凝土压应力； f_c——混凝土轴心抗压强度设计值； ε_0——混凝土压应力刚达到 f_c 时的混凝土压应变，当计算的 ε_0 值小于 0.002 时，取为 0.002； ε_{cu}——正截面的混凝土极限压应变，当处于非均匀受压时，按公式 $\varepsilon_{cu}=0.0033-(f_{cu,k}-50)\times 10^{-5}$ 计算，如计算的 ε_{cu} 值大于 0.0033，取为 0.0033；当处于轴心受压时取为 ε_0； $f_{cu,k}$——混凝土立方体抗压强度标准值； n——系数，当计算的 n 值大于 2.0 时，取 2.0。
任意截面正截面受弯承载力的理论计算	(1)计算图示(图 1)。 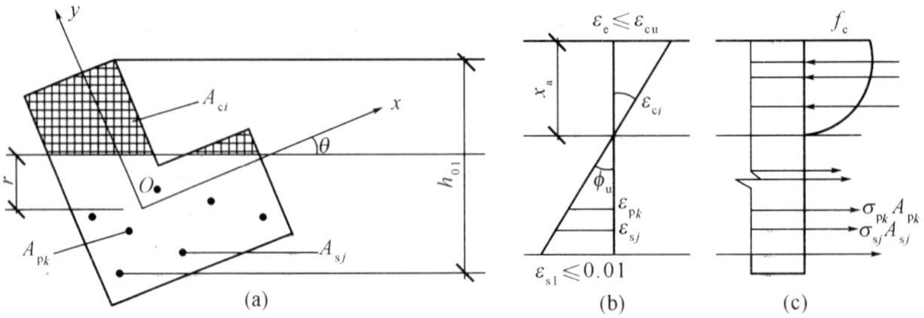 图 1　计算图示 (a)截面、配筋及单元划分；(b)应变分布；(c)应力分布 (2)单元的划分。将截面划分为有限多个混凝土单元、纵向普通钢筋单元和预应力钢筋单元(图 1a)，并近似取单元内的应变和应力为均匀分布，其合力点在单元重心处。 (3)单元的应变： 混凝土单元的应变　$\varepsilon_{ci}=\varphi_u[(x_{ci}\sin\theta+y_{ci}\cos\theta)-r]$　(6-12) 普通钢筋的应变　$\varepsilon_{sj}=-\varphi_u[(x_{sj}\sin\theta+y_{sj}\cos\theta)-r]$　(6-13) 预应力钢筋的应变　$\varepsilon_{pk}=-\varphi_u[(x_{pk}\sin\theta+y_{pk}\cos\theta)-r]+\varepsilon_{p0k}$　(6-14) 式中，ε_{ci}、σ_{ci}——第 i 个混凝土单元的应变、应力，受压时取正值，受拉时取应力 $\sigma_{ci}=0$；序号 i 为 1，2，…，l，此处，l 为混凝土单元数； ε_{sj}、σ_{sj}——第 j 个普通钢筋单元的应变、应力，受拉时取正值，应力 σ_{si} 应满足公式 $-f'_y\leqslant\sigma_{si}\leqslant f_y$ 的条件；序号 j 为 1，2，…，m，此处，m 为普通钢筋单元数； ε_{pk}、σ_{pk}——第 k 个预应力钢筋单元的应变、应力，受拉时取正值，应力 σ_{pi} 应满足公式 $\sigma_{p0i}-f'_{py}\leqslant\sigma_{pi}\leqslant f_{py}$ 的条件，序号 i 为 1，2，…，n，此处，n 为预应力钢筋单元数； x_{sj}、y_{sj}——第 j 个普通钢筋单元重心到 y 轴、x 轴的距离，x_{sj} 在 y 轴右侧及 y_{sj} 在 x 轴上侧时取正值； x_{pk}、y_{pk}——第 k 个预应力钢筋单元重心到 y 轴、x 轴的距离，x_{pk} 在 y 轴右侧及 y_{pk} 在 x 轴上侧时取正值； θ——x 轴与中和轴的夹角，顺时针方向取正值； φ_u——截面达到承载能力极限状态时的极限转角； r——截面重心至中和轴的距离。 (4)单元的应力： ①混凝土受压时的应力可由下式求出： 当 $\varepsilon_{ci}\leqslant\varepsilon_0$ 时，　$\sigma_{ci}=f_c\left[1-\left(1-\frac{\varepsilon_{ci}}{\varepsilon_0}\right)^n\right]$　(6-15)

续表

项　目	内　　容
任意截面正截面受弯承载力的理论计算	当 $\varepsilon_0 \leqslant \varepsilon_{ci} \leqslant \varepsilon_{cu}$ 时，　　$\sigma_{ci}=f_c$　　(6-16) 式中，参数 ε_0、n、ε_{cu} 等按式(6-8)～式(6-11)计算确定。 ②混凝土受拉时的应力 σ_{ci} 取为零。 ③普通钢筋应力：　　$\sigma_{sj}=E_s\varepsilon_{sj}$　　(6-17) 当计算出的 σ_{sj} 为拉应力且其值大于 f_y 时，取 $\sigma_{sj}=f_y$。 当计算出的 σ_{sj} 为压应力且其绝对值大于 f'_y 时，取 $\sigma_{sj}=-f'_y$。 ④预应力钢筋应力：　　$\sigma_{pk}=E_s\varepsilon_{pk}$　　(6-18) 当计算出的 σ_{pk} 为拉应力且其值大于 f_{py} 时，取 $\sigma_{pk}=f_{py}$。 当计算出的 σ_{pk} 为压应力且其绝对值大于 $(\sigma_{p0k}-f'_{py})$ 的绝对值时，取 $\sigma_{pk}=\sigma_{p0k}-f'_{py}$。 (5)截面极限转角： 当 $\varepsilon_c=\varepsilon_{cu}$ 且 $\varepsilon_{s1}<0.01$ 时， $\varphi_u=\varepsilon_{cu}/x_n$　　(6-19) 当 $\varepsilon_{s1}=0.01$ 且 $\varepsilon_c<\varepsilon_{cu}$ 时， $\varphi_u=0.01/(h_{01}-x_n)$　　(6-20) 式中，ε_c——截面受压区外边缘的混凝土压变； ε_{cu}——混凝土极限压应变； ε_{s1}——受拉区最外排钢筋的应变。 (6)正截面承载力计算： $N \leqslant \sum_{i=1}^{l}\sigma_{ci}A_{ci}-\sum_{j=1}^{m}\sigma_{sj}A_{sj}-\sum_{k=1}^{n}\sigma_{pk}A_{pk}$　　(6-21) $M_x \leqslant \sum_{i=1}^{l}\sigma_{ci}A_{ci}x_{ci}-\sum_{j=1}^{m}\sigma_{sj}A_{sj}x_{sj}-\sum_{k=1}^{n}\sigma_{pk}A_{pk}x_{pk}$　　(6-22) $M_y \leqslant \sum_{i=1}^{l}\sigma_{ci}A_{ci}y_{ci}-\sum_{j=1}^{m}\sigma_{sj}A_{sj}y_{sj}-\sum_{k=1}^{n}\sigma_{pk}A_{pk}y_{pk}$　　(6-23) 式中，N——轴向力设计值，当为压力时取正值，当为拉力时取负值； M_x、M_y——考虑结构侧移、构件挠曲和附加偏心距引起的附加弯矩后，在截面 x 轴、y 轴方向的弯矩设计值；由压力产生的偏心在 x 轴的上侧时 M_y 取正值，由压力产生的偏心在 y 轴的右侧时 M_x 取正值； A_{ci}——第 i 个混凝土单元面积； A_{sj}——第 j 个普通钢筋单元面积； A_{pk}——第 k 个预应力钢筋单元面积。

表 6-2　单筋矩形截面受弯构件正截面承载力计算表

类　型	单筋矩形截面
示意图	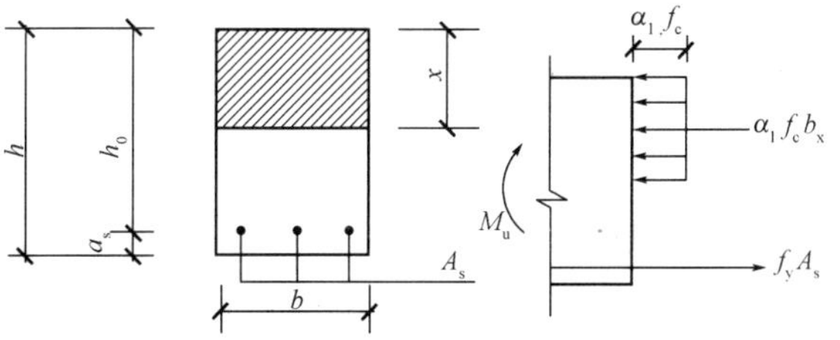

续表

<table>
<tr><td>类　型</td><td colspan="2">单筋矩形截面</td></tr>
<tr><td>计算公式</td><td colspan="2">$$\alpha_1 f_c b h_0 \xi = f_y A_s \qquad (6\text{-}24)$$
$$M \leqslant M_u = \alpha_s \alpha_1 f_c b h_0^2 \qquad (6\text{-}25)$$
或 $$M \leqslant M_u = f_y A_s \gamma_s h_0 \qquad (6\text{-}26)$$</td></tr>
<tr><td>符号含义</td><td colspan="2">α_s——截面抵抗矩系数；
γ_s——内力臂系数。
α_s、ξ 和 γ_s 之间关系如下：
$$\alpha_s = \xi(1-0.5\xi);\gamma_s = 1-0.5\xi;\xi = 1-\sqrt{1-2\alpha_s};\gamma_s = \frac{1-\sqrt{1-2\alpha_s}}{2}$$</td></tr>
<tr><td rowspan="2">适用条件</td><td>防止超筋破坏</td><td>防止少筋破坏</td></tr>
<tr><td>$\xi \leqslant \xi_b$</td><td>$A_s \geqslant A_{s,\min} = \rho_{\min} bh$
或 $\rho = \frac{A_s}{bh_0} \geqslant \rho_{\min}$</td></tr>
</table>

表 6-3　双筋矩形截面受弯构件正截面受弯承载力

<table>
<tr><td>项　目</td><td colspan="2">双筋矩形截面</td></tr>
<tr><td>适用情况</td><td colspan="2">(1)弯矩设计值很大，按单筋矩形截面计算所得的 ξ 大于 ξ_b，而梁截面尺寸及混凝土强度等级又都受到限制而不能增大时。
(2)在不同荷载组合情况下，梁截面承受异号弯矩。
(3)由于某种原因，截面受压区已配有面积较多的受压钢筋时。</td></tr>
<tr><td>计算图示</td><td colspan="2">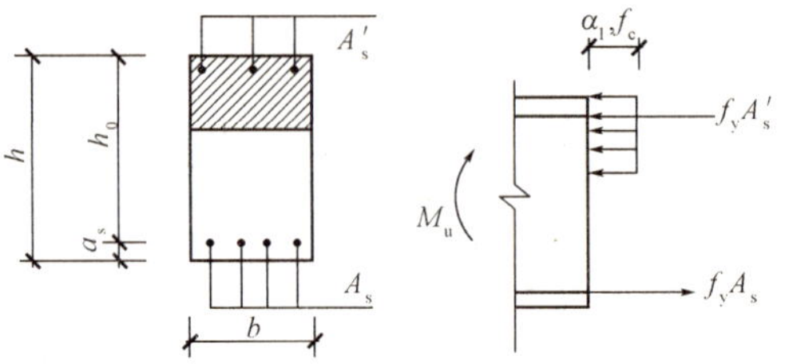
</td></tr>
<tr><td>基本公式</td><td colspan="2">$$\alpha_1 f_c b h_0 \xi = f_y A_s - f_y' A_s' \qquad (6\text{-}27)$$
$$M \leqslant M_u = \alpha_1 f_c \alpha_s b h_0^2 + f_y' A_s' (h_0 - a_s') \qquad (6\text{-}28)$$</td></tr>
<tr><td rowspan="2">适用条件</td><td>防止超筋破坏</td><td>保证截面达到承载能力极限状态时，受压钢筋的应力达到屈服强度。</td></tr>
<tr><td>$\xi \leqslant \xi_b$</td><td>$$\xi \geqslant 2a'_s/h_0 \qquad (6\text{-}29)$$</td></tr>
</table>

二、受弯构件斜截面承载力计算

受弯构件斜截面承载力计算见表 6-4～表 6-18。

表 6-4　图幅及图框尺寸

<table>
<tr><th>项　目</th><th>内　　　　　容</th></tr>
<tr><td>受弯构件斜截面的受弯承载力理论计算公式</td><td>

$$M \leqslant (f_y A_s + f_{py} A_p) z + \sum f_y A_{sb} z_{sb} + \sum f_{py} A_{pb} z_{pb} + \sum f_{yv} A_{sv} z_{sv} \quad (6\text{-}30)$$

$$V = \sum f_y A_{sb} \sin\alpha_s + \sum f_{py} A_{pb} \sin\alpha_p + \sum f_{yv} A_{sv} \quad (6\text{-}31)$$

式中，V——斜截面受压区末端的剪力设计值；
z——非预应力和预应力纵向受拉钢筋的合力点至受压区合力点的距离，可近似取 $z=0.9h_0$；
z_{sb}、z_{pb}——同一弯起平面内的非预应力弯起钢筋、预应力弯起钢筋的合力点至斜截面受压区合力点的距离；
z_{sv}——同一斜截面上箍筋的合力至斜截面受压区合力点的距离。

当计算先张法预应力混凝土构件端部锚固区的斜截面受弯承载力时(图 1)，在式(6-30)中的 f_{py}，应按下列规定确定：

锚固区内的预应力钢筋的抗拉强度设计值在锚固起点处取为零；在锚固终点处取为 f_{py}；在两点之间的钢筋抗拉强度设计值可按线性内插法确定。两点之间的距离为预应力筋的锚固长度 l_a，l_a 应按公式 $l_a = \alpha \dfrac{f_{py}}{f_t} d$($\alpha$ 为预应力钢筋的外形系数，d 为预应力钢筋的直径)确定。

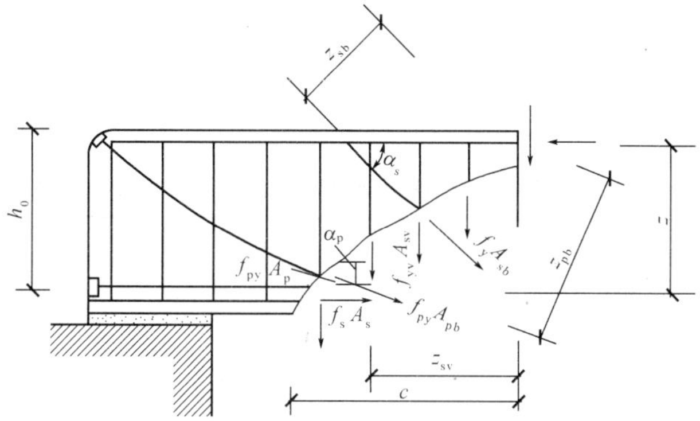

图 1　受弯构件斜截面的受弯承载力计算简图

受弯构件中配置的纵向钢筋和箍筋，如能符合有关钢筋的锚固、简支梁下部纵筋伸入支座的锚固长度 l_{as}、支座截面负弯矩纵向钢筋截断时的伸出长度、弯起钢筋弯终点外的锚固要求以及箍筋的间距与肢距等构造要求时，则可不进行斜截面的受弯承载力的验算。通常这些构造要求都是应该遵守的，因此斜截面的受弯承载力验算就不必再进行。</td></tr>
<tr><td>受剪钢筋与受剪构件</td><td>受剪钢筋与受剪构件计算见表 6-5～表 6-12。</td></tr>
<tr><td>叠合式受弯构件</td><td>叠合式受弯构件的类型、计算与构造见表 6-13～表 6-16。</td></tr>
<tr><td>深受弯构件</td><td>深受弯构件计算见表 6-17 及表 6-18。</td></tr>
</table>

表 6-5　弯起钢筋的受剪承载力　(单位：kN)

弯筋直径/mm	$f_y=210\text{N/mm}^2$				$f_y=300\text{N/mm}^2$				$f_y=360\text{N/mm}^2$			
	$\alpha_s=45°$		$\alpha_s=60°$		$\alpha_s=45°$		$\alpha_s=60°$		$\alpha_s=45°$		$\alpha_s=60°$	
	1 根	2 根	1 根	2 根	1 根	2 根	1 根	2 根	1 根	2 根	1 根	2 根
12	13.4	26.9	16.5	32.9	19.2	38.4	23.5	47.0	23.0	46.1	28.2	56.4
14	18.3	36.6	22.4	44.8	26.1	52.2	32.0	64.0	31.3	62.7	38.4	76.8
16	23.9	47.8	29.3	58.5	34.1	68.2	41.8	83.6	40.9	81.9	50.1	100.3
18	30.2	60.5	37.0	74.0	43.2	86.4	52.9	105.8	51.8	103.6	63.5	126.9

续表

弯筋直径/mm	$f_y=210N/mm^2$				$f_y=300N/mm^2$				$f_y=360N/mm^2$			
	$\alpha_s=45°$		$\alpha_s=60°$		$\alpha_s=45°$		$\alpha_s=60°$		$\alpha_s=45°$		$\alpha_s=60°$	
	1根	2根	1根	2根	1根	2根	1根	2根	1根	2根	1根	2根
20	37.3	74.6	45.7	91.4	53.3	106.6	65.3	130.6	64.0	128.0	74.8	156.7
22	45.2	90.3	55.3	110.6	64.5	129.0	79.0	158.0	77.4	154.8	94.8	189.6
25	58.3	116.6	71.4	142.8	83.3	166.6	102.0	204.1	100.0	199.9	122.4	244.9
28	73.1	146.3	89.6	179.2	104.5	209.0	128.0	256.0	125.4	250.8	153.6	307.2
32	95.5	191.1	117.0	234.0	136.5	273.0	167.2	334.3	163.8	327.6	200.6	401.2
36	120.9	241.8	148.1	296.2	172.7	345.5	211.6	423.1	207.3	414.6	253.9	507.7

注：1. 计算公式为 $V_{as}=0.8f_yA_{sb}\sin\alpha_s$。

2. 位于构件侧边底层钢筋不应弯起。

3. 钢筋弯起角度一般为45°，梁截面高大于800mm时，可弯起60°。

4. 弯起钢筋的末端应留有直线段，其长度在受拉区不应小于20d，在受压区不应小于10d，当为构造弯起时，可适当减少。

表 6-6　一般板类受弯构件的无腹筋受剪承载力

计算公式	符号含义	说明
$V\leqslant 0.7\beta_h f_t bh_0$ (6-32) $\beta_h=\left(\frac{800}{h_0}\right)^{1/4}$ (6-33)	V—构件斜截面上的最大剪力设计值（包括重要性系数 γ_0 在内）； β_h—截面高度影响系数，当 h_0 <800mm时，取 h_0 =800mm；当 h_0 >2 000mm时，取 h_0=2 000mm； f_t—混凝土轴心抗拉强度设计值； h_0—截面有效高度(mm)。	无腹筋的受剪承载力公式(6-32)只能用于板类构件，在梁中不允许按无腹筋梁设计。 式(6-33)所表示的 β_h，只适用于 h_0 在800～2 000mm之间。 β_h 最小值为0.8。

表 6-7　截面尺寸及箍筋配筋率的控制

<table>
<tr><th>项目</th><th colspan="5">内容</th></tr>
<tr><td rowspan="9">截面尺寸控制条件</td><td rowspan="3">控制条件</td><td colspan="4">对矩形、T形和I形截面受弯构件</td></tr>
<tr><td>$h_w/b\leqslant 4$</td><td colspan="2">$4<h_w/b<6$</td><td>$h_w/b\geqslant 6$</td></tr>
<tr><td>$V\leqslant 0.25\beta_c f_c bh_0$ (6-34)</td><td colspan="2">线性内插</td><td>$V\leqslant 0.2\beta_c f_c bh_0$ (6-35)</td></tr>
<tr><td rowspan="5">符号含义</td><td rowspan="2">β_c—混凝土强度影响系数</td><td>≤C50</td><td>C50～C80</td><td>≥C80</td></tr>
<tr><td>1.0</td><td>线性内插</td><td>0.8</td></tr>
<tr><td colspan="4">f_c—混凝土轴心抗压强度设计值</td></tr>
<tr><td colspan="4">b—矩形截面的宽度，T形截面或I形截面的腹板宽度</td></tr>
<tr><td>h_w—截面的腹板高度</td><td>矩形截面：取为截面有效高度</td><td>T形截面：取为有效高度减去翼缘高度</td><td>I形截面：取为腹板净高</td></tr>
<tr><td>说明</td><td colspan="4">当有实践经验时，对T形或I形截面的简支构件，式(6-32)中的系数可改用0.3。
对受拉边侧斜的构件，截面尺寸条件也可适当放宽。</td></tr>
</table>

续表

项　目	内　　　　容
箍筋的最小配筋率	$$\rho_{sv}=\frac{nA_{svl}}{bs}\geqslant\rho_{sv,min}=0.24\frac{f_t}{f_{yv}}\qquad(6\text{-}36)$$ 式中，A_{svl}——单肢箍筋的截面面积； n——同一截面内箍筋的肢数； s——沿构件长度方向箍筋的间距； f_y——箍筋的抗拉强度设计值。

表 6-8　受剪承载力计算截面的选取

项　目	内　　　　容
示意图	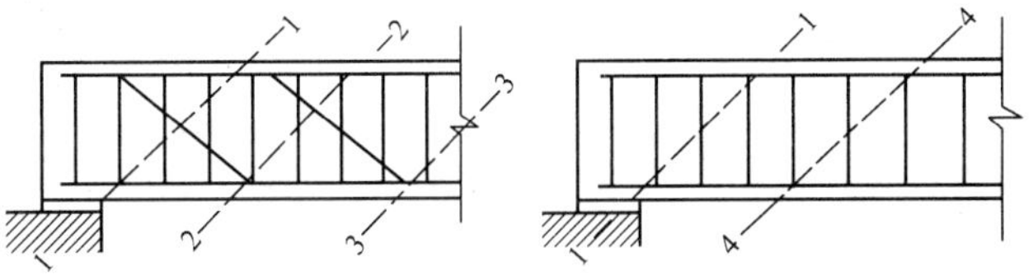 图 1　斜截面受剪承载力设计值的计算截面 1—1 支座边缘处的斜截面；2—2、3—3 受拉区弯起钢筋弯起点处的斜截面； 4—4 箍筋截面面积或间距改变处的斜截面
计算截面	(1)支座边缘处的截面(图 1 截面 1—1)。 (2)受拉区弯起钢筋弯起点处的截面(图 1 截面 2—2、3—3)。 (3)箍筋截面面积或间距改变处的截面(图 1 截面 4—4)。 (4)腹板宽度改变处的截面。
说　明	(1)对受拉边倾斜的受弯构件，尚应包括梁的高度开始变化处、集中荷载作用处和其他不利的截面。 (2)箍筋的间距以及弯起钢筋前一排(对支座而言)的弯起点至后一排的弯终点的距离，应符合有关的构造要求。

表 6-9　不需要进行受剪承载力计算的条件

项　　目	内　　容
一般受弯构件	$V\leqslant 0.7f_tbh_0+0.05N_{p0}$　(6-37)
承受集中荷载为主的独立梁	$V\leqslant\frac{1.75}{\lambda+1}f_tbh_0+0.05N_{p0}$　(6-38)

表 6-10　仅配箍筋的斜截面的受剪承载力

项　目		内　　　　容
矩形、T 形和 I 形截面的一般受弯构件	公式	$V\leqslant V_{cs}+V_p=V_c+V_{sv}+V_p$　(6-39) $V_c=0.7f_tbh_0$　(6-40) $V_{sv}=1.25f_{yv}\frac{A_{sv}}{s}h_0$　(6-41) $V_p=0.05N_{p0}$　(6-42)

续表

项 目		内 容
矩形、T形和I形截面的一般受弯构件	符号说明	V——构件斜截面上的最大剪力设计值，包含重要性系数 γ_0 在内； V_{cs}——构件斜截面上混凝土和箍筋的受剪承载力，$V_{cs}=V_c+V_{sv}$； V_c——混凝土的受剪承载力； V_{sv}——箍筋的受剪承载力； V_p——由预加力所提高的构件受剪承载力； A_{sv}——配置在同一截面内的各肢箍筋的全部截面面积，等于 nA_{sv1}，在此，n 为同一截面内的箍筋肢数，A_{sv1} 为单肢箍筋的截面面积； s——沿构件长度方向的箍筋间距； f_{yv}——箍筋抗拉强度设计值； N_{p0}——截面上混凝土法向预应力等于零时的预应力钢筋及非预应力钢筋的合力，按 $N_{p0}=\sigma_{p0}A_p+\sigma_{p0}'A_p'-\sigma_{l5}A_s-\sigma_{l5}'A_s'$ 计算，当 $N_{p0}>0.3f_cA_0$ 时，取 $N_{p0}=0.3f_cA_0$。
集中荷载作用下的独立梁（矩形、T形和I形截面）		包括作用有多种荷载，但其中集中荷载对支座或节点边缘所产生的剪力值占总剪力值的75%以上的情况。
	剪跨比λ	$\lambda=a/h_0$ a 为集中荷载作用点至支座或节点边缘的距离。当 $\lambda<1.5$ 时，取 $\lambda=1.5$；当 $\lambda>3$ 时，取 $\lambda=3$。
	公式	$V\leqslant V_{cs}+V_p=V_c+V_{sv}+V_P$ (6-43) $V_c=\frac{1.75}{\lambda+1}f_tbh_0$ (6-44) $V_{sv}=f_{yv}\frac{A_{sv}}{s}h_0, V_p=0.05N_{p0}$ (6-45)
说 明		计算 V_p 时，当合力 N_{p0} 引起的截面弯矩与外弯矩方向相同时，以及预应力混凝土连续梁和允许出现裂缝的预应力混凝土简支梁，均应取 $V_p=0$。同时对先张法预应力构件，计算合力 V_{p0} 时，应考虑预应力钢筋传递长度 l_{tr} 的影响。

表 6-11 配有箍筋及弯起钢筋的受弯构件

项 目		内 容
矩形、T形和I形截面的受弯构件	剪力设计值 V	当计算弯起钢筋用量时，其可按下列规定采用： (1)当计算第一排（对支座而言）弯起钢筋时，取用支座边缘处的剪力设计值。 (2)当计算以后的每一排弯起钢筋时，取用前一排（对支座而言）弯起钢筋弯起点处的剪力设计值。
	公 式	$V\leqslant V_c+V_{sv}+V_p+0.8f_yA_{sb}\sin\alpha_s+0.8f_{py}A_{pb}\sin\alpha_p$ (6-46)
	符号说明	V_p——由预应力所提高的构件受剪承载力设计值，按公式 $V_p=0.05N_{p0}$ 计算，但计算合力 N_{p0} 时不考虑预应力弯起钢筋 A_{pb} 的作用； A_{sb}、A_{pb}——同一弯起平面内的非预应力钢筋、预应力弯起钢筋的截面面积； α_s、α_p——斜截面上非预应力钢筋、预应力弯起钢筋的切线与构件纵向轴线的夹角。

表 6-12　受拉边倾斜的受弯构件的受剪承载力

项　目	内	容
受拉边倾斜的矩形、T形和I形截面的受弯构件	示意图	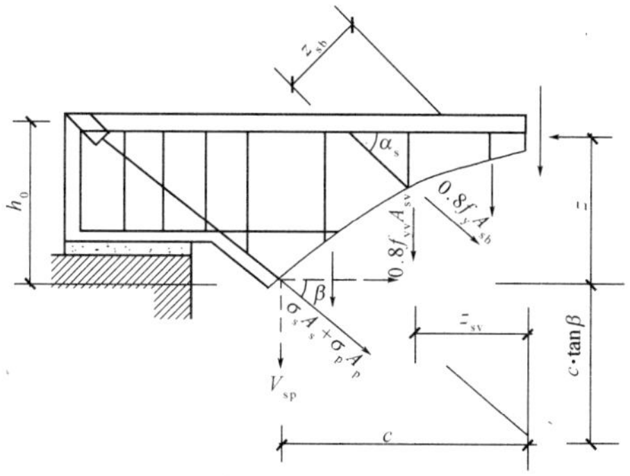
	公　式	$$V \leqslant V_{cs}+V_{sp}+0.8f_yA_{sb}\sin\alpha_s \quad (6\text{-}47)$$ $$V_{sp}=\frac{M-0.8(\sum f_{yv}A_{sv}z_{sv}+\sum f_yA_{sb}z_{sb})}{z+c\tan\beta}\tan\beta \quad (6\text{-}48)$$
	符号说明	V——构件斜截面上的最大剪力设计值； M——构件斜截面受压区末端的弯矩设计值； V_{cs}——构件斜截面上混凝土和箍筋的受剪承载力，$V_{cs}=V_c+V_{sv}$，V_c、V_{sv}分别按式(6-41)、式(6-42)或式(6-44)、式(6-45)计算，其中的h_0取斜截面受拉区始端的垂直截面有效高度； V_{sp}——构件截面上受拉边倾斜的非预应力和预应力纵向受拉钢筋合力的设计值在垂直方向的投影：对钢筋混凝土受弯构件，其值不应大于$f_yA_s\sin\beta$；对预应力混凝土受弯构件，其值不应大于$(f_{py}A_p+f_yA_s)\sin\beta$和不应小于$\sigma_{pe}A_p\sin\beta$； z_{sv}——同一截面内箍筋的合力至斜截面受压区合力点的距离； z_{sb}——同一弯起平面内的弯起钢筋的合力至斜截面受压区合力点的距离； z——斜截面受拉区始端处纵向受拉钢筋合力的水平分力至斜截面受压区合力点的距离，可近似取$z=0.9h_0$； β——斜截面受拉区始端处倾斜的纵向受拉钢筋的倾角； c——斜截面的水平投影长度，可近似取$c=h_0$。

表 6-13　叠合式受弯构件的类型

项　目	内　容
特　点	在预制的钢筋混凝土或预应力混凝土构件上再浇一层混凝土形成的构件。兼有预制构件和现浇结构的双重优点，即节省模板，现场作业量小；整体性强，抗震性能好，主要分两种形式。
类型及说明	施工阶段有支撑，待后浇层混凝土达到设计强度以后再拆去支撑，以整体结构的形式承载受力，见图1。 在施工阶段，预制构件吊装就位后，预制不加支撑，见图2。 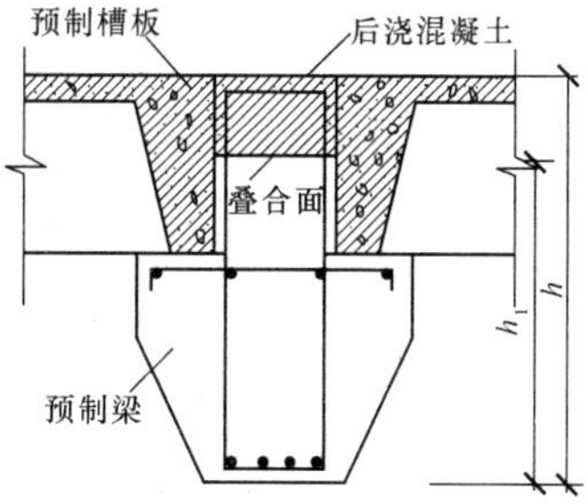 图1　一阶段受力的叠合式构件 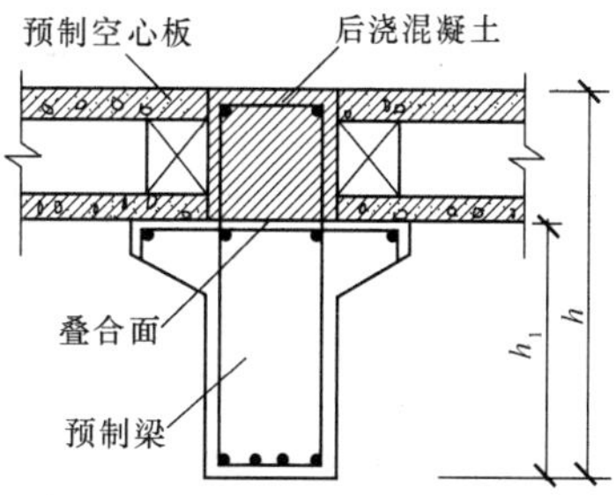 图2　二阶段受力的叠合式构件

表 6-14 有支撑的叠合式构件

<table>
<tr><th>项　目</th><th colspan="3">内　　容</th></tr>
<tr><td>施工阶段的可靠支撑</td><td colspan="3">基本要求：
(1)通过设计计算确定支撑的强度，使包括叠合预制构件在内的模板支撑系统具有足够的承载力、刚度和稳定性。
(2)当 $h_1/h<0.4$ 时，应在施工阶段设置可靠支撑，此处，h_1 为预制构件的截面高度，h 为叠合构件的截面高度。</td></tr>
<tr><td rowspan="4">斜截面受剪承载力</td><td rowspan="2">两种状态</td><td>预制构件</td><td>叠合构件</td></tr>
<tr><td>$V_1=V_{1G}+V_{1Q}$　(6-49)</td><td>$V=V_{1G}+V_{2G}+V_{2Q}$　(6-50)</td></tr>
<tr><td>符号含义</td><td colspan="2">V_{1G}——预制构件自重、预制楼板自重和叠合层自重在计算截面产生的剪力设计值；
V_{2G}——第二阶段面层、吊顶等自重在计算截面产生的剪力设计值；
V_{1Q}——第一阶段施工活荷载在计算截面产生的剪力设计值；
V_{2Q}——第二阶段可变荷载在计算截面产生的剪力设计值，取本阶段施工活荷载和使用阶段可变荷载在计算截面产生的剪力设计值中的较大值。</td></tr>
<tr><td>说　明</td><td colspan="2">在计算中，叠合构件斜截面上混凝土和箍筋的受剪承载力设计值 V_{cs} 应取叠合层和预制构件中较低的混凝土强度等级进行计算，且不低于预制构件的受剪承载力设计值；对预应力混凝土叠合构件，不考虑预应力对受剪承载力的有利影响，取 $V_p=0$。</td></tr>
<tr><td rowspan="5">叠合面受剪承载力</td><td colspan="3">在符合构造措施的条件下，应满足下列计算条件</td></tr>
<tr><td rowspan="3">叠合梁的叠合面的受剪承载力</td><td>公　式</td><td>$V\leqslant 1.2f_tbh_0+0.85f_{yv}A_{sv}h_0/s$　(6-51)
式中，f_t——混凝土的抗拉强度设计值，取叠合层和预制构件中的较低值。</td></tr>
<tr><td>适用条件</td><td>$\rho_{sv}\geqslant 0.15\%$</td></tr>
<tr><td>截面要求</td><td>$V\leqslant 0.25\beta_c f_c bh_0$　(6-52)
β_c 取值同前</td></tr>
<tr><td>叠合板的叠合面受剪强度</td><td colspan="2">对不配箍筋的叠合板，其叠合面的受剪强度应满足
$V/bh_0\leqslant 0.4\text{N/mm}^2$　(6-53)</td></tr>
</table>

表 6-15 叠合式受弯构件承载能力极限状态计算

项　目	内　容
正截面受弯承载力	同一般受弯构件
斜截面受剪承载力	分别考虑预制构件和整个叠合构件的受剪计算，以及叠合面的受剪承载力。计算方法同一阶段受力的叠合式构件。

表 6-16 叠合式受弯构件构造

<table>
<tr><th>项　目</th><th>构造说明</th><th>示　意　图</th></tr>
<tr><td>界面粗糙处理</td><td>(1)混凝土强度等级：后浇叠合层的混凝土强度等级应不低于 C20。
(2)界面粗糙处理：叠合板的预制底板的表面应做成凹凸不小于 4mm 的人工粗糙面。</td><td>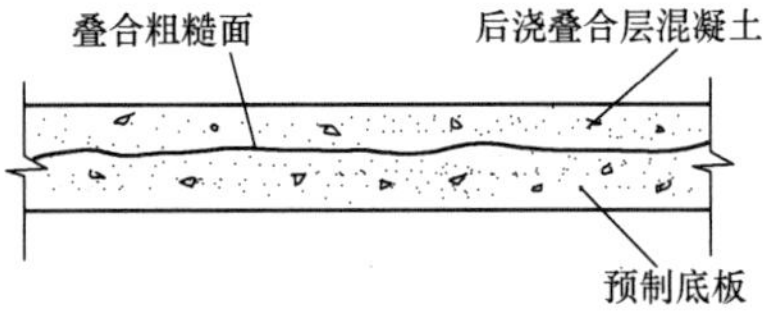</td></tr>
</table>

续表

项　目	构造说明	示　意　图
界面构造钢筋	承受较大荷载的叠合板，宜在预制底板上预留伸入后浇叠合层的界面构造钢筋。	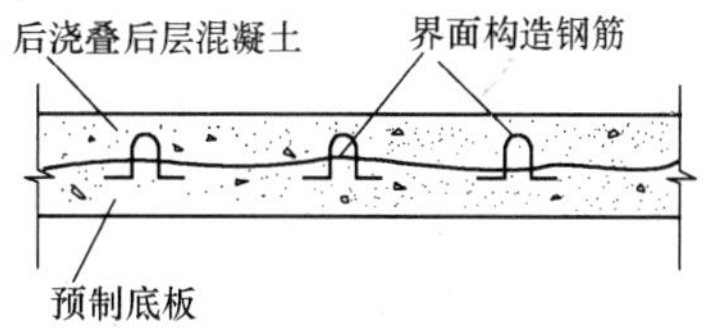
叠合梁的构造措施	(1)叠合预制梁的箍筋应全部伸入叠合层，且各肢伸入的直线长度不宜小于 $10d$（d 为箍筋直径）。 (2)承受静力荷载为主的叠合梁，预制底梁的叠合面可采用凹凸不小于 6mm 的自然粗糙面。 (3)叠合层混凝土厚度不宜小于 100mm，强度等级应不低于 C20。	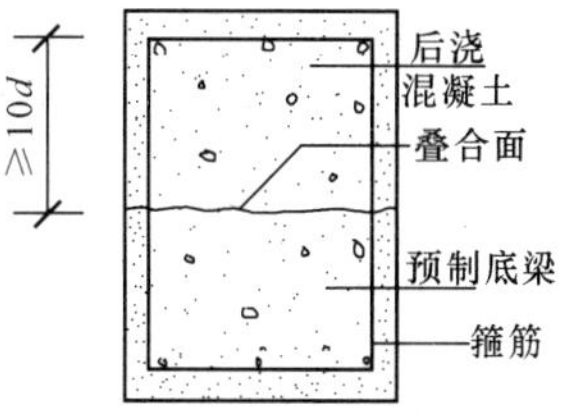

表 6-17　深受弯构件正截面承载力计算

项　目	内　容	
	当 $l_0 \geqslant h$ 时	当 $l_0 < h$ 时
内力臂 z	$z=\alpha_d(h_0-0.5x)$　(6-54) $\alpha_d=0.80+0.04\dfrac{l_0}{h}$　(6-55)	$z=0.6l_0$　(6-56)
验算公式	$M \leqslant f_y A_s z$　(6-57)	
符号含义	x——截面受压区高度，按一般受弯构件进行计算，当 x 小于 $0.2h_0$ 时，取 $x=0.2h_0$； h_0——截面有效高度，$h_0=h-a_s$，其中，h 为截面高度；当 $l_0/h \leqslant 2.0$ 时，跨中截面 a_s 取 $0.1h$，支座截面 a_s 取 $0.2h$；当 $l_0/h > 2.0$ 时，a_s 按受拉区纵向钢筋截面重心至受拉边缘的距离取用。	

表 6-18　深受弯构件斜截面承载力计算

项目	内　容		
承载力验算	计算公式	分布荷载作用	$V \leqslant V_u = 0.7\dfrac{(8-l_0/h)}{3}f_t bh_0 + 1.25\dfrac{(l_0/h-2)}{3}f_{yv}\dfrac{A_{sv}}{s_h}h_0 + \dfrac{(5-l_0/h)}{6}f_{yh}\dfrac{A_{sv}}{s_h}h_0$　(6-58)
		集中荷载作用	$V \leqslant V_u = \dfrac{1.75}{\lambda+1}f_t bh_0 + \dfrac{(l_0/h-2)}{3}f_{yv}\dfrac{A_{sv}}{s_h}h_0 + \dfrac{(5-l_0/h)}{6}f_{yh}\dfrac{A_{sv}}{s_h}h_0$　(6-59)
	计算剪跨比 λ		当 $l_0/h \leqslant 2.0$ 时，取 $\lambda=0.25$；当 $2.0<l_0/h<5.0$ 时，取 $\lambda=a/h_0$，其中，a 为集中荷载到深受弯构件支座的水平距离。 λ 的上限值 $\lambda_u=(0.92l_0/h-1.58)$，$\lambda$ 的下限值 $\lambda_l=(0.42l_0/h-0.58)$，当 λ 大于上限值 λ_u 时，取 $\lambda=\lambda_u$，当 λ 小于下限值 λ_t 时，取 $\lambda=\lambda_l$。
	符号含义		V——最大剪力设计值； V_u——受剪承载力设计值； A_{sv}——配置在同一竖向截面内的竖向分布钢筋各肢的全部截面面积； s_h——竖向分布钢筋的水平间距； A_{sh}——配置在同一水平截面内的水平分布钢筋各肢的全部截面面积； s_v——水平分布钢筋的竖向间距； l_0/h——跨高比，当 $l_0/h<2.0$ 时，取 $l_0/h=2.0$。

续表

<table>
<tr><td>项 目</td><td colspan="5">内 容</td></tr>
<tr><td rowspan="7">截面限制条件</td><td colspan="3">$h_w/b \leqslant 4$</td><td>$4 < h_w/b < 6$</td><td>$h_w/b \geqslant 6$</td></tr>
<tr><td colspan="3">$V \leqslant \frac{1}{60}(10+l_0/h)\beta_c f_c b h_0$ (6-60)</td><td>线性内插</td><td>$V \leqslant \frac{1}{60}(7+l_0/h)\beta_c f_c b h_0$ (6-61)</td></tr>
<tr><td rowspan="5">参数含义</td><td>V</td><td colspan="3">最大剪力设计值</td></tr>
<tr><td rowspan="2">腹板高度 h_w</td><td>矩形截面</td><td>T 形截面</td><td>I 形截面和箱形截面</td></tr>
<tr><td>取有效高度 h_0</td><td>有效高度减去翼缘高度</td><td>腹板净高</td></tr>
<tr><td rowspan="2">混凝土强度影响系数 β_c</td><td>≤C50</td><td>C50～C80</td><td>≥C80</td></tr>
<tr><td>1.0</td><td>线性内插</td><td>0.8</td></tr>
</table>

注：对于深梁，当按式(6-60)和式(6-61)选定截面尺寸，而受剪承载力达不到式(6-58)或式(6-59)的要求时，不宜用增加纵向受拉钢筋配筋率的方法来提高深梁的受剪承载力，这不仅不经济，而且还会造成"强弯弱剪"，不符合截面延性的要求。此时应采用增大梁的宽度 b 或提高混凝土的强度等级的方法。

三、受压构件计算

受压构件计算见表 6-19～表 6-25。

表 6-19 矩形截面非对称配筋小偏心受压构件正截面受压承载力

<table>
<tr><td>项 目</td><td>内 容</td></tr>
<tr><td>示意图</td><td>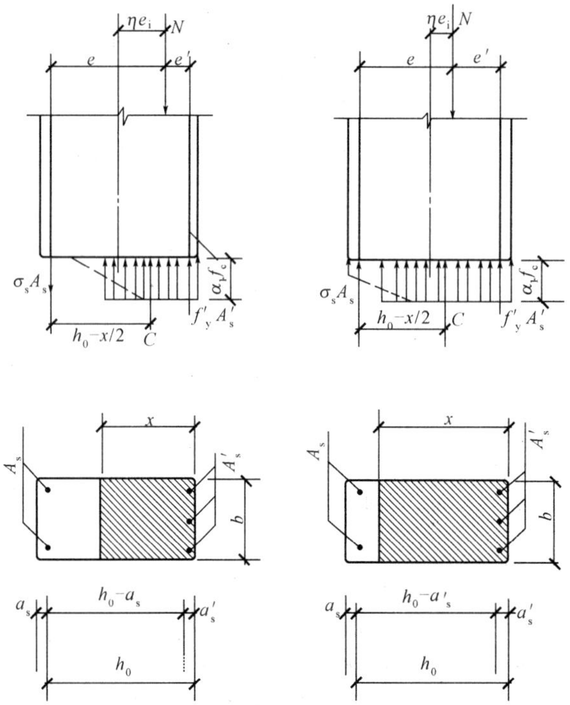

图 1 矩形截面非对称配筋小偏心受压示意图</td></tr>
</table>

续表

项　目	内　　　　容
计算公式	$N\leqslant N_u=\alpha_1 f_c bx+f'_y A'_s-\sigma_s A_s$　　(6-62) $Ne\leqslant N_u e=\alpha_1 f_s bx\left(h_0-\frac{x}{2}\right)+f'_y A'_s(h_0-a'_s)$　　(6-63) $e=\frac{h}{2}-a_s+\eta e_i$　　(6-64) $\sigma_s=\frac{\xi-\beta_1}{\xi_b-\beta_1}f_y$　　(6-65) $N\leqslant N_u=\alpha_1 f_c bh_0\xi+f'_y A'_s-\sigma_s A_s$　　(6-66) $Ne\leqslant N_u e=\alpha_1 f_c bh_0^2\xi(1-0.5\xi)+f'_y A'_s(h_0-a'_s)$　　(6-67)
说　明	当轴向压力设计值 $N>f_c bh$ 时，A_s 尚应满足下式的要求[式(6-69)仅适用于式(6-68)] $Ne'\leqslant N_u e'=f_c bh\left(h'_0-\frac{h}{2}\right)+f'_y A'_s(h'_0-a_s)$　　(6-68) $e'=\frac{h}{2}-a'_s-(e_0-e_a)$　　(6-69)

表 6-20　矩形截面对称配筋偏心受压构件正截面受压承载力

项　目	内　　　　容
大偏心受压	$N\leqslant N_u=\alpha_1 f_c bx$　　(6-70) $Ne\leqslant N_u e=\alpha_1 f_c bx\left(h_0-\frac{x}{2}\right)+f'_y A'_s(h_0-a'_s)$　　(6-71) 适用条件仍然是 $x\leqslant\xi_b h_0$ 和 $x\geqslant 2a'_s$
小偏心受压	与非对称配筋的计算公式相同，仍为式(6-67)和式(6-63)或式(6-66)和式(6-67)。 也可利用近似计算公式： $A'_s=\frac{Ne-\xi(1-0.5\xi)\alpha_1 f_c bh_0^2}{f'_y(h_0-a'_s)}$　　(6-72) $\xi=\frac{N-\alpha_1 f_c bh_0}{\frac{Ne-0.43\alpha_1 f_c bh_0^2}{(\beta_1-\xi_b)(h_0-a'_s)}+\alpha_1 f_c bh_0}+\xi_b$　　(6-73)

表 6-21　I 形截面非对称配筋大偏心受压构件正截面受压承载力

项　目	内　　　　容
计算公式	(1)当 $x\leqslant h'_f$ 时，截面应力计算图形见图 1，基本计算公式为 $N\leqslant N_u=\alpha_1 f_c b'_f x+f'_y A'_s-f_y A_s$　　(6-74) $Ne\leqslant N_u e=\alpha_1 f_c b'_q \mathrm{f} x\left(h_0-\frac{x}{2}\right)+f'_y A'_s(h_0-a'_s)$　　(6-75) (2)当 $h'_f<x\leqslant\xi_b h_0$ 时，截面应力计算图形见图 1，基本计算公式为 $N\leqslant N_u=\alpha_1 f_c bx+\alpha_1 f_c(b'_f-b)h'_f+f'_y A'_s-f_y A_s$　　(6-76) $Ne\leqslant N_u e=\alpha_1 f_c bx\left(h_0-\frac{x}{2}\right)+\alpha_1 f_c(b'_f-b)h'_f\left(h_0-\frac{h'_f}{2}\right)$ $+f'_y A'_s(h_0-a'_s)$　　(6-77)

续表

<table>
<tr><th>项　目</th><th>内　　　　容</th></tr>
<tr><td>示意图</td><td>
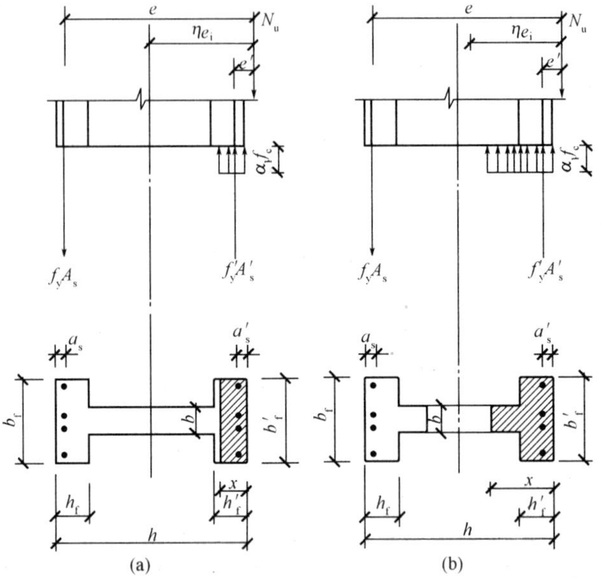

图 1　I 形截面非对称配筋大偏心受压
</td></tr>
<tr><td>截面设计</td><td>可参考矩形截面非对称配筋大偏压时的截面设计和截面复核方法。</td></tr>
</table>

表 6-22　I 形截面非对称配筋小偏心受压构件正截面受压承载力

<table>
<tr><th>项　目</th><th>内　　　　容</th></tr>
<tr><td>计算公式</td><td>

当 $\xi_b h_0 < x \leqslant h - h_f$ 时，截面应力计算图形见图 1(a)。

(1)基本计算公式：

$$N \leqslant N_u = \alpha_1 f_c b h_0 \xi + \alpha_1 f_c (b'_f - b) h'_f + f'_y A'_s - \sigma_s A_s \tag{6-78}$$

$$Ne \leqslant N_u e = \alpha_1 f_c b h_0^2 \xi \left(1 - \frac{\xi}{2}\right) + \alpha_1 f_c (b'_f - b) h'_f \left(h_0 - \frac{h'_f}{2}\right) + f'_y A'_s (h_0 - a'_s) \tag{6-79}$$

对于 I 形截面非对称配筋小偏心受压构件，当 $N > f_c A$ 时，为防止发生反向受压破坏，应再按下式验算 A_s 用量。

$$Ne' \leqslant f_c \left[bh\left(h'_0 - \frac{h}{2}\right) + (b_f - b) h_f \left(h'_0 - \frac{h_f}{2}\right) + (b'_f - b) h'_f \left(\frac{h'_f}{2} - a'_s\right) \right] + f'_y A_s (h'_0 - a_s) \tag{6-80}$$

$$e' = \frac{h}{2} - a'_s - (e_0 - e_a) \tag{6-81}$$

初步拟定 A_s 数量时，取 $A_{s,\min}$ 和按式(6-80)计算所需 A_s 用量中的较大值选项配钢筋，并应符合钢筋的构造要求。

(2)ξ 的计算：

ξ 仍可采用下式计算

$$\xi = A + \sqrt{A^2 + B} \tag{6-82}$$

</td></tr>
</table>

续表

项 目	内 容
计算公式	$$A=\frac{a'_s}{h_0}+\left(1-\frac{a'_s}{h_0}\right)\frac{f_y A_s}{(\xi_b-\beta_1)\alpha_1 f_c b h_0} \quad (6\text{-}83)$$ $$B=\frac{2Ne'}{\alpha_1 f_c b h_0^2}-2\beta_1\left(1-\frac{a'_s}{h_0}\right)\frac{f_y A_s}{(\xi_b-\beta_1)\alpha_1 f_c b h_0} \quad (6\text{-}84)$$ $$e'=\frac{h}{2}-a'_s-\eta e_i \quad (6\text{-}85)$$ 但应在 Ne' 中扣除受压翼缘对受压钢筋 A'_s 合力点的力矩 $\alpha_1 f_c(b'_f-b)\times h'_f\left(\frac{h'_f}{2}-a'_s\right)$。 当 $h-h_f<x\leqslant h$，截面应力计算图形见图 1(b)，基本计算公式为 $$N\leqslant N_u=\alpha_1 f_c b h_0\xi+\alpha_1 f_c(b'_f-b)h'_f+\alpha_1 f_c(b_f-b)[\xi h_0-(h-h_f)]+f'_y A'_s-\sigma_s A_s \quad (6\text{-}86)$$ $$Ne\leqslant N_u e=\alpha_1 f_c b h_0^2\xi\left(1-\frac{\xi}{2}\right)+\alpha_1 f_c(b'_f-b)h'_f\left(h_0-\frac{h'_f}{2}\right)+\alpha_1 f_c(b_f-b)[\xi h_0-(h-h_f)]\left[h_f-a_s-\frac{\xi h_0-(h-h_f)}{2}\right]+f'_y A'_s(h_0-a'_s) \quad (6\text{-}87)$$
示意图 (图 1)	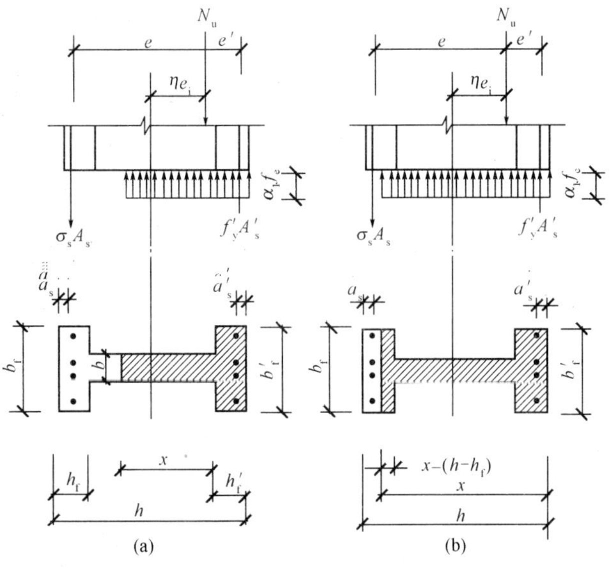 图 1 I形截面非对称配筋小偏心受压

表 6-23 均匀配筋的偏心受压构件承载力计算

项 目	内 容
概 述	均匀配筋构件是指截面中除在受压边缘和受拉边缘集中布置纵向钢筋 A_s 和 A'_s 以外，还沿截面腹部均匀布置纵向受力钢筋（配置等直径、等间距的纵向钢筋）；通常可分为大偏心受压（图 1）与小偏心受压（图 2）。

续表

项　目	内　　　容
示意图	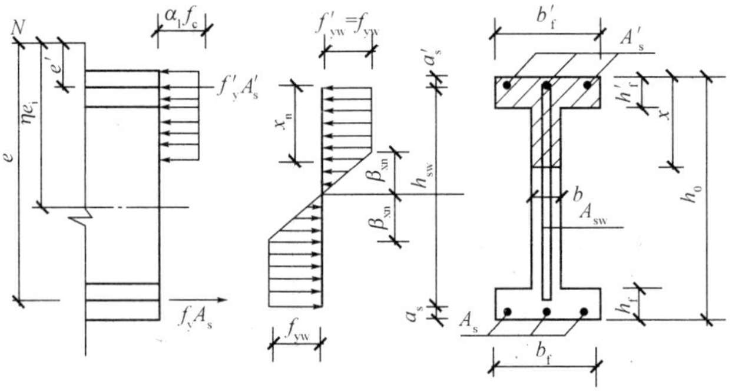 图 1　大偏心受压 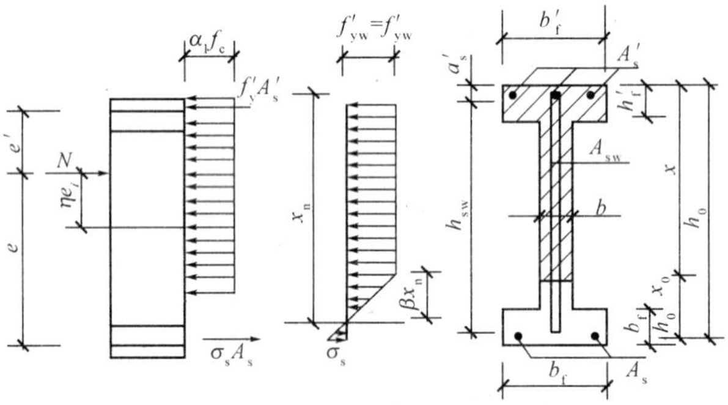 图 2　小偏心受压
计算公式	$N\leqslant N_u=\alpha_1 f_c[\xi bh_0+(b'_f-b)h'_f]+f'_yA'_s-\sigma_sA_s+N_{sw}$　(6-88) $Ne\leqslant N_ue=\alpha_1 f_c\left[\xi(1-0.5\xi)bh_0^2+(b'_f-b)h'_f\left(h_0-\frac{h'_f}{2}\right)\right]$ $+f'_yA'_s(h_0-a'_s)+M_{sw}$　(6-89) $N_{sw}=\left(1+\frac{\xi-\beta_1}{0.5\beta_1\omega}\right)f_{yw}A_{sw}$　(6-90) $M_{sw}=\left[0.5-\left(\frac{\xi-\beta_1}{\beta_1\omega}\right)^2\right]f_{yw}A_{sw}h_{sw}$　(6-91) 式中，A_{sw}——沿截面腹部均匀配置的全部纵向钢筋截面面积； f_{yw}——沿面腹部均匀配置的纵向钢筋强度设计值； N_{sw}——沿截面腹部均匀配置的纵向钢筋所承担的轴向压力，当 $\xi>\beta_1$ 时，取$\xi=\beta_1$ 计算； M_{sw}——沿截面腹部均匀配置的纵向钢筋的内力对 A_s 重心的力矩，当 $\xi>\beta_1$ 时，取 $\xi=\beta_1$ 计算； ω——均匀配置纵向钢筋区段的高度 h_{sw} 与截面有效高度 h_0 的比值，宜选取 $h_{sw}=h_0-a'_s$。 受拉边或受压较小边钢筋 A_s 中的应力 σ_s 仍按式(6-65)计算。当为大偏心受压时，式(6-88)中取 $\sigma_s=f_y$。当受压区计算高度相对值 $\xi>\frac{h-h_f}{h_0}$ 时，其正截面受压承载力应计入受压较小边翼缘受压部分的作用。

表 6-24 沿周边均匀配筋的环形截面偏心受压构件承载力计算

项 目	内 容
示意图	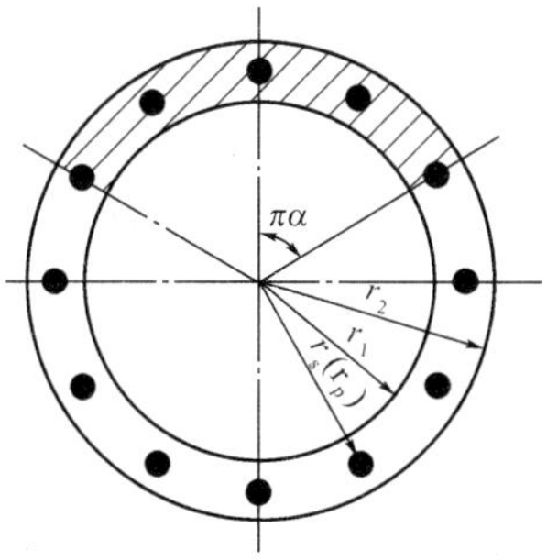 图 1 沿周边均匀配筋的环形截面偏心受压
计算公式	$N\leqslant \alpha\alpha_1 f_c A+(\alpha-\alpha_t)f_y A_s$ (6-92) $N\eta e_i\leqslant \alpha_1 f_c A(r_1+r_2)\frac{\sin\pi\alpha}{2\pi}+f_y A_s r_s\frac{(\sin\pi\alpha+\sin\pi\alpha_t)}{\pi}$ (6-93) $\alpha_t=1-1.5\alpha$ (6-94) $e_i=e_0+e_a$ (6-95) 式中，A——环形截面面积； A_s——全部纵向普通钢筋的截面面积； r_1、r_2——环形截面的内、外半径； r_s——纵向普通钢筋重心所在圆周的半径； e_0——轴向压力对截面重心的偏心距； e_a——附加偏心距，取 20mm 和偏心方向截面最大尺寸的 1/30 两者中的较大者； α——受压区混凝土截面面积与全截面面积的比值； α_t——纵向受拉钢筋截面面积与全部纵向钢筋截面面积的比值，$\alpha>2/3$ 时，取 $\alpha_t=0$。
备注及说明	当 $\alpha<\arccos\left(\frac{2r_2}{r_1+r_2}\right)/\pi$ 时，可按圆形截面偏心受压构件承载力公式计算。
适用条件	截面内纵向钢筋数量不少于 6 根且 $r_1/r_2\geqslant 0.5$。

表 6-25 沿周边均匀配筋的圆形截面偏心受压构件正截面受压承载力计算

项 目	内 容
示意图	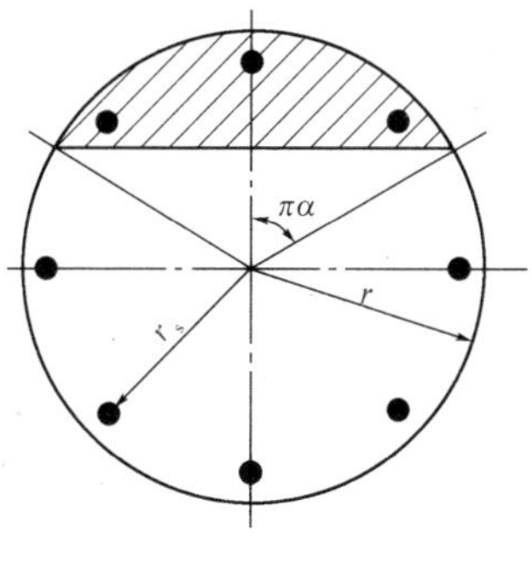 图 1 沿周边均匀配筋的圆形截面偏心受压

续表

项　目	内　　　　容
计算公式	$$N\leqslant\alpha\alpha_1 f_c A\left(1-\frac{\sin 2\pi\alpha}{2\pi\alpha}\right)+(\alpha-\alpha_t)f_y A_s \quad (6\text{-}96)$$ $$N\eta e_i\leqslant\frac{2}{3}\alpha_1 f_c Ar\frac{\sin^3\pi\alpha}{\pi}+f_y A_s r_s\frac{(\sin\pi\alpha+\sin\pi\alpha_t)}{\pi} \quad (6\text{-}97)$$ $$\alpha_t=1.25-2\alpha \quad (6\text{-}98)$$ $$e_i=e_0+e_a \quad (6\text{-}99)$$ 式中，A——圆形截面面积； A_s——全部纵向钢筋的截面面积； r——圆形截面的半径； r_s——纵向钢筋重心所在圆周的半径； e_0——轴向压力对截面重心的偏心距； e_a——附加偏心距，取 20mm 和偏心方向截面最大尺寸的 1/30 两者中的较大者； α——对应于受压区混凝土截面面积的圆心角(rad)与 2π 比值； α_t——纵向受拉钢筋截面面积与全部纵向钢筋截面面积的比值，当 $\alpha>0.625$ 时，取 $\alpha_t=0$。
适用条件	沿周边均匀配置纵向钢筋的数量不少于 6 根时。

四、受扭构件计算

受扭构件计算见表 6-26。

表 6-26　截面限制与受扭构件构造配筋条件

项　目	内　　　　容
截面限制条件	$$h_w/b(\text{或 } h_w/t_w)\leqslant 4$$ 中间值： $$h_w/b(\text{或 } h_w/t_w)\leqslant 6$$ $$\frac{V}{bh_0}+\frac{T}{0.8W_t}\leqslant 0.25\beta_c f_c \quad (6\text{-}100)$$ 线性内插： $$\frac{V}{bh_0}+\frac{T}{0.8W_t}\leqslant 0.2\beta_c f_c \quad (6\text{-}101)$$ 式中　b——矩形截面的宽度，T 形或 I 形截面的腹板宽度，箱形截面的侧壁总厚度 $2t_w$； h_0——截面的有效高度； W_t——受扭构件的截面受扭塑性抵抗矩； h_w——截面的腹板高度：对矩形截面，取有效高度 h_0；对 T 形截面，取有效高度减去翼缘高度；对工字形和箱形截面，取腹板净高； t_w——箱形截面壁厚，其值不应小于 $b_h/7$（b_h 为箱形截面的宽度）。 如不满足上述要求，应修改截面尺寸或提高混凝土强度等级。
受扭构件构造配筋条件	$$\frac{V}{bh_0}+\frac{T}{W_t}\leqslant 0.7f_t+0.05\frac{N_{p0}}{bh_0} \quad (6\text{-}102)$$ $$\frac{V}{bh_0}+\frac{T}{W_t}\leqslant 0.7f_t+0.07\frac{N}{bh_0} \quad (6\text{-}103)$$ 式中，W_t、h_0、b——意义与式(6-100)中相同； T——扭矩设计值； V——剪力设计值； N_{p0}——计算截面上混凝土法向预应力等于零时的纵向预应力钢筋及非预应力钢筋的合力，当 $N_{p0}>0.3f_cA_0$ 时，取 $N_{p0}=0.3f_cA_0$，此处，A_0 为构件的换算面积； N——与剪力扭矩设计值 V、T 相应的轴向压力设计值，当 $N>0.3f_cA$ 时，取 $N=0.3f_cA$，此处，A 为构件的截面面积。

表 6-27　开裂扭矩的计算

<table>
<tr><th>项　目</th><th>内　　　　容</th></tr>
<tr><td>截面受扭塑性抵抗矩 W_t</td><td>
(1)矩形截面：
$$W_t=\frac{b^2}{6}(3h-b) \tag{6-104}$$
式中，b、h——矩形截面的短边尺寸、长边尺寸。
(2)T 形和工字形截面(图 1)：
$$W_t=W_{tw}+W'_{tf}+W_{tf} \tag{6-105}$$
$$W_{tw}=\frac{b^2}{6}(3h-b) \tag{6-106}$$
$$W'_{tf}=\frac{h'^2_f}{2}(b_f-b) \tag{6-107}$$
$$W_{tf}=\frac{h_f^2}{2}(b_f-b) \tag{6-108}$$
式中，　W_t——截面受扭塑性抵抗矩；
W_{tw}、W'_{tf}和 W_{tf}——腹板、受压翼缘及受拉翼缘部分的矩形截面受扭塑性抵抗矩。
翼缘宽度的规定：
$$b_f'\leqslant b+6h_f' \qquad b_f\leqslant b+6h_f \tag{6-109}$$
(3)箱形截面(图 2)：
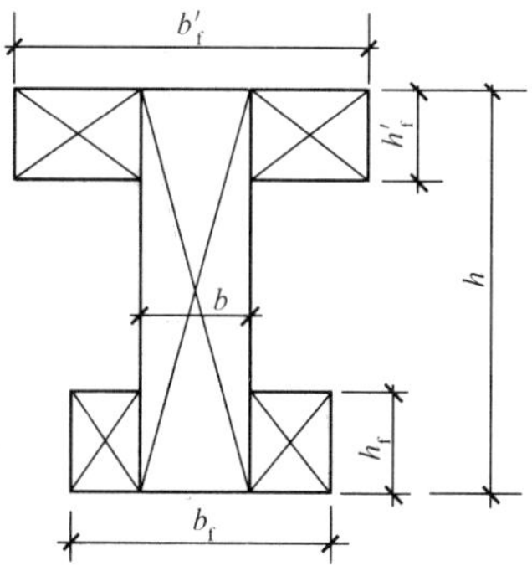

图 1　T 形和工字形截面按承扭的划分
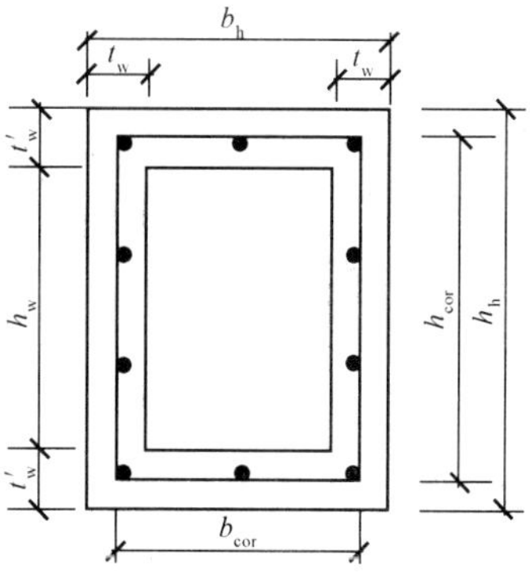

图 2　箱形截面
</td></tr>
<tr><td>截面受扭塑性抵抗矩 W_t</td><td>
$$W_t=\frac{b_h^2}{6}(3h_h-b_h)-\frac{(b_h-2t_w)^2}{6}[3h_w-(b_h-2t_w)] \tag{6-110}$$
式中，t_w——箱形截面壁厚，其值不应小于 $b_h/7$，此处 b_h为箱形截面的宽度；
h_h、b_h——箱形截面的长边、短边尺寸；
h_w——箱形截面腹板高度。
</td></tr>
<tr><td>开裂扭矩 T_{cr}</td><td>
$$T_{cr}=0.7f_tW_t \tag{6-111}$$
式中，f_t——混凝土抗拉强度设计值
</td></tr>
</table>

表 6-28 纯扭构件的受扭承载力计算表

<table>
<tr><th>项 目</th><th colspan="3">内 容</th></tr>
<tr><td rowspan="3">ζ 的取值</td><td>计 算</td><td colspan="2">$$\zeta=\frac{f_{y}A_{stl}s}{f_{yv}A_{st1}u_{cor}} \quad (6\text{-}112)$$
式中，ζ——受扭的纵向钢筋与箍筋的配筋强度比值；
A_{stl}——受扭计算中取对称布置的全部纵向非预应力钢筋截面面积；
A_{st1}——受扭计算中沿截面周边配置的箍筋单肢截面面积；
A_{cor}——截面核心部分的面积，$A_{cor}=b_{cor}h_{cor}$，此处，b_{cor}、h_{cor}为箍筋内表面范围内截面核心部分的短边、长边尺寸；
u_{cor}——截面核心部分的周长，$u_{cor}=2(b_{cor}+h_{cor})$；
s——箍筋间距。</td></tr>
<tr><td>取值范围</td><td colspan="2">$0.6\leqslant\zeta\leqslant1.7$，当 $\zeta>1.7$ 时，取 $\zeta=1.7$</td></tr>
<tr><td>说 明</td><td colspan="2">当 $\zeta<1.7$ 或 $e_{p0}>h/6$ 时，不应考虑预加力影响项，而应按钢筋混凝土纯扭构件计算</td></tr>
<tr><td>矩形截面</td><td colspan="3">$$T\leqslant0.35f_{t}W_{t}+1.2\sqrt{\zeta}\frac{f_{yv}A_{st1}A_{cor}}{s} \quad (6\text{-}113)$$</td></tr>
<tr><td rowspan="3">T 形和
工字形截面</td><td colspan="3">可将截面划分为腹板、受压翼缘及受拉翼缘三个矩形块，分别按式(6-113)进行受扭承载力计算，各矩形块的扭矩设计值为(其中 T 为构件截面所承受的扭矩设计值)：</td></tr>
<tr><td>腹板</td><td>受压翼缘</td><td>受拉翼缘</td></tr>
<tr><td>$T_{w}=\frac{W_{tw}}{W_{t}}T$ (6-114)</td><td>$T'_{f}=\frac{W'_{tf}}{W_{t}}T$ (6-115)</td><td>$T_{f}=\frac{W_{tf}}{W_{t}}T$ (6-116)</td></tr>
<tr><td>箱形截面</td><td colspan="3">$$T\leqslant0.35\alpha_{h}f_{t}W_{t}+1.2\sqrt{\zeta}f_{yv}\frac{A_{st1}A_{cor}}{s} \quad (6\text{-}117)$$
$$\alpha_{h}=\frac{2.5t_{w}}{b_{h}} \quad (6\text{-}118)$$
式中，α_{h}——箱形截面壁厚系数，当 $\alpha_{h}>1.0$ 时，取 $\alpha_{h}=1.0$。</td></tr>
</table>

表 6-29 剪扭构件混凝土受扭承载力降低系数 β_t

<table>
<tr><th rowspan="2">项 目</th><th colspan="2">内 容</th></tr>
<tr><th>一般剪扭构件</th><th>集中荷载作用下的独立剪扭构件</th></tr>
<tr><td>矩形截面</td><td>$$\beta_{t}=\frac{1.5}{1+0.5\frac{V}{T}\frac{W_{t}}{bh_{0}}} \quad (6\text{-}119)$$</td><td>$$\beta_{t}=\frac{1.5}{1+0.2(\lambda+1)\frac{V}{T}\frac{W_{t}}{bh_{0}}} \quad (6\text{-}120)$$</td></tr>
<tr><td>T 形和
工字形截面</td><td colspan="2">同矩形截面，但将 T 及 W_{t} 分别以 T_{w} 及 W_{tw} 代替；受压翼缘及受拉翼缘可按纯扭构件的规定进行计算，但计算时应将 T 及 W_{t} 分别以 T'_{f} 及 W'_{tf} 或 T_{f} 及 W_{tf} 代替。</td></tr>
<tr><td>箱形截面</td><td colspan="2">同矩形截面，但式中的 W_{t} 应以 $\alpha_{h}W_{t}$ 代替。</td></tr>
<tr><td>说 明</td><td colspan="2">当 $\beta_{t}<0.5$ 时，取 $\beta_{t}=0.5$；当 $\beta_{t}>1.0$ 时，取 $\beta_{t}=1.0$。</td></tr>
</table>

表 6-30　剪扭构件承载力计算公式表

项　目		内　　　容
矩形截面	一般剪扭构件	受剪承载力 $V \leqslant (1.5-\beta_t)(0.7 f_t b h_0 + 0.05 N_{p0}) + 1.25 f_{yv} \frac{A_{sv}}{s} h_0$　(6-121)
		受扭承载力 $T \leqslant \beta_t \left(0.35 f_t + 0.05 \frac{N_{p0}}{A_0}\right) W_t + 1.2\sqrt{\zeta} f_{yv} \frac{A_{st1} A_{cor}}{s}$　(6-122)
	集中力作用下的独立剪扭构件	受剪承载力 $V \leqslant (1.5-\beta_t)\left(\frac{1.75}{\lambda+1} f_t b h_0 + 0.05 N_{p0}\right) + f_{yv} \frac{A_{sv}}{s} h_0$　(6-123)
		受扭承载力 $T \leqslant \beta_t \left(0.35 f_t + 0.05 \frac{N_{p0}}{A_0}\right) W_t + 1.2\sqrt{\zeta} f_{yv} \frac{A_{st1} A_{cor}}{s}$　(6-124)
T形和工字形截面		受剪承载力： T形和I形截面剪扭构件的受剪承载力，可按式(6-121)或式(6-122)计算，但应将 T 及 W_t 分别以 T_w 及 W_{tw} 代替。
		受扭承载力： 划分为2个或3个矩形块分别进行计算。其中腹板为剪扭构件，其受扭承载力按式(6-122)或式(6-124)计算，计算时，式中的 T 及 W_t 分别以 T_w 及 W_{tw} 替代。受压翼缘和受拉翼缘不考虑其承受剪力，故为纯扭构件，其受扭承载力按式(6-123)计算。计算时，式中的 T 及 W_t 分别以 T'_f 及 W'_{tf} 或 T_f 及 W_{tf} 替代
箱形截面	一般剪扭构件	受剪承载力　$V \leqslant (1.5-\beta_t) 0.7 f_t b h_0 + 1.25 f_{yv} \frac{A_{sv}}{s} h_0$　(6-125)
		受扭承载力　$T \leqslant 0.35 \alpha_h \beta_t f_t W_t + 1.2\sqrt{\zeta} f_{yv} \frac{A_{st1} A_{cor}}{s}$　(6-126)
	集中力作用下的独立剪扭构件	受剪承载力　$V \leqslant (1.5-\beta_t) \frac{1.75}{\lambda+1} f_t b h_0 + f_{yv} \frac{A_{sv}}{s} h_0$　(6-127)
		受扭承载力　$T \leqslant 0.35 \alpha_h \beta_t f_t W_t + 1.2\sqrt{\zeta} f_{yv} \frac{A_{st1} A_{cor}}{s}$　(6-128)

表 6-31　压扭构件承载力计算公式

项　目	内　　　容
压扭构件	受扭承载力 $T = 0.35 f_t W_t + 1.2\sqrt{\zeta} f_{yv} \frac{A_{st1} A_{cor}}{s} + 0.07 \frac{N}{A} W_t$　(6-129)
压弯剪扭构件	受剪承载力 $V \leqslant (1.5-\beta_t)\left(\frac{1.75}{\lambda+1} f_t b h_0 + 0.07 N\right) + f_{yv} \frac{A_{sv}}{s} h_0$　(6-130) 受扭承载力 $T \leqslant \beta_t \left(0.35 f_t + 0.07 \frac{N}{A}\right) W_t + 1.2\sqrt{\zeta} f_{yv} \frac{A_{st1} A_{cor}}{s}$　(6-131)
符号含义	N—与扭矩设计值相应的轴向压力设计值，当 $N > 0.3 f_c A$ 时，取 $N = 0.3 f_c A$； A—构件截面面积。 ζ 值按式(6-112)计算，且应符合 $0.6 \leqslant \zeta \leqslant 1.7$ 的要求，当 $\zeta > 1.7$ 时，取 $\zeta = 1.7$。

五、冲切、局压承载力计算

冲切、局压承载力计算见表 6-32～表 6-38。

表 6-32 整体板受冲切承载力的计算

项　目	内　　　容
计算公式	$F_l \leqslant (0.7\beta_h f_t + 0.15\sigma_{pc,m})\eta u_m h_0$ (6-132)
系　数	系数 η: $\left.\begin{aligned}\eta_1 &= 0.4+\frac{1.2}{\beta_s}\\ \eta_2 &= 0.5+\frac{\alpha_s h_0}{4u_m}\end{aligned}\right\}$ 取其中的较小值 (6-133)
符号含义	F_l——局部荷载设计值或集中反力设计值，对板柱结构的节点，取柱所承受的轴向压力设计值的层间差值减去冲切破坏锥体范围内板所承受的荷载设计值； β_h——截面高度影响系数，当 $h \leqslant 800$mm 时，取 $\beta_h = 1.0$；当 $h \geqslant 2\ 000$mm时，取 $\beta_h = 0.9$；其间按线性内插法取用； $\sigma_{pc,m}$——临界截面周长上两个方向混凝土有效预压应力按长度的加权平均值，其值宜控制在 1.0～3.5N/mm^{2}范围内。单向预应力板不计 $\sigma_{pc,m}$的作用； u_m——临界截面的周长：距离局部荷载或集中反力作用面积周边 $h_0/2$ 处板垂直截面的最不利周长；当局部荷载或集中反力作用在板的自由边缘，或局部荷载的作用面积呈不规则情况时，应选择最不利的临界截面周长。 h_0——截面有效高度，取两个配筋方向的截面有效高度的平均值； η_1——局部荷载或集中反力作用面积形状的影响系数； η_2——临界截面周长与板截面有效高度之比的影响系数； β_s——局部荷载或集中反力作用面积为矩形时的长边与短边尺寸的比值，β_s不宜大于 4；当 $\beta_s < 2$ 时，取 $\beta_s = 2$；当面积为圆形时，取 $\beta_s = 2$； α_s——板柱结构中柱类型的影响系数：对中柱，取 $\alpha_s = 40$；对边柱，取 $\alpha_s = 30$；对角柱，取 $\alpha_s = 20$。
示意图	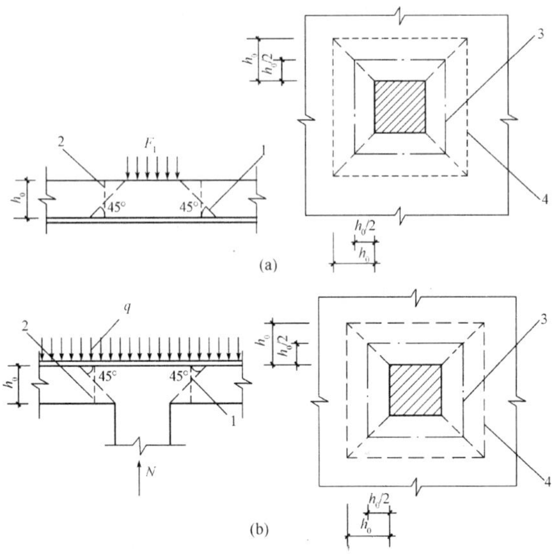 图 1　整体板计算示意图 (a)局部荷载作用下；(b)集中反力作用下 1—冲切破坏锥体的斜截面；2—临界截面； 3—临界截面的周长；4—冲切破坏锥体的底面线

表 6-33　配置箍筋或弯起钢筋的板抗冲切计算

项　目	内　容
配置箍筋时	$F_l \leqslant (0.35f_t + 0.15\sigma_{pc,m})\eta u_m h_0 + 0.8f_{yv}A_{svu}$　(6-134)
配置弯起钢筋时	$F_l \leqslant (0.35f_t + 0.15\sigma_{pc,m})\eta u_m h_0 + 0.8f_y A_{sbu}\sin\alpha$　(6-135)
符号含义	A_{svu}——与呈 45°冲切破坏锥体斜截面相交的全部箍筋截面面积； A_{sbu}——与呈 45°冲切破坏锥体斜截面相交的全部弯起钢筋截面面积； α——弯起钢筋与板底面的夹角。
说　明	对配置抗冲切钢筋的冲切破坏锥体以外的截面，还应按式(6-132)或式(6-133)进行受冲切承载力计算，此时，u_m应取配置抗冲切钢筋的冲切破坏锥体以外 $0.5h_0$处的最不利周长。 当有可靠依据时，也可配置其他有效形式的抗冲切钢筋(如工字钢、槽钢、抗剪锚栓和扁钢 U 形箍等)。
受冲切截面限制条件	$F_l \leqslant 1.05f_t\eta u_m h_0$　(6-136)

表 6-34　邻近开有孔洞的板的抗冲切计算

项　目	内　容
公　式	$F_l \leqslant (0.7\beta_h f_t + 0.15\sigma_{pc,m})\eta u_m h_0$　(6-137)
临界截面的周长 u_m	临界截面的周长 u_m(图 1)： 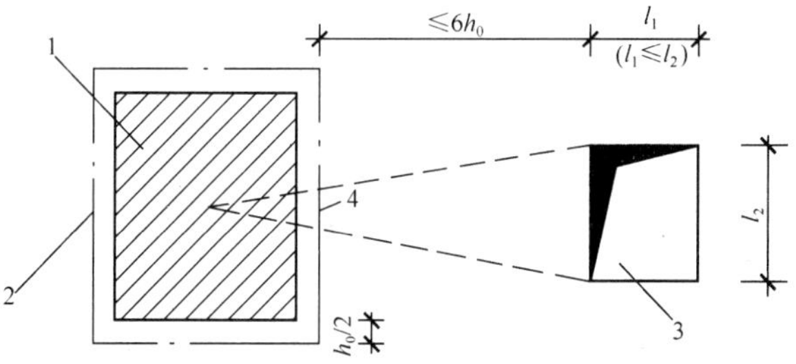 图 1　临界截面的周长图(当图中 $l_1 > l_2$时，孔洞边长 l_2用 $\sqrt{l_1 l_2}$代替) 1—局部荷载或集中反力作用面； 2—临界截面周长；3—孔洞；4—应扣除的长度 临界截面周长 u_m，应扣除局部荷载或集中反力作用面积中心至开孔外边画出两条切线之间所包含的长度。

表 6-35　矩形柱及受冲切承载力计算的几何参数的计算

项　目	内　容
中柱截面	中柱截面(图 1)： $I_c = \frac{h_0 a_t^3}{6} + 2h_0 a_m \left(\frac{a_t}{2}\right)^2$　(6-138) $a_{AB} = a_{CD} = \frac{a_t}{2}$　(6-139)

续表

<table>
<tr><th>项　目</th><th>内　　　　容</th></tr>
<tr><td>中柱截面</td><td>

$$e_g=0 \tag{6-140}$$

$$\alpha_0=1-\frac{1}{1+\frac{2}{3}\sqrt{\frac{h_c+h_0}{b_c+h_0}}} \tag{6-141}$$

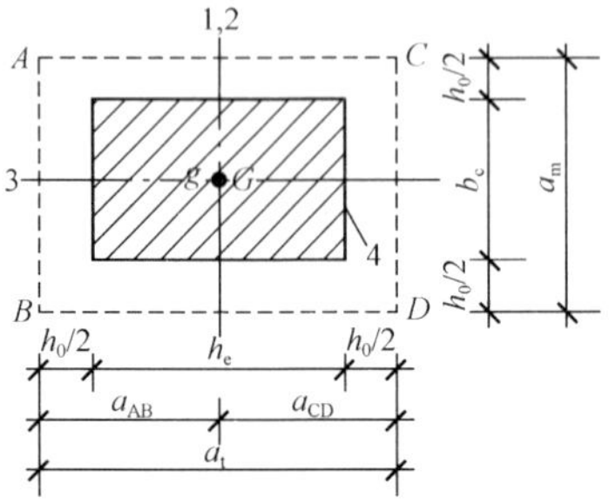

图 1　中柱截面
</td></tr>
<tr><td>边柱截面（弯矩作用平面垂直于自由边）</td><td>

边柱截面（弯矩作用平面垂直于自由边）（图 2）：

$$I_c=\frac{h_0a_t^3}{6}+h_0a_ma_{AB}^2+2h_0a_t\left(\frac{a_t}{2}-a_{AB}\right) \tag{6-142}$$

$$a_{AB}=\frac{a_t^2}{a_m+2a_t} \tag{6-143}$$

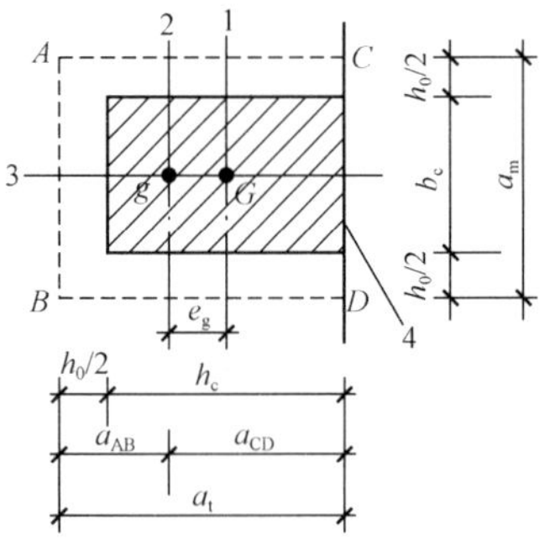

图 2　边柱截面（一）

$$a_{CD}=a_t-a_{AB} \tag{6-144}$$

$$e_g=a_{CD}-\frac{h_c}{2} \tag{6-145}$$

$$\alpha_0=1-\frac{1}{1+\frac{2}{3}\sqrt{\frac{h_c+h_0/2}{b_c+h_0}}} \tag{6-146}$$

边柱截面（弯矩作用平面平行于自由边）（图 3）：

$$I_c=\frac{h_0a_t^3}{12}+2h_0a_m\left(\frac{a_t}{2}\right)^2 \tag{6-147}$$

$$a_{AB}=a_{CD}=\frac{a_t}{2} \tag{6-148}$$
</td></tr>
</table>

续表

项　目	内　　容
边柱截面（弯矩作用平面平行于自由边）	$e_g=0$　(6-149) $a_0=1-\dfrac{1}{1+\dfrac{2}{3}\sqrt{\dfrac{h_c+h_0}{b_c+h_0/2}}}$　(6-150) 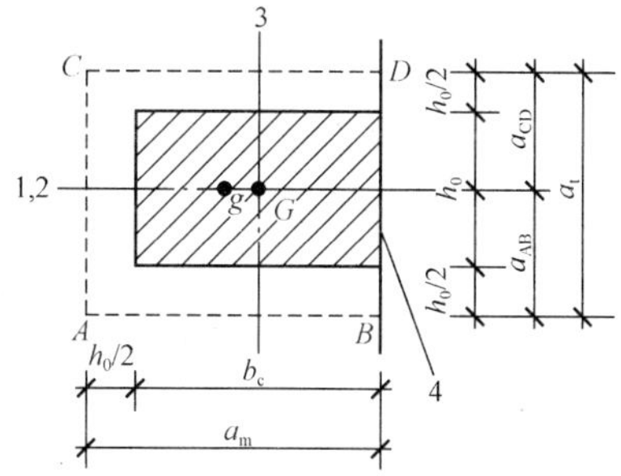 图 3　边柱截面(二)
角柱截面	角柱截面(图 4)： $I_c=\dfrac{h_0a_t^3}{12}+h_0a_ma_{AB}^2+2h_0a_t\left(\dfrac{a_t}{2}-a_{AB}\right)^2$　(6-151) $a_{AB}=\dfrac{a_t^2}{2(a_m+a_t)}$　(6-152) $a_{CD}=a_t-a_{AB}$　(6-153) $e_g=a_{CD}-\dfrac{h_c}{2}$　(6-154) $a_0=1-\dfrac{1}{1+\dfrac{2}{3}\sqrt{\dfrac{h_c+h_0/2}{b_c+h_0/2}}}$　(6-155) 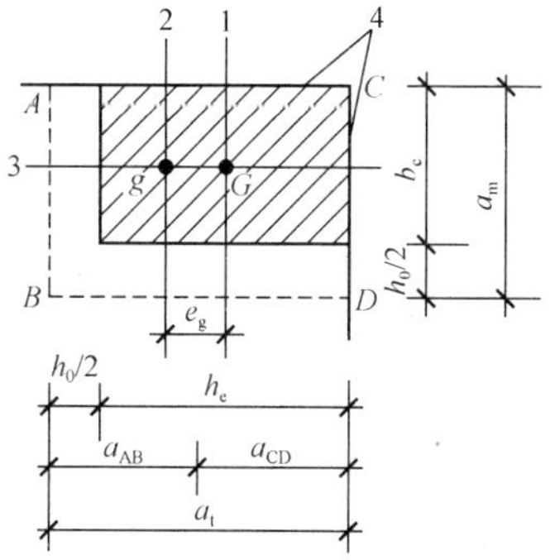 图 4　角柱截面
说　明	图 1～图 4 中数字的意义： 1 为通过柱截面重心 G 的轴线；2 为通过临界截面周长重心 g 的轴线；3 为不平衡弯矩作用平面；4 为自由边。

续表

<table>
<tr><th>项 目</th><th>内 容</th></tr>
<tr><td>不规则情况下的冲切破坏锥体的最不利截面周长</td><td>

不规则情况下的冲切破坏锥体最不利截面周长的几种形式见图 5

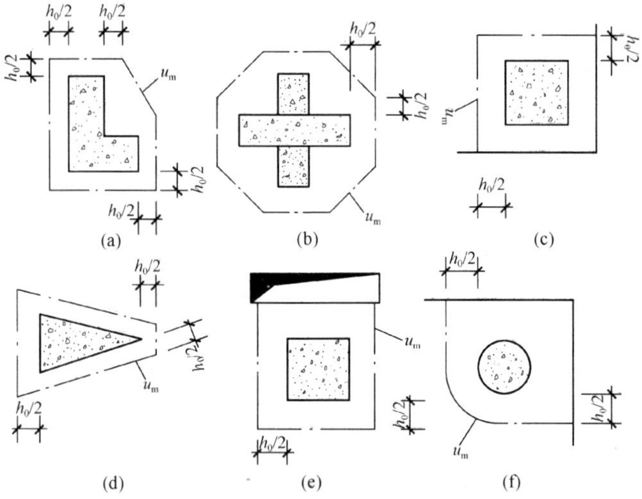

图 5 不规则情况下的冲切破坏锥体最不利截面周长的几种形式

</td></tr>
</table>

表 6-36 等效集中反力设计值的计算

<table>
<tr><th>项 目</th><th>内 容</th></tr>
<tr><td>传递单向不平衡弯矩</td><td>

(1)当其作用的方向指向表 6-35 中图 1～图 4 的 AB 边时(这里所说的指向 AB 边，是指由不平衡弯矩引起的受压区位于图中 AB 边处)：

$$F_{l,\mathrm{eq}}=F_l+\frac{a_0 M_{\mathrm{unb}} a_{\mathrm{AB}}}{I_{\mathrm{c}}}u_{\mathrm{m}}h_0 \quad (6\text{-}156)$$

$$M_{\mathrm{unb}}=M_{\mathrm{unb,c}}-F_l e_{\mathrm{g}} \quad (6\text{-}157)$$

(2)当其作用的方向指向表 6-35 中图 1～图 4 的 CD 边时：

$$F_{l,\mathrm{eq}}=F_l+\frac{a_0 M_{\mathrm{unb}} a_{\mathrm{CD}}}{I_{\mathrm{c}}}u_{\mathrm{m}}h_0 \quad (6\text{-}158)$$

$$M_{\mathrm{unb}}=M_{\mathrm{unb,c}}-F_l e_{\mathrm{g}} \quad (6\text{-}159)$$

式中，a_0——计算系数；
M_{unb}——竖向荷载和水平荷载对表 6-35 中图 1～图 4 中的轴线 2 产生的不平衡弯矩设计值；
$M_{\mathrm{unb,c}}$——竖向荷载和水平荷载对表 6-35 中图 1～图 4 中的轴线 1 产生的不平衡弯矩设计值；
a_{AB}、a_{CD}——在弯矩传递方向轴线 2 至 AB、CD 边缘的距离；
I_{c}——按临界截面计算的类似极惯性矩；
e_{g}——在弯矩作用平面内柱截面重心轴至临界截面周长重心轴的距离；对中柱和弯矩作用平面平行于自由边的边柱，$e_{\mathrm{g}}=0$。

</td></tr>
<tr><td>传递双向不平衡弯矩</td><td>

$$F_{l,\mathrm{eq}}=F_l+\tau_{\mathrm{unb,max}}u_{\mathrm{m}}h_0 \quad (6\text{-}160)$$

$$\tau_{\mathrm{unb,max}}=\frac{a_{0\mathrm{x}}M_{\mathrm{unb,x}}a_{\mathrm{x}}}{I_{\mathrm{cx}}}+\frac{a_{0\mathrm{y}}M_{\mathrm{unb,y}}a_{\mathrm{y}}}{I_{\mathrm{cy}}} \quad (6\text{-}161)$$

</td></tr>
</table>

续表

项　目	内　　　容
传递双向不平衡弯矩	式中，$\tau_{unb,max}$——双向不平衡弯矩在临界截面上的产生的最大剪应力设计值； $M_{unb,x}$、$M_{unb,y}$——竖向荷载和水平荷载对通过临界截面周长重心 g 的 x 轴、y 轴产生的不平衡弯矩设计值； I_{cx}、I_{cy}——对 x 轴、y 轴按临界截面计算的类似极惯性矩； a_x、a_y——最大剪应力作用点至 x 轴、y 轴的距离。
说　明	当考虑不同的荷载组合下会产生上述两种情况时，应取其中的较大值作为板柱节点受冲切承载力计算用的等效集中反力设计值。

表 6-37　局部受压区截面尺寸限制条件

项　目	内　　　容
局部受压的计算底面积	A_b——局部受压的计算底面积，见图 1 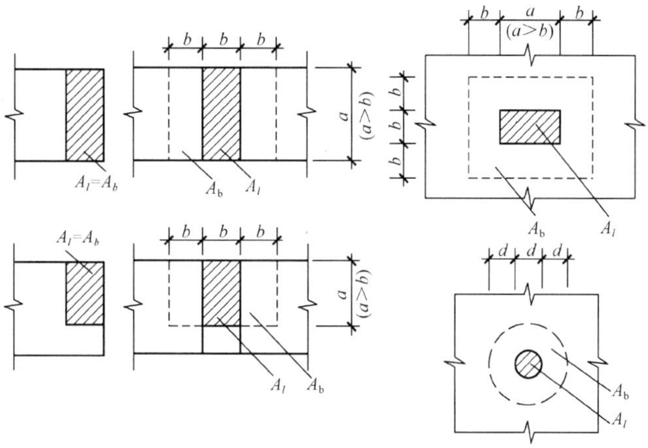 图 1　局受压的计算底面积
截面尺寸验算	$$F_l \leqslant 1.35\beta_c\beta_l f_c A_{ln} \quad (6\text{-}162)$$ $$\beta_l=\sqrt{\frac{A_b}{A_l}} \quad (6\text{-}163)$$ 式中，F_l——局部受压面上作用的局部荷载或局部压力设计值；在后张法预应力混凝土构件中的锚头局压区，应取 1.2 倍张拉控制力； f_c——混凝土轴心抗压强度设计值；在后张法预应力混凝土构件的张拉阶段验算中，应取相应阶段的混凝土立方体抗压强度 f'_{cu}； β_c——混凝土强度影响系数；当混凝土强度等级不超过 C50 时，取 $\beta_c=1.0$；当混凝土强度等级为 C80 时，取 $\beta_c=0.8$；其间按线性内插； β_l——混凝土局部受压时的强度提高系数； A_l——混凝土局部受压面积； A_{ln}——混凝土局部受压净面积；对后张法构件，应在混凝土局部受压面积中扣除孔道、凹槽部分的面积； A_b——局部受压的计算底面积。

表 6-38 配置间接钢筋的局部受压承载力计算

项 目	内 容
承载力计算	当配置间接钢筋且其核心面积 $A_{cor} \geqslant A_l$ 时，局部受压承载力应按下式计算： $F_l \leqslant 0.9(\beta_c \beta_l f_c + 2\alpha \rho_v \beta_{cor} f_y) A_{ln}$ (6-164) $\beta_{cor} = \sqrt{\dfrac{A_{cor}}{A_l}}$ (6-165)
体积配筋率 ρ_v	(1)方格网式配筋(图 1)： $\rho_v = \dfrac{n_1 A_{s1} l_1 + n_2 A_{s2} l_2}{A_{cor} s}$ (6-166) 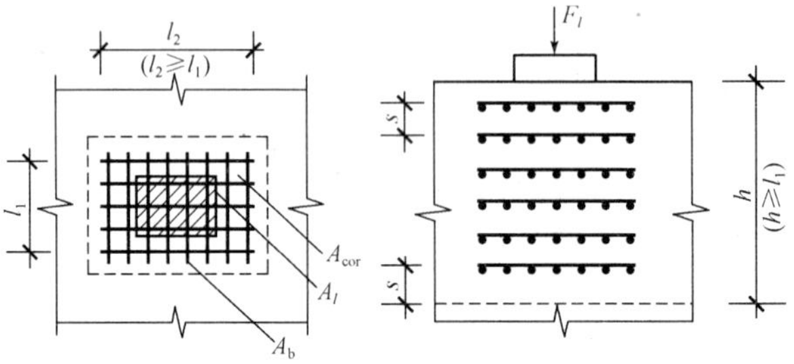 图 1 方格网式配筋 钢筋网两个方向上单位长度内钢筋截面面积的比值不宜大于 1.5。这是为了避免长、短两个方向配筋相差过大而导致钢筋不能充分发挥强度。 (2)螺旋式配筋(图 2)： $\rho_v = \dfrac{4A_{ssl}}{d_{cor} s}$ (6-167) 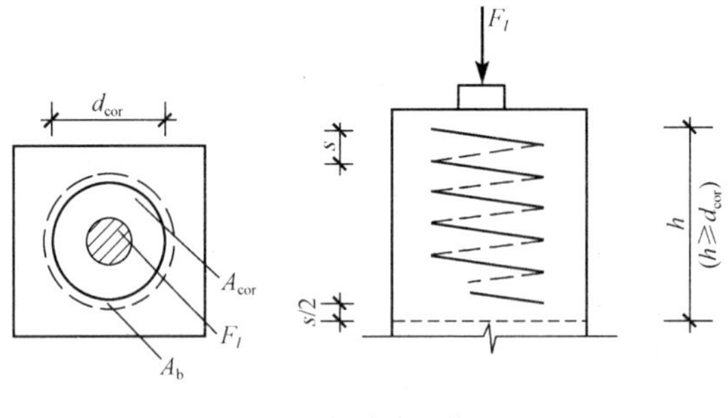 图 2 螺旋式配筋
符号含义	β_{cor}——配置间接钢筋的局部受压承载力提高系数，当 $A_{cor} > A_b$ 时，应取 $A_{cor} = A_b$； α——间接钢筋对混凝土约束的折减系数； A_{cor}——方格网式或螺旋式间接钢筋内表面范围内的混凝土核心面积，其重心应与 A_l 重合，计算时仍按同心、对称的原则取值； ρ_v——间接钢筋的体积配筋率(核心面积 A_{cor} 范围内单位混凝土体积所含间接钢筋的体积)； n_1、A_{s1}——方格网沿 l_1 方向的钢筋根数、单根钢筋的截面面积； n_2、A_{s2}——方格网沿 l_2 方向的钢筋根数、单根钢筋的截面面积； A_{ssl}——螺旋式单根间接钢筋的截面面积； d_{cor}——螺旋式间接钢筋内表面范围内的混凝土截面直径； s——方格网式或螺旋式间接钢筋的间距，宜取 30～80mm。
说 明	计算混凝土局部受压时的强度提高系数 β_l 和 β_{cor} 时，不应扣除孔道面积。

第二节 混凝土配合比计算

混凝土配合比计算见表 6-39～表 6-69。

表 6-39 普通混凝土配合比计算

计算项目	计　算　公　式
混凝土试配强度	混凝土的施工配制强度按式(6-168)计算： $f_{cu,0} \geqslant f_{cu,k} + 1.645\sigma$　(6-168) 式中，$f_{cu,0}$——混凝土的施工配制强度(MPa)； $f_{cu,k}$——设计的混凝土立方体抗压强度标准值(MPa)； σ——施工单位的混凝土强度标准差(MPa)。 σ 的取值，如施工单位具有近期混凝土强度的统计资料时，可按式(6-169)求得： $\sigma = \sqrt{\dfrac{\sum_{i=1}^{N} f_{cu,i}^2 - N\mu_{f_{cu}}^2}{N-1}}$　(6-169) 式中，$f_{cu,i}$——统计周期内同一品种混凝土第 i 组试件强度值(MPa)； $\mu_{f_{cu}}$——统计周期内同一品种混凝土 N 组试件强度的平均值(MPa)； N——统计周期内同一品种混凝土试件总组数，$N \geqslant 25$。 当混凝土强度等级为 C20 或 C25 时，如计算得到的 $\sigma < 2.5$MPa，取 $\sigma = 2.5$MPa；当混凝土强度等级等于或高于 C30 时，如计算得到的 $\sigma < 3.0$MPa，取 $\sigma = 3.0$MPa。 施工单位如无近期混凝土强度统计资料时，可按表 6-40 取值。
水灰比要求计算	计算出所要求的水灰比值(混凝土强度等级小于 C60 时) $W/C = \dfrac{\alpha_a \cdot f_{ce}}{f_{cu,0} + \alpha_a \cdot \alpha_b \cdot f_{ce}}$　(6-170) 式中，α_a、α_b——回归系数；若无试验统计资料，对碎石混凝土 α_a 为 0.46，α_b 为 0.07；对卵石混凝土 α_a 为 0.48，α_b 为 0.33； f_{ce}——水泥 28d 抗压强度实测值(MPa)。
混凝土的单位用水量	(1)W/C 在 0.4～0.8 范围内，根据粗骨料的品种及施工要求的混凝土拌和物的稠度，用水量按表6-41取用。 (2)W/C 小于 0.4 的混凝土或混凝土强度等级大于或等于 C60 级以及采用特殊成型工艺的混凝土用水量应通过试验确定。 流动性和大流动性混凝土的用水量可以表 6-42 中坍落度 90mm 的用水量为基础，按坍落度每增大 20mm 用水量增加 5kg，计算出未掺外加剂时的混凝土的用水量。 掺外加剂时的混凝土用水量可按式(6-171)计算： $m_{wa} = m_{w0}(1-\beta)$　(6-171) 式中，m_{wa}——掺外加剂混凝土每立方米混凝土的用水量(kg)； m_{w0}——未掺外加剂混凝土每立方米混凝土的用水量(kg)； β——外加剂的减水率(%)外加剂的减水率应经试验确定。
混凝土的单位水泥用量	每立方米混凝土的水泥用量(m_{c0})可按式(6-172)计算： $m_{c0} = \dfrac{m_{w0}}{W/C}$　(6-172) 计算所得的水泥用量如小于表 6-5 所规定的最小水泥用量时，则应按表 6-5 取值。混凝土的最大水泥用量不宜大于 550kg/m³。

续表

计算项目	计　算　公　式
选取砂率	坍落度小于10mm的混凝土，砂率应通过试验确定；坍落度为10～60mm的混凝土砂率，可按粗骨料品种、规格及混凝土的水灰比在表6-43中选用；坍落度大于60mm的混凝土砂率，可经试验确定，也可在表6-144基础上按坍落度每增大20mm，砂率增大1%的幅度调整。
粗细骨料用量计算	(1)体积法。体积法又称绝对体积法。这个方法是假设混凝土组成材料绝对体积的总和等于混凝土的体积，因而得到了下列方程式，并解之。 $\frac{m_{c0}}{\rho_c}+\frac{m_{g0}}{\rho_g}+\frac{m_{s0}}{\rho_s}+\frac{m_{w0}}{\rho_w}+0.01\alpha=1$　(6-173) $\beta_s=\frac{m_{s0}}{m_{g0}+m_{s0}}\times 100\%$　(6-174) 式中，m_{m0}——每立方米混凝土的水泥用量(kg/m^3)； m_{g0}——每立方米混凝土的粗骨料用量(kg/m^3)； m_{s0}——每立方米混凝土的细骨料用量(kg/m^3)； m_{w0}——每立方米混凝土的用水量(kg/m^3)； ρ_c——水泥密度(g/cm^3)可取2900～3100(kg/m^3)； ρ_g——粗骨料的视密度(g/cm^3) ρ_w——水的密度(kg/m^3)可取1 000(kg/m^3)； α——混凝土含气量百分数(%)在不使用含气型外掺剂时可取$\alpha=1$； β_s——砂率(%)。 (2)重量法。重量法又称为假定重量法。这种方法是假定混凝土拌和料的重量为已知，从而可求出单位体积混凝土的骨料总用量(重量)，进而分别求出粗、细骨料的重量，得出混凝土的配合比。方程式如下： $m_{c0}+m_{g0}+m_{s0}+m_{w0}=m_{cp}$　(6-175) $\beta_s=\frac{m_{s0}}{m_{g0}+m_{s0}}\times 100\%$　(6-176) 式中 m_{cp}——每立方米混凝土拌和物的假定重量(kg/m^3)，其值可取2350～2450kg/m^3。 其他符号同体积法。 在上述关系式中m_{cp}，可根据本单位累积的试验资料确定。在无资料时，可根据骨料的密度、粒径以及混凝土强度等级，在2350～2450kg/m^{3}的范围内选取。
普通混凝土拌和物的试配和调整	混凝土配合比试配时，每盘混凝土的最小搅拌量应符合表6-7的规定；当采用机械搅拌时，其搅拌量不应小于搅拌机额定搅拌量的1/4。 如果试拌的混凝土坍落度不能满足要求或保水性不好，应在保证水灰比条件下相应调整用水量或砂率，直到符合要求为止。然后提出供检验混凝土强度用的基准配合比。混凝土强度试块的边长，应不小于表6-8的规定。 经过试配和调整以后，便可按照所得的结果确定混凝土的施工配合比。由试验得出的各水灰比值的混凝土强度，用作图法或计算求出混凝土配制强度($f_{cu,0}$)相对应的水灰比。这样，初步定出混凝土所需的配合比，其值为： 用水量(m_w)——取基准配合比中的用水量值，并根据制作强度试件时测得的坍落度值或维勃稠度加以适当调整； 水泥用量(m_c)——以用水量乘以经试验选定出来的灰水比计算确定。

续表

计算项目	计　　算　　公　　式
普通混凝土拌和物的试配和调整	粗骨料(m_g)和细骨料(m_s)用量——取基准配合比中的粗骨料和细骨料用量，按选定灰水比进行适当调整后确定。 按上述各项定出的配合比算出混凝土的表观密度计算值 $\rho_{c,c}$： $\rho_{c,c} = m_c + m_g + m_s + m_w$　　(6-177) 再将混凝土的表观密度实测值除以表观密度计算值；得出配合比校正系数 δ： $\delta = \frac{\rho_{c,t}}{\rho_{c,c}}$　　(6-178) 式中，$\rho_{c,t}$——混凝土表观密度实测值(kg/m^3)； $\rho_{c,c}$——混凝土表观密度计算值(kg/m^3)。 当混凝土混凝土表观密度实测值与计算值之差的绝对值不超过计算值的 2%时，按上述确定的配合比即为确定的设计配合比，当两者之差超过 2%时，应将混凝土配合比中每项材料用量均乘以校正系数 δ，即为最终确定的配合比设计值。

表 6-40　σ 取值表

混凝土强度等级	＜C15	C20～C35	＞C35
$\sigma/(N/mm^2)$	4	5	6

表 6-41　干硬性混凝土的用水量　　（单位：kg/m^3）

拌和物稠度		卵石最大粒径/mm			碎石最大粒径/mm		
项　目	指　标	10	20	40	16	20	40
维勃稠度/s	16～20	175	160	145	180	170	155
	11～15	180	165	150	185	175	160
	5～10	185	170	155	190	180	165

表 6-42　塑性混凝土的用水量　　（单位：kg/m^3）

拌和物稠度		卵石最大粒径/mm				碎石最大粒径/mm			
项　目	指　标	10	20	31.5	40	16	20	31.5	40
坍落度/mm	10～30	190	170	160	150	200	185	175	165
	35～50	200	180	170	160	210	195	185	175
	55～70	210	190	180	170	220	205	195	185
	75～90	215	195	185	175	230	215	205	195

注：1. 本表用水量系采用中砂时的平均取值。采用细砂时，每立方米混凝土用水量可增加 5～10kg；采用粗砂时，则可减少 5～10kg。

2. 掺用各种外加剂或掺和料时，用水量应相应调整。

表 6-43　混凝土的最大水灰比和最小水泥用量

<table>
<tr><th rowspan="2" colspan="2">环境条件</th><th rowspan="2">结构物类别</th><th colspan="3">最大水灰比</th><th colspan="3">最小水泥用量/kg</th></tr>
<tr><th>素混凝土</th><th>钢筋混凝土</th><th>预应力混凝土</th><th>素混凝土</th><th>钢筋混凝土</th><th>预应力混凝土</th></tr>
<tr><td colspan="2">干燥环境</td><td>正常的居住和办公用房屋内部件</td><td>不作规定</td><td>0.65</td><td>0.60</td><td>200</td><td>260</td><td>300</td></tr>
<tr><td rowspan="2">潮湿环境</td><td>无冻害</td><td>高湿度的室内部件
室外部件
在非侵蚀性土和(或)水中的部件</td><td>0.70</td><td>0.60</td><td>0.60</td><td>225</td><td>280</td><td>300</td></tr>
<tr><td>有冻害</td><td>经受冻害的室外部件
在非侵蚀性土和(或)水中且经受冻害的部件
高湿度且经受冻害的室内部件</td><td>0.55</td><td>0.55</td><td>0.55</td><td>250</td><td>280</td><td>300</td></tr>
<tr><td colspan="2">有冻害和除冰剂的潮湿环境</td><td>经受冻害和除冰剂作用的室内和室外部件</td><td>0.50</td><td>0.50</td><td>0.50</td><td>300</td><td>300</td><td>300</td></tr>
</table>

注:1. 当采用活性掺和料取代部分水泥时,表中最大水灰比和最小水泥用量即为替代前的水灰比和水泥用量。

2. 配制 C15 级及其以下等级的混凝土,可不受本表限制。

表 6-44　混凝土的砂率　　(单位:%)

水灰比/(W/C)	卵石最大粒径/mm			碎石最大粒径/mm		
	10	20	40	16	20	40
0.40	26～32	25～31	24～30	30～35	29～34	27～32
0.50	30～35	29～34	28～33	33～38	32～37	30～35
0.60	33～38	32～37	31～36	36～41	35～40	33～38
0.70	36～41	35～40	34～39	39～44	38～43	36～41

注:1. 表中数值系中砂的选用砂率。对细砂或粗砂,可相应地减少或增加砂率。

2. 只用一个单粒级粗骨料配制混凝土时,砂率应适当增加。

3. 对薄壁构件,砂率取偏大值。

4. 表中的砂率系指砂与骨料总量的重量比。

表 6-45　混凝土试配的最小搅拌量

骨料最大粒径/mm	拌和物数量/L
31.5 及以下	15
40	25

表 6-46　混凝土立方体试块边长

骨料最大粒径/mm	试块边长/mm
≤30	100×100×100
≤40	150×150×150
≤60	200×200×200

表 6-47　掺矿物掺和料混凝土配合比设计

计算项目	计　算　公　式
基准配合比计算	掺矿物掺和料混凝土基准配合比设计同普通混凝土基准配合比设计。
水泥用量计算	按表 6-48 选择矿物掺和料的取代水泥百分率(β_c)，按所选用的取代水泥百分率，求出每立方米矿物掺和料混凝土的水泥用量。 $$m_c = m_{c0}(1-\beta_c) \quad (6\text{-}179)$$
矿物掺和料用量	按表 6-49 选择矿物掺和料超量系数(δ_c)，按超量系数求出每立方米混凝土的矿物掺和料混凝土的矿物掺和料用量： $$m_f = \delta_c \cdot (m_{c0} - m_c) \quad (6\text{-}180)$$ 式中，β_c——取代水泥百分率(%)； m_f——每立方米混凝土中的矿物掺和料用量(kg/m^3)； δ_c——超量系数； m_{c0}——每立方米基准混凝土中的水泥用量(kg/m^3)； m_c——每立方米矿物掺和料混凝土中的水泥用量(kg/m^3)。
调整配合比计算	计算每立方米矿物掺和料混凝土中水泥、矿物掺和料和细骨料的绝对体积，求出矿物掺和料超出水泥的体积。 按矿物掺和料超出水泥的体积，扣除同体积的细骨料用量。 矿物掺和料混凝土的用水量，按基准混凝土配合比的用水量取用。 根据计算的矿物掺和料混凝土配合比，通过试拌，在保证设计的工作性的基础上，进行混凝土配合比的调整，直到符合要求。 外加剂的掺量应按取代前基准水泥的百分比计。 矿物掺和料混凝土的水灰比及水泥用量、胶凝材料用量应符合表6-179的要求。

表 6-48　取代水泥百分率(β_c)

矿物掺和料种类	水灰比或强度等级	取代水泥百分率 β_c(%)		
		硅酸盐水泥	普通硅酸盐水泥	矿渣硅酸盐水泥
粉煤灰	≤0.40	≤40	≤35	≤30
	>0.40	≤30	≤25	≤20
粒化高炉矿渣粉	≤0.40	≤70	≤55	≤35
	>0.40	≤50	≤40	≤30
沸石粉	≤0.40	10～15	10～15	5～10
	>0.40	15～20	15～20	10～15
硅灰	C50 以上	≤10	≤10	≤10
复合掺和料	≤0.40	≤70	≤60	≤50
	>0.40	≤55	≤50	≤40

注：高钙粉煤灰用于结构混凝土时，根据水泥品种不同，其掺量不宜超过以下限制：

矿渣硅酸盐水泥　　不大于 15%

普通硅酸盐水泥　　不大于 20%

硅酸盐水泥　　不大于 30%

表 6-49　超量系数　　(单位:δ_c)

矿物掺和料种类	规格或级别	超量系数
粉煤灰	Ⅰ	1.0~.14
	Ⅱ	1.2~1.7
	Ⅲ	1.5~2.0
粒化高炉矿渣粉	S105	0.95
	S95	1.0~1.15
	S75	1.0~1.25
沸石粉		1.0
复合掺和料	S105	0.95
	S95	1.0~1.15
	S75	1.0~1.25

表 6-50　最小水泥用量、胶凝材料用量和最大水灰比

矿物掺和料种类	用　途	最小水泥用量/(kg/m^3)	最小胶凝材料用量/(kg/m^3)	最大水灰比
粒化高炉矿渣粉复合掺和料	有冻害、潮湿环境中结构	200	300	0.50
	上部结构	200	300	0.55
	地下、水下结构	150	300	0.55
	大体积混凝土	110	270	0.60
	无筋混凝土	100	250	0.70

注:掺粉煤灰、沸石粉和硅灰的混凝土应符合《普通混凝土配合比设计规程》(JGJ 55—2000)中的规定。

表 6-51　有特殊要求的混凝土配合比设计

<table>
<tr><th>计算项目</th><th>计算方法及说明</th></tr>
<tr><td>抗渗混凝土配合比设计</td><td>(1)抗渗混凝土所用原材料应符合下列规定:
①粗骨料宜采用连续级配,其最大粒径不宜大于 40mm,含泥量不得大于 1.0%,泥块含量不得大于 0.5%。
②细骨料的含泥量不得大于 3.0%,泥块含量不得大于 1.0%。
③外加剂宜采用防水剂、膨胀剂、引气剂、减水剂或引气减水剂。
④抗渗混凝土宜掺用矿物掺和料。
(2)抗渗混凝土配合比的计算方法和试配步骤除应遵守普通混凝土配合比设计的规定外,尚应符合下列规定:
①每立方米混凝土中的水泥和矿物掺和料总量不宜小于 320kg。
②砂率宜为 35%~45%。
③供试配用的最大水灰比应符合表 6-14 的规定。
(3)掺用引气剂的抗渗混凝土,其含气量宜控制在 3%~5%。
(4)进行抗渗混凝土配合比设计时,尚应增加抗渗性能试验,并应符合下列规定:
①试配要求的抗渗水压值应比设计值提高 0.2MPa。
②试配时,宜采用水灰比最大的配合比做抗渗试验,其试验结果应符合下式要求:
$$P_t \geqslant P/10+0.2 \qquad (6\text{-}181)$$
式中,P_t——6 个试件中 4 个未出现渗水时的最大水压值(MPa);
P——设计要求的抗渗等级值。
③掺引气剂的混凝土还应进行含气量试验。</td></tr>
</table>

续表

计算项目	计算方法及说明
抗冻混凝土配合比设计	(1)抗冻混凝土所用原材料应符合下列规定: ①应选用硅酸盐水泥或普通硅酸盐水泥,不宜使用火山灰质硅酸盐水泥。 ②宜选用连续级配的粗骨料,其含泥量不得大于1.0%,泥块含量不得大于0.5%。 ③细骨料含泥量不得大于3.0%,泥块含量不得大于1.0%。 ④抗冻等级F100及以上的混凝土所用的粗骨料和细骨料均应进行坚固性试验,并应符合现行行业标准《普通混凝土用砂、石质量及检验方法标准》(JGJ 52—2006)的规定。 ⑤抗冻混凝土宜采用减水剂,对抗冻等级F100及以上的混凝土应掺引气剂,掺用后混凝土的含气量应符合普通混凝土配合比设计的规定。 (2)混凝土配合比的计算方法和试配步骤除应遵守普通混凝土配合比设计规定外,供试配用的最大水灰比尚应符合表6-53的规定。 (3)进行抗冻混凝土配合比设计时,尚应增加抗冻融性能试验。
高强混凝土配合比设计	(1)配制高强混凝土所用原材料应符合下列规定: ①应选用质量稳定、强度等级不低于42.5级的硅酸盐水泥或普通硅酸盐水泥。 ②对强度等级为C60级的混凝土,其粗骨料的最大粒径不应大于31.5mm,对强度等级高于C60级的混凝土,其粗骨料的最大粒径不应大于25mm;针片状颗粒含量不宜大于5.0%,含泥量不应大于0.5%,泥块含量不宜大于0.2%;其他质量指标应符合现行行业标准《普通混凝土用碎石或卵石质量标准及检验方法》(JGJ 53)的规定。 ③细骨料的细度模数宜大于2.6,含泥量不应大于2.0%,泥块含量不应大于0.5%。其他质量指标应符合现行行业标准《普通混凝土用砂、石质量及检验方法标准》(JGJ 52—2006)的规定。 ④配制高强混凝土时应掺用高效减水剂或缓凝高效减水剂;并应掺用活性较好的矿物掺和料,且宜复合使用矿物掺和料。 (2)高强混凝土配合比的计算方法和步骤除应按本章规定进行处,尚应符合下列规定: ①基准配合比中的水灰比,可根据现有试验资料选取。 ②配制高强混凝土所用砂率及所采用的外加剂和矿物掺和料的品种、掺量,应通过试验确定。 ③高强混凝土的水泥用量不应大于550kg/m^3;水泥和矿物掺和料的总量不应大于600kg/m^3。 (3)高强混凝土配合比的试配与确定的步骤应按本章的规定进行。当采用三个不同的配合比进行混凝土强度试验时,其中一个应力基准配合比,另外两个配合比的水灰比,宜较基准配合比分别增加和减少0.02~0.03。 (4)高强混凝土设计配合比确定后,尚应用该配合比进行不少于6次的重复试验进行验证,其平均值不应低于配制强度。
泵送混凝土配合比设计	(1)粗骨料的最大粒径与输送管的管径之比应符合表6-54的规定。粗骨料应采用连续级配,针片状颗粒含量不宜大于10%。 (2)细骨料宜采用中砂,细度模数为2.5~3.2;通过0.315mm筛孔的砂不少于15%。 (3)泵送混混凝土配合比设计应根据混凝土原材料、混凝土运输距离、混凝土泵与混凝土输送管径、泵送距离、气温等具体施工条件试配。入泵时混凝土坍落度选用值见表6-55。 泵送凝土的用水量与水泥和矿物掺和量的总量之比不宜大于0.60;泵送混凝土的砂率宜为35%~45%;水泥和矿物掺和料的总量不宜小于300kg/m^3。

表 6-52 抗渗混凝土最大水灰比

抗渗等级	最大水灰比	
	$C20\sim C30$	C30 以上
$P6$	0.60	0.55
$P8\sim P12$	0.55	0.50
$P12$ 以上	0.50	0.45

表 6-53 抗冻混凝土的最大水灰比

抗冻等级	无引气剂时	掺引气剂时
F50	0.55	0.60
F100	—	0.55
F150 及以上	—	0.50

表 6-54 粗骨料的最大粒径与输送管径之比

石子品种	泵送高度/m	粗骨料的最大粒径与输送管径之比
碎　石	<50	≤1∶30
	50～100	≤1∶4.0
	>100	≤1∶5.0
卵　石	<50	≤1∶2.5
	50～100	≤1∶3.0
	>100	≤1∶4.0

表 6-55 不同泵送高度入泵时混凝土坍落度选用值

泵送高度/m	30 以下	30～60	60～100	100 以上
坍落度/mm	100～140	140～160	160～180	180～200

表 6-56 高性能混凝土配合比设计计算

计算项目	计　算　公　式
砂率的选择	砂率的选择可用砂石混合料的最小空隙率来计算。方法是以不同砂率从 37%～48%和石子充分混合后，分三次装入一个 15～20L 的不变形的钢筒中，在振动台上振动至试料不再下沉，刮平表面后称量，重量最大的对应的就是最佳砂石混合比。 $$\rho_0=w_0/V_0\quad(\mathrm{kg/m^3})\qquad(6\text{-}182)$$ 式中，w_0——最大称量(kg)； V_0——钢筒体积(m^3)； ρ_0——砂石混合料最佳密度(kg/m^3)。 最佳空隙率为 $$a=(\rho-\rho_0)/\rho\qquad(6\text{-}183)$$ ρ——砂石混合料表观密度，一般取 2.65g/cm^3。 a 最优约等于 16%，一般为 20%～30%，此时相对应的砂率，暂定为最佳砂率。实际最佳砂率应同时考虑密实度和流动性两个因素。

续表

计算项目	计　算　公　式
砂率的选择	实际砂率的选择可用砂浆富裕系数来计算。计算的原则是用砂浆填充石子空隙并保证一定的富裕量(计算时乘以砂浆富裕系数)即： $$m_c/\rho_c+m_w/\rho_w+m_s/\rho_s=P_0\cdot k\cdot m_g/\rho_{g0}\quad(6\text{-}184)$$ 式中，m_c、m_w、m_s、m_g——每立方米混凝土中水泥、水、砂、石子用量； ρ_c、ρ_w、ρ_s、ρ_g——水泥、水、砂、石子的表观密度；ρ_c 取 3.14g/cm^3，ρ_w 取 1g/cm^3，ρ_s 取 2.65g/cm^3，ρ_g 取 2.7g/cm^3； ρ_{g0}——石子的堆积密度； $P_0=(\rho_g-\rho_{g0})/\rho_g$——石子空隙率； k——砂浆富裕系数，高性能混凝土 $k=1.7\sim2.0$。 结合绝对体积法： $$m_c/\rho_c+m_w/\rho_w+m_s/\rho_s+m_g/\rho_g+0.01\alpha=1\quad(6\text{-}185)$$ 式中，α——混凝土含气百分数，不掺入引气剂，α 可取 1。 $$砂率=m_s/(m_g+m_s)\times100\%$$ 可计算出砂(m_s)、石(m_g)用量。
强度与拌和水用量估算	根据强度等级的要求，人为地分为 5 个等级：65MPa、75MPa、90MPa、105MPa 及 120MPa。强度等级低于 65MPa 的混凝土拌和物用水量可参照《普通混凝土配合比设计规程》(JGJ 55—2000)选用。按表 6-57 估计最大用水量，骨料最大粒径为 10～20mm，对外加剂、粗细骨料中的含水量进行修正。
水泥浆体体积估量	表 6-59 是在浆体体积 0.35m^3 时按细掺料掺加的三种情况分别列出，即情况 1 为不加细掺料；情况 2 为 25%的粉煤灰或磨细矿渣；情况 3 为 10%的硅灰加 15%的粉煤灰。粉煤灰或磨细矿渣的密度为 2.5g/cm^3；硅灰密度为 2.1g/cm^3。减去拌和水和 0.01m^3 的含气量，按细掺料的三种情况计算浆体体积组成。
骨料用量	根据骨料总体积为 0.65m^3，假设强度等级 A 的第一盘配料组粗—细骨料体积比为 3∶2，则得出粗、细骨料体积分别为 0.39m^3 和 0.26m^3。其他等级的混凝土(B～E)，由于随着强度的提高，其用水量减少，高效减水剂用量增加，故粗、细骨料的体积比可大一些。如 B 级取 3.05∶1.95，C 级取 3.10∶1.90，D 级取 3.15∶1.85，E 级取 3.20∶1.80。
配合比试配和调整	高性能混凝土配制强度同普通混凝土一样也必须大于设计要求的强度标准值，以满足强度保证率的要求。混凝土配制强度($f_{cu,0}$)仍可按式(6-168)计算。 混凝土强度标准差宜根据同类混凝土统计资料计算确定，计算时强度试件不应少于 25 组。当无统计资料时，其值强度等级≤C50 时，σ 可取 5.0MPa，>C50 时，σ 可取 6.0MPa。

表 6-57　混凝土平均强度与最大用水量关系

强度等级	A	B	C	D	E
平均强度/MPa	65	75	90	105	120
最大用水量/(kg/m^3)	160	150	140	130	120

表 6-58 砂率对混凝土性能的影响

试验编号	W/C	砂率(%)	坍落度/mm	28天抗压强度/MPa	棱柱体抗压强度/MPa	强性模量/GPa	备 注
S3 1	0.3	34	205	60.3	45.2	43.2	稍泌水
S3－2	0.3	38	205	62.1	54.3	42.9	
S3－3	0.3	42	215	67.0	58.1	41.7	
S3－4	0.3	46	240	68.6	61.8	42.4	
S2－5	0.3	50	215	72.0	61.8	40.7	黏性大
S2－1	0.26	34	1.5	73.4	—	—	
S2－2	0.26	38	6.0	72.6	—	—	
S2－3	0.26	42	4.5	72.4	—	—	
S2－4	0.26	46	4.5	75.9	—	—	
S2－5	0.26	50	3.0	75.2	—	—	
S4－1	0.4	34	155	50.7	—	—	离析、泌水
S4－2	0.4	38	180	57.3	—	—	稍离析
S4－3	0.4	42	200	58.4	—	—	
S4－4	0.4	46	190	55.3	—	—	稍黏
S4－5	0.4	50	140	61.9	—	—	黏性大

表 6-59 0.35m³ 浆体中各组分体积含量 (单位：m³)

强度等级	水	空气	胶凝材料总量	情况 1 PC	情况 2 PC＋FA(或 BFS)	情况 3 PC＋FA(或 BFS)＋CSF
A	0.16	0.02	0.17	0.17	0.1275＋0.0425	0.1275＋0.0255＋0.0170
B	0.15	0.02	0.18	0.18	0.1350＋0.0450	0.1350＋0.0270＋0.0180
C	0.14	0.02	0.19	0.19	0.1425＋0.0475	0.1425＋0.0285＋0.0190
D	0.13	0.02	0.20	—	0.1500＋0.0500	0.1500＋0.0300＋0.0200
E	0.12	0.02	0.19	—	0.1575＋0.0525	0.1575＋0.0315＋0.0210

注：表中符号 A～E 为强度等级(表 6-19)；PC(Portland cement)为硅酸盐水泥；FA(flyash)为粉煤灰；BFS(blast furnace)为矿渣；CSF(Condensed silica fume)为凝聚硅灰。

表 6-60 高性能混凝土的典型配比

强度等级		C60～C100
胶凝材料浆体体积(%)		28～32
水泥用量/(kg/m³)		330～450
胶凝材料	粉煤灰(%)	15～30
	矿渣(%)	20～30
	硅粉(%)	5～15
	F 矿粉(%)	5～10
	UEA 混凝土(%)	8～12
高效减水剂(%)		0.5～2.0
水胶比		0.24～0.40
砂率	碎石(%)	0.34～0.42
	卵石(%)	0.26～0.36
最大用水量	塑性混凝土/(kg/m³)	90～130
	自流性混凝土/(kg/m³)	110～150

注：按总胶凝材料重量计。

表 6-61 轻骨料混凝土配合比设计计算

计算项目	计算公式及方法说明
混凝土试配强度	轻骨料混凝土的配合比应通过计算和试配确定。为了使所配制的混凝土具有必要的强度保证率，混凝土试配强度应按下列公式确定： $f'_{cu}=f_{cu,k}+1.645\sigma$ (6-186) 式中，f'_{cu}——轻骨料混凝土的试配抗压强度(MPa)； $f_{cu,k}$——轻骨料混凝土强度标准值(即强度等级)(MPa)； σ——轻骨料混凝土强度的总体标准差(MPa)若无强度资料，可按表 6-62 使用。
设计参数的选择	不同试配强度的轻骨料混凝土的水泥用量可参考表 6-63，最大水灰比和最小水泥用量的限制应符合表 6-65 的规定，用水量按表 6-66 选用，砂率可按表 6-67 选用。
粗细骨料用量计算	(1)绝对体积法： $V_s=\left[1-\left(\frac{m_c}{\rho_c}+\frac{m_{wn}}{\rho_w}\right)\div 1\,000\right]\times S_p$ (6-187) $m_s=V_s\times\rho_s\times 1\,000$ (6-188) $V_a=1-\left(\frac{m_c}{\rho_c}+\frac{m_{wn}}{\rho_w}+\frac{m_s}{\rho_s}\right)\div 1\,000$ (6-189) 式中，V_s——每立方米混凝土的细骨料体积(m^3)； m_s——每立方米混凝土的细骨料用量(kg)； m_c——每立方米混凝土的水泥用量(kg)； m_{wn}——每立方米混凝土的净用水量(kg)； S_p——密实体积砂率(%)； V_a——每立方米混凝土的轻粗骨料体积(m^3)； m_a——每立方米混凝土的轻粗骨料用量(kg)； ρ_c——水泥的相对密度，可取 $\rho_c=2.9\sim3.1$； ρ_w——水的密度，可取 $\rho_w=1.0$； ρ_s——细骨料的密度，采用普通砂时，为砂的相对密度，可取 $\rho_s=2.6$；采用轻砂时，为轻砂的颗粒表观密度 ρ_{sp}(g/cm^3)； ρ_{up}——轻粗骨料的颗粒表观密度(kg/m^3)。 根据净用水量和附加水量的关系，按式(6-190)计算总用水量： $m_{wt}=m_{wn}+m_{wa}$ (6-190) 式中，m_{wt}——每立方米混凝土的总用水量(kg)； m_{wn}——每立方米混凝土的净用水量(kg)； m_{wa}——每立方米混凝土的附加水量(kg)，其计算方法见表 6-68。 按式 6-191 计算混凝土干表观密度(ρ_{cd})，并与设计要求的干表观密度进行对比，如其误差大于 3%，则应重新调整和计算配合比。 $\rho_{cd}=1.15m_c+m_a+m_s$ (6-191) (2)松散体积法。 ①根据设计要求的轻骨料混凝土的强度等级、密度等级和混凝土的用途，确定粗细骨料的种类和粗骨料的最大粒径。 ②测定粗骨料的堆积密度、筒压强度和 1 小时吸水率，并测定细骨料的堆积密度。 ③按式(6-186)计算混凝土试配强度。 ④按表 6-63、表 6-64 选择水泥用量。 ⑤根据施工稠度的要求，按表 6-66 选择净用水量。 ⑥根据混凝土用途按表 6-67 选取松散体积砂率。 ⑦根据粗细骨料的类型，按表 6-69 选用粗细骨料总体积，并按式(6-192)至式(6-195)计算每立方米混凝土的粗细骨料用量。 $V_s=V_t\times S_p$ (6-192)

续表

计算项目	计算公式及方法说明
粗细骨料用量计算	$m_s=V_s\times\rho_{is}$ (6-193) $V_a=V_t-V_s$ (6-194) $m_a=V_a\times\rho_{ic}$ (6-195) 式中，V_s、V_a、V_t——分别为细骨料、粗骨料和粗细骨料的松散体积(m^3)； m_s、m_a——分别为细骨料和粗骨料的用量(kg)； S_p——松散体积砂率(%)； ρ_{is}、ρ_{ic}——分别为细骨料和粗骨料的堆积密度(kg/m^3)。 ⑧根据净用水量和附加水量的关系按式(6-190)计算总用水量。 附加水量计算见表 6-68。 ⑨按式(6-191)计算混凝土干表观密度(ρ_{cd})，并与设计要求的干表观密度进行对比，如其误差大于3%，则应重新调整和计算配合比。 附加水量应根据粗骨料的预湿处理方法和细骨料的品种，按表 6-30 列公式计算。

表 6-62　σ值

强度等级	CL5.0～CL7.5	CL10～CL20	CL25～CL40	CL45～CL50
σ/MPa	2.0	4.0	5.0	6.0

表 6-63　试配强度混凝土的水泥用量　(单位：kg/m^3)

混凝土试配强度/MPa	轻骨料密度等级						
	400	500	600	700	800	900	1 000
<5.0	260～320	250～300	230～280	220～300	240～330	260～360	250～350
5.0～7.5	280～360	260～340	240～320	240～320	270～370	310～380	300～370
7.5～10		280～370	260～350	260～340	320～390	360～430	350～420
10～15			280～350	280～380	370～440		
15～20			300～400	330～400			
20～25				380～450			
25～30							
30～40				420～500	390～490	380～480	370～470
40～50					430～530	420～520	410～510
50～60					450～550	420～540	430～530

注：1. 表中横线以上为采用 32.5 级时的水泥用量；横线以下为采用 42.5 级时的水泥用量；采用其他等级水泥时，可乘以表 6-64 中规定的调整系数。
2. 表中下限值适用于圆球形和普通型轻粗骨料；上限值适用于碎石型粗骨料及全轻混凝土。
3. 最高水泥用量不宜超过 $550kg/m^3$。

表 6-64　水泥用量调整系数

水泥强度等级	混凝土试配强度/MPa			
	5.0～15	15～30	30～50	50～60
32.5	1.00	1.00	1.10	1.15
42.5	—	0.85	1.00	1.00
52.5	—	—	0.85	0.90

表 6-65　轻骨料混凝土最大水灰比和最小水泥用量

混凝土所处的环境	最大水灰比	最小水泥用量/(kg/m³)	
		配筋的	无筋的
不受风雪影响的混凝土。	不作规定	250	225
受风雪影响的混凝土;位于水中及水位升降范围的混凝土和在潮湿环境中的混凝土。	0.7	275	250
寒冷地区位于水位升降范围的混凝土和在潮湿环境中的混凝土。	0.65	300	275
严寒地区位于水位升降范围的混凝土。	0.60	325	300

注:1. 严寒地区指最寒冷月份的月平均温度低于-15℃;寒冷地区指最寒冷月份的月平均温度低于-5～-15℃。
2. 水泥用量不包括掺和料。

表 6-66　轻骨料混凝土用水量　　(单位:mm)

用　　途		稠　　度		净用水量/(kg/m³)
		维勃稠度/s	坍落度/mm	
预制混凝土构件	振动台成型	5～10	0～10	155～180
	振捣棒或平板振动器振实		30～50	165～200
现浇混凝土	机械振捣		50～70	180～210
	人工振捣或钢筋较密的		60～80	200～220

注:1. 表中值适用于圆球形和普通型轻粗骨料,对于碎石型轻粗骨料需按表中值增加 10kg 左右的用水量。
2. 表中值适用于砂轻混凝土,若采用轻砂时,需取轻砂 1 小时吸水量为附加水量;若无轻砂吸水量数据,也可适当增加用水量,最后按施工稠度的要求进行调整。

表 6-67　轻骨料混凝土的砂率　　(单位:mm)

用　　途	细骨料品种	砂率(%)
预制混凝土构件	轻　砂	35～50
	普通砂	30～40
现浇混凝土	轻　砂	—
	普通砂	35～45

注:1. 当细骨料采用普通砂和轻砂混合使用时,宜取中间值,并按普通砂和轻砂混合比例进行线性插入计算。
2. 当轻粗骨料采用圆球形时,宜取表中下限值;采用碎石型时,则取上限。

表 6-68　附加水量的计算方法

项　　目	附加水量(m_{wa})
粗骨料预湿,细骨料为普砂	$m_{wa}=0$
粗骨料不预湿,细骨料为普砂	$m_{wa}=m_a \cdot w_a$
粗骨料预湿,细骨料为轻砂	$m_{wa}=m_s \cdot w_s$
粗骨料不预湿,细骨料为轻砂	$m_{wa}=m_a \cdot w_a+m_s \cdot w_s$

注:1. w_a、w_s 分别为粗、细骨料的 1 小时吸水率。
2. 当轻骨料含水时,必须在附加水量中扣除自然含水量。

表 6-69 粗细骨料总体积 （单位：*mm*）

轻粗骨料粒径	细骨料品种	粗细骨料总体积/m^3
圆球形	轻砂	1.25～1.15
	普通砂	1.20～1.40
普通型	轻　砂	1.30～1.60
	普通砂	1.25～1.50
碎石型	轻　砂	1.35～1.65
	普通砂	1.30～1.60

注：1. 当采用膨胀珍珠岩砂时，宜取表中上限值。
2. 混凝土强度等级较高时，宜取表中下限值。

第三节　混凝土浇灌计算

混凝土浇灌计算见表 6-70～表 6-73。

表 6-70 混凝土浇灌计算 （单位：mm）

计算项目	计　算　公　式
混凝土最大浇灌强度计算	一般混凝土的最大浇灌强度可按式(6-196)计算： $$Q=\frac{Fh}{t} \tag{6-196}$$ 其中 $t=t_1-t_2$ 式中，Q——混凝土的最大浇筑强度(m^3/h)； F——混凝土最大水平浇筑截面积(m^2)； h——混凝土分层浇筑厚度，随浇筑方式而定，一般由 0.2～0.5m； t——每层混凝土浇筑时间(h)； t_1——水泥的初凝时间(h)； t_2——混凝土的运输时间(h)。 按式(6-196)求得混凝土的最大浇筑强度，即可根据现场混凝土搅拌机实际台班产量(按 6 小时产量计)，求得需设置的混凝土搅拌机数量，以及需用的运输汽车、振捣工具数量。
混凝土浇筑时间计算	混凝土的浇筑时间一般按式(6-197)计算： $$T=\frac{V}{Q} \tag{6-197}$$ 式中，T——全部混凝土浇筑完毕需要的时间(h)； V——全部混凝土浇筑量(m^3)； Q——混凝土的最大浇筑强度(m^3/h)。
混凝土搅拌设备需用量计算	混凝土搅拌机需用数量可按式(6-198)计算： $$N=\frac{V}{\left(\frac{60}{t_1+t_2}\right)q\cdot K\cdot K_B\cdot T} \tag{6-198}$$ 式中，N——混凝土搅拌需用台数； V——每班混凝土需要总量(m^3 台班)； q——混凝土搅拌机容量(m^3)； t_1——搅拌机每罐混凝土的搅拌时间(min)； t_2——搅拌机每罐混凝土的出料时间(min)； K——搅拌机容量利用系数，取 $K=0.9$； K_B——工作时间利用系数，取 $K_B=0.9$； T——每班工作时间，一般取 7～8 小时。

续表

计算项目	计　算　公　式
混凝土搅拌机生产率计算	混凝土搅拌机小时生产率按式(6-199)计算： $P_h = \frac{60q}{t} \cdot K$　(6-199) 式中，p_h——混凝土搅拌机小时生产率(m^3/h)； q——混凝土搅拌机出料容量(m^3)；当搅拌机采用进料容量时，应乘以出料系数 0.67； K——混凝土搅拌机利用系数，一般取 0.9； t——混凝土从装料、搅拌到出料一个循环的延续时间，一般为5～5.5min。 混凝土搅拌机台班生产率按式(6-200)计算： $P = 8P_h \cdot K_B$　(6-200) 式中，P——混凝土搅拌机台班生产率(m^3/台班)； P_h——混凝土搅拌机小时生产率(m^3/h)； K_B——工作时间利用系数，取 $K_B=0.9$。
混凝土搅拌站生产率计算	搅拌站小时生产率按式(6-201)计算： $P_h = \frac{60q}{t}$　(6-201) 式中，P_h——搅拌站小时生产率(m^3/h)； q——搅拌运输车的容量(m^3)； t——搅拌运输车装料时间，一般为 5min。 搅拌站台班生产率按式(6-202)计算： $P = 8P_h \cdot K_B$　(6-202) 式中，P——搅拌站台班生产率(m^3/台班)； P_h——搅拌站小时生产率(m^3/h)； K_B——工作时间利用系数，一般为 0.75。 搅拌站年生产率按式(6-203)计算： $P_y = \frac{PmT}{K}$　(6-203) 式中，P_y——搅拌站年生产率(m^3/年)； P——搅拌站台班生产率(m^3/台班)； m——每天作业班数，一般按 2.5 班计； T——工作台班日数，即年有效作业天数(天)； K——生产不均衡系数，一般取 1.6～1.8。

表 6-71　泵送混凝土的运送　　(单位：mm)

计算项目	计　算　公　式
混凝土泵的实际平均输出量	混凝土泵的实际平均输出量，可根据混凝土泵的最大输出量、配管情况和作业效率，按式(6-204)计算： $Q_1 = Q_{max}\alpha_1\eta$　(6-204) 式中，Q_1——每台混凝土泵的实际平均输出量(m^3/h)； Q_{max}——每台混凝土泵的最大输出量(m^3/h)； α_1——配管条件系数。可取 0.8～0.9； η——作业效率。根据混凝土搅拌运输车向混凝土泵供料的间断时间、拆装混凝土输送管和骨料停歇等情况，可取 0.5～0.7。

续表

计算项目	计　算　公　式
混凝土泵最大水平输送距离计算	$$L_{\max}=P_{\max}/\Delta P_{H} \quad (6\text{-}205)$$ $$\Delta P_{H}=\frac{2}{r_0}\left[K_1+K_2\left(1+\frac{t_2}{t_1}\right)V_2\right]\alpha_2 \quad (6\text{-}206)$$ $$K_1=(3.00-0.1)\cdot 10^2 \quad (6\text{-}207)$$ $$K_2=(4.00-0.1)\cdot 10^2 \quad (6\text{-}208)$$ 式中，$L_{\max}$——混凝土泵的最大水平输送距离(m)； $P_{\max}$——混凝土泵的最大出口压力(Pa)； ΔP_H——混凝土在水平输送管内流动每米产生的压力损失(Pa/m)；见表6-72，也可通过试验确定； r_0——混凝土输送管半径(m)； K_1——粘着系数(Pa)； K_2——速度系数[Pa/(m/s)]； S_1——混凝土坍落度(mm)； $\frac{t_2}{t_1}$——混凝土泵分配阀切换时间与活塞推压混凝土时间之比，一般取0.3； V_2——混凝土拌和物在输送管内的平均流速(m/s)； α_2——径向压力与轴向压力之比，对普通混凝土取0.90。
每台混凝土泵所需配备的混凝土搅拌运输车台数	当混凝土泵连续作业时，每台混凝土泵所需配备的混凝土搅拌运输车台数，可按式(6-209)计算： $$N_1=\frac{Q_1}{60V_1}\left(\frac{60L_1}{S_0}+T_1\right) \quad (6\text{-}209)$$ 式中，N_1——混凝土搅拌运输车台数(台)； Q_1——每台混凝土泵的实际平均输出量(m^3/h)；按式(6-204)计算； V_1——每台混凝土搅拌运输车容量(m^3)； S_0——混凝土搅拌运输车平均行车速度(km/h)； L_1——混凝土搅拌运输车往返距离(km)； T_1——每台混凝土搅拌运输车总计停歇时间(min)。
混凝土泵台数	混凝土泵的台数，可根据混凝土浇筑数量、单机的实际平均输出量和施工作业时间，按式(6-210)计算： $$N_2=\frac{Q}{Q_1\cdot T_0} \quad (6\text{-}210)$$ 式中，N_2——混凝土泵数量(台)； Q——混凝土浇筑数量(m^3)； Q_1——每台混凝土泵的实际平均输出量(m^3/h)； T_0——混凝土泵送施工作业时间(小时)。 重要工程的混凝土泵送施工，混凝土泵的所需台数，除根据计算确定外，宜有一定的备用台数。

表 6-72　混凝土泵送的换算压力损失

管件名称	换算量	换算压力损失/MPa
水平管	每 20m	0.10
垂直管	每 5m	0.10
45°弯管	每只	0.05
90°弯管	每只	0.10

续表

管件名称	换算量	换算压力损失/MPa
管道接环(管卡)	每只	0.10
管路截止阀	每个	0.80
3.5m 橡皮软管	每根	0.20

注:附属于泵体的换算压力损失,Y 形管 175→125mm,0.05MPa;每个分配阀 0.80MPa;每台混凝土泵启动内耗,2.80MPa。

第四节 大体积混凝土裂缝控制计算

大体积混凝土裂缝控制计算见表 6-74～表 6-85。

表 6-73 大体积混凝土温度计算

计算项目	计算公式
最大绝热温升	$T_h=(m_c+k\cdot F)Q/(c\cdot\rho)$ (6-211) $T_h=m_c\cdot Q/c\cdot\rho(1-e^{-mt})$ (6-212) 式中,T_h——混凝土的最大绝热温升(℃); m_c——混凝土中水泥(包括膨胀剂)用量(kg/m³); F——混凝土活性掺和料用量(kg/m³); K——掺和料折减系数。粉煤灰取 0.25～0.30; Q——水泥 28d 水化热(kJ/kg),查表 6-75; c——混凝土比热、取 0.97[kJ/(kg·K)]; ρ——混凝土密度、取 2400(kg/m³); e——为常用,取 2.718; t——混凝土的龄期(天); m——系数、随浇筑温度改变,查表 6-76。
混凝土中心计算温度	$T_{1(t)}=T_j+T_h\xi_{(t)}$ (6-213) 式中,$T_{1(t)}$——t 龄期混凝土中心计算温度(℃); T_j——混凝土浇筑温度(℃); $\xi_{(t)}$——t 龄期降温系数,查表 6-76。
混凝土表层(表面下 50～100mm 处)温度	(1)保温材料厚度(或蓄水养护深度): $\delta=0.5h\cdot\lambda_x(T_2-T_q)K_b/\lambda(T_{max}-T_2)$ (6-214) 式中,δ——保温材料厚度(m); λ_x——所选保温材料导热系数[W/(m·K)],查表 6-77 T_2——混凝土表面温度(℃); T_q——施工期大气平均温度(℃); λ——混凝土导热系数,取 2.33W/(m·K); T_{max}——计算的混凝土最高温度(℃); 计算时可取 $T_2-T_q=15～20$℃ $T_{max}-T_2=20～25$℃ K_b——传热系数修正值,取 1.3～2.0,查表 6-78。

续表

计算项目	计　算　公　式
混凝土表层（表面下50～100mm处）温度	(2)如采用蓄水养护，蓄水养护深度： $h_w = x \cdot M(T_{max} - T_2)K_b \cdot \lambda_w/(700T_j + 0.28m_c \cdot Q)$　(6-215) 式中，h_w——养护水深度(m)； x——混凝土维持到指定温度的延续时间，即蓄水养护时间(小时)； M——混凝土结构表面系数(1/m)，$M=F/V$； F——与大气接触的表面积(m^2)； V——混凝土体积(m^3)； $T_{max}-T_2$——一般取20～25℃； K_b——传热系数修正值； 700——折算系数[kJ/($m^3 \cdot$ K)]； λ_w——水的导热系数[W/(m·K)]，取0.58。 (3)混凝土表面模板及保温层的传热系数： $\beta=1/[\sum\delta_i/\lambda_i+1/\beta_q]$　(6-216) 式中，β——混凝土表面模板及保温层等的传热系数[W/($m^2 \cdot$ K)]； δ_i——各保温材料厚度(m)； λ_i——各保温材料导热系数[W/(m·K)]； β_q——空气层的传热系数[W/($m^2 \cdot$ K)]，取23。 (4)混凝土虚厚度： $h' = k \cdot \lambda/\beta$　(6-217) 式中，h'——混凝土虚厚度(m)； k——折减系数，取2/3； λ——混凝土导热系数[W/(m·K)]，取2.33。 (5)混凝土计算厚度： $H = h + 2h'$　(6-218) 式中，H——混凝土计算厚度(m) h——混凝土实际厚度(m)。
混凝土内平均温度	(6)混凝土表层温度： $T_{2(t)} = T_q + 4 \cdot h'(H-h')[T_{1(t)} - T_q]/H^2$　(6-219) 式中，$T_{2(t)}$——混凝土表面温度(℃)； T_q——施工期大气平均温度(℃)； h'——混凝土虚厚度(m)； H——混凝土计算厚度(m)； $T_{1(t)}$——混凝土中心温度(℃)。 $T_{m(t)} = [T_{1(t)} + T_{2(t)}]/2$　(6-220)

表 6-74　不同品种、强度等级水泥的水化热

水泥品种	水泥强度等级	水化热 Q/(kJ/kg)		
		3d	7d	28d
硅酸盐水泥	42.5	314	354	375
	32.5	250	271	334
矿渣水泥	32.5	180	256	334

表 6-75　系数 m

浇筑温度/℃	5	10	15	20	25	30
m/(1/*d*)	0.295	0.318	0.340	0.362	0.384	0.406

表 6-76　降温系数 ξ

浇筑层厚度/m	龄期 *t*/天									
	3	6	9	12	15	18	21	24	27	30
1.0	0.36	0.29	0.17	0.09	0.05	0.03	0.01	—	—	—
1.25	0.42	0.31	0.19	0.11	0.07	0.04	0.03	—	—	—
1.50	0.49	0.46	0.38	0.29	0.21	0.15	0.12	0.08	0.05	0.04
2.50	0.65	0.62	0.57	0.48	0.38	0.29	0.23	0.19	0.16	0.15
3.00	0.68	0.67	0.63	0.57	0.45	0.36	0.30	0.25	0.21	0.19
4.00	0.74	0.73	0.72	0.65	0.55	0.46	0.37	0.30	0.25	0.24

表 6-77　几种保温材料导热系数

材料名称	密度/(kg/m^3)	导热系数 λ/[W/(m·K)]	材料名称	密度/(kg/m^3)	导热系数 λ/[W/(m·K)]
建筑钢材	7 800	58	矿棉、岩棉	110～200	0.031～0.065
钢筋混凝土	2 400	2.33	沥青矿棉毡	100～160	0.033～0.052
水	—	0.58	泡沫塑料	20～50	0.035～0.047
木模板	500～700	0.23	膨胀珍珠岩	40～300	0.019～0.065
木屑	—	0.17	油毡	—	0.05
草袋	150	0.14	膨胀聚苯板	15～25	0.042
沥青蛭石板	350～400	0.081～0.105	空气	—	0.03
膨胀蛭石	80～200	0.047～0.07	泡沫混凝土	—	0.10

表 6-78　传热系数修正值

序号	保温层种类	K_1	K_2
1	纯粹由容易透风的材料组成(如:草袋、稻草板、锯末、砂子)。	2.6	3.0
2	由易透风材料组成,但在混凝土面层上再铺一层不透风材料。	2.0	2.3
3	在易透风保温材料上铺一层不易透风材料。	1.6	1.9
4	在易透风保温材料上下各铺一层不易透风材料。	1.3	1.5
5	纯粹由不易透风材料组成(如:油布、帆布、棉麻毡、胶合板)。	1.3	1.5

注:1. K_1 值为一般刮风情况(风速<4m/s,结构位置>25m)。

2. K_2 值为刮大风情况。

表 6-79 大体积混凝土裂缝应力计算 (单位:mm)

计算项目	计　算　公　式
地基约束系数	(1)单纯地基阻力系数 C_{X1}(N/mm^3),见表 6-80。 (2)桩的阻力系数: $C_{X2}=Q/F$ (6-221) 式中,C_{X2}——桩的阻力系数(N/mm^3); Q——桩产生单位位移所需水平力(N/mm); 当桩与结构铰接时 $Q=2E\cdot I[K_n\cdot D/(4E\cdot I)]^{3/4}$ 当桩与结构固接时 $Q=4E\cdot I[K_n\cdot D(4E\cdot I)]^{3/4}$ E——桩混凝土的弹性模量(N/mm^2); I——桩的惯性矩(mm^4); K_n——地基水平侧移刚度,取 1×10^{-2}(N/mm^3); D——桩的直径或边长(mm); F——每根桩分担的地基面积(mm^2)。 (3)大体积混凝土瞬时弹性模量: $E_{(t)}=E_0(1-e^{-0.09t})$ (6-222) 式中,$E_{(t)}$——t 龄期混凝土弹性模量(N/mm^2); E_0——28 天混凝土弹性模量(N/mm^2),查表 6-81; e——常数,取 2.718; t——龄期(天)。 (4)地基约束系数: $\beta_{(t)}=(C_{X1}+c_{X2})/h\cdot E(t)$ (6-223) 式中,$\beta_{(t)}$——t 龄期地基约束系数(1/mm); h——混凝土实际厚度(mm); C_{X1}——单纯地基阻力系数(N/mm^3),查表 6-80; C_{X2}——桩的阻力系数(N/mm^3); $E_{(t)}$——t 龄期混凝土弹性模量(N/mm^2)。
混凝土干缩率和收缩当量温差	(1)混凝土干缩率: $\varepsilon_{Y(t)}=\varepsilon_Y^0(1-e^{0.01t})M_1\cdot M_2\cdots M_{10}$ (6-224) 式中,$\varepsilon_{Y(t)}$——t 龄期混凝土干缩率; ε_Y^0——标准状态下混凝土极限收缩值,取 3.24×10^{-4}; M_1、M_2、…、M_{10}——各修正系数,查表 6-82。 (2)收缩当量温差: $T_{Y(t)}=\varepsilon_{Y(t)}/a$ (6-225) 式中,$T_{Y(t)}$——t 龄期混凝土收缩当量温差(℃); a——混凝土线膨胀系数,1×10^{-5}(1/℃)。
结构计算温差	$\Delta T_i=T_{m(i)}-T_{m(i+3)}+T_{Y(i+3)}-T_{Y(i)}$ (6-226) 式中,ΔT_i——i 区段结构计算温差(℃); $T_{m(i)}$——i 区段平均温度起始值(℃); $T_{m(i+3)}$——i 区段平均温度终止值(℃); $T_{Y(i+3)}$——i 区段收缩当量温差终止值(℃); $T_{Y(i)}$——i 区段收缩当量温差始始值(℃)。

续表

计算项目	计算公式
各区段拉应力	$\sigma_i = \overline{E_i} \cdot a \cdot \Delta T_i \cdot \overline{S_i}[1 - 1/\text{ch}(\overline{\beta_i} \cdot L/2)]$ (6-227) 式中，σ_i——i 区段混凝土内拉应力(N/mm²)； $\overline{E_i}$——i 区段平均弹性模量(N/mm²)； $\overline{S_i}$——i 区段平均应力松弛系数，查表 6-83； $\overline{\beta_i}$——i 区段平均地基约束系数； L——混凝土最大尺寸(mm)； ch——双曲余弦函数。
到指定期混凝土内最大应力	$\sigma_{\max} = [1/(1-\nu)]\sum_{i=1}^{n}\sigma_i$ (6-228) 式中，$\sigma_{\max}$——到指定期混凝土内最大应力(N/mm²)； ν——泊松比，取 0.15。
安全系数	$K = f_t/\sigma_{\max}$ (6-229) 式中，K——大体积混凝土抗裂安全系数，应≥1.15； f_t——到指定期混凝土抗拉强度设计值(N/mm²)，查表 6-81。

表 6-80 单纯地基阻力系数 C_{X1} （单位：N/mm³）

土质名称	承载力/(kN/m²)	C_{X1} 推荐值
软黏土	80～150	0.01～0.03
砂质黏土	250～400	0.03～0.06
坚硬黏土	500～800	0.06～0.10
风化岩石和低强度素混凝土	5 000～10 000	0.60～1.00
C10 以上配筋混凝土	5 000～10 000	1.00～1.50

表 6-81 混凝土常用数据 （单位：mm）

强度等级	弹性模量 E (×10⁴ N/mm²)	强度标准值/(N/mm²)		强度设计值/(N/mm²)	
		轴心抗压 f_{ck}	抗拉 f_{tk}	轴心抗压 f_c	抗拉 f_t
C7.5	1.45	5	0.75	3.7	0.55
C10	1.75	6.7	0.90	5	0.65
C15	2.20	10	1.20	7.5	0.90
C20	2.55	13.5	1.50	10	1.10
C25	2.80	17	1.75	12.5	1.30
C30	3.00	20	2.00	15	1.50
C35	3.15	23.5	2.25	17.5	1.65
C40	3.25	27	2.45	19.5	1.80
C45	3.35	29.5	2.60	21.5	1.90
C50	3.45	32	2.75	23.5	2.00
C55	3.55	34	2.85	25	2.10
C60	3.60	36	2.95	26.5	2.20

表 6-82 修正系数 M_1-M_{10}

水泥品种	M_1	水泥细度/(cm^2/g)	M_2	骨料品种	M_3	W/C	M_4	水泥浆量/%	M_5
普通水泥	1.00	1 500	0.92	花岗岩	1.00	0.2	0.65	15	0.90
矿渣水泥	1.25	2 000	0.93	玄武岩	1.00	0.3	0.85	20	1.00
快硬水泥	1.12	3 000	1.00	石灰岩	1.00	0.4	1.00	25	1.20
低热水泥	1.10	4 000	1.13	砾岩	1.00	0.5	1.21	30	1.45
石灰矿渣水泥	1.00	5 000	1.35	无粗骨料	1.00	0.6	1.42	35	1.75
火山灰水泥	1.00	6 000	1.68	石英岩	0.80	0.7	1.62	40	2.10
抗硫酸盐水泥	0.78	7 000	2.05	白云岩	0.95	0.8	1.80	45	2.55
矾土水泥	0.52	8 000	2.42	砂岩	0.90	—	—	50	3.03
初期养护时间/d	M_6	相对湿度 W(%)	M_7	L/F	M_8	操作方法	M_9	配筋率 E_aF_a/E_bF_b	M_{10}
1～2	1.11	25	1.25	0	0.54	机械振捣	1.00	0.00	1.00
3	1.09	30	1.18	0.1	0.76	人工振捣	1.10	0.05	0.86
4	1.07	40	1.10	0.2	1.00	蒸汽养护	0.85	0.10	0.76
5	1.04	50	1.00	0.3	1.03	高压釜处理	0.54	0.15	0.68
7	1.00	60	0.88	0.4	1.20			0.20	0.61
10	0.96	70	0.77	0.5	1.31			0.25	0.55
14～18	0.93	80	0.70	0.6	1.40				
40～90	0.93	90	0.54	0.7	1.43				
≥90	0.93			0.8	1.44				

注：L 为底板混凝土截面周长；F 为底板混凝土截面面积；E_a、F_a 为钢筋的弹性模量、截面积；E_b、F_b 为混凝土弹性模量、截面积。

表 6-83 松弛系数 $S_{(t)}$

龄期 t/d	3	6	9	12	15	18	21	24	27	30
$S_{(t)}$	0.57	0.52	0.48	0.44	0.41	0.386	0.386	0.352	0.339	0.327

表 6-84 伸缩缝平均整浇长度计算

计算项目	计　算　公　式
混凝土极限拉伸值	$\varepsilon_p=7.5f_t(0.1+\mu/d)10^{-4}(\ln t/\ln 28)$　　(6-230) 式中，ε_p——混凝土极限拉伸值； f_t——混凝土抗拉强度设计值(N/mm^2)； μ——配筋率(%)，$\mu=F_a/F_c$； d——钢筋直径(mm)； ln——以 e 为底的对数； t——指定期龄期(天)； F_a——钢筋截面积(m^2)； F_c——混凝土截面积(m^2)。

续表

计算项目	计　算　公　式
平均整浇长度	$[L_{cp}]=1.5\sqrt{h\cdot E_{(t)}/C_X}\cdot \text{arch}[\mid a\cdot\Delta T\mid/(\mid a\cdot\Delta T\mid-\mid\varepsilon_p\mid)]$　(6-231) 式中，$[L_{cp}]$——平均整浇长度(伸缩缝间距)(mm)； h——混凝土厚度(mm)； $E_{(t)}$——指定时刻混凝土弹性模量(N/mm^2)； C_X——地基阻力系数(N/mm^3)，$C_X=C_{X1}+C_{X2}$； arch——反双曲余弦函数； ΔT——指定时刻的累计结构计算温差(℃)。

第五节　混凝土强度检测

混凝土强度检测见表 6-85～表 6-87。

表 6-85　混凝土强度评定

计算项目	计　算　公　式
统计方法评定	(1)当混凝土的生产条件在较长时间内能保持一致，且同一品种混凝土的强度变异性能保持稳定时，应由连续的 3 组试件组成一个验收批，其强度应同时满足下列要求： $m_{f_{cu}}\geqslant f_{cu,k}+0.7\sigma_0$　(6-232) $f_{cu,min}\geqslant f_{cu,k}-0.7\sigma_0$　(6-233) 当混凝土强度等级不高于 C20 时，其强度的最小值尚应满足式(6-233)要求： $f_{cu,min}\geqslant 0.85f_{cu,k}$　(6-234) 当混凝土强度等级高于 C20 时，其强度的最小值尚应满足式(6-235)要求： $f_{cu,min}\geqslant 0.90f_{cu,k}$　(6-235) 式中，$m_{f_{cu}}$——同一验收批混凝土立方体抗压强度的平均值(N/mm^2)； $f_{cu,k}$——混凝土立方体抗压强度标准值(N/mm^2)； σ_0——验收批混凝土立方体抗压强度的标准差(N/mm^2)； $f_{cu,min}$——同一验收批混凝土立方体抗压强度的最小值(N/mm^2)。 (2)验收批混凝土立方体抗压强度的标准差，应根据前一个检验期间同一品种混凝土试件的强度数据，按式(6-236)确定： $\sigma_0=\frac{0.59}{m}\sum_{i=1}^{m}\Delta f_{cu,i}$　(6-236) 式中，$\Delta f_{cu,i}$——第 i 批试件立方体抗压强度中最大值和最小值之差。 m——用以确定该验收批混凝土立方体抗压强度标准差的数据总批数。 上述检验期不应超过三个月，且在该期间内强度数据的总批数不得少于 15。 (3)当混凝土的生产条件不能满足(1)条的规定，或在前一个检验期内的同一品种混凝土没有足够的数据用以确定验收批混凝土立方体抗压强度标准差时，应由不少于 10 组的试件代表一个验收批，其强度应同时满足下列要求： $m_{f_{cu}}-\lambda_1 s_{f_{cu}}\geqslant 0.9f_{cu,k}$　(6-237) $f_{cu,min}\geqslant\lambda_2 f_{cu,k}$　(6-238)

续表

计算项目	计　算　公　式
统计方法评定	式中，$s_{f_{cu}}$——同一验收批混凝土立方体抗压强度的标准差(N/mm²)。 当 $s_{f_{cu}}$ 的计算值小于 $0.06f_{cu,k}$ 时，取 $s_{f_{cu}}=0.06f_{cu,k}$； λ_1，λ_2——合格判定系数，按表 6-86 取用。 混凝土立方体抗压强度的标准差 $s_{f_{cu}}$ 可按式(6-236)计算： $s_{f_{cu}}=\sqrt{\dfrac{\sum_{i=1}^{m} f_{cu,i}^{2}-nm^{2}f_{cu}}{n-1}}$　(6-239) 式中，$f_{cu,i}$——第 i 组混凝土试件的立方体抗压强度值(N/mm²)； n——一个验收批混凝土试件的组数。
非统计方法评定	对零星生产的构件的混凝土或现场搅拌的批量不大的混凝土，可采用非统计方法评定。此时，验收批混凝土的强度必须同时满足下列要求： $m_{f_{cu}}\geqslant 1.15f_{cu,k}$　(6-240) $f_{cu,min}\geqslant 0.95f_{cu,k}$　(6-241)
混凝土生产质量水平	(1)混凝土生产质量水平，可依据统计周期内混凝土强度标准差和试件强度不低于要求强度等级的百分率按表 6-88 划分。 (2)在统计周期内混凝土强度标准差及不低于规定强度等级的百分率，可按下列两式计算： $\sigma=\sqrt{\dfrac{\sum_{i=1}^{N} f_{cu,i}^{2}-N_{\mu_{f_{cu}}}^{2}}{N-1}}\mu_{f_{cu}}$　(6-242) $p=\dfrac{N_0}{N}\times 100\%$　(6-243) 式中，$f_{cu,i}$——统计周期内第 i 组混凝土试件的立方体抗压强度值(N/mm²)； N——统计周期内相同强度等级的混凝土试件组数，$N\geqslant 25$； $\mu_{f_{cu}}$——统计周期内 N 组混凝土试件立方体抗压强度的平均值； N_0——统计周期内试件强度不低于要求强度等级的组数。 (3)盘内混凝土强度的变异系数 δ_b 不宜大于 5%，其值可按式(6-244)确定： $\delta_b=\dfrac{\sigma_b}{\mu_{f_{cu}}}\times 100\%$　(6-244) 式中，δ_b——盘内混凝土强度的变异系数； σ_b——盘内混凝土强度的标准差(N/mm²)。 (4)盘内混凝土强度的标准差可按下列规定确定： 在混凝土搅拌地点连续从 15 盘混凝土中分别取样，每盘混凝土试样各成型一组试件，根据试件强度按式(6-245)计算： $\sigma_b=0.04\sum_{i=1}^{15}\Delta f_{cu,i}$　(6-245) 式中，$\Delta f_{cu,i}$——第 i 组三个试件强度中最大值与最小值之差(N/mm²)。 当不能连续从 15 盘混凝土中取样时，盘内混凝土强度标准差可利用正常生产连续积累的强度资料进行统计，但试件组数不应少于 30 组，其值可按式(6-246)计算： $\sigma_b=\dfrac{0.59}{n}\sum_{i=1}^{n}\Delta f_{cu,i}$　(6-246) 式中，n—试件组数。

表 6-86 混凝土强度的合格判定系数

试件组数	10～14	15～24	≥25
λ_1	1.70	1.65	1.60
λ_2	0.90	0.85	

表 6-87 混凝土生产质量水平

评定指标		优良		一般		差	
		低于 C20	不低于 C20	低于 C20	不低于 C20	低于 C20	不低于 C20
混凝土强度标准差 σ/(N/mm²)。	预拌混凝土厂和预制混凝土构件厂。	≤3.0	≤3.5	≤4.0	≤5.0	>4.0	>5.0
混凝土强度标准差 σ/(N/mm²)。	集中搅拌混凝土的施工现场。	≤3.5	≤4.0	≤4.5	≤5.5	>4.5	>5.5
强度不低于要求强度等级的百分率 P(%)。	预拌混凝土厂、预制混凝土构件厂及集中搅拌混凝土的施工现场。	≥95		>85		≤85	

第七章 隧道工程

第一节 隧道设计一般规定

(1)隧道规划和设计应遵循能充分发挥隧道功能、安全且经济地建设隧道的基本原则。隧道设计应有完整的勘测、调查资料,综合考虑地形、地质、水文、气象、地震和交通量及其构成,以及营运和施工条件,进行多方案的技术、经济、环保比较,使隧道设计符合安全实用、质量可靠、经济合理、技术先进的要求。

(2)公路隧道按其长度可分为四类,如表 7-1 所示。

表 7-1 公路隧道长度分类

分　类	特长隧道	长隧道	中隧道	短隧道
长度/m	$L>3\ 000$	$3\ 000\geqslant L>1\ 000$	$1\ 000\geqslant L>500$	$L\leqslant 500$

注:隧道长度系指两端洞门墙墙面与路面的交线同路线中线交点间的距离。

(3)隧道主体结构必须按永久性建筑设计,具有规定的强度、稳定性和耐久性;建成的隧道应能适应长期营运的需要,方便维修作业。

(4)应加强隧道支护衬砌、防排水、路面等主体结构设计与通风、照明、供配电、消防、交通监控等营运设施设计之间的协调,形成合理的综合设计。必要时应对有关的技术问题开展专项设计和研究。

(5)隧道土建设计应体现动态设计与信息化施工的思想,制定地质观察和监控量测的总体方案;地质条件复杂的隧道,应制定地质预测方案,以及时评判设计的合理性,调整支护参数和施工方案。通过动态设计使支护结构适应于围岩实际情况,更加安全、经济。

(6)隧道设计应贯彻国家有关技术经济政策,积极慎重地采用新技术、新材料、新设备、新工艺。

(7)隧道设计必须符合国家有关国土管理、环境保护、水土保持等法规的要求。应注意节约用地,保护农田及水利设施,尽量保护原有植被,妥善处理弃渣和污水。

(8)隧道设计应满足公路交通规划的要求,其建筑限界、断面净空、隧道主体结构以及营运通风、照明等设施,应按《公路工程技术标准》(JTG B01)规定的预测交通量设计。当近期交通量不大时,可采取一次设计,分期修建。

(9)隧道总体设计应遵循以下原则:

1)在地形、地貌、地质、气象、社会人文和环境等调查的基础上,综合比选隧道各轴线方案的走向、平纵线形、洞口位置等,提出推荐方案。

2)地质条件很差时,特长隧道的位置应控制路线走向,以避开不良地质地段;长隧道的位置亦应尽可能避开不良地质地段,并与路线走向综合考虑;中、短隧道可服从路线走向。

3)根据公路等级和设计速度确定车道数和建筑限界。在满足隧道功能和结构受力良好的前提下,确定经济合理的断面内轮廓。

4)隧道内外平、纵线形应协调,以满足行车的安全、舒适要求。

5)根据隧道长度、交通量及其构成、交通方向以及环保要求等,选择合理的通风方式,确定通风、照明、交通监控等机电设施的设置规模。必要时特长隧道应作防灾专项设计。

6)应结合公路等级、隧道长度、施工方法、工期和营运要求,对隧道内外防排水系统、消防给水系统、辅助通道、弃渣处理、管理设施、交通工程设施、环境保护等作综合考虑。

7)当隧道与相邻建筑物互有影响时,应在设计与施工中采取必要的措施。

第二节　围岩分级

围岩分级计算见表 7-2～表 7-15。

表 7-2　围岩分级计算

项目	说　　明
围岩分级方法	隧道围岩分级的综合评判方法宜采用两步分级,并按以下顺序进行: (1)根据岩石的坚硬程度和岩体完整程度两个基本因素的定性特征和定量的岩体基本质量指标 BQ,综合进行初步分级。 (2)对围岩进行详细定级时,应在岩体基本质量分级基础上考虑修正因素的影响,修正岩体基本质量指标值。 (3)按修正后的岩体基本质量指标[*BQ*],结合岩体的定性特征综合评判、确定围岩的详细分级。
岩石定性划分和定量指标	围岩分级中岩石坚硬程度、岩体完整程度两个基本因素的定性划分和定量指标及其对应关系应符合下列规定: (1)岩石坚硬程度可按表 7-3 定性划分。 (2)岩石坚硬程度定量指标用岩石单轴饱和抗压强度 R_c 表达。R_c 一般采用实测值,若无实测值时,可采用实测的岩石点荷载强度指数 $I_{S(50)}$ 的换算值,即按式 7-1 计算。 $$R_c = 22.82 I_{S(50)}^{0.75} \quad (7\text{-}1)$$ (3)R_c 与岩石坚硬程度定性划分的关系可按表 7-4 确定。 (4)岩体完整程度按表 7-5 划分。 (5)岩体完整程度的定量指标用岩体完整性系数 K_v 表达。K_v 一般用弹性波探测值,若无探测值时,可用岩体体积节理数 J_v 按表 7-6 确定对应的 K_v 值。 (6)K_v 与定性划分的岩体完整程度的对应关系可按表 7-7 确定。 (7)岩体完整程度的定量指标 K_v 和 J_v 值的测试和计算方法应符合以下规定: 1)岩体完整性指标(K_v),应针对不同的工程地质岩组或岩性段,选择有代表性的点、段,测试岩体弹性纵波速度,并应在同一岩体取样测定岩石纵波速度。按下式计算: $$K_v = (v_{pm}/v_{pr})^2 \quad (7\text{-}2)$$ 式中:v_{pm}——岩体弹性纵波速度(km/s); v_{pr}——岩石弹性纵波速度(km/s)。 2)岩体体积节理数(J_v(条/m^3)),应针对不同的工程地质岩组或岩性段,选择有代表性的露头或开挖壁面进行节理(结构面)统计。除成组节理外,对延伸长度大于 1m 的分散节理亦应予以统计。已为硅质、铁质、钙质充填再胶结的节理不予统计。 每一测点的统计面积不应小于 $2\times5m^2$。岩体 J_v 值应根据节理统计结果按下式计算: $$J_v = S_1 + S_2 + \cdots\cdots + S_n + S_k \quad (7\text{-}3)$$ 式中:S_n——第 n 组节理每米长测线上的条数; S_k——每立方米岩体非成组节理条数(条/m^3)。

续表

项目	说　　　　明
围岩基本质量指标	(1)围岩基本质量指标 BQ 应根据分级因素的定量指标 R_c 值和 K_v 值按式(7-4)计算。 $$BQ=90+3R_c+250K_v \quad (7\text{-}4)$$ 使用式(7-4)时应遵守下列限制条件： 1　当 $R_c>90K_v+30$ 时，应以 $R_c=90K_v+30$ 和 K_v 代入计算 BQ 值； 2　当 $K_v>0.04R_c+0.4$ 时，应以 $K_v=0.04R_c+0.4$ 和 R_c 代入计算 BQ 值。 (2)围岩详细定级时，如遇下列情况之一，应对岩体基本质量指标 BQ 进行修正： 1　有地下水； 2　围岩稳定性受软弱结构面影响，且由一组起控制作用； 3　存在高初始应力。 围岩基本质量指标修正值[BQ]可按式(7-5)计算。 $$[BQ]=BQ-100(K_1+K_2+K_3) \quad (7\text{-}5)$$ 式中：[BQ]——围岩基本质量指标修正值； BQ——围岩基本质量指标； K_1——地下水影响修正系数； K_2——主要软弱结构面产状影响修正系数； K_3——初始应力状态影响修正系数。 K_1、K_2、K_3 值可分别按表 7-8～表 7-10 确定。 围岩极高及高初始应力状态的评估，可按表 7-11 规定进行。 (3)可根据调查、勘探、试验等资料，岩石隧道的围岩定性特征，围岩基本质量指标 BQ，或修正的围岩质量指标[BQ]值，土体隧道中的土体类型、密实状态等定性特征，按表 7-12 确定围岩级别。 当根据岩体基本质量定性划分与[BQ]值确定的级别不一致时，应重新审查定性特征和定量指标计算参数的可靠性，并对它们重新观察、测试。 在工程可行性研究和初步勘测阶段，可采用定性划分的方法或工程类比的方法进行围岩级别划分。 (4)各级围岩的物理力学参数宜通过室内或现场试验获取，无试验数据和初步分级时，可按表 7-13 选用；岩体结构面抗剪断峰值强度参数可按表 7-14 选用。 (5)各级围岩的自稳能力宜根据围岩变形量测和理论计算分析来评定，也可按表 7-15 作出大致的评判。

表 7-3　岩石坚硬程度的定性划分

名称		定性鉴定	代表性岩石
硬质岩	坚硬岩	锤击声清脆，有回弹，震手，难击碎；浸水后大多无吸水反应。	未风化～微风化的花岗岩、正长岩、闪长岩、辉绿岩、玄武岩、安山岩、片麻岩、石英片岩、硅质板岩、石英岩、硅质胶结的砾岩、石英砂岩、硅质石灰岩等。
	较坚硬岩	锤击声较清脆，有轻微回弹，稍震手，较难击碎；浸水后有轻微吸水反应。	(1)弱风化的坚硬岩； (2)未风化～微风化的熔结凝灰岩、大理岩、板岩、白云岩、石灰岩、钙质胶结的砂岩等。
软质岩	较软岩	锤击声不清脆，无回弹，较易击碎；浸水后指甲可刻出印痕。	(1)强风化的坚硬岩； (2)弱风化的较坚硬岩； (3)未风化～微风化的凝灰岩、千枚岩、砂质泥岩、泥灰岩、泥质砂岩、粉砂岩、页岩等。

续表

名称		定性鉴定	代表性岩石
软质岩	软岩	锤击声哑，无回弹，有凹痕，易击碎；浸水后手可掰开。	(1)强风化的坚硬岩； (2)弱风化～强风化的较坚硬岩； (3)弱风化的较软岩； (4)未风化的泥岩等。
	极软岩	锤击声哑，无回弹，有较深凹痕，手可捏碎；浸水后可捏成团。	(1)全风化的各种岩石； (2)各种半成岩。

表 7-4　R_c 与岩石坚硬程度定性划分的关系

R_c/MPa	>60	60～30	30～15	15～5	<5
坚硬程度	坚硬岩	较坚硬岩	较软岩	软岩	极软岩

表 7-5　岩体完整程度的定性划分

名称	结构面发育程度		主要结构面的结合程度	主要结构面类型	相应结构类型
	组数	平均间距/m			
完整	1～2	>1.0	好或一般	节理、裂隙、层面	整体状或巨厚层结构
较完整	1～2	>1.0	差	节理、裂隙、层面	块状或厚层状结构
	2～3	1.0～0.4	好或一般		块状结构
较破碎	2～3	1.0～0.4	差	节理、裂隙、层面、小断层	裂隙块状或中厚层结构
	>3	0.4～0.2	好		镶嵌碎裂结构
			一般		中、薄层状结构
破碎	>3	0.4～0.2	差	各种类型结构面	裂隙块状结构
		<0.2	一般或差		碎裂状结构
极破碎	无序	—	很差	—	散体状结构

注：平均间距指主要结构面(1～2 组)间距的平均值。

表 7-6　J_v 与 K_v 对照表

J_v(条/m^3)	<3	3～10	10～20	20～35	>35
K_v	>0.75	0.75～0.55	0.55～0.35	0.35～0.15	<0.15

表 7-7　K_v 与定性划分的岩体完整程度的对应关系

K_v	>0.75	0.75～0.55	0.55～0.35	0.35～0.15	<0.15
完整程度	完整	较完整	较破碎	破碎	极破碎

表 7-8 地下水影响修正系数 K_1

地下水出水状态 \ BQ	>450	450～351	350～251	<250
潮湿或点滴状出水	0	0.1	0.2～0.3	0.4～0.6
淋雨状或涌流状出水，水压<0.1MPa 或单位出水量<10L/min·m	0.1	0.2～0.3	0.4～0.6	0.7～0.9
淋雨状或涌流状出水，水压>0.1MPa 或单位出水量>10L/min·m	0.2	0.4～0.6	0.7～0.9	1.0

表 7-9 主要软弱结构面产状影响修正系数 K_2

结构面产状及其与洞轴线的组合关系	结构面走向与洞轴线夹角<30°，结构面倾角 30°～75°	结构面走向与洞轴线夹角>60°，结构面倾角>75°	其它组全
K_2	0.4～0.6	0～0.2	0.2～0.4

表 7-10 初始应力状态影响修正系数 K_3

初始应力状态 \ BQ	>550	550～451	450～351	350～251	<250
极高应力区	1.0	1.0	1.0～1.5	1.0～1.5	1.0
高应力区	0.5	0.5	0.5	0.5～1.0	0.5～1.0

表 7-11 高初始应力地区围岩在开挖过程中出现的主要现象

应力情况	主要现象	R_c/σ_{max}
极高应力	(1)硬质岩：开挖过程中有岩爆发生，有岩块弹出，洞壁岩体发生剥离，新生裂缝多，成洞性差； (2)软质岩：岩芯常有饼化现象，开挖过程中洞壁岩体有剥离，位移极为显著，甚至发生大位移，持续时间长，不易成洞。	<4
高应力	(1)硬质岩：开挖过程中可能出现岩爆，洞壁岩体有剥离和掉块现象，新生裂缝较多，成洞性差； (2)软质岩：岩芯时有饼化现象，开挖过程中洞壁岩体位移显著，持续时间较长，成洞性差。	4～7

注：σ_{max}为垂直洞轴线方向的最大初始应力。

表 7-12 公路隧道围岩分级

围岩级别	围岩或土体主要定性特征	围岩基本质量指标 *BQ* 或修正的围岩基本质量指标[*BQ*]
Ⅰ	坚硬岩，岩体完整，巨整体状或巨厚层状结构。	<550
Ⅱ	坚硬岩，岩体较完整，块状或厚层状结构； 较坚硬岩，岩体完整，块状整体结构。	550～451
Ⅲ	坚硬岩，岩体较破碎，巨块(石)碎(石)状镶嵌结构； 较坚硬岩或较软硬岩石，岩体较完整，块状体或中厚层结构。	450～351

续表

围岩级别	围岩或土体主要定性特征	围岩基本质量指标 BQ 或修正的围岩基本质量指标[BQ]
Ⅳ	坚硬岩，岩体破碎，碎裂结构； 较坚硬岩，岩体较破碎～破碎，镶嵌碎裂结构； 较软岩或软硬岩互层，且以软岩为主，岩体较完整～较破碎，中薄层状结构。	350～251
	土体：(1)压密或成岩作用的粘性土及砂性土； (2)黄土(Q_1、Q_2)； (3)一般钙质、铁质胶结的碎石土、卵石土、大块石土。	—
Ⅴ	较软岩，岩体破碎； 软岩，岩体较破碎～破碎； 极破碎各类岩体，碎、裂状，松散结构。	≤250
	一般第四系的半干硬至硬塑的粘性土及稍湿至潮湿的碎石土，卵石土、圆砾、角砾土及黄土(Q_3、Q_4)。非粘性土呈松散结构，粘性土及黄土呈松软结构。	—
Ⅵ	软塑状粘性土及潮湿、饱和粉细砂层、软土等。	—

注：本表不适用于特殊条件的围岩分级，如膨胀性围岩、多年冻土等。

表 7-13　各级围岩的物理力学指标标准值

围岩级别	重度 γ /(kN/m^3)	弹性抗力系数 k /(MPa/m)	变形模量 E /(GPa)	泊松比 μ	内摩擦角 φ /(°)	粘聚力 C /(MPa)	计算摩擦角 φ_c /(°)
Ⅰ	26～28	1 800～2 800	>32	<0.2	>60	>2.1	>78
Ⅱ	25～27	1 200～1 800	20～33	0.2～0.25	50～60	1.5～2.1	70～78
Ⅲ	23～25	500～1 200	6～20	0.25～0.3	39～50	0.7～1.5	60～70
Ⅳ	20～23	200～500	1.3～6	0.3～0.35	27～39	0.2～0.7	50～60
Ⅴ	17～20	100～200	1～2	0.35～0.45	20～27	0.05～0.2	40～50
Ⅵ	15～17	<100	<1	0.4～0.5	<20	<0.2	30～40

注：1. 本表数值不包括黄土地层。
2. 选用计算摩擦角时，不再计内摩擦角和粘聚力。

表 7-14　岩体结构面抗剪断峰值强度

序号	两侧岩体的坚硬程度及结构面的结合程度	内摩擦角 φ/(°)	粘聚力 C/MPa
1	坚硬岩，结合好。	>37	>0.22
2	坚硬～较坚硬岩，结合一般； 较软岩，结合好。	37～29	0.22～0.12
3	坚硬～较坚硬岩，结合差； 较软岩～软岩，结合一般。	29～19	0.12～0.08
4	较坚硬～较软岩，结合差～结合很差； 软岩，结合差；软质岩的泥化面。	19～13	0.08～0.05
5	较坚硬岩及全部软质岩，结合很差； 软质岩泥化层本身。	<13	<0.05

表 7-15 隧道各级围岩自稳能力判断

围岩级别	自稳能力
Ⅰ	跨度<20m，可长期稳定，偶有掉块，无塌方。
Ⅱ	跨度 10～20m，可基本稳定，局部发生掉块或小塌方； 跨度 10m，可长期稳定，偶有掉块。
Ⅲ	跨度 10～20m，可稳定数日～1个月，可发生小～中塌方； 跨度 5～10m，可稳定数月，可发生局部块体位移及小～中塌方； 跨度<5m，可基本稳定。
Ⅳ	跨度>5m，一般无自稳能力，数日～数月内可发生松动变形、小塌方，进而发展为中～大塌方。埋深小时，以拱部松动破坏为主，埋深大时，有明显塑性流动变形和挤压破坏； 跨度<5m，可稳定数日～1个月。
Ⅴ	无自稳能力，跨度 5m 或更小时，可稳定数日。
Ⅵ	无自稳能力。

注：1. 小塌方：塌方高度<3m，或塌方体积<30m^3。
2. 中塌方：塌方高度 3～6m，或塌方体积 30～100m^3。
3. 大塌方：塌方高度>6m，或塌方体积>100m^3。

第三节 隧道总体设计

隧道总体设计见表 7-16～表 7-22。

表 7-16 隧道总体设计

项目	说明
隧道位置选择	(1)隧道位置应选择在稳定的地层中，尽量避免穿越工程地质和水文地质极为复杂以及严重不良地质地段；当必须通过时，应有切实可靠的工程措施。 (2)穿越分水岭的长、特长隧道，应在较大面积地质测绘和综合地质勘探的基础上确定路线走向和平面位置。对可能穿越的垭口，应拟定不同的越岭高程及其相应的展线方案，结合路线线形及施工、营运条件等因素，进行全面技术经济比较后确定。 (3)路线沿河傍山地段，当以隧道通过时，其位置宜向山侧内移，避免隧道一侧洞壁过薄、河流冲刷和不良地质对隧道稳定的不利影响。应对长隧道方案与短隧道群或桥隧道群方案进行技术经济比较。 (4)隧道洞口不宜设在滑坡、崩坍、岩堆、危岩落石、泥石流等不良地质及排水困难的沟谷低洼处或不稳定的悬崖陡壁下。应遵循"早进晚出"的原则，合理选定洞口位置，避免在洞口形成高边坡和高仰坡。 (5)濒临水库地区的隧道，其洞口路肩设计高程应高出水库计算洪水位(含浪高和壅水高)不小于 0.5m，同时应注意由于水的长期浸泡造成壁坍塌对隧道稳定的不利影响，并采取相应的工程措施。隧道设计洪水频率标准可按表 7-21 取值；当观测洪水高于标准值时，应按观测洪水设计；当观测洪水的频率在高速公路、一级公路超过 1/300，二级公路超过 1/100，三、四级公路超过 1/50 时，则应分别采用 1/300、1/100 和 1/50 的频率设计。

续表

项目	说　　　　明
隧道线形设计	(1)应根据地质、地形、路线走向、通风等因素确定隧道的平曲线线形。当设为曲线时，不宜采用设超高的平曲线，并不应采用加宽的平曲线。隧道不设超高的圆曲线最小半径应符合表 7-17 的规定。当由于特殊条件限制隧道平面线形设计为需设超高的曲线时，其超高值不宜大于 4.0%，技术指标应符合《公路路线设计规范》的有关规定。隧道的停车视距与会车视距应符合表 7-18 的规定。 (2)高速公路、一级公路的隧道应设计为上、下行分离的独立双洞。分离式独立双洞的最小净距，按对两洞结构彼此不产生有害影响的原则，结合隧道平面线形、围岩地质条件、断面形状和尺寸、施工方法等因素确定，一般情况可按表 7-19 取值。一座分离式双洞隧道，可按其围岩代表级别确定两洞最小净距。在桥隧相连、隧道相连、地形条件限制等特殊地段隧道净距不能满足表 7-19 的要求时，可采取小净距隧道或连拱隧道形式，但应作出充分的技术论证和比较研究，并制订可靠的技术保障措施，确保工程质量。 (3)隧道内纵面线形应考虑行车安全性、营运通风规模、施工作业效率和排水要求，隧道纵坡不应小于 0.3%，一般情况不应大于 3%；受地形等条件限制时，高速公路、一级公路的中、短隧道可适当加大，但不宜大于 4%；短于 100m 的隧道纵坡可与该公路隧道外路线的指标相同。当采用较大纵坡时，必须对行车安全性、通风设备和营运费用、施工效率的影响等作充分的技术经济综合论证。 (4)隧道内的纵坡形式，一般宜采用单向坡；地下水发育的长隧道、特长隧道可采用双向坡。纵坡变更的凸形竖曲线和凹形竖曲线的最小半径和最小长度应符合表 7-20 的规定。隧道内纵坡的变换不宜过大、过频，以保证行车安全视距和舒适性。 (5)隧道洞外连接线应与隧道线形相协调，并符合以下规定： 1)隧道洞口内外各 3s 设计速度行程长度范围的平面线形应一致。 2)隧道洞口内外各 3s 设计速度行程长度范围的纵面线形应一致，有条件时宜取 5s 设计速度行程。 3)当隧道建筑限界宽度大于所在公路的建筑限界宽度时，两端连接线应有不短于 50m 的、同隧道等宽的路基加宽段；当隧道限界宽度小于所在公路建筑限界宽度时，两端连接线的路基宽度仍按公路标准设计，其建筑限界宽度应设有 4s 设计速度行程的过渡段与隧道洞口衔接，以保持隧道洞口内外横断面顺适过渡。 4)长、特长的双洞隧道，宜在洞口外合适位置设置联络通道，以利车辆调头。 (6)间隔 100m 以内的短隧道群，宜整体考虑其平、纵线形技术指标。
隧道横断面设计	(1)各级公路隧道建筑限界如图 1，在建筑限界内不得有任何部件侵入。各级公路隧道建筑限界基本宽度应按表 7-22 执行，并符合以下规定： 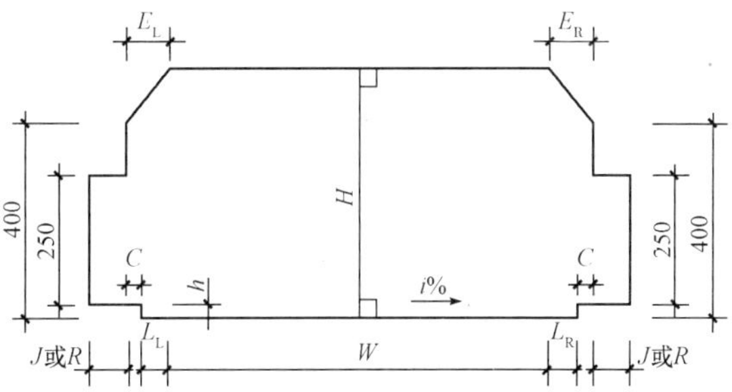 图 1　公路隧道建筑限界(单位：cm) H—建筑限界高度；W—行车道宽度；L_L—左侧向宽度；L_R—右侧向宽度；C—余宽；J—检修道宽度； R—人行道宽度；h—检修道或人行道的高度；E_L—建筑限界左顶角宽度，$E_L = L_L$； E_R—建筑限界右顶角宽度，当 $L_R \leqslant 1m$ 时，$E_R = L_H$，当 $L_R > 1m$ 时，$E_R = 1m$ 1)建筑限界高度，高速公路、一级公路、二级公路取 5.0m；三、四级公路限 4.5m。 2)当设置检修道或人行道时，不设余宽；当不设置检修道或人行道时，应设不小于 25cm 的余宽。

续表

<table>
<tr><th>项目</th><th>说　　　明</th></tr>
<tr><td>隧道横断面设计</td><td>

3)隧道路面横坡，当隧道为单向交通时，应取单面坡；当隧道为双向交通时，可取双面坡。坡度应根据隧道长度，平、纵线形等因素综合分析确定，一般可采用1.5%～2.0%。

4)当路面采用单面坡时，建筑限界底边线与路面重合；当采用双面坡时，建筑限界底边线应水平置于路面最高处。

5)单车道四级公路的隧道应按双车道四级公路标准修建。

(2)高速公路和一级公路隧道内应设置检修道。其它等级公路隧道，应根据隧道所在地区的行人密度、隧道长度、交通量及交通安全等因素确定人行道的设置。检修道或人行道宜双侧设置；检修道或人行道的宽度按表7-22规定选取；检修道或人行道的高度可按20～80cm取值，并综合考虑以下因素：

1)检修人员步行时的安全；

2)紧急情况时，驾乘人员拿取消防设备方便；

3)满足其下放置电缆、给水管等的空间尺寸要求。

(3)隧道内轮廓设计除应符合隧道建筑限界的规定外，还应满足洞内路面、排水设施、装饰的需要，并为通风、照明、消防、监控、营运管理等设施提供安装空间，同时考虑围岩变形、施工方法影响的预留富裕量，使确定的断面形式及尺寸符合安全、经济、合理的原则。公路等级和设计速度相同的一条公路上的隧道断面宜采用相同的内轮廓。

(4)隧道内路侧边沟应结合检修道、侧向宽度、余宽等布置，其宽度应小于侧向宽度，并布置于车道两侧。

(5)长、特长隧道应在行车方向的右侧设置紧急停车带。双向行车隧道，其紧急停车带应双侧交错设置。紧急停车带的宽度，包含右侧向宽度应取3.5m，长度应取40m，其中有效长度不得小于30m。紧急停车带的设置间距不宜大于750m。停车带的路面横坡，长隧道可取水平，特长隧道可取0.5%～1.0%或水平。紧急停车带建筑限界的构成如图2。不设检修道、人行道的隧道，可不设紧急停车带，但应按500m间距交错设置行人避车洞。

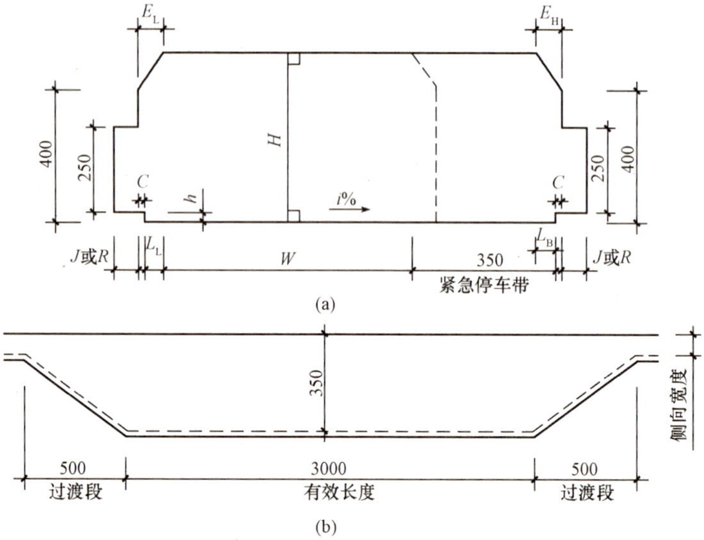

图2　紧急停车带的建筑限界、宽度和长度(单位：cm)

(a)宽度构成及建筑限界；(b)长度

(6)上、下行分离式独立双洞的公路隧道之间应设置横向通道，并符合下列规定：

</td></tr>
</table>

续表

项目	说　　　明
隧道横断面设计	1)横通道的断面建筑限界一般规定如图 3。 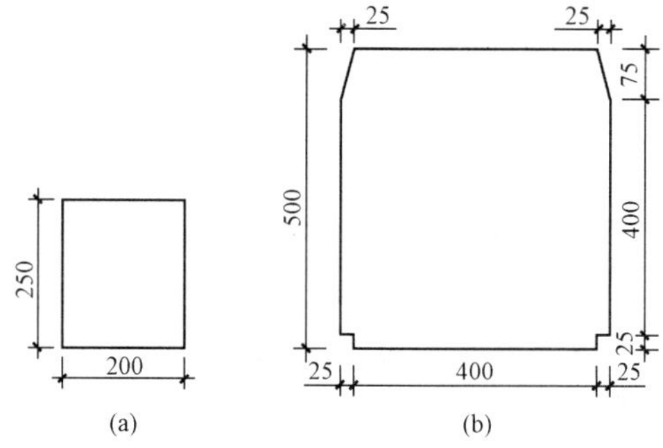 图 3　横通道的断面建筑限界(单位:cm) (a)人行横通道;(b)车行横通道 2)人行横通道的设置间距可取 250m,并不大于 500m。 3)车行横通道的设置间距可取 750m,并不得大于 1 000m;长 1 000～1 500m 的隧道宜设 1 处,中、短隧道可不设。
隧道标准内轮廓	(1)隧道内轮廓标准,即拱部为单心半圆,侧墙为大半径圆弧,仰拱与侧墙间用小半径圆弧连接。两车道隧道标准内轮廓断面如图 4 所示。 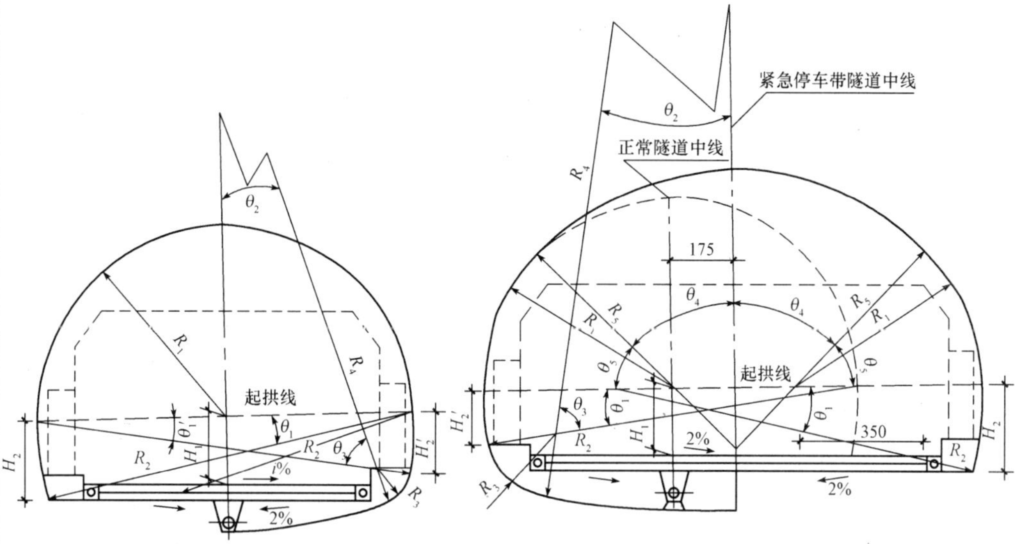 图 4　两车道隧道标准内轮廓断面(单位:cm) (a)标准断面;(b)紧急停车带断面 R_1—拱部圆弧半径;R_2—侧墙圆弧半径;R_3—侧墙与仰拱连接段圆弧半径;R_4—仰拱圆弧半径;H_1—路面至起拱线的高度;H_2—侧墙结构高度;H'_2—设仰拱时的侧墙结构高度(侧墙与仰拱连接点至起拱线的高度);θ_1—起拱线与 R_2 的夹角;θ'_1—设仰拱时起拱线与 R_2 的夹角;θ_2—隧道结构中心线与 R_4 的夹角;$\theta_3=90°-(\theta'_1+\theta_2)$;$R_5$—紧急停车带拱部圆弧半径;$\theta_4$—半径为 R_5 的拱部圆弧段夹角;R_1—拱部与侧墙连接段圆弧半径;θ_5—半径为 R_1 的圆弧段夹角

续表

<table>
<tr><th>项目</th><th>说　　　　明</th></tr>
<tr><td>隧道标准内轮廓</td><td>

(2)三车道隧道标准内轮廓断面如图5所示。

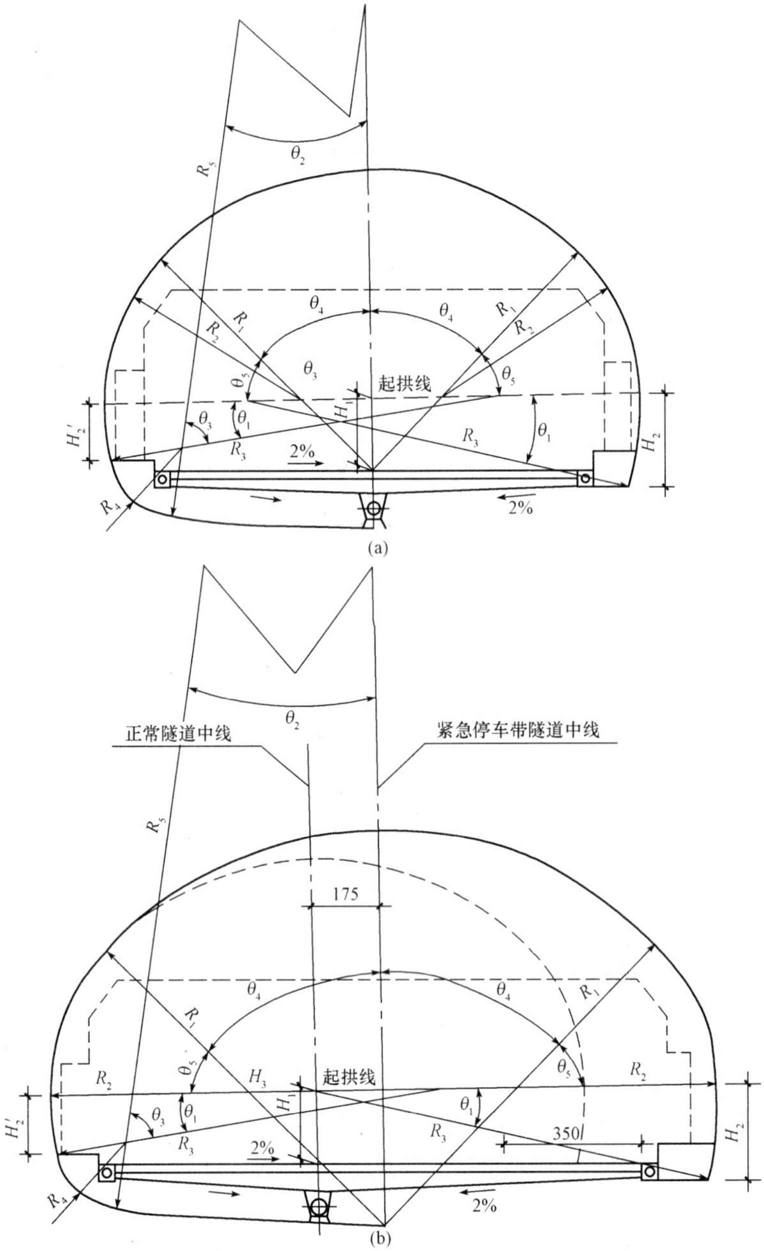

图5　三车道隧道标准内轮廓断面(单位:cm)

(a)标准断面;(b)紧急停车带断面

R_1—拱部圆弧半径;R_2—拱部与侧墙连接段圆弧半径;R_3—侧墙圆弧半径;R_4—侧墙与仰拱连接段圆弧半径;R_5—仰拱圆弧半径;H_1—路面至起拱线的高度;H_2—侧墙结构高度;H'_2—设仰拱时的侧墙结构高度(侧墙与仰拱连接点至起拱线的高度);θ_1—起拱线与R_3的夹角;θ'_1—设仰拱时起拱线与R_2的夹角;θ_2—隧道结构中心线与R_2的夹角;$\theta_3=90°-(\theta'_1+\theta_2)$;$\theta_4$—半径为$R_1$的拱部圆弧段夹角;$\theta_5$—半径为$R_2$的圆弧段夹角

</td></tr>
</table>

表 7-17　不设超高的圆曲线最小半径　　（单位：m）

路拱 \ 设计速度/(km/h)	120	100	80	60	40	30	20
≤2.0%	5 500	4 000	2 500	1 500	600	350	150
>2.0%	7 500	5 250	3 350	1 900	800	450	200

表 7-18　公路停车视距与会车视距

公路等级	高速公路、一级公路				二、三、四级公路				
设计速度/(km/h)	120	100	80	60	80	60	40	30	20
停车视距/m	210	160	110	75	110	75	40	30	20
会车视距/m	—	—	—	—	220	150	80	60	40

表 7-19　分离式独立双洞间的最小净距

围岩级别	Ⅰ	Ⅱ	Ⅲ	Ⅳ	Ⅴ	Ⅵ
最小净距/m	$1.0\times B$	$1.5\times B$	$2.0\times B$	$2.5\times B$	$3.5\times B$	$4.0\times B$

注：B——隧道开挖断面的宽度。

表 7-20　竖曲线最小半径和最小长度　　（单位：m）

设计速度/(km/h)		120	100	80	60	40	30	20
凸形竖曲线半径	一般值	17 000	10 000	4 500	2 000	700	400	200
	极限值	11 000	6 500	3 000	1 400	450	250	100
凹形竖曲线半径	一般值	6 000	4 500	3 000	1 500	700	400	200
	极限值	4 000	3 000	2 000	1 000	450	250	100
竖曲线长度		100	85	70	50	35	25	20

表 7-21　隧道设计水位的洪水频率标准

隧道类别 \ 公路等级	高速公路、一级公路	二级公路	三级公路	四级公路
特长隧道	1/100	1/100	1/50	1/50
长隧道	1/100	1/50	1/50	1/25
中、短隧道	1/100	1/50	1/25	1/25

表 7-22　公路隧道建筑限界横断面组成最小宽度　　（单位：m）

公路等级	设计速度/(km/h)	车道宽度 W	侧向宽度 L		余宽 C	人行道 R	检修道 J		隧道建筑限界净宽		
			左侧 L_L	右侧 L_R			左侧	右侧	设检修道	设人行道	不设检修道、人行道
高速公路 一级公路	120	3.75×2	0.75	1.25	—	—	0.75	0.75	11.00	—	—
	100	3.75×2	0.50	1.00	—	—	0.75	0.75	10.50	—	—
	80	3.75×2	0.50	0.75	—	—	0.75	0.75	10.25	—	—
	60	3.50×2	0.50	0.75	—	—	0.75	0.75	9.75	—	—

续表

公路等级	设计速度 /km/h	车道宽度 W	侧畲宽度 L		余宽 C	人行道 R	检修道 J		隧道建筑限界净宽		
			左侧 L_L	右侧 L_R			左侧	右侧	设检修道	设人行道	不设检修道、人行道
二级公路 三级公路 四级公路	80	3.75×2	0.75	0.75	—	1.00	—	—	—	11.00	—
	60	3.50×2	0.50	0.50	—	1.00	—	—	—	10.00	—
	40	3.50×2	0.25	0.25	—	0.75	—	—	—	9.00	—
	30	3.25×2	0.25	0.25	0.25	—	—	—	—	—	7.50
	20	3.00×2	0.25	0.25	0.25	—	—	—	—	—	7.00

注：1. 三车道隧道除增加车道数外，其它宽度同表；增加车道的宽度不得小于 3.5m。

2. 连洪隧道的左侧可不设检修道或人行道，但应设 50cm(120km//h 与 100km/h)或 25cm(80km/h 与 60km/h 时)的余宽。

3. 设计速度 120km/h 时，两侧检修道宽度均不宜小于 1.0m；设计速度 100km/h 时，右侧检修道宽度不宜小于 1.0m。

第四节　荷载计算

荷载计算见表 7-23～表 7-24。

表 7-23　荷载计算

项目	说　　明
浅埋隧道荷载	(1)浅埋和深埋隧道的分界，按荷载等效高度值，并结合地质条件、施工方法等因素综合判定。按荷载等效高度的判定公式为 $$H_p=(2\sim2.5)h_q \qquad (7\text{-}6)$$ 式中：H_p——浅埋隧道分界深度(m)； h_q——荷载等效高度(m)，按下式计算： $$h_q=\frac{q}{\gamma} \qquad (7\text{-}7)$$ q——深埋隧道垂直均布压力(kN/m²)，$q=0.45\times2^{s-1}w\gamma$； S——围岩级别； w——宽度影响系数，$w=1+i(B-5)$； B——隧道宽度(m)； i——B 每增减 1m 时的围岩压力增减率，以 $B=5$m 的围岩均布压力为准，当 $B=5$m 时，取 $i=0.2$；$B>5$m 时，取 $i=0.1$。 γ——围岩重度(kN/m³)。 在矿山法施工的条件下，Ⅳ～Ⅵ级围岩取 $$H_p=2.5h_q \qquad (7\text{-}8)$$ Ⅰ～Ⅲ级围岩取 $$H_p=2h_q \qquad (7\text{-}9)$$ (2)浅埋隧道荷载分下述两种情况分别计算： 1)埋深(H)小于或等于等效荷载高度 h_q 时，荷载视为均布垂直压力。 $$q=\gamma\cdot H \qquad (7\text{-}10)$$ 式中：q——垂直均布压力(kN/m²)； γ——隧道上覆围岩重度(kN/m³)； H——隧道埋深，指坑顶至地面的距离(m)。

续表

项目	说　　　　明
浅埋隧道荷载	侧向压力 e 按均布考虑时其值为 $e=\gamma\left(H+\frac{1}{2H_t}\right)\tan^2\left(45-\frac{\varphi_c}{2}\right)$　　(7-11) 式中：e——侧向均布压力（kN/m²）； H_t——隧道高度（m）； φ_c——围岩计算摩擦角（°），其值见表 7-13。 2）埋深大于 h_q 小于等于 H_p 时，为便于计算，假定土体中形成的破裂面是一条与水平成 β 角的斜直线，如图 1 所示。$EFHG$ 岩土体下沉，带动两侧三棱土体（如图中 FDB 和 ECA）下沉，整个土体 $ABDC$ 下沉时，又要受到未扰动岩土体的阻力；斜直线 AC 或 BD 是假定的破裂面，分析时考虑内聚力 C，并采用了计算摩擦角 φ；另一滑面 FH 或 EG 则并非破裂面，因此，滑面阻力要小于破裂面的阻力，若该滑面的摩擦角为 θ，则 θ 值应小于 φ 值，无实测资料时，θ 可按表 7-24 采用。 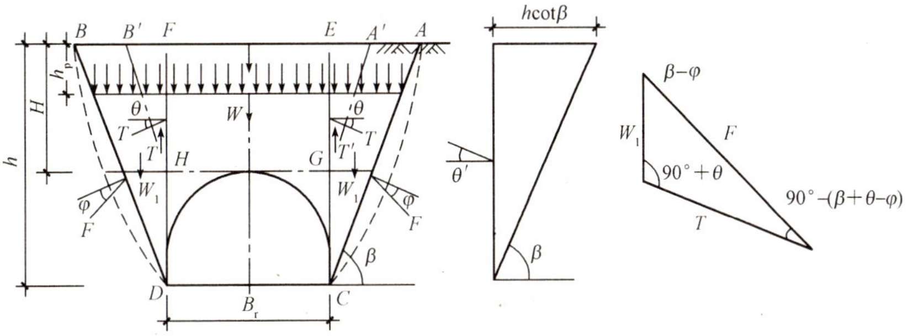 图 1 由图 1 可见，隧道上覆岩体 $EFHG$ 的重力为 W，两侧三棱岩体 FDB 或 ECA 的重力为 W_1，未扰动岩体整个滑动土体的阻力为 F，当 $EFHG$ 下沉，两侧受到阻力 T 或 T'，作用于 HG 面上的垂直压力总值 $Q_{浅}$ 为 $Q_{浅}=W-2T'=W-2T\sin\theta$　　(7-12) 三棱体自重为 $W_1=\frac{1}{2}\gamma h\frac{h}{\tan\beta}$　　(7-13) 式中：h——坑道底部到地面的距离（m）； β——破裂面与水平面的夹角（°）。 由图据正弦定理可得 $T=\frac{\sin(\beta-\varphi)}{\sin[90°-(\beta-\varphi+\theta)]}W_1$　　(7-14) 将式(7-13)代入可得 $T=\frac{1}{2}\gamma h^2\frac{\lambda}{\cos\theta}$　　(7-15) $\lambda=\frac{\tan\beta-\tan\varphi_c}{\tan\beta[1+\tan\beta(\tan\varphi_c-\tan\theta)+\tan\varphi_c\tan\theta]}$　　(7-16) $\tan\beta=\tan\varphi_c+\sqrt{\frac{(\tan^2\varphi_c+1)\tan\varphi_c}{\tan\varphi_c-\tan\theta}}$　　(7-17) 式中：λ——侧压力系数； 其它符号意义同前。 得到 T 值后，代入式(7-12)可求得作用在 HG 面上的总垂直压力 $Q_{浅}$。 $Q_{浅}=W-2T\sin\theta=W-\gamma h^2\lambda\tan\theta$　　(7-18)

续表

<table>
<tr><th>项目</th><th>说　　　明</th></tr>
<tr><td>浅埋隧道荷载</td><td>

由于 GC、HD 与 EG、EF 相比往往较小，而且衬砌与土之间的摩擦角也不同，前面分析时均按 θ 计，当中间土块下滑时，由 FH 及 EG 面传递，考虑压力稍大些对设计的结构也偏于安全，因此，摩阻力不计隧道部分而只计洞顶部分，即在计算中用 H 代替 h，这样式(7-18)为

$$Q_{浅}=W-\gamma H^2\lambda\tan\theta$$

由于 $W=B_t H\lambda$，故

$$Q_{浅}=\gamma H(B_t-H\lambda\tan\theta) \tag{7-19}$$

式中：B_t——坑道宽度(m)。

换算为作用在支护结构上的均布荷载(图 2)，即

$$q_{浅}=\frac{Q_{浅}}{B_t}=\gamma H\left(1-\frac{H}{B_t}\lambda\tan\theta\right) \tag{7-20}$$

式中：$q_{浅}$——作用在支护结构上的均布荷载(kN/m²)；

其它符号意义同前。

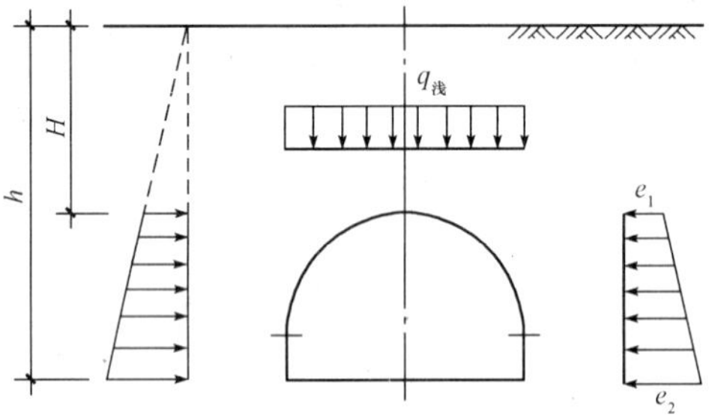

图 2

作用在支护结构两侧的水平侧压力为

$$\left.\begin{aligned}e_1&=\gamma H\lambda\\e_2&=\gamma h\lambda\end{aligned}\right\} \tag{7-21}$$

侧压力视为均布压力时，

$$e=\frac{1}{2}(e_1+e_2) \tag{7-22}$$

</td></tr>
<tr><td>偏压隧道衬砌荷载</td><td>

(1)偏压隧道垂直压力的计算(图 3)

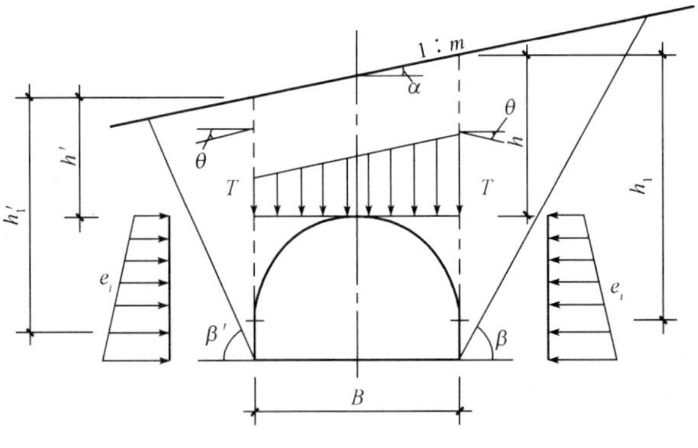

图 3　偏压分布图

</td></tr>
</table>

续表

<table>
<tr><th>项目</th><th>说　　明</th></tr>
<tr><td>偏压隧道衬砌荷载</td><td>假定偏压分布图形与地面坡一致。
$$Q=\frac{\gamma}{2}[(h+h')B-(\lambda h^2+\lambda' h'^2)\tan\theta] \quad (7\text{-}23)$$
式中：h、h'——内、外侧由拱顶水平至地面的高度(m)；
B——坑道跨度(m)；
γ——围岩重度(kN/m^3)；
θ——顶板土柱两侧摩擦角(°)，当无实测资料时，可参考表7-24选取；
λ、λ'——内、外侧的侧压力系数，由下式计算：
$$\lambda=\frac{1}{\tan\beta-\tan\alpha}\times\frac{\tan\beta-\tan\varphi_c}{1+\tan\beta(\tan\varphi_c-\tan\theta)+\tan\varphi_c\tan\theta} \quad (7\text{-}24)$$
$$\lambda'=\frac{1}{\tan\beta'+\tan\alpha}\times\frac{\tan\beta'-\tan\varphi_c}{1+\tan\beta'(\tan\varphi_c-\tan\theta)+\tan\varphi_c\cdot\tan\theta} \quad (7\text{-}25)$$
$$\tan\beta=\tan\varphi_c+\sqrt{\frac{(\tan^2\varphi_c+1)(\tan\varphi_c-\tan\alpha)}{\tan\varphi_c-\tan\theta}} \quad (7\text{-}26)$$
$$\tan\beta'=\tan\varphi_c+\sqrt{\frac{(\tan^2\varphi_c+1)(\tan\varphi_c+\tan\alpha)}{\tan\varphi_c-\tan\theta}} \quad (7\text{-}27)$$
α——地面坡角(°)；
φ_c——围岩计算磨擦角(°)；
β、β'——内、外侧产生最大推力时的破裂角(°)。
(2)偏压隧道水平侧压力的计算
内侧：$$e_i=\gamma\cdot h_i\lambda \quad (7\text{-}28)$$
外侧：$$e_i=\gamma\cdot h'_i\lambda' \quad (7\text{-}29)$$
式中：h_i、h'_i——内、外侧任意一点i至地面的距离(m)。</td></tr>
<tr><td>明洞设计荷载</td><td>(1)拱圈回填土石垂直压力
$$q_i=\gamma_1 h_i \quad (7\text{-}30)$$
式中：q_i——明洞结构上任意点i的回填土石垂直压力值(kN/m^2)；
γ_1——拱背回填土石重度(kN/m^3)；
h_i——明洞结构上任意点i的土柱体高度(m)。
(2)拱圈回填土石侧压力
$$e_i=\gamma_1 h_i\lambda \quad (7\text{-}31)$$
式中：e_i——任意点i的侧压力值(kN/m^2)；
γ_1、h_i——符合意义同前；
λ——侧压力系数，按以下两种情况计算：
1)填土坡面向上倾斜(图4)，按无限土体计算。
$$\lambda=\cos\alpha\frac{\cos\alpha-\sqrt{\cos^2\alpha-\cos^2\varphi_1}}{\cos\alpha+\sqrt{\cos^2\alpha-\cos^2\varphi_1}} \quad (7\text{-}32)$$
2)填土坡面向上倾斜(图5)，按有限土体计算。
$$\lambda=\frac{1-\mu n}{(\mu+n)\cos\rho+(1-\mu n)\sin\rho}\cdot\frac{mn}{m-n} \quad (7\text{-}33)$$</td></tr>
</table>

续表

项目	说　　明

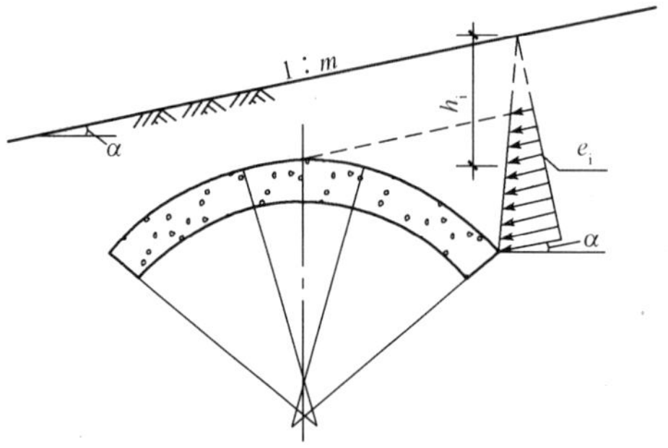

图 4

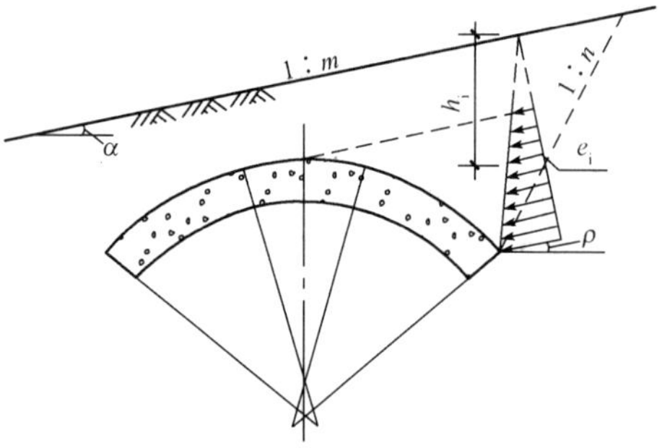

图 5

式中：α——设计填土面坡度角(°)；

φ_1——拱背回填土石计算摩擦角(°)；

ρ——侧压力作用方向与水平线的夹角(°)；

n——开挖边坡坡率；

m——回填土石面坡率；

μ——回填土石与开挖边坡面间的摩擦系数。

(3)边墙回填土石侧压力

$$e_i=\gamma_2 h_i{}'\lambda \tag{7-34}$$

式中：γ_2——墙背回填土石重度(kN/m³)；

$h_i{}'$——边墙计算点换算高度(m)，$h_i{}'=h''_i+\dfrac{\gamma_1}{\gamma_2}h_1$；

h''_i——墙顶至计算位置的高度(m)；

h_1——填土坡面至墙顶的垂直高度(m)；

λ——侧压力系数，按下列三种情况进行计算：

明洞设计荷载

1)填土坡面向上倾斜(图 6)

$$\lambda=\frac{\cos^2\varphi_2}{\left[1+\sqrt{\dfrac{\sin\varphi_2\sin(\varphi_2-\alpha')}{\cos\alpha'}}\right]} \tag{7-35}$$

2)填土坡面向下倾斜(图 7)

$$\lambda=\frac{\tan\theta_0}{\tan(\theta_0+\varphi_2)(1+\tan\alpha'\tan\theta_0)} \tag{7-36}$$

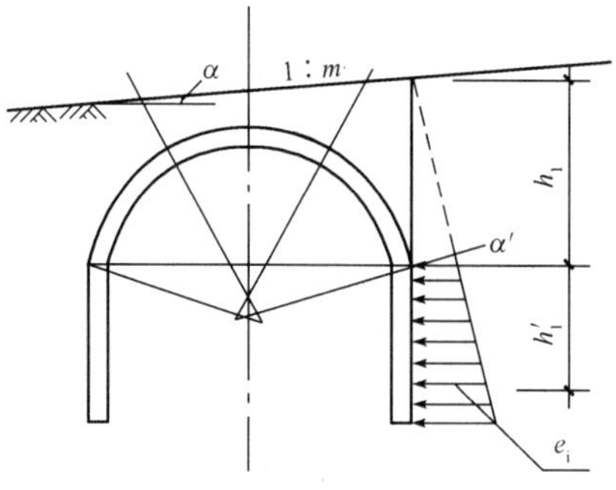

图 6

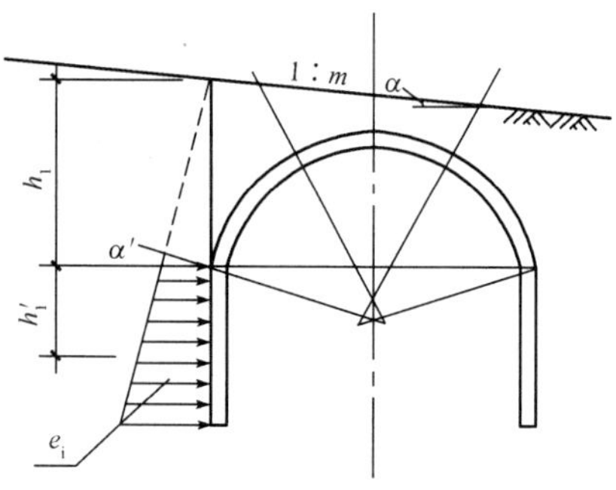

图 7

续表

<table>
<tr><th>项目</th><th>说　　　　　明</th></tr>
<tr><td>明洞设计荷载</td><td>

式中：φ_2——墙背回填土石计算摩擦角(°)。

$$\alpha'=\arctan\left(\frac{\gamma_1}{\gamma_2}\tan\alpha\right) \tag{7-37}$$

$$\tan\theta_0=\frac{-\tan\varphi_2+\sqrt{(1+\tan^2\varphi_2)(1+\tan\alpha'/\tan\varphi_2)}}{1+(1+\tan^2\varphi_2)\tan\alpha'/\tan\varphi_2} \tag{7-38}$$

3)填土坡面水平时

$$\lambda=\tan^2\left(\frac{\pi}{4}-\frac{\varphi_2}{2}\right) \tag{7-39}$$

</td></tr>
<tr><td>洞门土压力荷载</td><td>

隧道门端墙、翼墙及洞门挡土墙可按下列公式计算：

(1)最危险破裂面与垂直面之间的夹角

$$\tan\omega=\frac{\tan^2\varphi+\tan\alpha\tan\varepsilon-\sqrt{(1+\tan^2\varphi)(\tan\varphi-\tan\varepsilon)(\tan\varphi+\tan\alpha)(1-\tan\alpha\tan\varepsilon)}}{\tan\varepsilon(1+\tan^2\varphi)-\tan\varphi(1-\tan\alpha\tan\varepsilon)} \tag{7-40}$$

式中：φ——围岩计算摩擦角(°)；

ε、α——地面坡角与墙面倾角(°)，如图 8。

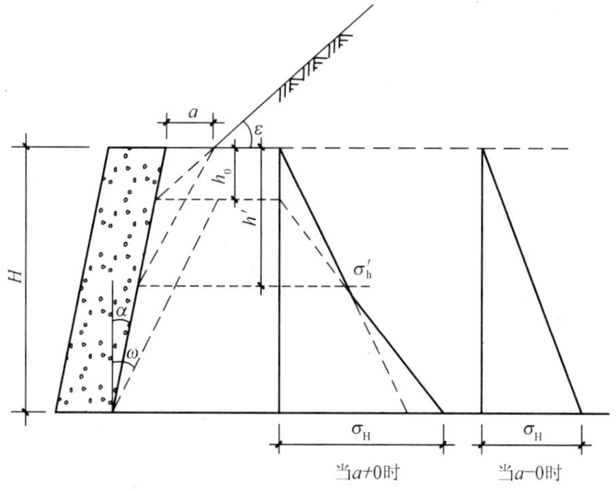

图 8

(2)土压力

$$E=\frac{1}{2}\gamma\lambda[H^2+h_0(h'-h_0)]b\xi \tag{7-41}$$

$$\lambda=\frac{(\tan\omega-\tan\alpha)(1-\tan\alpha\,\mathrm{ta}\varepsilon)}{\tan(\omega+\varphi)(1-\tan\omega\tan\varepsilon)} \tag{7-42}$$

$$h'=\frac{\alpha}{\tan\omega-\tan\alpha} \tag{7-43}$$

式中：E——土压力(kN)；

γ——地层重度(kN/m^3)；

λ——侧压力系数；

ω——墙背土体破裂角(°)；

b——洞门墙计算条带宽度(m)；

ξ——土压力计算模式不确定性系数，可取 $\xi=0.6$。

</td></tr>
</table>

表 7-24 各级围岩的 θ 值

围岩级别	Ⅰ、Ⅱ、Ⅲ	Ⅳ	Ⅴ	Ⅵ
θ 值	0.9φ	$(0.7\sim0.9)\varphi$	$(0.5\sim0.7)\varphi$	$(0.3\sim0.5)\varphi$

第五节 隧道构造设计

隧道构造设计见表 7-25～表 7-29。

表 7-25 隧道构造设计

项目	说明
洞口及洞门	(1)洞口位置的确定应符合下列要求： 1)洞口的边坡及仰坡必须保证稳定。有条件时，应贴壁进洞；条件限制时，边坡及仰坡的设计开挖最大高度可按表 7-26 控制。 2)洞口位置应设于山坡稳定、地质条件较好处。 3)位于悬崖陡壁下的洞口，不宜切削原山坡；应避免在不稳定的悬崖陡壁下进洞。 4)跨沟或沿沟进洞时，应考虑水文情况，结合防排水工程，充分比选后确定。 5)漫坡地段的洞口位置，应结合洞外路堑地质、弃渣、排水及施工等因素综合分析确定。 6)洞口设计应考虑与附近的地面建筑及地下埋设物的相互影响，必要时采取防范措施。 (2)洞口工程的设计应遵循下列规定： 1)洞口边坡、仰坡应根据实际情况采取加固防护措施，有条件时应优先采用绿化护坡。 2)当洞口处有坍方、落石、泥石流等时，应采取清刷、延伸洞口、设置明洞或支挡构造物等措施。 (3)隧道应修建洞门，洞门形成的设计应保证营运安全，并与环境协调。设在城镇、旅游区附近及高速公路、一级公路的隧道，尤应注意与环境相协调，有条件时，洞门周围应植树绿化。 (4)洞门宜与隧道轴线正交。 (5)洞门构造及基础设置应遵循下列规定： 1)洞口仰坡坡脚至洞门墙背的水平距离不宜小于 1.5m，洞门端墙与仰坡之间水沟的沟底至衬砌拱顶外缘的高度不小于 1.0m，洞门墙顶高出仰坡脚不小于 0.5m。 2)洞门墙应根据实际需要设置伸缩缝、沉降缝和泄水孔；洞门墙的厚度可按计算或结合其它工程类比确定。 3)洞门墙基础必须置于稳固地基上，应视地形及地质条件，埋置足够的深度，保证洞门的稳定。 基底埋入土质地基的深度不应小于 1.0m，嵌入岩石地基的深度不应小于 0.5m；基底标高应在最大冻结线以下不小于 0.25m；地基为冻胀土层时，应进行防冻胀处理。基底埋置深度应大于墙边各种沟、槽基底的埋置深度。 4)松软地基上的基础，可采取加固基础措施。 5)洞门结构应满足抗震要求。
衬砌	(1)公路隧道应作衬砌，根据隧道围岩地质条件、施工条件和使用要求可分别采用喷锚衬砌、整体式衬砌、复合式衬砌。高速公路、一级公路、二级公路的隧道应采用复合式衬砌；三级及三级以下公路隧道，在Ⅰ、Ⅱ、Ⅲ级围岩条件下，隧道洞口段应采用复合式衬砌或整体式衬砌，其它段可采用喷锚衬砌。 (2)隧道衬砌设计应综合考虑地质条件、断面形状、支护结构、施工条件等，并应充分利用围岩的自承能力。衬砌应有足够的强度和稳定性，保证隧道长期安全使用。 (3)衬砌结构类型和尺寸，应根据使用要求、围岩级别、工程地质和水文地质条件、隧道埋置深度、结构受力特点，并结合工程施工条件、环境条件，通过工程类比和结构计算综合分析确定。在施工阶段，还应根据现场监控量测调整支护参数，必要时可通过试验分析确定。

续表

项目	说　　明
衬砌	(4)衬砌设计应符合下列规定： 1)衬砌断面宜采用曲边墙拱形断面。 2)隧道围岩较差地段应设仰拱。仰拱曲率半径应根据隧道断面形状、地质条件、地下水、隧道宽度等条件确定。路面与仰拱之间可采用混凝土或片石混凝土填充。当隧道边墙底以下为整体性较好的坚硬岩石时，可不设仰拱。 3)隧道洞口段应设加强衬砌。加强补砌段的长度应根据地形、地质和环境条件确定，一般情况下两车道隧应不小于10m，三车隧道应不小于15m。 4)围岩较差地段的衬砌应向围岩较好地段延伸5～10m。 5)偏压衬砌段应向一般衬砌段延伸，延伸长度应根据偏压情况确定，一般不小于10m。 6)净宽大于3.0m的横通道与主洞的交叉段均应设加强段衬砌，加强段衬砌应向各交叉洞延伸，主洞延伸长度不小于5.0m，横通道延伸长度不小于3.0m。 (5)隧道建筑物各部结构的截面最小厚度应大于表7-27的数值。
防水与排水	(1)隧道地表沟谷、坑洼积水、渗水对隧道有影响时，宜采用疏导、勾补、铺砌和填平等处治措施。废弃的坑穴、钻孔等应填实封闭。隧道附近的水库、池沼、溪流、井泉水、地下水，当有可能渗入隧道时，应采取防止或减少其下渗的处理措施。 (2)隧道采用复合式衬砌时，在初期支护与二次衬砌之间应设置防水板及无纺布。要求如下： 1)无纺布密度不小于300g/m²。 2)防水板应采用易于焊接的防水卷材，厚度不小于1.0mm，接缝搭接长度不小于100mm。 (3)隧道二次衬砌应满足抗渗要求。混凝土的抗渗等级，有冻害地段及最冷月份平均气温低于－15℃的地区不低于S8，其余地区不低于S6。 (4)隧道二次衬砌的施工缝、沉降缝、伸缩缝应采取可靠的防水措施。 (5)有侵蚀性地下水时，应针对侵蚀类型，采用抗侵蚀混凝土，压注抗侵蚀浆液，或铺设抗侵蚀防水层。 (6)围岩破碎、涌水易坍塌地段，宜向围岩内预注浆。向衬砌背后压浆时，应防止因压浆而堵塞衬砌背后的排水管道。 (7)当隧道位于常水位以下，又不宜排泄时，隧道衬砌应采用抗水压衬砌。 (8)隧道洞内宜按地下水和营运清洗污水、消防污水分离排放的原则设置纵向排水系统，应能保证排水畅通，避免洞内积水。 (9)隧道内排水应符合下列规定： 1)路面两侧应设纵向排水沟，引排营运清洗水、消防水和其它废水。 2)隧道纵向排水坡宜与隧道纵坡一致。 3)路侧边沟可设置为开口式明沟或暗沟。当边沟为暗沟时，应设沉沙池、滤水蓖，其间距宜为25～30m。 4)检修道或人行道的道面应考虑排水，可酌情设0.5%～1.5%的横坡，亦可在墙脚与检修道交角处设宽50mm、深30mm的纵向凹槽，以利道面清洁排水。 (10)路面结构底部排水设施应符合下列规定： 1)路面结构下宜设纵向中心水沟(管)，集中引排地下水。 2)中心水沟(管)断面积应根据隧道长度、纵坡、地下水渗流量，通过水力计算确定。 3)中心水沟(管)纵向应按间距50m设沉沙池，并根据需要设检查井。检查井的位置、构造不得影响行车安全，并应便于清理和检查。 4)隧底应设横向导水管，以连接中心水沟(管)与衬砌墙背排水盲管。横向导水管的直径不宜小于100mm，横向坡度不应小于2%，其纵向间距应根据地下水量确定，一般可按30～50m设置。当不设隧底中心水沟(管)时，横向导水管的纵向间距不宜小于10m。 5)路面底部应设不小于1.5%的横向排水坡度。

续表

项目	说　　明
防水与排水	6)寒冷和严寒地区有地下水的隧道，最冷月份平均气温低于－10℃时，应采用深埋中心水沟；最冷月份平均气温低于－25℃时，应在隧道下设防寒泄水隧洞。 (11)隧道衬砌外排水设施应符合下列规定： 1)在衬砌两侧边墙背后底部应设沿隧道的纵向水盲管(沟)，其孔径不应小于80mm。 2)沿衬砌背后环向应设置导水盲管，其纵向间距不应大于20m，遇水量较大时，环向盲管应加密。对有集中出水处，应单独设竖向盲管。环向盲管、竖向盲管的直径不应小于50mm。 3)环向盲管、竖向盲管应与边墙底部的纵向排水盲管(沟)连通；纵向排水盲管(沟)应与横向导水管连通，以形成完整的纵横向排水系统。环向盲管、竖向盲管、纵向排水盲管应用无纺布包裹。 (12)当地下水发育，含水层明显，又有长期充分补给来源时，可利用辅助坑道排水或设置泄水洞等截、排水设施。 (13)当洞内水质有侵蚀时，应采取适当措施，防止排水造成环境污染。 (14)隧道、辅助坑道的洞口及明洞应设置截水沟和排水沟，洞口边坡、仰坡应采取防护措施，防止地表水的下渗和冲刷。 (15)为防止洞外水流入隧道内，可在洞口外设置反向排水边沟或采取截流措施。 (16)明洞防排水要求如下： 1)明洞顶部应设置必要的截、排水系统。 2)回填土表面宜铺设隔水层，并与边坡搭接良好。 3)靠山侧边墙底或边墙后宜设置纵向和竖向盲沟，将水引至边墙泄水孔排出。 4)衬砌外缘应敷设外贴式防水层。 5)明洞与隧道接头处应做好防水处理。
小净距及连拱隧道	(1)小净距隧道设计应符合下列要求： 1)应根据隧道地质条件，进出口地形条件，结合使用要求，经综合比选后确定最小净距。 2)应优先选用复合式衬砌，支护参数应经工程类比、计算分析综合确定。 3)设计应考虑相应的施工方法，并提出各类方法的具体要求。 4)设计与施工应遵循"少扰动、快加固、勤量测、早封闭"的原则，并将中间岩柱的稳定与加固作为设计与施工的重点。 5)小净距隧道监控量测应根据不同围岩级别制订量测计划。应把中间岩柱稳定、浅埋段地表沉降和爆破振动对相邻洞室的影响作为监控量测的重要内容。 6)在地震动峰值加速度大于0.15的地区选用小净距隧道时，宜进行抗震强度和稳定性验算。 (2)连拱隧道设计必须结合洞外接线、地形、地质和施工条件进行，并应符合下列规定： 1)隧道暗挖段应优先采用复合式衬砌，支护参数可采用工程类比或计算分析确定。 2)中墙设计应在满足结构设计与施工安全的前提下，综合考虑洞外接线要求、防排水系统的可靠性等因素。 3)两车道连拱隧道设计为整体式中墙时，中墙厚度不宜小于1.4m；设计为复合式中墙时，中墙厚度不宜小于2.0m。三车道连拱隧道设计为整体式中墙时，中墙厚度不宜小于1.6m；设计为复合式中墙时，中墙厚度不宜小于2.2m。 4)整体式中墙的连拱隧道应注意纵向施工缝的预留位置、施工缝止水方式、中墙纵横向排水管与防水层的布置，避免施工缝渗漏水、防水层顶破和排水管堵塞。复合式中墙的连拱隧道防排水设计与独立双洞隧道基本相同。 5)连拱隧道应根据结构需要设置变形缝，双洞变形缝应在同一位置设置，并应注意隧道纵向荷载对结构的影响。 6)连拱隧道监控量测可参照《公路隧道施工技术规范》(JTJ 042)的相应要求进行，并应以拱部垂直位移、中墙以上的拱部水平位移为重点。

续表

项目	说　　明
小净距及连拱隧道	7)连拱隧道设计应考虑相应的施工方法,并提出各类方法的具体要求,辅助施工措施应作专项设计。 8)采用导洞施工时,应对导洞围岩情况认真观察记录,并及时反馈信息,根据围岩变化情况和监控量测资料及时调整设计与施工方案。导洞宽度宜大于4m。 9)设计中应采取有效辅助措施,防止施工中拱部推力不平衡对中墙结构造成危害。 10)在地震动峰值加速度大于0.15的地区,连拱隧道应进行抗震强度和稳定性验算。 (3)为确保连拱隧道施工安全,应对相邻洞室的最大临界震动速度进行控制,一般不宜大于15m/s。
辅助通道	(1)竖井的布置应符合下列规定: 1)井口位置的高程应高出洪水频率为1/100的水位至少0.5m。 2)竖井平面位置的选择应综合考虑施工与营运的需要。 3)竖井断面宜采用圆形,井筒内应设置安全梯。 (2)竖井的衬砌应符合下列规定: 1)竖井井口应设混凝土或钢筋混凝土井颈,马头门应作模筑混凝土衬砌。 2)井口段、地质条件较差的井身段及马头门的上方宜设壁座,其形式、间距可根据地质条件、施工方法及衬砌类型确定。衬砌参数可按表7-28选用。 (3)斜井的布置应符合下列规定: 1)井口位置的高程应高出洪水频率为1/100的水位至少0.5m。 2)斜井提升方式应根据提升量、斜井长度及井口地形选择。 各种提升方式的斜井倾角规定如下: ①箕斗提升时不大于35°; ②串车提升时不大于25°; ③胶带输送机提升时不大于15°; ④无轨运输时不大于12°;。 3)与隧道中线连接处的平面交角,在满足施工与营运要求的前提下,应尽可能采用大角度。 4)井身纵断面不宜变坡,井口和井底变坡点应设置竖曲线,竖曲线半径宜采用12～20m。 5)斜井必须设置宽度不小于0.75m的人行道,倾角大于15°时应设置台阶。 (4)斜井井口段和地质较差的地段宜作衬砌,衬砌参数可按表7-29选用。 (5)斜井必须有相应的安全措施,并在适当位置设挡车设备,严防溜车。倾角在15°以上的斜井应有轨道防滑措施。 (6)长度在3 000m以上或确有特殊需要的隧道,可采用平行导坑,其位置选择应符合下列要求: 1)宜设在地下水补给源一侧。 2)与隧道的净距应根据地质条件、施工方法等因素确定。 3)坑底高程宜低于隧道底面高程0.2～0.6m。 (7)平行导坑应设置水沟,其过水断面、沟底坡度等应根据排水需要和正洞排水统一考虑。 (8)傍山、沿河隧道需设辅助通道时宜考虑采用横洞,其位置应考虑施工需要,并应设向横洞外不小于0.3%的下坡,以利排水。 (9)风道设置应满足下列要求: 1)风道在弯曲、变径、分叉等断面变化处应采取曲线相连接,平顺过渡。内壁面应平滑,减小摩阻力。 2)送风机前后附近的风道内不得产生偏流、回流及涡流等。当弯道为90°时,应在转角处设置导流叶片。 3)在风道吸入口应设置网状门,防止异物吸入。 4)应防止风道内和风道口结冰。 5)风机房内的连接风道应充分考虑风量控制、应急时风机运转等因素,确定合理的风道形状及切换方法。

续表

项目	说　　明
辅助通道	6)风道内必须采取防排水措施,严禁渗漏水。 7)风道隔板必须密封并具有耐久性,不得漏风。 8)当隧道照明设施和应急设施的管线和器械设置于风道内时,应在合适位置设置检修用进出口、楼梯和照明灯具。 (10)将通风机械设备设置于地下洞室时应满足下列要求: 1)地下机房宜靠近隧道布置。 2)地下机房空间应能布置轴流风机、电气设备、控制设备和其它辅助机电设备,并有大型设备搬运通道和工作通道等。 3)当风机分期安装时应考虑预留空间和连接装置。 4)地下机房应采取严格的防排水措施,严禁渗漏水。 5)地下机房与风道的连接处,其周壁必须密封,严禁漏风。

表 7-26　洞口边、仰坡控制高度

围岩分级	Ⅰ～Ⅱ			Ⅲ		Ⅵ			Ⅴ～Ⅵ	
边、仰坡坡率	贴壁	1∶0.3	1∶0.5	1∶0.5	1∶0.75	1∶0.75	1∶1	1∶1.25	1∶1.25	1∶1.5
高度(m)	15	20	25	20	25	15	18	20	15	18

注:设计开挖高度系从路基边缘算起。

表 7-27　截面最小厚度　　　　(单位:cm)

建筑材料种类	隧道和明洞衬砌			洞门端墙、翼墙和洞口挡土墙
	拱圈	边墙	仰拱	
混凝土	20	20	20	30
片石混凝土	—	50	50	50
浆砌粗料石	—	30	—	30
浆砌片石	—	50	—	50

表 7-28　竖井衬砌参数

围岩级别	喷锚衬砌		支护衬砌	复合衬砌		
				初期支护		二次衬砌
	$D<5$m	5m$\leqslant D \leqslant$7m		$D<5$m	5m$\leqslant D \leqslant$7m	
Ⅰ	喷混凝土厚10cm	喷混凝土厚10～15cm,必要时局部设锚杆。	模筑混凝土或钢筋混凝土厚30cm,砌体厚40cm。	—	—	—
Ⅱ	喷混凝土厚10～15cm,锚杆长1.5～2m,间距1～1.5m。	喷混凝土厚15～20cm,锚杆长2～2.5m,间距1m,配钢筋网,必要时加钢圈梁。	模筑混凝土或钢筋混凝土厚30cm,砌体厚50cm。	—	—	—

续表

围岩级别	喷锚衬砌		支护衬砌	复合衬砌		
				初期支护		二次衬砌
	$D<5m$	$5m\leqslant D\leqslant 7m$		$D<5m$	$5m\leqslant D\leqslant 7m$	
Ⅲ	喷泥凝土厚15～20cm，锚杆长2～2.5m，间距1m，配钢筋网，必要时设钢圈梁。	喷混凝土厚20cm，锚杆长2.5～3m，间距1m，配钢筋网，加钢圈梁。	混凝土或钢筋混凝土厚40cm，砌体厚60cm。	喷混凝土厚5～10cm，锚杆长1.5～2m，间距1m，必要时配钢筋网。	喷混凝土厚10～15cm，锚杆长2～2.5m，间距1m，必要时局部配钢筋网。	30cm
Ⅳ	—	—	混凝土或钢筋混凝土厚50cm，砌体厚70cm。	喷混凝土厚10～15cm，锚杆长2～2.5m，间距1m，必要时配钢筋网。	喷混凝土厚15～20cm，锚杆长2.5～3m，间距0.75～1m，配钢筋网。	40cm
Ⅴ	—	—	混凝土或钢筋混凝土厚60cm，砌体厚80cm。	喷混凝土厚15～20cm，锚杆长2.5～3m，间距0.75～1m，配钢筋网，必要时配钢圈梁。	喷混凝土厚20～25cm，锚杆长3～3.5m，间距0.5～0.7m，配钢筋网，必要时配钢圈梁。	50cm

注：①Ⅵ级围岩地段应采用特殊支护措施。

②D为竖井直径。直径大于7m的竖井应作专项设计。

表7-29　斜井、平行导坑、横洞及风道衬砌参数

围岩级别	喷锚衬砌	模筑混凝土衬砌	复合衬砌	
			初期支护	二次衬砌
Ⅰ	5cm	20cm	不支护，局部喷混凝土或水泥砂浆护面。	20cm
Ⅱ	5cm	20cm	局部喷射混凝土，厚度5cm	20cm
Ⅲ	10cm，局部锚杆长2～2.5m	25～30cm	喷混凝土厚5～8cm，局部设锚杆，长2m。	20cm
Ⅳ	—	35～40cm	喷混凝土厚8～10cm，拱部设锚杆，长2～2.5m，间距1～1.2m，必要时拱部设钢筋网。	25～30cm
Ⅴ	—	45～50cm 必要时设仰拱	喷混凝土厚10～15cm，设系统锚杆，长2.5～3m，间距1m，设钢筋网。	35～40cm 必要时设仰拱

注：①Ⅳ级围岩地段应特殊设计。

②喷锚衬砌仅适用于地下水不发育，无侵蚀性并能保证光面爆破效果的Ⅰ～Ⅲ级围岩地段。

③适用于通道宽度不大于5m，当通道宽度大于5m时另行设计。

参考文献

[1] 中华人民共和国国家标准. GB 50268—1997. 给水排水管道工程施工及验收规范[S]. 北京：中国建筑工业出版社，2003.

[2] 中华人民共和国行业标准. CJJ 1—1990. 市政道路工程质量检验评定标准[S]. 北京：中国建筑工业出版社，2004.

[3] 中华人民共和国行业标准. CJJ 2—1990. 市政桥梁工程质量检验评定标准[S]. 北京：中国建筑工业出版社，2002.

[4] 中华人民共和国行业标准. CJJ 3—1990. 市政排水管渠工程质量检验评定标准[S]. 北京：中国建筑工业出版社，2002.

[5] 北京市政总公司. 北京市给排水管道工程施工技术规程[S]. 北京：人民交通出版社，2001.

[6] 杨志鸣. 市政工程施工安全技术操作手册[M]. 上海：同济大学出版社，2006.

[7] 天津市市政工程质量监督站. 市政公用汇编[M]. 北京：中国建筑工业出版社，2003.

[8] 黄编武. 桥梁施工及组织管理[M]. 北京：中国建筑工业出版社，2000.

[9] 天津市市政工程局. 道路桥梁工程施工手册[M]. 北京：中国建筑工业出版社，2003.

[10] 毛鹤琴. 建设项目质量控制[M]. 北京：地震出版社，1993.

[11] 北京市市政工程总公司. DBJ 01—86—2004. 北京市供热与燃气管道工程施工安全技术规程[S]. 北京：中国市场出版社，2004.

[12] 李世华. 市政工程安全管理(市政施工专业)[M]. 北京：中国建筑工业出版社，2006.

6